21 世纪全国高职高专电子信息系列技能型规划教材

FPGA 应用技术教程(VHDL 版)

王真富　编著

内 容 简 介

本书以 QuartusⅡ12.1 和仿真工具 ModelSim-Altera 为设计平台，采用项目任务驱动的方法，深入浅出地讲解 FPGA 应用技术、VHDL 硬件描述语言以及数字电子系统的设计。

项目内容采用“教、学、做”相结合的模式设计。根据能力本位课程教学模式，分别安排了基于原理图输入的 4 位加法器和 2 位乘法器设计制作、基于 VHDL 的三人表决器和四路抢答器的设计制作、基于 VHDL 的硬件乐曲自动演奏电路和简易电子琴的设计制作、基于 VHDL 的字符型 LCD1602 显示控制器和点阵字符显示屏设计制作、基于 VHDL 的二自由度云台控制器设计制作等 5 个项目。

本书是浙江省高职高专院校特色专业建设项目校企合作开发的成果，适合作为高等职业院校电子、通信类专业及自动控制类专业学生的教材和上机实训用书，也可作为电子设计竞赛、FPGA 开发应用的自学参考书。

图书在版编目(CIP)数据

FPGA 应用技术教程：VHDL 版/王真富编著. —北京：北京大学出版社，2015.2

（21 世纪全国高职高专电子信息系列技能型规划教材）

ISBN 978-7-301-24764-8

Ⅰ. ①F… Ⅱ. ①王… Ⅲ. ①可编程序逻辑器件—系统设计—高等职业教育—教材 Ⅳ. ①TP332.1

中国版本图书馆 CIP 数据核字(2014)第 205126 号

书　　名	FPGA 应用技术教程(VHDL 版)
著作责任者	王真富　编著
策 划 编 辑	刘晓东
责 任 编 辑	李娉婷
标 准 书 号	ISBN 978-7-301-24764-8
出 版 发 行	北京大学出版社
地　　址	北京市海淀区成府路 205 号　100871
网　　址	http://www.pup.cn　新浪微博：@北京大学出版社
电 子 信 箱	pup_6@163.com
电　　话	邮购部 62752015　发行部 62750672　编辑部 62750667
印 刷 者	三河市北燕印装有限公司
经 销 者	新华书店
	787 毫米×1092 毫米　16 开本　19 印张　438 千字
	2015 年 2 月第 1 版　　2015 年 2 月第 1 次印刷
定　　价	38.00 元

前　　言

基于 FPGA 的 EDA 技术是现代电子工程领域的一门新技术，是电子设计技术与制造技术的核心，它将计算机技术应用到电子电路设计，并给电子产品的设计开发带来革命性变化。本书将 VHDL 的基础知识、编程技巧与实际工程开发技术相结合，以工程实践应用为出发点，以 Quartus II 12.1 和仿真工具 ModelSim-Altera 为开发平台，采用项目任务驱动的方法，深入浅出地讲解 FPGA 应用技术、VHDL 硬件描述语言以及数字电子系统的设计。

本书在内容的开发与编排上跳出了学科体系的樊篱，以培养学生动手能力为目标，以任务引领工作过程导向的模式重构，从课堂情境转向工作情境，从知识储备为主转向实际应用为主。把 FPGA 技术应用过程中使用到的基本技能做成典型的项目，每个项目将知识、理论、实践一体化，帮助学生获得最受企业关注的“工作过程知识”和基本工作经验，以满足就业的需求。

本书共分 5 个项目，前 4 个项目采用“教、学、做”相结合的模式来设计，按照教中学项目任务、知识归纳、做中学项目任务的顺序安排内容，项目 5 为综合应用项目。每个项目都设计了“做一做，试一试”内容，是对设计项目的功能扩充。通过独立完成“做一做，试一试”项目内容，达到对知识的融会贯通。

本书各项目具体内容编排如下：

项目 1 为基于原理图输入的运算器设计制作，介绍基本的 EDA 概念、开发流程和 EDA 开发软件的使用。“学中做”阶段，通过 4 位二进制数全加器的设计，训练使用 Quartus II 设计平台的基本能力，学会自顶向下模块化的设计方法；“做中学”阶段，通过 2 位乘法器设计制作，进一步熟悉 EDA 开发流程，掌握 EDA 开发工具的使用方法。

项目 2 为基于 VHDL 的表决器和抢答器设计制作，训练用 VHDL 描述和设计基本组合电路的能力，逐步完备 VHDL 基本语法知识，提高电路的描述和设计能力。“学中做”阶段，通过三人表决器电路的 VHDL 表述与设计，掌握相关的 VHDL 程序基本结构、数据对象、数据类型和语法特点；“做中学”阶段，通过四路抢答器设计制作，进一步熟悉 VHDL 程序结构与语言要素。

项目 3 为音乐发生器设计制作，进一步训练用 VHDL 描述和设计电路的能力，掌握 VHDL 程序并行执行语句和顺序执行语句的特点。“学中做”阶段，通过基于 FPGA 的乐曲自动演奏电路的设计与 VHDL 描述，引出 VHDL 的描述语句分类；“做中学”阶段通过简易电子琴设计制作，进一步熟悉 VHDL 的描述语句。

项目 4 为字符显示控制器设计制作，训练用 VHDL 程序描述电子系统的能力，掌握 VHDL 层次化设计方法和 VHDL 的 LPM 宏模块的使用方法。“学中做”阶段，通过字符型 LCD1602 的显示控制器设计，说明 VHDL 程序的结构描述方式、元件例化语句的使用、状态机的描述方法；“做中学”阶段，通过点阵字符显示屏设计制作进一步熟悉 VHDL 程序描述方法。

项目 5 为二自由度云台控制器设计制作，以全方位云台的控制器设计为载体，介绍基于 FPGA 的 PWM 控制器、矩阵式键盘控制器及数码管动态扫描显示的设计方法。通过本项目学习，学生可掌握应用 FPGA 设计电子系统的设计过程及模块化设计理念，熟悉电子产品硬件、软件设计方法和软硬件集成、调试方法，掌握原理图、文本输入混合设计方法，提高电子系统设计能力。

本书由浙江衢州职业技术学院王真富编著。书中所有实例源代码均经过 Quartus II 12.1 与 ModelSim-Altera 10.1b 软件平台测试，各项目均通过器件下载编程与硬件调试。由于 FPGA 应用技术发展迅速，编者的水平有限，书中的疏漏在所难免，敬请读者批评指正。

编　者

2014 年 12 月

目　　录

项目 1

基于原理图输入的运算器设计制作

运算器是基本的逻辑器件，本项目以运算器设计为载体，介绍 EDA(Electronic Design Automation)的设计方法，利用原理图输入法设计运算器。通过在 Quartus II 集成开发环境中进行基于原理图输入的 4 位二进制数全加器和 2 位二进制数乘法器设计，逐步认识基于 FPGA(Field-Programmable Gate Array)的 EDA 开发流程、开发工具 Quartus II 12.1 和仿真工具 ModelSim-Altera 10.1b 的使用，以及数字电路的层次化设计方法。

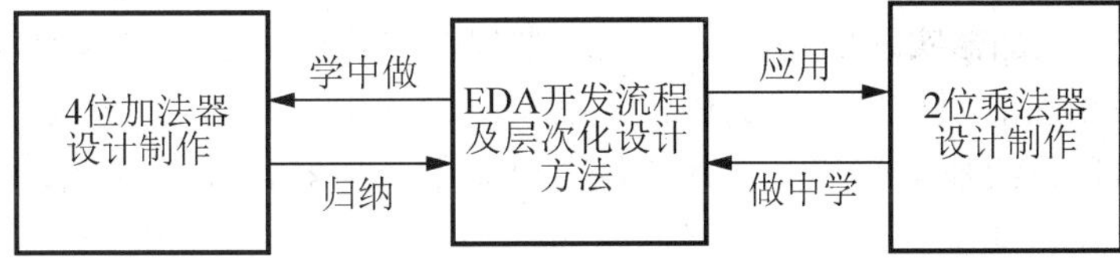

能力目标	知识目标
(1) 会安装 EDA 的工具软件 Quartus II (2) 能使用 Quartus II 软件，应用原理图输入法设计简单的组合逻辑电路 (3) 能使用 ModelSim-Altera 软件对设计电路进行功能仿真与时序仿真 (4) 能将设计好的硬件程序通过编程器载入开发板目标芯片 (5) 能使用 Quartus II 软件对设计电路进行管脚分配 (6) 能用开关与数码管设计数字电路的输入与输出	(1) 了解 EDA 技术概况 (2) 了解 FPGA 的工作原理与基本结构 (3) 掌握基于 FPGA 的 EDA 开发流程 (4) 熟悉 Quartus II 设计开发工具 (5) 熟悉 ModelSim-Altera 仿真工具 (6) 掌握 EDA 层次化设计方法

1.1　4 位二进制数全加器的设计

加法器是数字电子系统中的基本逻辑器件，也是最基本的数字算法。无论减法、乘法、除法或 FFT(快速傅里叶变换)运算最终都可分解为加法运算。因此，加法器的设计是最基础的设计之一，本节介绍基于 FPGA 的 4 位二进制数全加器的设计过程。4 位二进制数全加器的设计流程如图 1.1 所示。

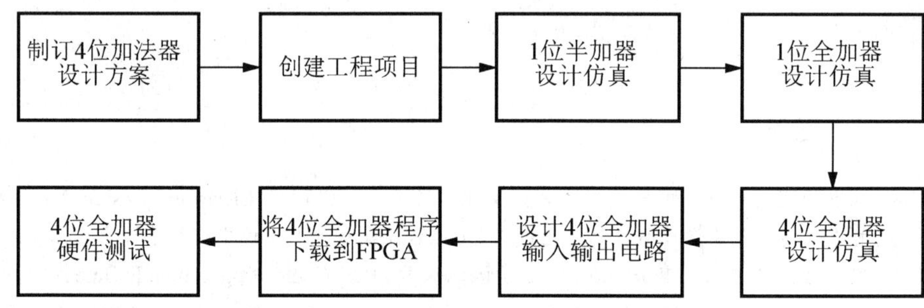

图 1.1　4 位二进制数全加器设计制作流程

1.1.1　任务书

4 位二进制数全加器实现的功能是 4 位二进制被加数和 4 位二进制加数以及最低位的进位相加，获得相加的和与最高位的进位。在实际设计中，4 位二进制数全加器实现的方法有多种，本项目介绍基于 FPGA 设计 4 位二进制数全加器。考虑到由浅入深的宗旨，使用原理图输入法设计 4 位二进制数全加器。

1. 学习目的

(1) 会使用 FPGA 的 EDA 工具软件 Quartus II 12.1 和 ModelSim-Altera 10.1b。
(2) 能采用原理图输入法和层次化方法设计数字电路。
(3) 能用 ModelSim-Altera 10.1b 对设计电路进行功能仿真。
(4) 能利用编程器将设计好的硬件程序载入 FPGA 开发板。
(5) 能进行 GW48 系列 EDA 学习开发板的调试。
(6) 能用开关与数码管设计数字电路的输入与输出。

2. 任务描述

在 Quartus II 12.1 软件平台，用原理图输入法和层次化方法设计 4 位二进制数全加器；用 ModelSim-Altera 10.1b 仿真软件仿真检查设计结果；利用 GW48 实验箱进行硬件验证；可选用的输入输出硬件资源有按钮开关、LED 灯、数码管等。

3. 教学工具

(1) 计算机。
(2) Quartus II 12.1 软件。

(3) ModelSim-Altera 10.1b 仿真软件。

(4) GW48 实验箱。

1.1.2　4 位二进制数全加器设计方案

4 位二进制数 $a_3a_2a_1a_0$ 与 $b_3b_2b_1b_0$ 相加，可得 4 位二进制数和 $s_3s_2s_1s_0$ 与最高位进位 C_3。其相加过程如图 1.2 所示。

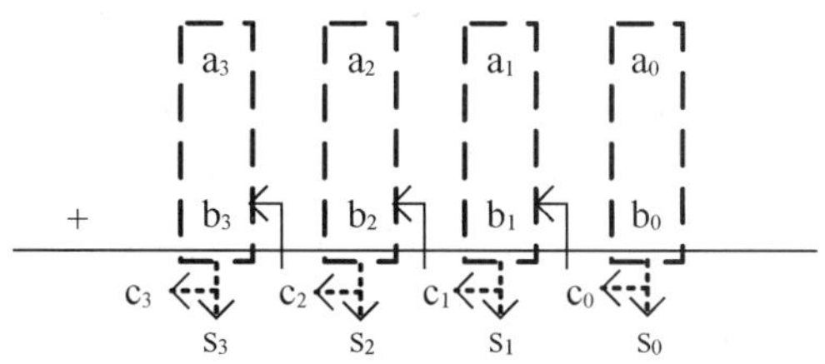

图 1.2　4 位二进制数相加过程

从 4 位二进制数相加的过程可知，4 位二进制数相加是加数与被加数相对应的第 0 位到第 3 位分别相加。当第 0 位相加时，被加数 a_0 与加数 b_0 相加，获得和 s_0，进位 c_0，这种只有本位的加数 b_0 与被加数 a_0 相加的 1 位二进制数加法器称为半加器；当第 1 位相加时，除了本位的加数 b_1 与被加数 a_1 相加外，还要再加上低位，即第 0 位的进位 c_0，这种 1 位二进制数加法器称为全加器。

显然，1 位二进制数半加器输入端口有加数 B_n 与被加数 A_n，输出端口有和 S_n 与进位 C_n，其模型如图 1.3 所示。1 位二进制数全加器输入端口由加数 B_n 与被加数 A_n 以及低 1 位的进位 C_{n-1} 组成，输出端口由和 S_n 与进位 C_n 组成，其模型如图 1.4 所示。

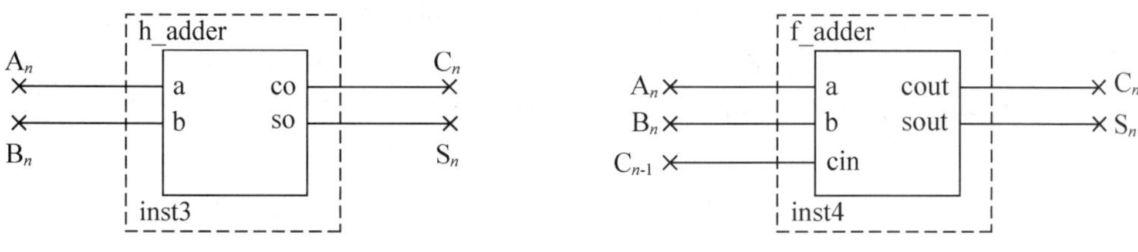

图 1.3　半加器模型　　　　图 1.4　全加器模型

从 1 位二进制数全加器相加过程可知，1 位二进制数全加可以由 2 次半加组合而得。第 1 个半加器把加数 B_n 与被加数 A_n 相加得和 S_{n1} 与进位 C_{n1}；将第 1 个半加器相加的和 S_{n1} 作为加数，输入第 2 个半加器与低位的进位 C_{n-1} 相加得最终的和 S_n 与进位 C_{n2}；将 2 个半加器所得的进位 C_{n1} 与 C_{n2} 进行“或”操作，可得 1 位二进制数全加器的进位 C_n。根据前面的分析，由半加器组成全加器的原理图如图 1.5 所示。

根据 4 位二进制数相加的过程可知，设计任务书要求的 4 位二进制数全加器可由 4 个 1 位二进制数全加器连接而成，其连接原理图如图 1.6 所示。从左到右分别表示 4 位二进制数全加器的第 0 位、第 1 位、第 2 位和第 3 位。

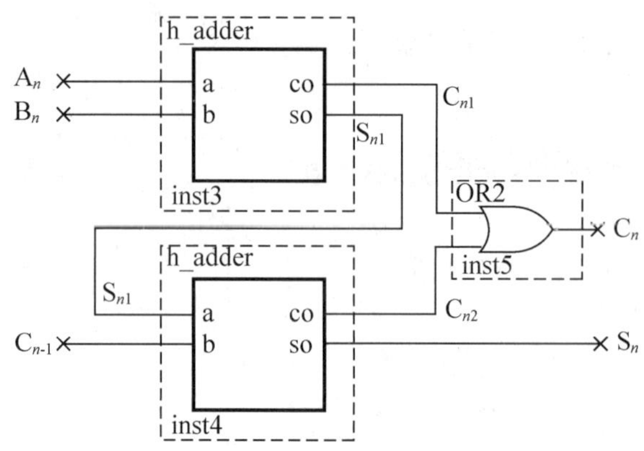

图 1.5 半加器组成全加器原理图

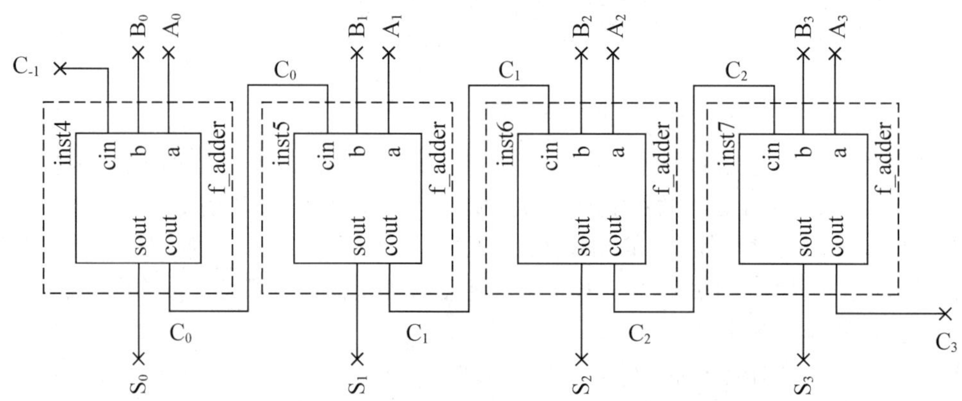

图 1.6 4 位二进制数全加器原理图

综上所述，4 位二进制数全加器可由 4 个 1 位二进制数全加器连接而成，而 1 位二进制数全加器由 2 个半加器连接而成，这样就形成了层次化关系。底层的 1 位半加器的设计可采用数字电路中组合逻辑电路的设计方法，根据定义，列真值表，写逻辑表达式，画出逻辑电路图。

根据定义，半加器的真值表见表 1.1。从真值表可知 1 位半加器逻辑表达式为

$$co=ab，so=a\oplus b$$

由逻辑表达式，画 1 位半加器原理图，如图 1.7 所示。

表 1.1 半加器真值表

被 加 数 a	加 数 b	进 位 co	和 so
0	0	0	0
0	1	0	1
1	0	0	1
1	1	1	0

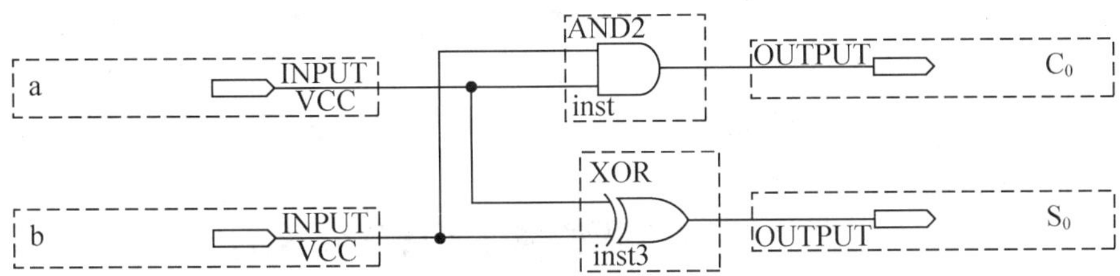

图 1.7　半加器原理图

1.1.3　4 位二进制数全加器设计实施步骤

根据设计方案，利用 Quartus II 12.1 软件平台，采用层次化方法设计 4 位二进制数全加器，具体实施步骤按照先后顺序可分为：创建工程、设计底层 1 位二进制数半加器并仿真验证、设计次层 1 位二进制数全加器并仿真验证、设计顶层 4 位二进制数全加器并仿真验证。

1. 创建工程

为了方便电路设计，首先应建立本项目工程文件夹(如 E:/XM1/JFQ)，将 4 位二进制数全加器的全部设计文件保存在此文件夹。工程文件夹的名称及路径不能使用汉字，因为 Quartus II 12.1 软件平台不支持中文路径。4 位二进制数全加器的工程名称可命名为“adder4”，具体操作步骤如下。

在 Quartus II 12.1 集成环境中选择【File】→【New Project Wizard】命令，弹出【New Project Wizard】对话框，如图 1.8 所示。该对话框介绍了新建工程的 5 个步骤。

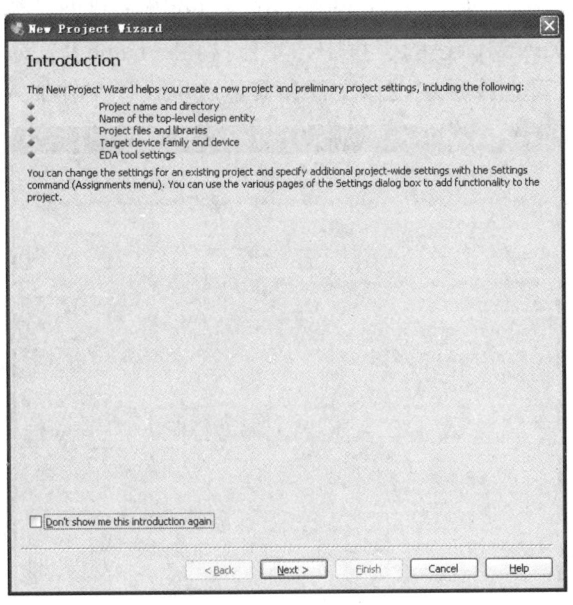

图 1.8　【New Project Wizard】对话框

(1) 在【New Project Wizard】对话框中单击【Next】按钮，弹出新建工程向导 5 步骤的第 1 步设置页面。此页面用于设置工程文件存放的目录、工程的名称和顶层文件实体名。

在对话框的第一栏，选择本工程文件所存放的工作目录“E:/XM1/JFQ”；在第二栏中输入工程名“adder4”；在第三栏中输入工程顶层文件实体名“adder4”，如图 1.9 所示。工程名和顶层文件实体名可以用相同名称，也可以用不同的名称。在多层次系统设计中，一般工程名与设计实体顶层文件实体名相同。

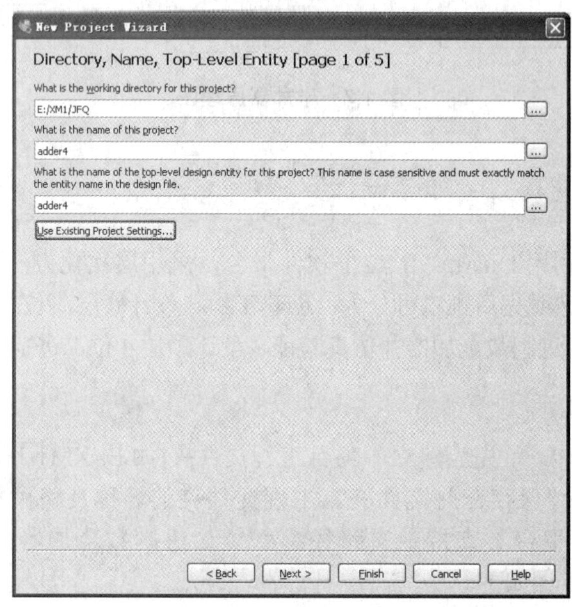

图 1.9 【Directory, Name, Top-Level Entity [page 1 of 5]】页面

(2) 单击【Next】按钮，弹出【Add Files [page 2 of 5]】页面，如图 1.10 所示。该页面可把已有的设计文件加入到新建的工程中，单击【File name】文本框后的按钮▭，弹出【Select File】对话框，可选择顶层设计文件和其他底层设计文件加入到新建的工程中。

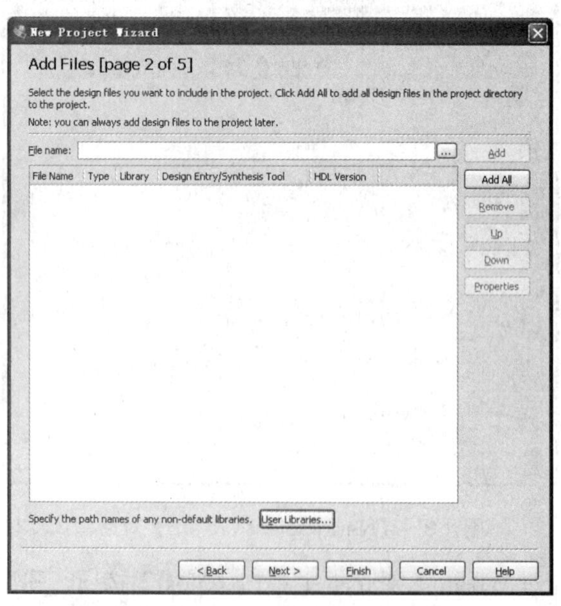

图 1.10 【Add Files [page 2 of 5]】页面

(3) 单击【Next】按钮，弹出【Family & Device Settings [page 3 of 5]】页面。该页面用于设置编程下载的 FPGA 目标芯片的类型与型号。在编译设计文件前，必须选择下载的目标芯片，否则系统将以默认的目标芯片为基础进行设计文件的编译。下面以 GW48 实验箱 FPGA 开发板上芯片、Altera 公司 Cyclone 系列的 EP1C6Q240C8 芯片设置为例，说明设置过程。

① 在【Device family】选项组的【Family】下拉列表中选择【Cyclone】芯片类型。

② 在【Show in 'Available device' list】选项组的【Package】下拉列表中选择使用【PQFP】封装方式。

③ 在【Pin count】下拉列表中选择【240】引脚数。

④ 在【Speed grade】下拉列表中选择【8】速度等级。设置结果如图 1.11 所示。

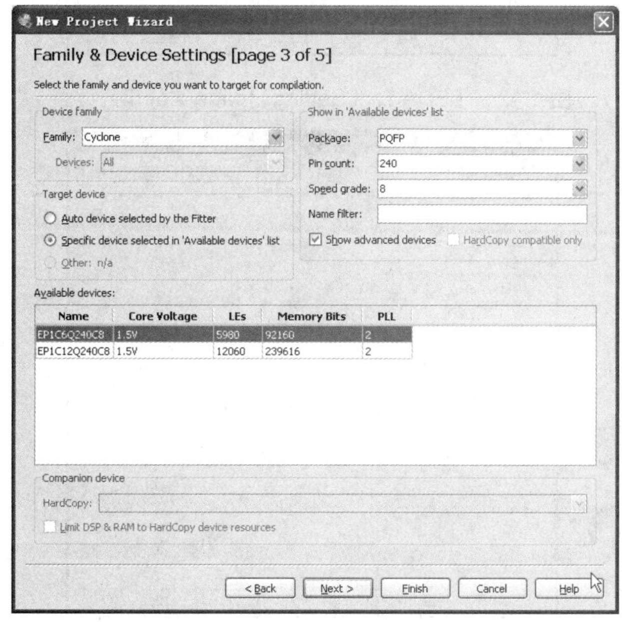

图 1.11　【Family & Device Settings [page 3 of 5]】页面

(4) 单击【Next】按钮，弹出用于设置第三方 EDA 工具软件的【EDA Tool Settings [page 4 of 5]】页面，如图 1.12 所示。在【EDA tools】列表中【Tool Type】列的【Simulation】行的【Tool Name】下拉列表中选择仿真工具为【ModelSim-Altera】，在【Format(s)】下拉列表中选择仿真语言为【VHDL】。

(5) 单击【Next】按钮，弹出【Summary [page 5 of 5]】页面，如图 1.13 所示，显示新建工程的摘要。单击【Finish】按钮，完成设计工程的创建。

完成设计工程的创建后，在 Quartus II 12.1 集成环境的【Project Navigator】面板【Hierarchy】标签页中显示了顶层实体名“adder4”，如图 1.14 所示。

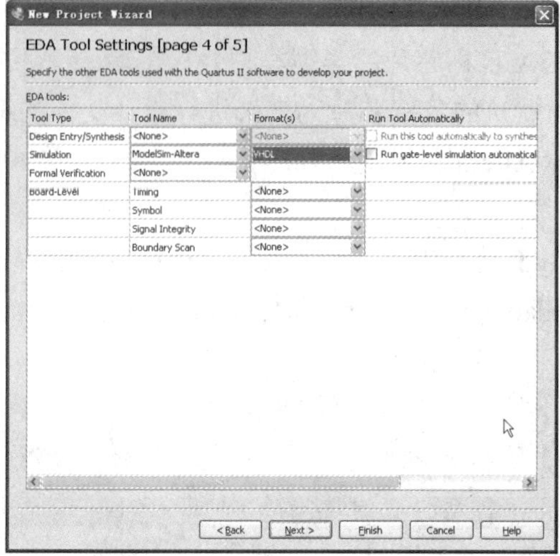

图 1.12 【EDA Tool Settings [page 4 of 5]】页面

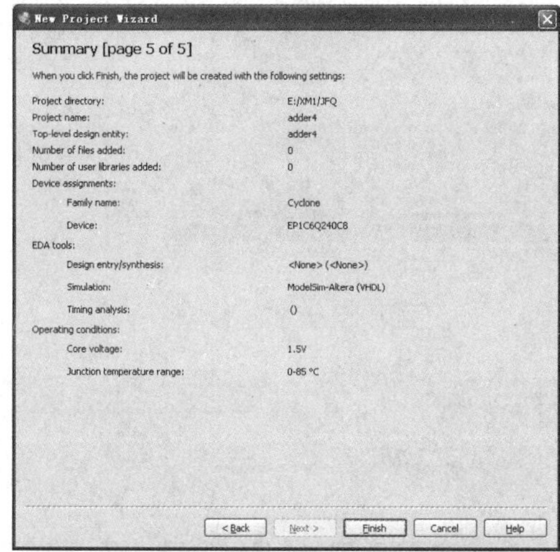

图 1.13 【Summary [page 5 of 5]】页面

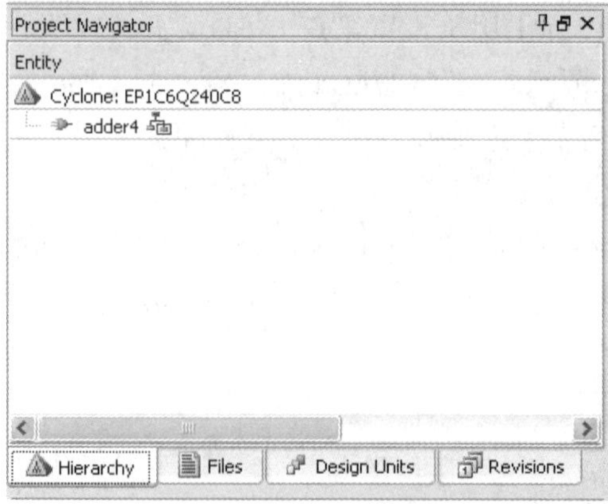

图 1.14 【Project Navigator】面板

2. 设计 1 位二进制数半加器

完成“adder4”工程创建后，可在“adder4”工程中创建设计文件。在 Quartus II 12.1 集成环境中选择【File】→【New】命令，弹出【New】对话框，选择【Block Diagram/Schematic File】选项，如图 1.15 所示。单击【OK】按钮，在 Quartus II 12.1 集成环境中将产生创建原理图设计文件窗口，自动产生扩展名为“.bdf”的原理图文件“Block1.bdf”，如图 1.16 所示。

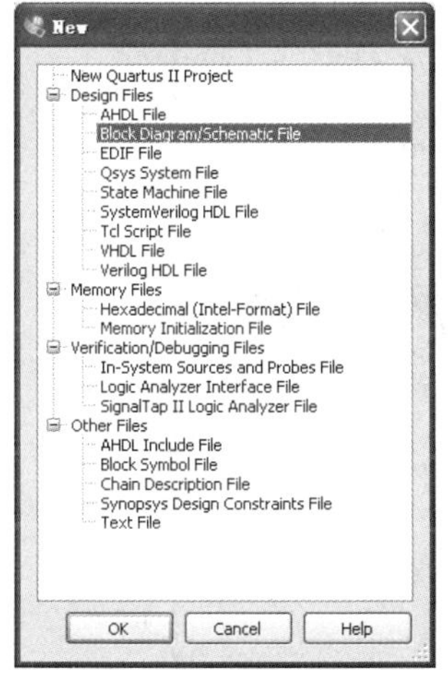

图 1.15 【New】对话框

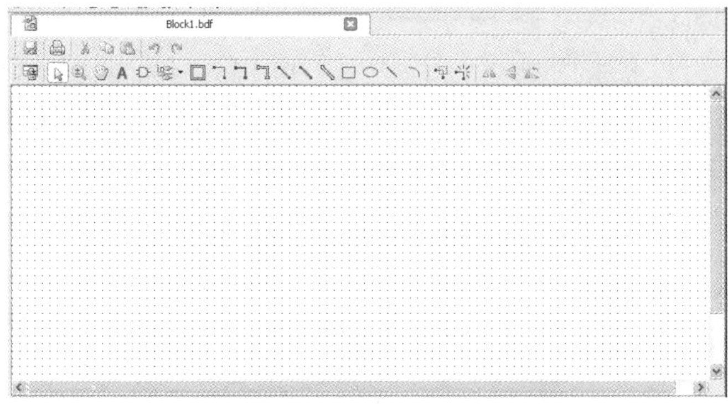

图 1.16 原理图文件设计窗口

在 Quartus II 12.1 集成环境中选择【File】→【Save As】命令，弹出【另存为】对话框，命名 1 位二进制数半加器原理图设计文件为“h_adder.bdf”，保存在“E:/XM1/JFQ”目录。

下面介绍 1 位二进制数半加器原理图文件“h_adder.bdf”设计和功能仿真过程。

(1) 创建 1 位二进制数半加器原理图文件。

① 在“h_adder.bdf”原理图文件编辑窗口空白位置双击鼠标，弹出【Symbol】对话框，如图 1.17 所示。根据设计方案，1 位二进制数半加器由“2 输入与门”和“异或门”连接而成，因而，在【Symbol】对话框的【Name】文本框内输入“2 输入与门”元件名“and2”，将自动展开库【Libraries】的目录，并在右边的显示区域显示“2 输入与门”元件如图 1.18 所示。

② 单击【Symbol】对话框的【OK】按钮，关闭【Symbol】对话框，鼠标变成“+”号，并在右下角吸附了“2 输入与门”元件。在“h_adder.bdf”原理图文件编辑窗口的适当位置单击，“2 输入与门”元件被加入到“h_adder.bdf”原理图文件中；用同样的方法可将元件名为“XOR”的“异或门”元件加入到“h_adder.bdf”原理图文件中。加入元件后的 1 位二进制数半加器原理图如图 1.19 所示。

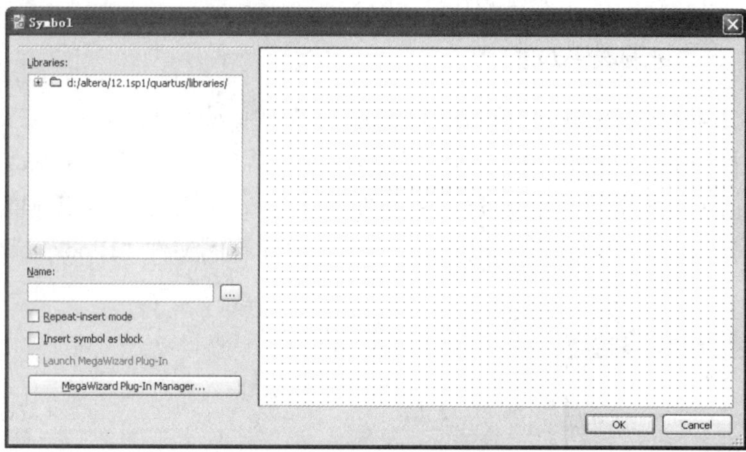

图 1.17 【Symbol】对话框

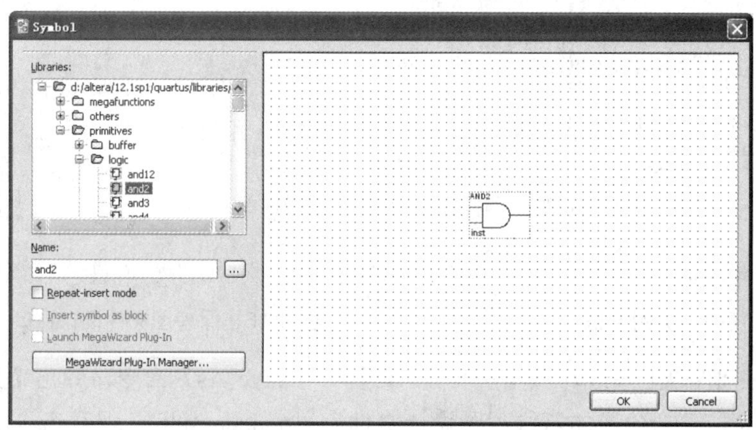

图 1.18 已选元件的【Symbol】对话框

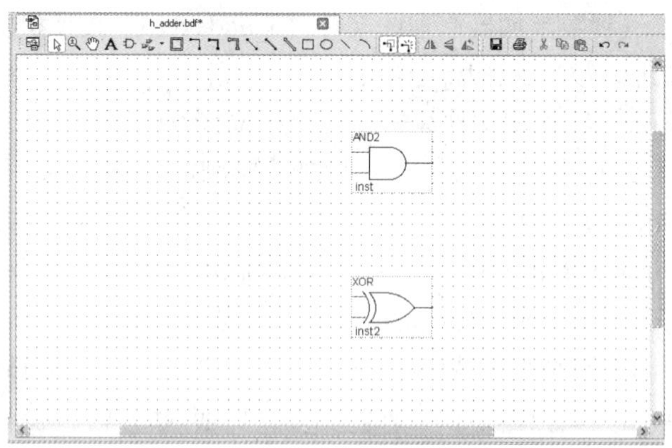

图 1.19 加入元件到原理图文件中

③ 在“h_adder.bdf”原理图文件编辑窗口的工具栏中单击【Pin Tool】按钮边的小三角，弹出下拉菜单，选择【Input】选项，鼠标将变成“+”号，并在右下角吸附了“输入端”元件。在“h_adder.bdf”原理图文件需要放置“输入端”元件的位置单击，“输入端”

元件被添加到“h_adder.bdf”原理图文件中，多次单击可加入多个“输入端”元件。退出“输入端”元件添加编辑状态，可按 Esc 键或将鼠标移到【Selection Tool】按钮处单击。用同样的方法，选择【Output】选项，可在 1 位二进制数半加器原理图文件中加入“输出端”元件。加入输入、输出端元件后的 1 位二进制数半加器原理图文件如图 1.20 所示。

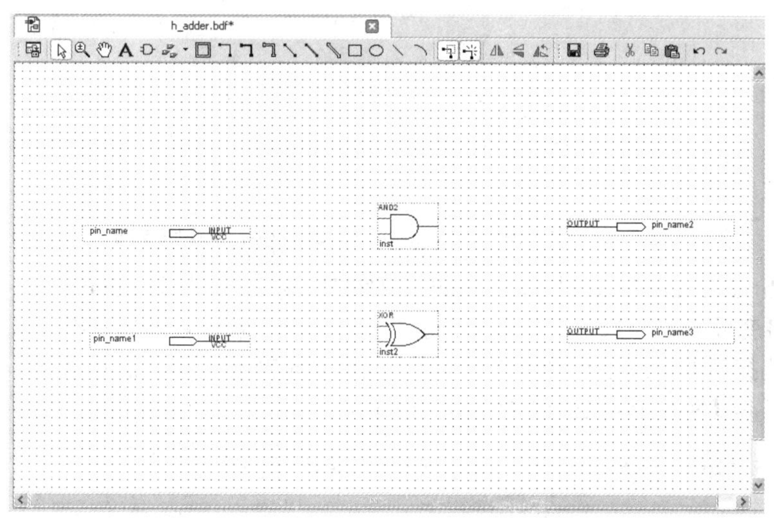

图 1.20　加入输入输出端到原理图文件中

④ 选择各输入、输出端双击，弹出【Pin Properties】对话框，在【General】选项卡的【Pin name(s)】文本框中输入端口名，如图 1.21 所示；单击【OK】按钮，完成端口重命名。

命名 1 位二进制数半加器输入端口名分别为“a”和“b”；1 位二进制数半加器“和”输出端口为“so”，“进位”输出端口为“co”。完成各输入、输出端口命名后的 1 位二进制数半加器原理图如图 1.22 所示。

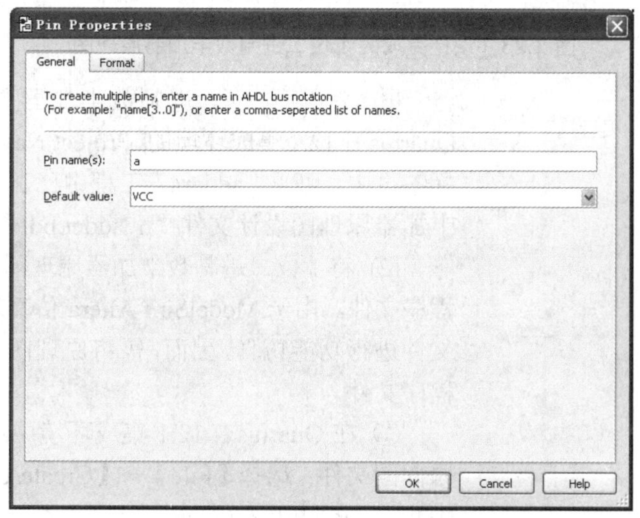

图 1.21　【Pin Properties】对话框

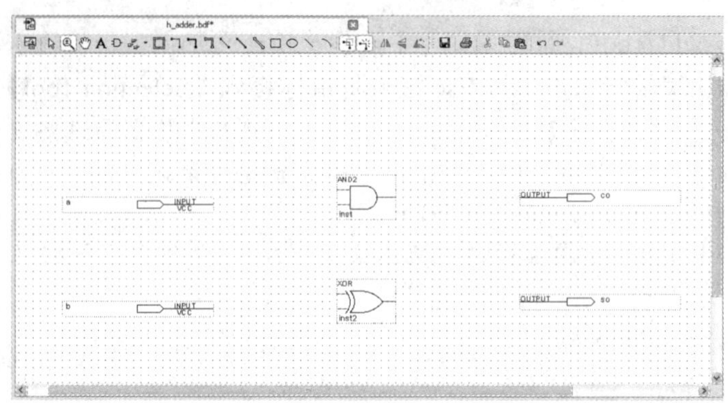

图 1.22　完成端口命名的 1 位二进制数半加器原理图

⑤ 在“h_adder.bdf”原理图文件编辑窗口的工具栏中单击【Orthogonal Node Tool】按钮，鼠标将变成“+”号，按住鼠标左键并拖动，可实现元件间的连接，完成 1 位二进制数半加器连接后的原理图如图 1.23 所示。退出直角节点连接状态可按【Esc】键或将鼠标移到选择工具【Selection Tool】按钮处单击。

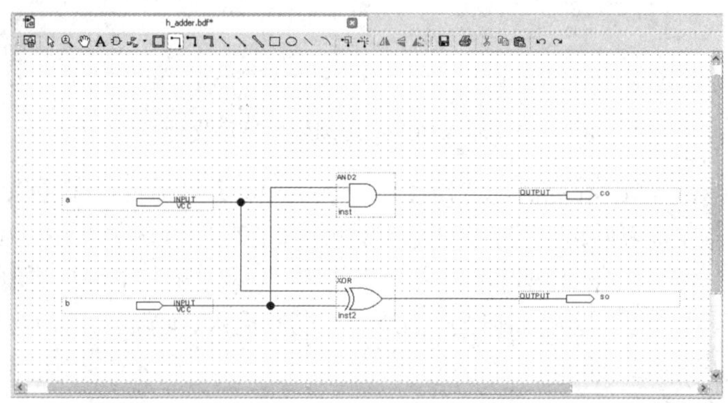

图 1.23　设计完成的 1 位二进制数半加器原理图

图 1.24　【Project Navigator】面板

⑥ 完成 1 位二进制数半加器原理图创建后，在 Quartus II 12.1 集成环境的【Project Navigator】面板【Files】标签页中，可见“adder4”工程中已加入了 1 位二进制数半加器原理图设计文件“h_adder.bdf”，如图 1.24 所示。

(2) 将 1 位二进制数半加器原理图文件转换为 VHDL 程序文件。由于 ModelSim-Altera 仿真软件不能对原理图文件进行功能仿真，因而，需将原理图文件转换为 VHDL 程序文件。

① 在 Quartus II 12.1 集成环境中选择“h_adder.bdf”原理图文件；选择【File】→【Create/Update】→【Create HDL Design File for Current File】命令，弹出【Create HDL Design File for Current File】对话框。

② 在【Create HDL Design File for Current File】对

话框的【File type】选项组中选择【VHDL】选项。在【File name】文本框中将自动填入保存路径与文件名“E:/XM1 /JFQ/ h_adder.vhd”，如图 1.25 所示；单击【OK】按钮，弹出创建 VHDL 文件成功的对话框。

转化完成的 1 位二进制数半加器 VHDL 程序文件“h_adder.vhd”保存在“E:/XM1/JFQ”目录中。

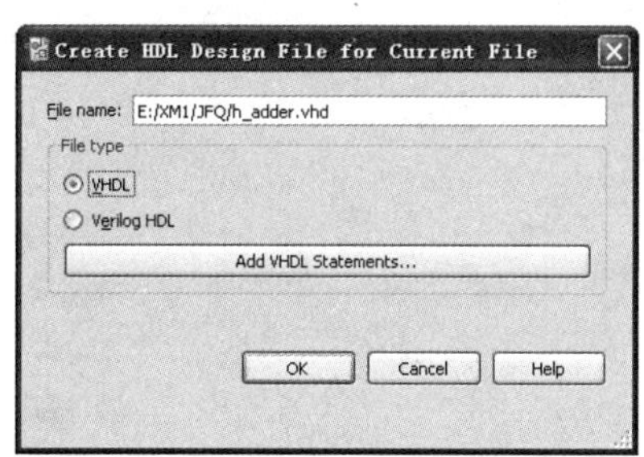

图 1.25　【Create HDL Design File for Current File】对话框

(3) 将 1 位二进制数半加器 VHDL 程序文件加入到工程。将 1 位二进制数半加器 VHDL 程序文件“h_adder.vhd”加入到“adder4”工程，同时，需将 1 位二进制数半加器原理图文件“h_adder.bdf”从“adder4”工程移去。

① 在 Quartus II 12.1 集成环境中选择【Project】→【Add/Remove File in Project】命令，弹出设置工程“adder4”的【Settings –adder4】对话框，如图 1.26 所示。

② 在【Settings –adder4】对话框文件列表中选择工程中已有的文件“h_adder.bdf”，单击【Remove】按钮，可将原理图文件从工程中移除。

③ 单击【File name】文本框后的浏览按钮，弹出【Select File】对话框，选择要加入到工程的 1 位二进制数半加器 VHDL 程序文件“h_adder.vhd”；单击【Add】按钮，将“h_adder.vhd”加入到文件列表栏中；单击【OK】按钮，1 位二进制数半加器的 VHDL 程序文件“h_adder.vhd”被加入到“adder4”工程中。

此时，在 Quartus II 12.1 集成环境中的【Project Navigator】面板的【Files】标签页中，显示“adder4”工程已加入了 1 位二进制数半加器 VHDL 程序文件“h_adder.vhd”，如图 1.27 所示。

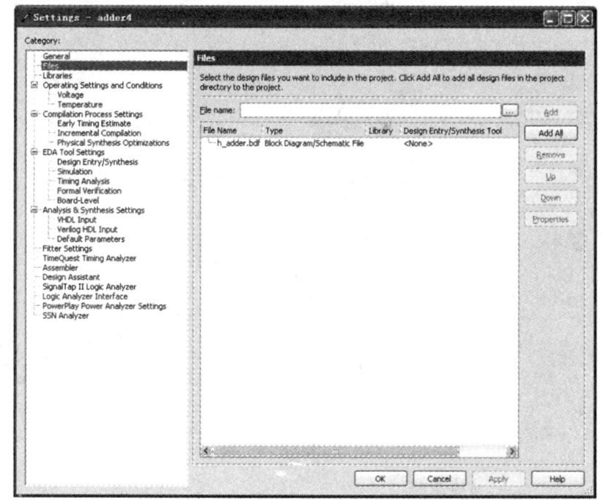

图 1.26　【Settings-adder4】对话框

图 1.27　【Project Navigator】面板

④ 在 Quartus II 12.1 集成环境中的【Project Navigator】面板的【Files】标签页中双击【h_adder.vhd】选项，可打开“h_adder.vhd”文件，如图 1.28 所示。

h_adder.vhd

```
-- Agreement, or other applicable license agreement, including,
-- without limitation, that your use is for the sole purpose of
-- programming logic devices manufactured by Altera and sold by
-- Altera or its authorized distributors.  Please refer to the
-- applicable agreement for further details.

-- PROGRAM      "Quartus II"
-- VERSION      "Version 11.0 Build 208 07/03/2011 Service Pack 1 SJ
-- CREATED      "Thu Oct 04 15:47:31 2012"

LIBRARY ieee;
USE ieee.std_logic_1164.all;
LIBRARY work;
ENTITY h_adder IS
    PORT
    (
        a :  IN  STD_LOGIC;
        b :  IN  STD_LOGIC;
        co :  OUT  STD_LOGIC;
        so :  OUT  STD_LOGIC
    );
END h_adder;
ARCHITECTURE bdf_type OF h_adder IS
BEGIN
co <= b AND a;
so <= a XOR b;
END bdf_type;
```

图 1.28　1 位二进制数半加器的 VHDL 程序

(4) 仿真软件设置。在 Quartus II 12.1 集成环境中调用第三方 EDA 工具 ModelSim-Altera 10.1b 仿真 VHDL 程序文件，需进行仿真软件的设置。

① 设置第三方 EDA 工具 ModelSim-Altera 10.1b 仿真软件。在 Quartus II 12.1 集成环境中选择【Assignments】→【Settings】命令，弹出设置工程“adder4”的【Settings –adder4】对话框；在【Category】栏中选择【EDA Tool Settings】目录下的【Simulation】选项；在【Tool name】下拉列表中选择【ModelSim-Altera】选项，如图 1.29 所示；在【EDA Netlist Writer settings】选项组的【Format for output metlist】下拉列表中选择【VHDL】文件格式。

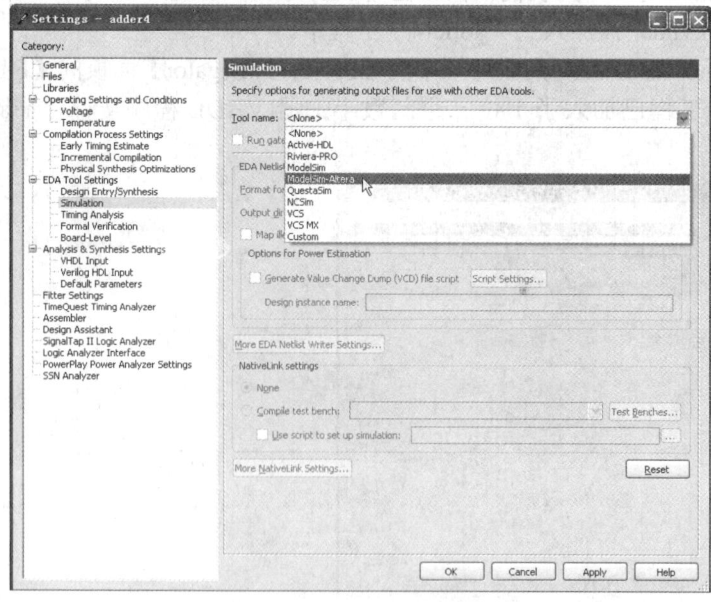

图 1.29　【Settings-adder4】对话框

如果在新建工程向导 5 步骤的第 3 步设置页面中已指定了第三方 EDA 仿真工具与仿真程序语言，本步骤可省略。

② 指定第三方仿真软件 ModelSim-Altera 10.1b 的安装路径。在 Quartus II 12.1 集成环境中选择【Tools】→【Options】命令，弹出【Options】对话框；在【Category】栏中选择【General】目录下的【EDA Tool Options】选项，在【Options】对话框内将出现【EDA Tool Options】设置页面；在【EDA Tool】列【ModelSim-Altera】文本框中填入仿真工具 ModelSim-Altera 10.1b 的安装路径，如图 1.30 所示。

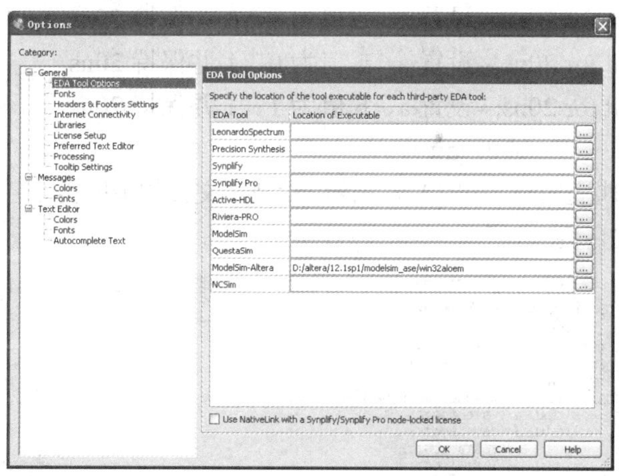

图 1.30　【Options】对话框

首次在 Quartus II 12.1 集成环境调用第三方仿真软件 ModelSim-Altera 10.1b，需要设置仿真软件 ModelSim-Altera 10.1b 的安装路径，否则本步骤可省略。

(5) 仿真测试文件的生成。

① 将“h_adder.vhd”文件设置为顶层文件并编译。在 Quartus II 12.1 集成环境的【Project Navigator】面板中右击【Files】标签页的【h_adder.vhd】选项，在弹出的快捷菜单中选择【Set as Top-Level Entity】命令，如图 1.31 所示；选择【Processing】→【Start Compilation】命令，如果设计文件没有错误，弹出全编译完成对话框，单击【OK】按钮，完成 1 位二进制数半加器 VHDL 程序文件“h_adder.vhd”的编译。

② 生成仿真测试模板文件。在 Quartus II 12.1 集成环境中选择【Processing】→【Start】→【Start Test Bench Template Writer】命令。如果没有设置错误会弹出生成测试模板文件成功的对话框。生成的仿真测试模板文件名为“h_adder.vht”，位置在“E:/XM1 /JFQ/simulation/modelsim”。

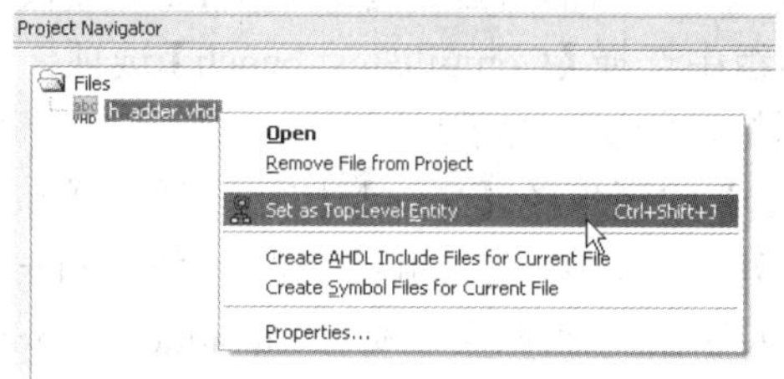

图 1.31　设置 1 位二进制数半加器为顶层实体

③ 编辑仿真测试模板文件。在 Quartus II 12.1 集成环境中选择【File】→【Open】命令，弹出【Open File】对话框，选择前面生成的仿真测试模板文件“E:/XM1/ JFQ/ simulation /modelsim/h_adder.vht”。打开“h_adder.vht”文件，删除“always”进程；在“init”进程设置 1 位二进制数半加器输入端 a、b 的值。“init”进程设置如下。

```
init : process    --命名进程为“init”
begin
a<='0';b<='0';wait for 20ns;--设置 a、b 值为 0、0 并保持 20ns
a<='1';b<='0';wait for 20ns;--设置 a、b 值为 1、0 并保持 20ns
a<='0';b<='1';wait for 20ns;--设置 a、b 值为 0、1 并保持 20ns
a<='1';b<='1';wait for 20ns;--设置 a、b 值为 1、1 并保持 20ns
end process init;         --结束 init 进程
```

仿真测试文件编辑完成后，如图 1.32 所示，该测试文件的顶层实体名为“h_adder_vhd_tst”，测试模块的元件例化名为“i1”。

simulation/modelsim/h_adder.vht

```
LIBRARY ieee;
USE ieee.std_logic_1164.all;
ENTITY h_adder_vhd_tst IS
END h_adder_vhd_tst;
ARCHITECTURE h_adder_arch OF h_adder_vhd_tst IS
    SIGNAL a : STD_LOGIC;
    SIGNAL b : STD_LOGIC;
    SIGNAL co : STD_LOGIC;
    SIGNAL so : STD_LOGIC;
    COMPONENT h_adder
        PORT (
        a : IN STD_LOGIC;
        b : IN STD_LOGIC;
        co : OUT STD_LOGIC;
        so : OUT STD_LOGIC
        );
    END COMPONENT;
BEGIN
    i1 : h_adder
    PORT MAP (a => a, b => b,co => co,so => so);
    init : PROCESS
    BEGIN
        a<='0';b<='0';WAIT for 20ns;
        a<='1';b<='0';WAIT for 20ns;
        a<='0';b<='1';WAIT for 20ns;
        a<='1';b<='1';WAIT for 20ns;
    END PROCESS init;
END h_adder_arch;
```

图 1.32　1 位二进制数半加器测试文件

(6) 配置仿真测试文件。

① 在 Quartus II 12.1 集成环境中选择【Assignments】→【Settings】命令，弹出设置工程“adder4”的【Settings –adder4】对话框；在【Category】栏中选择【EDA Tool Settings】目录下的【Simulation】选项，对话框内显示【Simulation】面板。在【Simulation】面板的【NativeLink settings】选项组中选择【Compile test bench】选项。单击【Test Benches】按钮，弹出【Test Benches】对话框，如图 1.33 所示。

② 单击【Test Benches】对话框的【New】按钮，弹出【New Test Bench Settings】对话框；在【Test bench name】文本框中，输入测试文件名“h_adder.vht”；在【Top level module in test bench】文本框中输入测试文件顶层实体名“h_adder_vhd_tst”；选中【Use test bench to perform VHDL timing simulation】复选框，在【Design instance name in test bench】文本

框中输入测试模块元件例化名“i1”；选择【End simulation at】时间为 1μs；单击【Test bench and simulation files】选项组【File name】文本框后的按钮，选择测试文件“E:/XM1/JFQ/simulation/ modelsim/ h_adder.vht”，单击【Add】按钮，完成设置，如图 1.34 所示。

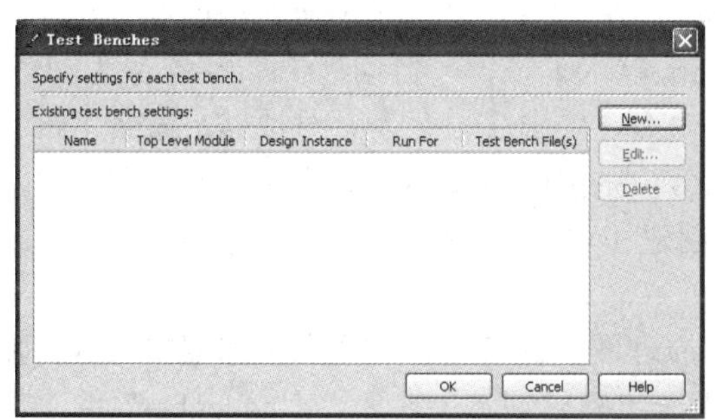

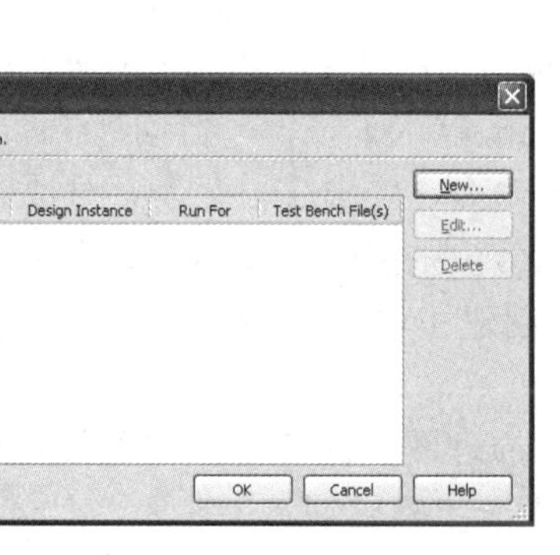

图 1.33　【Test Benches】对话框

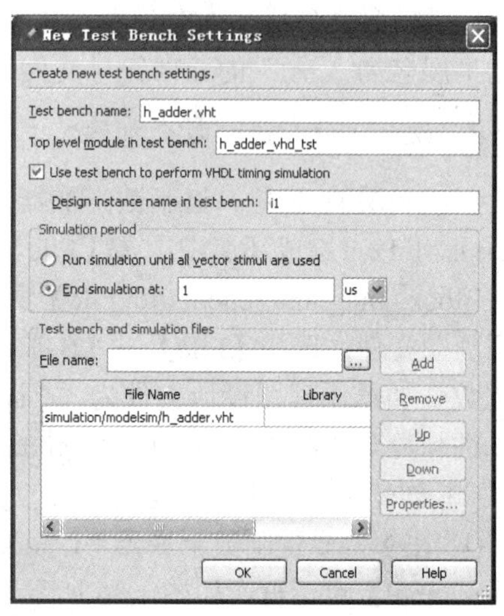

图 1.34　【New Test Bench Settings】对话框

③ 单击【New Test Bench Settings】对话框的【OK】按钮，设置的内容将填入【Test Benches】对话框中；单击【Test Benchs】对话框的【OK】按钮，“h_adder.vht”文件名将填入【Settings –adder4】对话框的【Compile test bench】文本框中；单击【Settings –adder4】对话框的【OK】按钮，完成配置 1 位二进制数半加器仿真测试文件。

(7) 观察功能仿真波形。在 Quartus II 12.1 集成环境中选择【Tools】→【Run Simulation Tool】→【RTL Simulation】命令，可以看到 ModelSim-Altera 10.1b 的运行界面出现功能仿真波形，如图 1.35 所示。从波形图中可知，当 a、b 输入分别为 0、0 时，输出 so=0，co=0；当 a、b 输入分别为 1、0 时，输出 so=1，co=0；当 a、b 输入分别为 0、1 时，输出 so=1，co=0；当 a、b 输入分别为 1、1 时，输出 so=0，co=1。说明设计的 1 位二进制数半加器符合 1 位二进制数相加的功能要求。

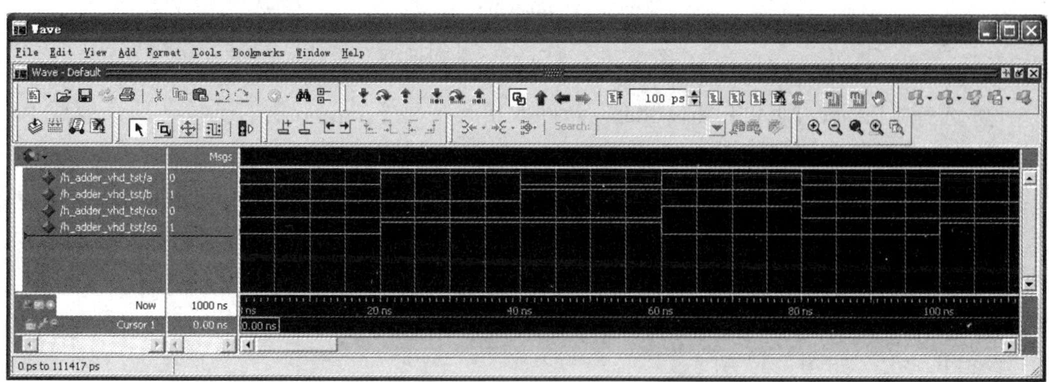

图 1.35　1 位二进制数半加器功能仿真波形图

(8) 生成底层 1 位二进制数半加器元件符号文件。在 Quartus II 12.1 集成环境的【Project Navigator】面板【Files】标签页上双击【h_adder.vhd】选项，打开“h_adder.vhd”文件；选择【File】→【Create/Update】→【Create Symbol File for Current File】命令，弹出创建元件符号文件成功的对话框；此时，在工程文件夹内生成了与 1 位二进制数半加器同名的扩展名为“.bsf”的元件符号文件“h_adder.bsf”，为创建 1 位二进制数全加器作准备。

3. 设计 1 位二进制数全加器

完成底层的 1 位二进制数半加器创建后，可创建 1 位二进制数全加器设计文件。在 Quartus II 12.1 集成环境中选择【File】→【New...】命令，弹出【New】对话框；选择创建【Block Diagram/Schematic File】文件，单击【OK】按钮，自动产生扩展名为“.bdf”的原理图文件；选择【File】→【Save As...】命令，弹出【另存为】对话框，命名 1 位二进制数全加器原理图设计文件为“f_adder.bdf”，保存在“E:/XM1/JFQ”目录。下面是 1 位二进制数全加器原理图文件“f_adder.bdf”创建和功能仿真过程。

(1) 创建 1 位二进制数全加器原理图文件。

① 在 1 位二进制数全加器“f_adder.bdf”原理图文件编辑窗口空白位置双击鼠标，弹出【Symbol】对话框，如图 1.36 所示。由于上一步骤已创建了名为“h_adder.bsf”的 1 位二进制数半加器元件，因而，在【Symbol】对话框的库中出现了【Project】库。

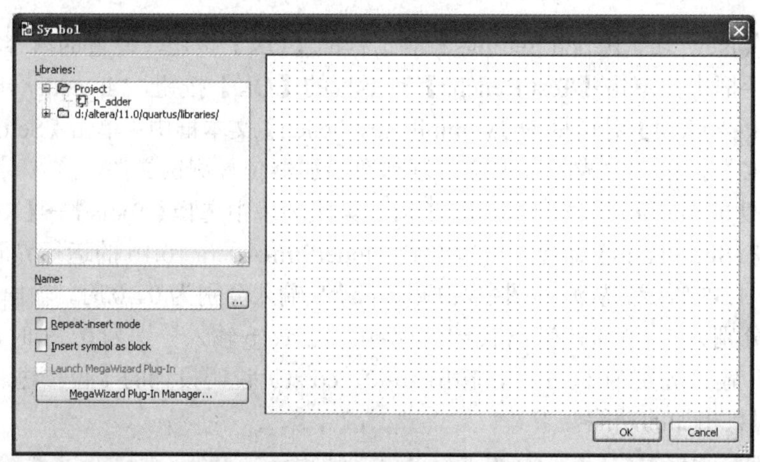

图 1.36 【Symbol】对话框

② 选择【Project】库的“h_adder”元件双击，关闭【Symbol】对话框，鼠标变成“+”号，并在右下角吸附了“h_adder”元件。在 1 位二进制数全加器原理图文件“f_adder.bdf”编辑窗口的适当位置单击，“h_adder”元件将被加入到“f_adder.bdf”原理图文件；由于 1 位二进制数全加器需要 2 个“h_adder”元件，另一个“h_adder”元件可采用复制的方法生成。其他元件创建方法与 1 位二进制数半加器创建方法相同，添加的元件有：1 个 2 输入或门“OR2”、3 个输入端、2 个输出端。完成元件添加的 1 位二进制数全加器原理图文件“f_adder.bdf”如图 1.37 所示。

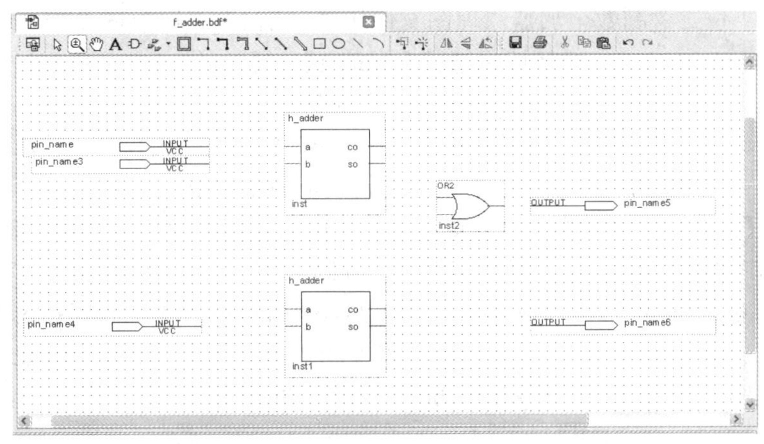

图 1.37　组成 1 位二进制数全加器的元件

③ 双击各输入输出端口，弹出【Pin Properties】对话框，在【Pin name(s)】文本框中输入输入输出端口名。命名 1 位二进制数全加器的“被加数”、“加数”、“低位进位”等输入端口名分别为“A”、“B”、“Cin”；命名 1 位二进制数全加器的“和”、“进位”等输出端口名分别为“Sout”、“Cout”。

④ 利用直角节点连接工具【Orthogonal Node Tool】按钮┐，连接 1 位二进制数全加器各元件，完成连接后的 1 位二进制数全加器原理图如图 1.38 所示。

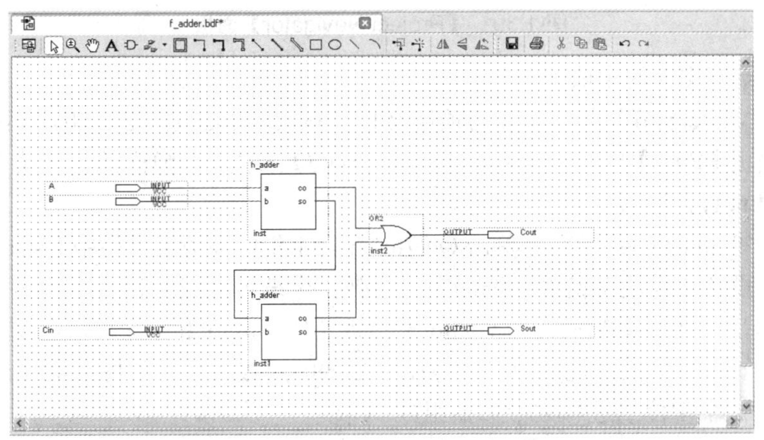

图 1.38　1 位二进制数全加器原理图

(2) 将 1 位二进制数全加器原理图文件转换为 VHDL 程序文件。仿照 1 位二进制数半加器的转换方法，将 1 位二进制数全加器原理图文件转换成 VHDL 文件。转化完成的 1 位二进制数全加器 VHDL 程序文件为“f_adder.vhd”，保存在“E:/XM1/JFQ”目录。

(3) 将 1 位二进制数全加器 VHDL 程序文件加入到工程。将原理图设计的 1 位二进制数全加器文件“f_adder.bdf”从“adder4”工程移去，而将 1 位二进制数全加器 VHDL 程序文件“f_adder.vhd”加入到“adder4”工程中。具体操作方法如下。

① 在 Quartus II 12.1 集成环境中【Project Navigator】面板【Files】标签页上右击【f_adder.bdf】选项，在弹出的快捷菜单中选择【Remove File from Project】命令，将

“f_adder.bdf” 1 位二进制数全加器原理图文件从 “adder4” 工程中移去。

② 在 Quartus II 12.1 集成环境中选择【Project】→【Add/Remove File in Project】命令，弹出设置工程 “adder4” 的【Settings –adder4】对话框。

③ 在【Settings –adder4】对话框中单击【File name】文本框后的浏览按键[...]，弹出【Select File】对话框，选择要加入到工程的 1 位二进制数全加器 VHDL 程序文件 “f_adder.vhd”。

④ 单击【Add】按钮，将 “f_adder.vhd” 文件加入到文件列表栏中；单击【OK】按钮，1 位二进制数全加器 VHDL 程序文件 “f_adder.vhd” 被加入到 “adder4” 工程。

此时，在 Quartus II 12.1 集成环境中的【Project Navigator】面板【Files】标签页上显示 “adder4” 工程，包括 1 位二进制数全加器 VHDL 程序文件 “f_adder.vhd” 和 1 位二进制数半加器 VHDL 程序文件 “h_adder.vhd”，如图 1.39 所示。

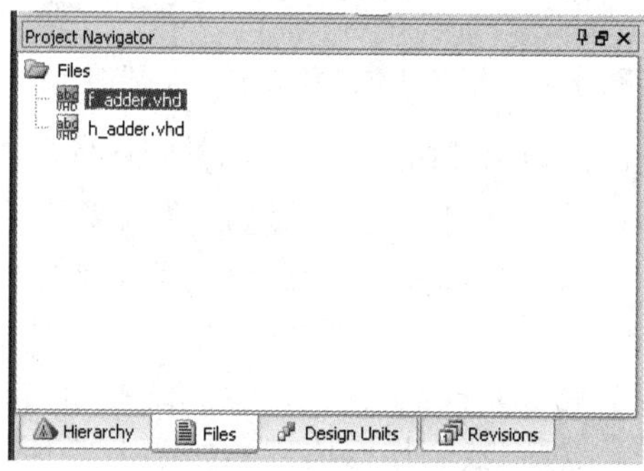

图 1.39 【Project Navigator】面板

(4) 仿真测试文件的生成。

① 将 “f_adder.vhd” 文件设置为顶层文件。在 Quartus II 12.1 集成环境的【Project Navigator】面板【Files】标签页上右击【f_adder.vhd】选项，在弹出的快捷菜单中选择【Set as Top-Level Entity】选项。

② 编译 “f_adder.vhd” 文件。单击 Quartus II 12.1 集成环境工具栏中【Start Compilation】按钮▶，如果设计文件没有错误，编译完成后弹出全编译完成对话框。

完成编译后，选择【Project Navigator】面板【Hierarchy】标签页，可观察 1 位二进制数全加器(f_adder)与 1 位二进制数半加器(h_adder)的层级关系，如图 1.40 所示。1 位二进制数全加器由 2 个 1 位二进制数半加器组成。

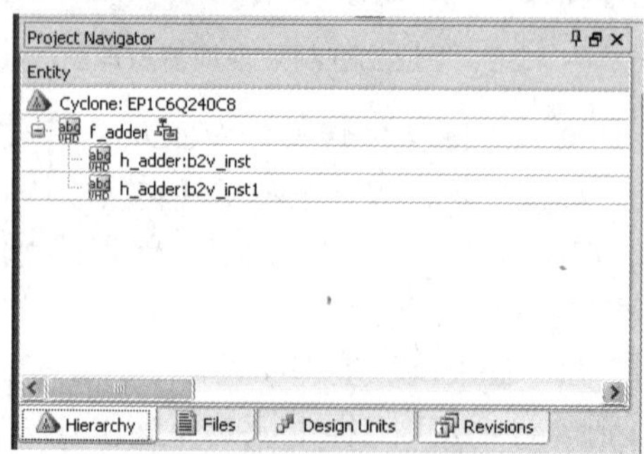

图 1.40 1 位二进制数全加器与 1 位二进制数半加器的层级关系

③ 生成1位二进制数全加器仿真测试模板文件。在Quartus II 12.1集成环境中选择【Processing】→【Start】→【Start Test Bench Template Writer】命令，弹出生成测试模板文件成功的对话框。生成的1位二进制数全加器仿真测试模板文件名为“f_adder.vht”，位置为“E:/XM1/JFQ/simulation/ modelsim”。

④ 编辑1位二进制数全加器仿真测试模板文件。在Quartus II 12.1集成环境中选择【File】→【Open】命令，弹出【Open File】对话框，打开上一步骤生成的仿真测试模板文件“f_adder.vht”。删除“f_adder.vht”文件中的“always”进程；在“init”进程设置1位二进制数全加器输入端口“加数A”、“加数B”、“低位进位Cin”的值。完整的1位二进制数全加器仿真测试文件如下。

```
library ieee;
use ieee.std_logic_1164.all;
entity f_adder_vhd_tst is
end f_adder_vhd_tst;
architecture f_adder_arch of f_adder_vhd_tst is
        signal A : std_logic;
        signal B : std_logic;
        signal Cin : std_logic;
        signal Cout : std_logic;
        signal Sout : std_logic;
        component f_adder
            port(A : in std_logic;
            B : in std_logic;
            Cin : in std_logic;
            Cout : out std_logic;
            Sout : out std_logic);
        end component;
begin
        i1 : f_adder
        port map(A => A,
            B => B,
            Cin => Cin,
            Cout => Cout,
            Sout => Sout);
        init : process
        begin
            A<='0'; B<='0'; Cin<='0'; wait for 20ns;
            A<='0'; B<='1'; Cin<='0'; wait for 20ns;
            A<='1'; B<='0'; Cin<='0'; wait for 20ns;
            A<='1'; B<='1'; Cin<='0'; wait for 20ns;
```

```
            A<='0'; B<='0'; Cin<='1'; wait for 20ns;
            A<='0'; B<='1'; Cin<='1'; wait for 20ns;
            A<='1'; B<='0'; Cin<='1'; wait for 20ns;
            A<='1'; B<='1'; Cin<='1'; wait for 20ns;
        end process init;
end f_adder_arch;
```

上述 1 位二进制数全加器仿真测试文件的实体名为“f_adder_vhd_tst”，调用的仿真测试模块元件名为“i1”。

(5) 配置仿真测试文件。

① 在 Quartus II 12.1 集成环境中选择【Assignments】→【Settings】命令，弹出设置工程“adder4”的【Settings –adder4】对话框；在【Category】栏中选择【EDA Tool Settings】目录下的【Simulation】选项，对话框内显示【Simulation】面板；在【Simulation】面板的【NativeLink settings】选项组中选择【Compile test bench】选项；单击【Test Benches】按钮，弹出【Test Benches】对话框，如图 1.41 所示。

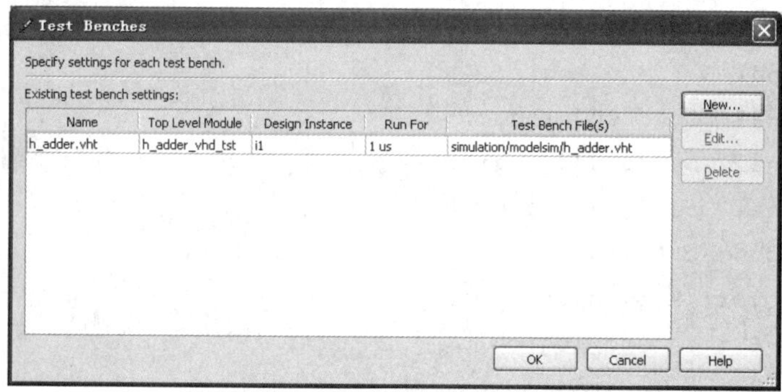

图 1.41 【Test Benches】对话框

② 单击【Test Benches】对话框的【New】按钮，弹出【New Test Bench Settings】对话框；在【Test bench name】文本框中输入 1 位二进制数全加器仿真测试文件名“f_adder.vht”；在【Top level module in test bench】文本框中输入 1 位二进制数全加器仿真测试文件的顶层实体名“f_adder_vhd_tst”；选中【Use test bench to perform VHDL timing simulation】复选框，并在【Design instance name in test bench】文本框中输入设计测试模块元件例化名“i1”；选择【End simulation at】时间为 1μs；单击【Test bench and simulation files】选项组【File name】文本框后的按钮▭，选择测试文件“E:/XM1/JFQ/simulation/modelsim/f_adder.vht”，单击【Add】按钮，设置结果如图 1.42 所示。

③ 单击【New Test Bench Settings】对话框的【OK】按钮，设置的内容将填入【Test Benches】对话框中，如图 1.43 所示；单击【Test Benchs】对话框的【OK】按钮，关闭【Test Benchs】对话框，返回【Settings –adder4】对话框。

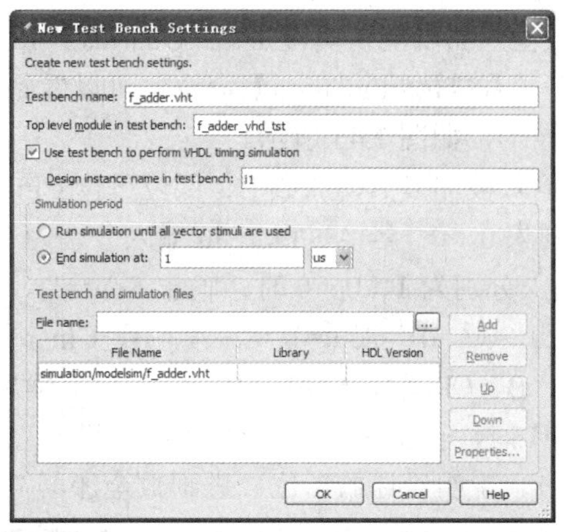

图 1.42　【New Test Bench Settings】对话框

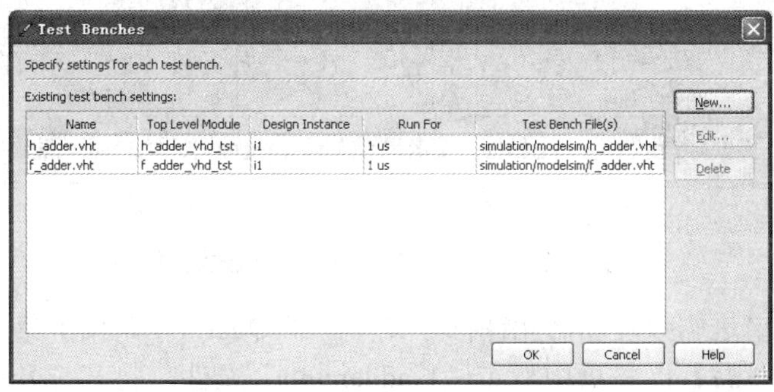

图 1.43　增加 1 位二进制数全加器测试模板文件后的【Text Benches】对话框

④ 在【Simulation】面板【Compile test bench】下拉列表中选择 1 位二进制数全加器测试模板文件“f_adder.vht”，如图 1.44 所示；单击【OK】按钮，完成 1 位二进制数全加器仿真测试文件配置，返回主界面。

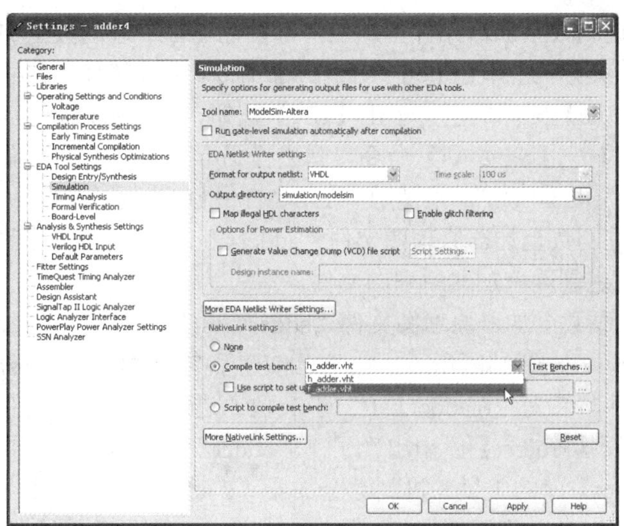

图 1.44　选择 1 位二进制数全加器测试模板文件

(6) 观察 1 位二进制数全加器功能仿真波形。在 Quartus II 12.1 集成环境中选择【Tools】→【Run Simulation Tool】→【RTL Simulation】命令，可以看到 ModelSim-Altera 10.1b 的运行界面出现的功能仿真波形，如图 1.45 所示。

从波形图中可知，当输入被加数 A、加数 B、低位进位 Cin 分别为 0、0、0 时，输出的和 Sout 与进位 Cout 分别为 0、0；当 A、B、Cin 输入分别为 0、1、0 时，输出 Sout=1，Cout=0；当 A、B、Cin 输入分别为 1、0、0 时，输出 Sout=1，Cout=0；当 A、B、Cin 输入分别为 1、1、0 时，输出 Sout=0，Cout=1；当 A、B、Cin 输入分别为 0、0、1 时，输出 Sout=1，Cout=0；当 A、B、Cin 输入分别为 0、1、1 时，输出 Sout=0，Cout=1；当 A、B、Cin 输入分别为 1、0、1 时，输出 Sout=0，Cout=1；当 A、B、Cin 输入分别为 1、1、1 时，输出 Sout=1，Cout=1。说明设计的 1 位二进制数全加器符合功能要求。

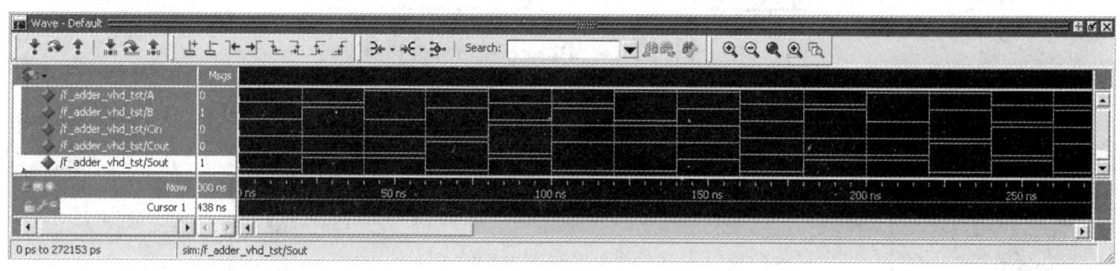

图 1.45　1 位二进制数全加器测试波形

(7) 生成 1 位二进制数全加器元件符号文件。在 Quartus II 12.1 集成环境的【Project Navigator】面板【File】标签页中双击“f_adder.vhd”文件，将其打开；选择【File】→【Create/Update】→【Create Symbol File for Current File】命令；创建完成后，弹出创建元件符号文件成功对话框，单击【OK】按钮。在工程文件夹内生成了与 1 位二进制数全加器同名的扩展名为“.bsf”的元件符号文件“f_adder.bsf”。

4. 创建 4 位二进制数全加器

在创建 1 位二进制数全加器元件基础上，可设计 4 位二进制数全加器原理图文件。在 Quartus II 12.1 集成环境中选择【File】→【New】命令，弹出【New】对话框；选择【Block Diagram/Schematic File】文件类型，单击【OK】按钮，自动生成扩展名为“.bdf”的原理图文件；选择【File】→【Save As】命令，弹出【另存为】对话框，命名 4 位二进制数全加器原理图文件为“adder4.bdf”，保存在“E:/XM1/JFQ”目录。

下面是 4 位二进制数全加器原理图文件“adder4.bdf”创建和功能仿真过程。

(1) 创建 4 位二进制数全加器原理图文件。

① 在 4 位二进制数全加器原理图文件“adder4.bdf”编辑窗口空白位置双击鼠标，弹出【Symbol】对话框，如图 1.46 所示。由于已创建了名为“h_adder.bsf”的 1 位二进制数半加器元件符号文件与名为“f_adder.bsf”的 1 位二进制数全加器元件符号文件，因而，在【Symbol】对话框【Project】库中出现了“h_adder”元件与“f_adder”元件。

② 双击【Project】库的 1 位二进制数全加器“f_adder”元件，鼠标将变成“+”号，并在右下角吸附了“f_adder”元件。在 4 位二进制数全加器原理图文件“adder4.bdf”编辑窗口的适当位置单击，将“f_adder”元件加入到“adder4.bdf”原理图文件；为了方便连接，

可单击工具栏的逆时针转 90° 工具【Rotate Left 90】按钮，将 1 位二进制数全加器元件进行旋转；4 位二进制数全加器所需的其他 3 个 1 位二进制数全加器元件可采用复制的方法生成。完成 4 个 1 位二进制数全加器元件添加后的原理图文件如图 1.47 所示。

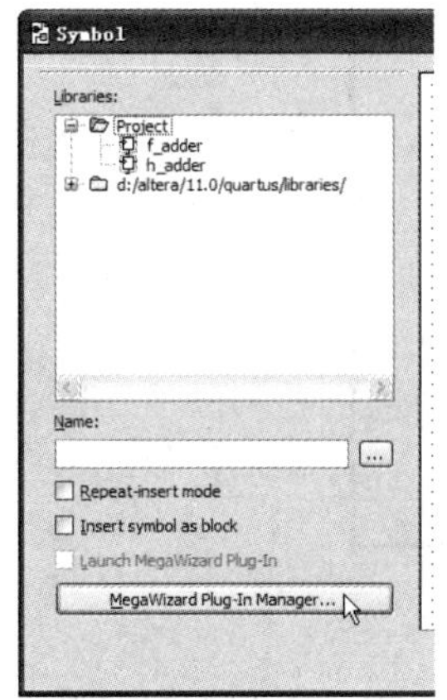

图 1.46　【Symbol】对话框

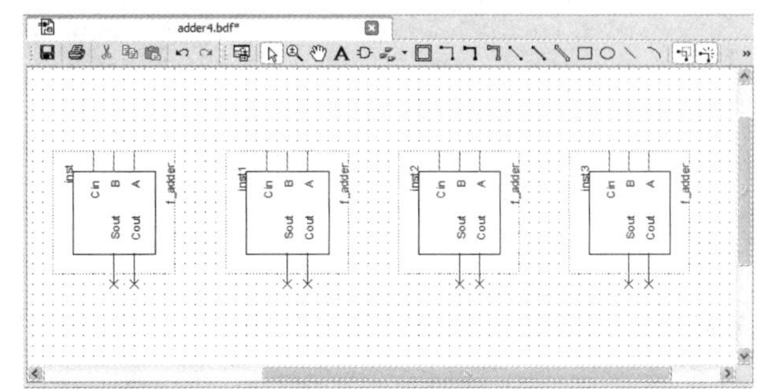

图 1.47　4 个 1 位二进制数全加器元件排列

③ 创建端口网络名与连接 4 位二进制数全加器。4 位二进制数全加器的 4 个 1 位二进制数全加器有高低位之分，设图 1.47 中最左边的“inst”为 4 位二进制数全加器的最低位，最右边的“inst3”为 4 位二进制数全加器的最高位。根据 4 位二进制数全加器设计方案，完成各端口网络名创建与元件间连接的 4 位二进制数全加器，如图 1.48 所示。

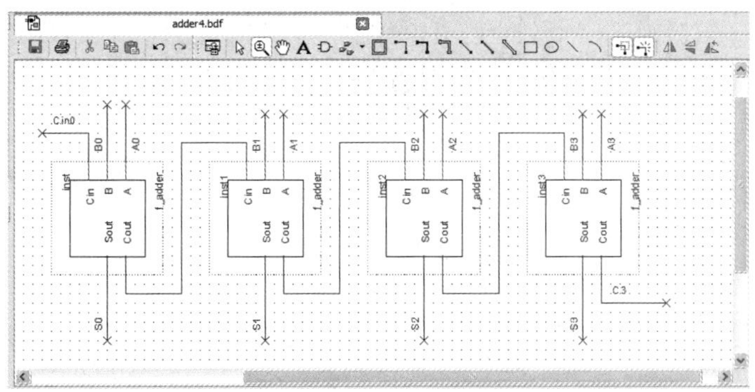

图 1.48　4 个 1 位二进制数全加器端口命名及连接

从图 1.48 可知，4 位二进制数全加器的 4 位被加数，从高到低排列为 A3，A2，A1，A0；4 位加数，从高到低排列为 B3，B2，B1，B0；输出的 4 位和数，从高到低排列为 S3，S2，S1，S0。Cin0 为 4 位二进制数全加器的最低位进位输入；C3 为 4 位二进制数全加器的最高位进位输出。

各端口网络名的命名方法：单击工具栏的【Orthogonal Node Tool】按钮，鼠标将变成“+”号，按鼠标左键并拖动，从元件的端口连接出一段连接线；选择该连接线右击，在弹出的快捷菜单中选择【Properties】命令；弹出【Node Properties】对话框，如图 1.49 所示；在【General】面板的【Name】文本框中可输入端口网络名。

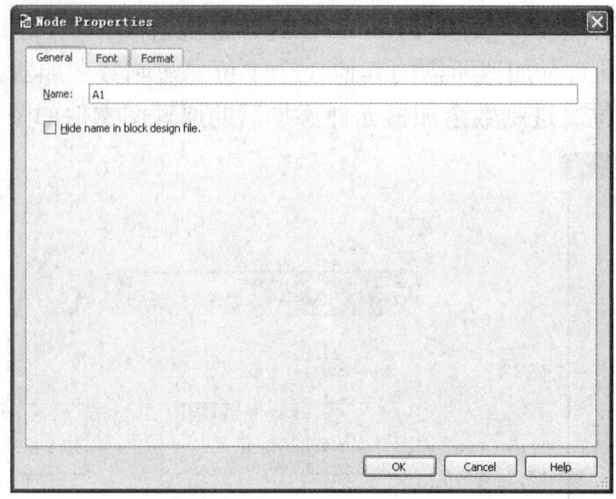

图 1.49 【Node Properties】对话框

④ 输入输出端口元件命名与网络连接。被加数 A、加数 B、和 So 均为 4 位二进制数，如果采用分立的输入输出端口元件均需要 4 个元件，为简捷明晰可采用总线及网络名连接的方式。完成的 4 位二进制数全加器原理图如图 1.50 所示。

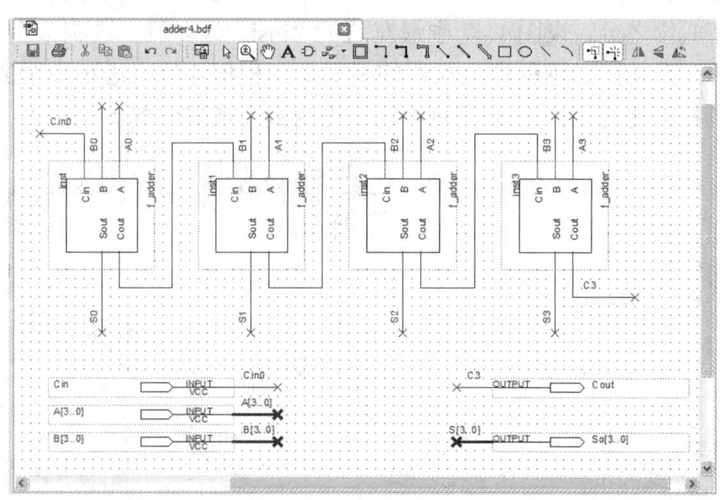

图 1.50 4 位二进制数全加器原理图

输入输出端口元件命名与网络连接设置方法如下。

在原理图中放置 1 个“Input”输入元件，把端口命名为 A[3..0]，表示该输入端口有 4 位，从高到低分别是 A3、A2、A1、A0；单击工具栏直角总线工具【Orthogonal Bus Tool】按钮ᄀ，按鼠标左键从输入端口拖出一段总线连接线；选择该段总线连接线右击，在弹出的快捷菜单中选择【Properties】命令；弹出【Bus Propertics】对话框；在【Bus Properties】对话框【General】选项卡的【Name】文本框中输入 A[3..0]，表示该总线有 A3、A2、A1、A0 4 位，分别与 4 个 1 位二进制数全加器同名的 4 个端口相连。其他端口元件的设置方法与 A 的输入端口元件设置方法相同。

(2) 将 4 位二进制数全加器原理图文件转换为 VHDL 程序文件并编译。仿照前面的方

法，将 4 位二进制数全加器原理图文件转换为 VHDL 程序；将“adder4.vhd”文件加入到“adder4”工程；将原理图设计的 4 位二进制数全加器文件“adder4.bdf”从“adder4”工程移去；将“adder4.vhd”文件设置为顶层文件并编译。

完成编译后，在 Quartus II 12.1 集成环境中选择【Project Navigator】面板【Hierarchy】标签页，可见 4 位二进制数全加器各元件间的层级关系，如图 1.51 所示。4 位二进制数全加器由 4 个 1 位二进制数全加器(f_adder)组成，而每个 1 位二进制数全加器又由 2 个 1 位二进数半加器(h_adder)组成。

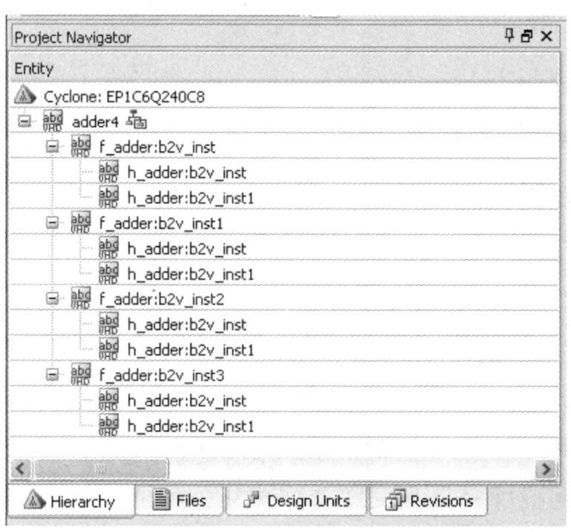

图 1.51　4 位二进制数全加器各元件间的层级关系

(3) 4 位二进制数全加器仿真测试文件的生成。

① 生成 4 位二进制数全加器仿真测试模板文件。在 Quartus II 12.1 集成环境中选择【Processing】→【Start】→【Start Test Bench Template Writer】命令，弹出生成测试模板文件成功的对话框。生成的 4 位二进制数全加器仿真测试模板文件名为“adder4.vht”，位置为“E:/XM1/JFQ/ simulation /modelsim”。

② 编辑 4 位二进制数全加器仿真测试模板文件。在 Quartus II 12.1 集成环境中选择【File】→【Open】命令，弹出【Open File】对话框，选择“E:/XM1/JFQ/ simulation/ modelsim/ adder4.vht”文件；打开“adder4.vht”文件，删除“always”进程；在“init”进程设置 4 位二进制数全加器输入端口“4 位二进制被加数 A”、“4 位二进制加数 B”、“低位进位 Cin”的值。完整的 4 位二进制数全加器仿真测试文件如下。

```
library ieee;
use ieee.std_logic_1164.all;
entity adder4_vhd_tst is
end adder4_vhd_tst;
architecture adder4_arch of adder4_vhd_tst is
signal A : std_logic_vector(3 downto 0);
signal B : std_logic_vector(3 downto 0);
signal Cin : std_logic;
```

```
signal Cout : std_logic;
signal So : std_logic_vector(3 downto 0);
component adder4
      port(A : in std_logic_vector(3 downto 0);
      B : in std_logic_vector(3 downto 0);
      Cin : in std_logic;
      Cout : out std_logic;
      So : out std_logic_vector(3 downto 0));
end component;
begin
      i1 : adder4
      port map(A => A, B => B,Cin => Cin,
                  Cout => Cout,So => So);
init : process
      begin
          A<="1010";B<="1010";Cin<='0';wait for 20ns;
          A<="1100";B<="1001";Cin<='0';wait for 20ns;
          A<="0001";B<="1010";Cin<='0';wait for 20ns;
          A<="0011";B<="0010";Cin<='0';wait for 20ns;
          A<="1110";B<="0011";Cin<='1';wait for 20ns;
          A<="0110";B<="0001";Cin<='1';wait for 20ns;
          A<="1011";B<="1011";Cin<='1';wait for 20ns;
          A<="0011";B<="0111";Cin<='1';wait for 20ns;
      end process init;
end adder4_arch;
```

上述 4 位二进制数全加器测试文件的顶层实体名为“adder4_vhd_tst”，仿真测试模块的元件例化名为“i1”。

(4) 配置 4 位二进制数全加器仿真测试模板文件。

① 在 Quartus II 12.1 集成环境中选择【Assignments】→【Settings】命令，弹出设置工程“adder4”的【Settings –adder4】对话框；在【Category】栏中选择【EDA Tool Settings】目录下的【Simulation】选项，对话框内显示【Simulation】面板。在【Simulation】面板的【NativeLink settings】选项组中选择【Compile test bench】选项；单击【Test Benches】按钮，弹出【Test Benches】对话框。

② 单击【Test Benches】对话框中的【New】按钮，弹出【New Test Bench Settings】对话框；在【Test bench name】文本框中输入测试文件名“adder4.vht”；在【Top level module in test bench】文本框中输入测试文件的顶层实体名“adder4_vhd_tst”；选中【Use test bench to perform VHDL timing simulation】复选框，在【Design instance name in test bench】文本框中输入测试模块元件例化名“i1”；选择【End simulation at】时间为 1μs；单击【Test bench and simulation files】选项组【File name】文本框后的按钮...，选择测试文件“E:/XM1/JFQ/simulation/ modelsim/ adder4.vht”，单击【Add】按钮，设置结果如图 1.52 所示。

③ 单击【New Test Bench Setting】对话框的【OK】按钮，关闭【New Test Bench Settings】对话框。此时，【Test Benches】对话框增加了 4 位二进制数全加器仿真测试文件，如图 1.53 所示。

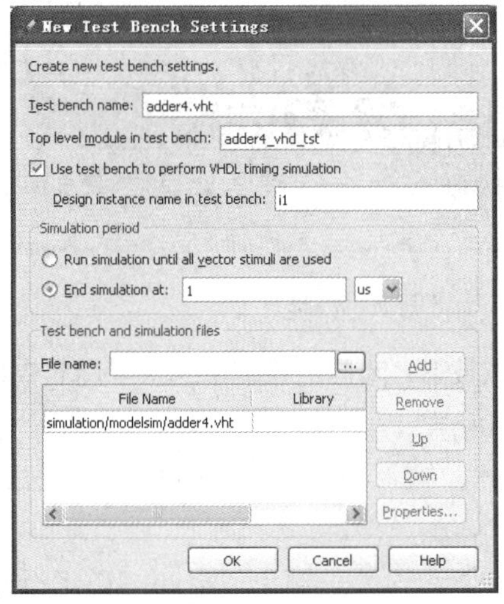

图 1.52　【New Test Bench Settings】对话框

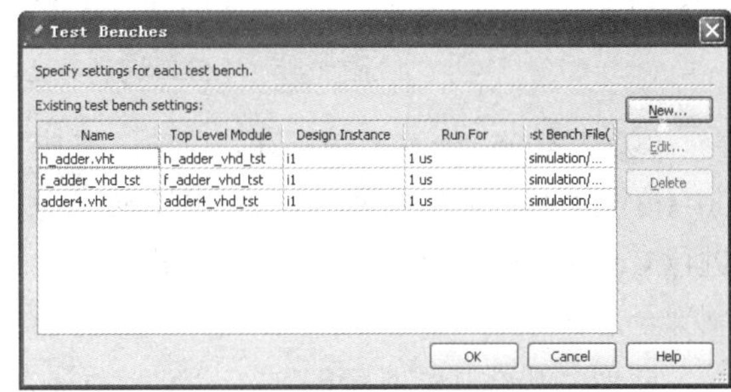

图 1.53　【Test Benches】对话框

④ 单击【Test Benches】对话框的【OK】按钮，关闭【Test Benches】对话框；在【Settings –adder4】对话框的【Compile test bench】下拉列表中选择 4 位二进制数全加器仿真测试文件“adder4.vht”；单击【Settings –adder4】对话框的【OK】按钮，完成配置 4 位二进制数全加器仿真测试文件。

(5) 观察功能仿真波形。

① 产生功能仿真波形图。在 Quartus II 12.1 集成环境中选择【Tools】→【Run Simulation Tool】→【RTL Simulation】命令，可以看到 ModelSim-Altera 10.1b 的运行界面出现功能仿真波形，如图 1.54 所示。

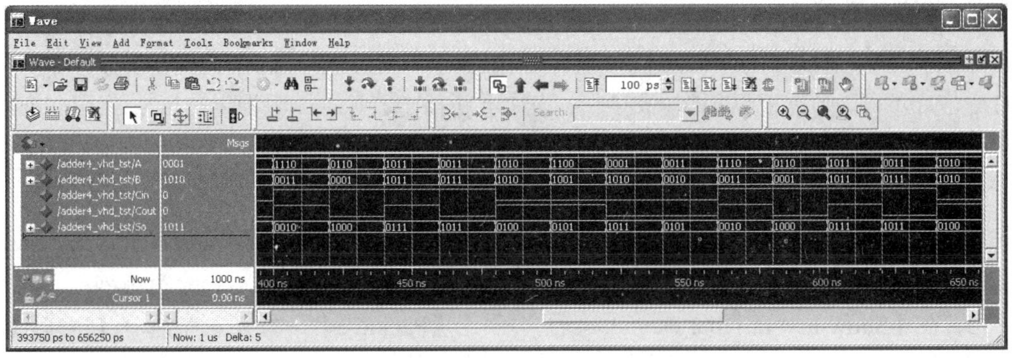

图 1.54　4 位二进制数全加器测试二进制数显示波形

② 为了便于观察，可将加数 B、被加数 A、和 So 转换成十进制数，转换成十进制数后的波形图如图 1.55 所示。操作方法为：在波形图中分别选择加数 B、被加数 A、和 So，右击，在弹出的快捷菜单中选择【Radix】→【Unsigned】命令。

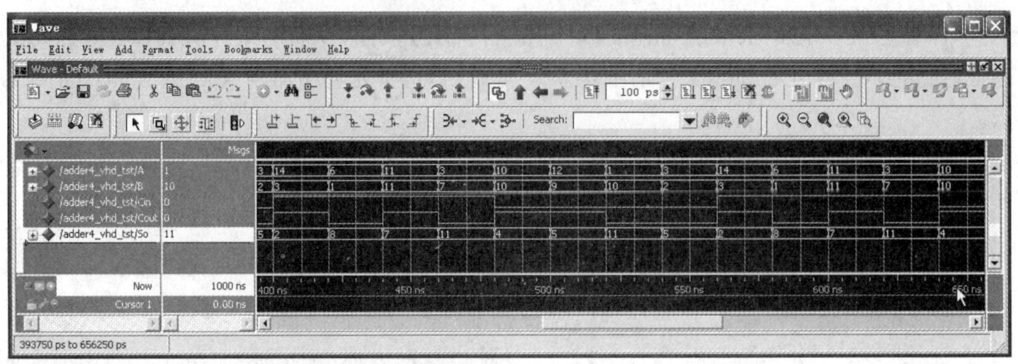

图 1.55　4 位二进制数全加器测试十进制显示波形

③ 从 400ns 处波形图可知，当输入被加数 A、加数 B、低位进位 Cin 分别为 1110(14)、0011(3)、1 时，输出的和 So 与进位 Cout 分别为 0010(2)、1。即输入为(14+3+1=18)，输出进位 Cout=1 表示 16，和 So 为 2，输出值为 16+2=18，输入=输出，说明设计的 4 位二进制数全加器正确。

同理，观察其他时刻的输入、输出情况，输入值之和均等于输出值之和，说明设计的 4 位二进制数全加器符合功能要求。

1.1.4　4 位二进制数全加器编程下载与硬件测试

编程下载的目的是将设计所生成的文件通过计算机下载到目标器件，验证设计是否满足实际要求或能否在实际中应用。编程下载设计文件需要 FPGA 开发板支持，实验开发系统不同，编程选择操作不同，但操作过程相同，一般包括指定目标器件、引脚锁定、下载设计文件和硬件测试等 4 个部分。下面介绍基于 GW48 实验箱 EP1C6Q240C8-FPGA 开发板的 4 位二进制数全加器编程下载操作过程。

1. 指定目标器件

如果在建立工程时没有指定目标器件或指定的芯片类型与现有的 GW48 开发板上的 FPGA 芯片不同，则需根据现有的 FPGA 芯片重新指定。下面说明指定 Altera 公司 Cyclone 系列的 EP1C6Q240C8 芯片设置过程。

(1) 在 Quartus II 12.1 集成环境中选择【Assignments】→【Device】命令，弹出【Device】对话框。

(2) 在【Device family】选项组【Family】下拉列表中选择【Cyclone】选项。

(3) 在【Show in Available Device list】选项组【Package】下拉列表中选择【PQFP】封装方式。

(4) 在【Pin count】下拉列表中选择【240】引脚数。

(5) 在【Speed grade】下拉列表中选择【8】速度等级。

(6) 在【Available devices】列表中选择【EP1C6Q240C8】芯片，完成芯片指定后的对话框如图 1.56 所示。

如果对芯片与引脚有特殊设置，单击【Device】对话框【Device and Pin Options】按钮，在弹出的【Device and Pin Options—adder4】对话框中指定。

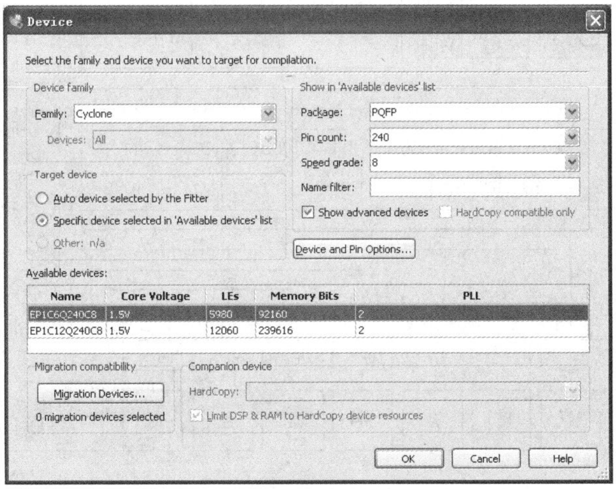

图 1.56　【Device】对话框

2. 引脚锁定

用 Quartus II 12.1 集成环境设计的最终结果是得到满足设计功能的硬件电路，将设计的电路下载到目标芯片之前还需要进行引脚锁定。引脚锁定就是根据目标芯片的引脚分布规则，确定设计电路的输入/输出端口与目标芯片的连接关系，即哪一条设计电路的输入/输出端口，连接到目标芯片的哪只引脚上。

在进行目标芯片引脚锁定前，首先要确定目标芯片的引脚与 GW48 实验箱的外部设备(如按钮、发光二极管、七段数码管等)的连接关系。

GW48 实验箱目标芯片的引脚与外部设备的连接方式称为实验模式，其实验模式有多种，对于每一个具体的设计要选择合适的模式，才能对其进行完整的实验验证。

根据 GW48 提供的实验模式，4 位二进制数全加器设计的硬件验证可以选择实验电路结构，如图 1.57 所示，即实验模式 No.1。从图中可知，实验模式 No.1 中，实验箱上“键 1”至“键 4”每键可输入 4 位二进制数，通过按键按动的次数改变数值，其输入的十六进制值将对应地显示在“数码管 1”至“数码管 4”上；“键 7”、“键 8”可输入高低电平，输入高电平时，对应的发光二极管“D15”、“D16”发光；发光二极管“D1”至“D8”与目标芯片 8 个引脚相连接，输出高电平则发光；“数码管 5”至“数码管 8”每个数码管分别通过译码器与目标芯片 4 个引脚相连接，显示十六进制值。

根据 No.1 模式的连接方式，4 位二进制被加数“A[3..0]”选择“键 1”输入；4 位二进制加数“B[3..0]”选择“键 4”输入；低位进位“Cin”选择“键 8”输入；A+B 的和输出“So[3..0]”选择“数码管 8”显示；进位输出“Cout”选择发光二极管“D8”。根据实验模式 No.1 结构图及 GW48 的结构图信号与芯片引脚对照表，4 位二进制数全加器与目标芯片引脚的连接关系见表 1.2。

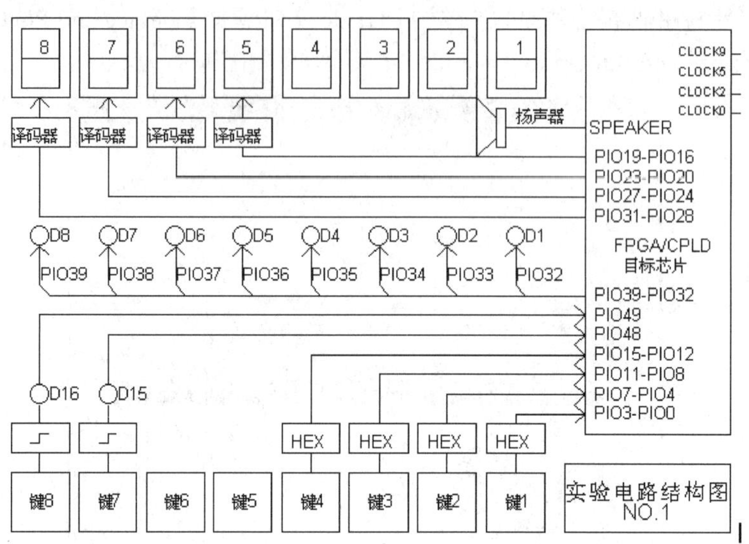

图 1.57　实验模式 No.1 电路结构图

表 1.2　4 位二进制数全加器输入输出端口与目标芯片引脚的连接关系表

输　入			输　出		
端口名称	I/O 引脚	芯片引脚	端口名称	I/O 引脚	芯片引脚
A[3]	PIO3	Pin_236	So[3]	PIO31	Pin_136
A[2]	PIO2	Pin_235	So[2]	PIO30	Pin_135
A[1]	PIO1	Pin_234	So[1]	PIO29	Pin_134
A[0]	PIO0	Pin_233	So[0]	PIO28	Pin_133
B[3]	PIO15	Pin_12	Sout	PIO39	Pin_160
B[2]	PIO14	Pin_8			
B[1]	PIO13	Pin_7			
B[0]	PIO12	Pin_6			
Cin	PIO49	Pin_173			

引脚锁定的具体操作方法如下。

(1) 引脚锁定的方法一。在 Quartus II 12.1 集成环境中选择【Assignments】→【Pin Planner】命令，打开【Pin Planner】窗口；在【Pin Planner】窗口的【Location】列空白位置双击，根据表 1.2 输入相对应的引脚值。完成设置后的【Pin Planner】窗口如图 1.58 所示。

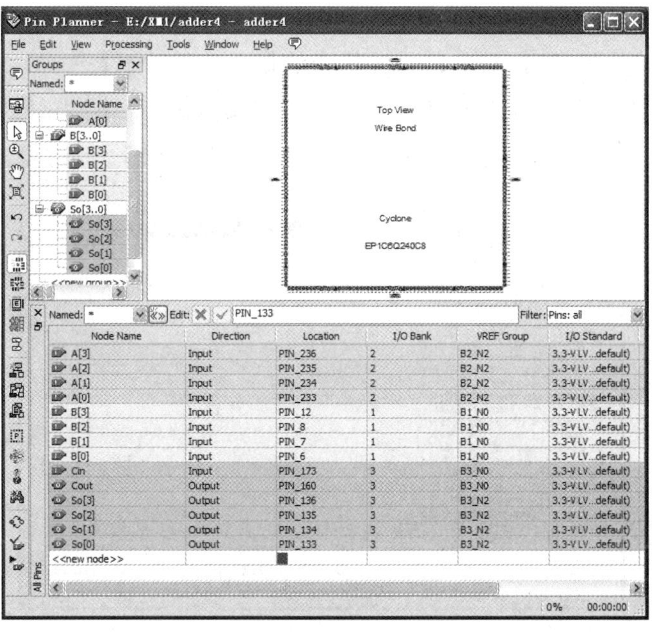

图 1.58　【Pin Planner】窗口

(2) 引脚锁定的方法二。通过 Tcl 脚本锁定引脚，操作方法如下。

① 在 Quartus II 12.1 集成环境中选择【File】→【New】命令，弹出新建文件对话框，选择【Tcl script File】选项，单击【OK】按钮，进入文本编辑窗口。

② 在文本编辑窗口中，根据表 1.2 端口与芯片引脚的对应关系，输入以下脚本代码。

```
set_location_assignment PIN_236 -to A[3]
set_location_assignment PIN_235 -to A[2]
set_location_assignment PIN_234 -to A[1]
set_location_assignment PIN_233 -to A[0]
set_location_assignment PIN_12 -to B[3]
set_location_assignment PIN_8 -to B[2]
set_location_assignment PIN_7 -to B[1]
set_location_assignment PIN_6 -to B[0]
set_location_assignment PIN_173 -to Cin
set_location_assignment PIN_160 -to Cout
set_location_assignment PIN_136 -to So[3]
set_location_assignment PIN_135 -to So[2]
set_location_assignment PIN_134 -to So[1]
set_location_assignment PIN_133 -to So[0]
```

③ 单击工具栏中的【Save】按钮，弹出【另存为】对话框，在【文件名】文本框内输入文件名“Pin_setup”；在【保存类型】栏中选择【Tcl Script File(*.tcl)】选项；选择【Add file content project】选项，单击【保存】按钮，完成文件保存，并加入到工程。

④ 在 Quartus II 12.1 集成环境中选择【Tools】→【Tcl Script】命令，弹出【TCL Scripts】对话框，如图 1.59 所示；选择【Libraries】栏中的【Pin_setup.tcl】选项，在下面的【Preview】栏中显示整个引脚配置脚本文件；单击对话框上的【Run】按钮，完成引脚的分配。

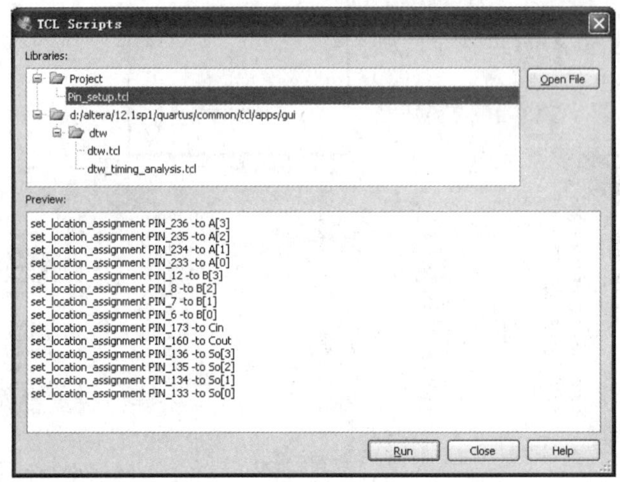

图 1.59 【TCL Scripts】对话框

⑤ 查看引脚分配。在 Quartus II 12.1 集成环境中选择【Assignments】→【Pin Planner】命令，观察弹出的引脚规划对话框，可发现与前面方法引脚分配效果相同，但是这种方法灵活方便，在其他工程中只需修改添加就可引用。

分配引脚完成后，必须再次执行编译命令，才能保存引脚锁定信息。

3. 下载设计文件

下载设计文件到目标芯片，需要专用下载电缆将 PC 与目标芯片相连接。下载电缆主要有“Byte Blaster MV”、“Byte Blaster II”、“USB-Blaster”、“Master Blaster(USB 口/串口)”、“Ethernet Blaster”等 5 种，这里以常用的“USB-Blaster”为例说明下载设计文件的操作过程。

(1) 将“USB-Blaster”下载电缆的一端连接到 PC 的 USB 口，另一端接到 FPGA 目标板的 JTAG 口，接通目标板的电源。如果是第一次使用“USB-Blaster”下载电缆，则需要安装相应的驱动程序。“USB-Blaster”下载电缆的驱动程序位于 Quartus II 的安装目录“…\altera\12.1\quartus\drivers\usb-blaster”中。

(2) 配置下载电缆。在 Quartus II 12.1 集成环境中选择【Tools】→【Programmer】命令或单击工具栏【Programmer】按钮，打开【Programmer】窗口；单击【Hardware Setup】按钮，弹出【Hardware Setup】对话框；选择【Hardware Settings】标签，在【Currently selected hardware】下拉列表框中选择【USB-Blaster[USB-0]】选项，如图 1.60 所示；单击【Close】按钮，关闭硬件设置对话框。这时，在【Programmer】窗口【Hardware Setup】按钮后的文本框内填入了“USB-Blaster[USB-0]”，如图 1.61 所示。

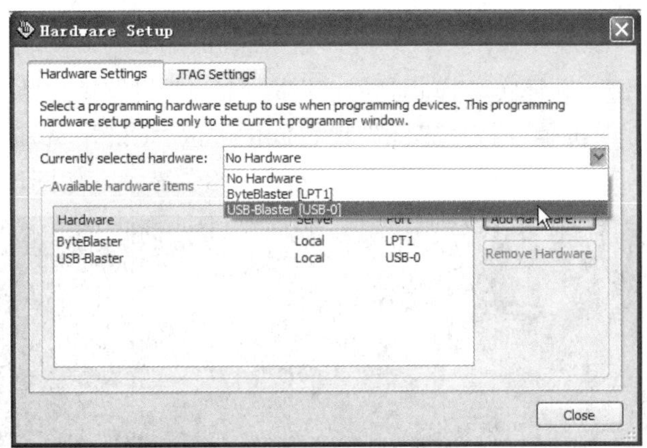

图 1.60　【Hardware Setup】对话框

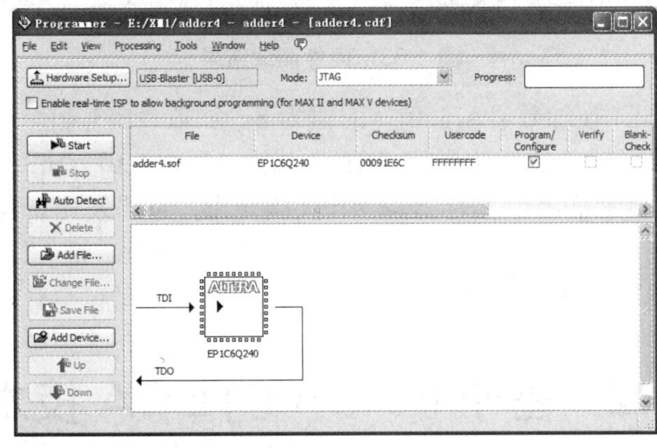

图 1.61　【Programmer】窗口

(3) 配置文件下载。在【Programmer】窗口【Mode】下拉列表框中选择【JTAG】模式；选中下载文件“adder4.sof”的【Program/Configure】复选框；单击【Start】按钮，开始编程下载，直到下载进度为 100%，下载完成，如图 1.62 所示。

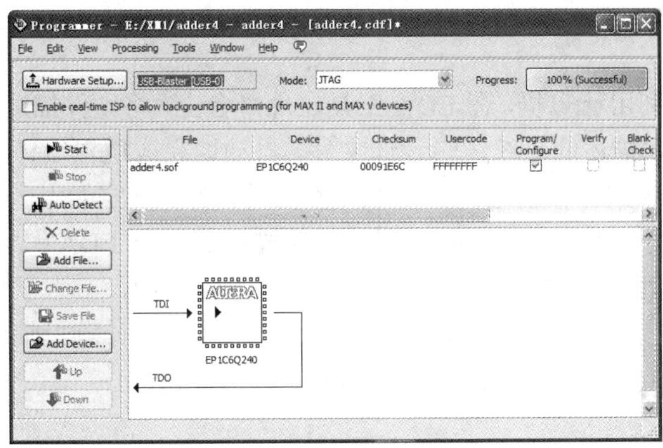

图 1.62　编程下载完成

4. 硬件测试

按【模式选择】键，选择实验模式为“1”；按“键 1”设置被加数 A[3..0]的值；按“键 4”设置加数“B[3..0]”的值；按“键 8”设置低位进位“Cin”；A+B 的和“So[3..0]”由“数码 8”显示；进位输出“Cout”由发光二极管“D8”显示，如图 1.63 所示。

图 1.63　硬件测试结果

从图 1.63 中可知，被加数“A[3..0]”的值为 8，加数“B[3..0]”的值为 9，“键 8”上的发光二极管灯亮表示输入的低位进位“Cin”值为 1，A[3..0]+ B[3..0]+Cin=8+9+1=18。输出结果:“数码 8”显示框显示值为 2，显示进位输出的“D8”发光二极管灯亮表示“Cout”为 1，即表示值为 16，16+2=18，输入值与输出值相等。通过“键 1”、“键 4”输入不同的值，可以验证其他情况，获得相同的结论。

1.2　基于 FPGA 的 EDA 技术

EDA 技术是电子设计技术和电子制造技术的核心，它是将计算机技术应用到电子电路设计，并给电子产品的设计开发带来革命性变化的一门新技术，其发展和应用极大地推动了电子信息产业的发展。

1.2.1　EDA 技术概述

EDA 技术就是利用计算机，在 EDA 工具软件平台上，将硬件描述语言 HDL(Hardware Description Language)描述的系统逻辑设计文件，自动地完成逻辑编译、化简、分割、综合、优化、仿真，直至下载到可编程逻辑器件 FPGA 芯片，实现既定的电子电路设计功能。EDA 技术使得电子电路设计者的工作仅限于利用硬件描述语言和 EDA 软件平台来完成对系统硬件功能的实现，极大地提高了设计效率，缩短了设计周期，节省了设计成本。

EDA 是在 20 世纪 90 年代初从计算机辅助设计(CAD)、计算机辅助制造(CAM)、计算机辅助测试(CAT)和计算机辅助工程(CAE)的概念发展而来的。

1. EDA 技术特点

(1) 高层综合与优化的理论与方法取得了进展，大大缩短了设计周期，提高了设计质量。

(2) 采用硬件描述语言来描述设计，形成了国际通用的 VHDL 等硬件描述语言。使得复杂 IC 的描述规范化，便于传递、交流、保存与修改，并可建立独立的工艺设计文档，便于设计重用。

(3) 开放式的设计环境。

(4) “自顶向下”的设计方法。

(5) 具有丰富的元器件模块库。

(6) 建立了并行设计工程框架结构的集成化设计环境，可适应规模大而复杂、数字与模拟电路并存、硬件与软件并存、产品上市更新快的要求。

2. EDA 技术发展趋势

未来的 EDA 技术将在仿真、时序分析、集成电路自动测试、开发操作平台的扩展等方面取得新的突破，向着功能强大、简单易学、使用方便的方向发展。

1) 可编程逻辑器件发展趋势

可编程逻辑器件具有向高密度、高速度、宽频带；在系统可编程；可预测延时；混合可编程技术及低电压、低功耗等方向发展的趋势。

2) 开发工具的发展趋势

开发工具具有向混合信号处理能力的开发工具、高效的仿真工具、理想的逻辑综合和优化工具等方向发展的趋势。

3) 系统描述方式的发展趋势

系统描述方式将向描述方式简便化、高效化和统一化方向发展。许多公司已经提出了不少方案，尝试在 C 语言的基础上设计下一代硬件描述语言。但是，目前的 C/C++语言描述方式与硬件描述语言之间还有一段距离，还有待于更多 EDA 软件厂家和可编程逻辑器件公司的支持。

随着 EDA 技术的不断成熟，软件和硬件的概念将日益模糊，使用单一的高级语言直接设计整个系统将是一个统一化的发展趋势。

3. EDA 技术应用领域

FPGA 允许用户编程实现所需逻辑功能的电路，它与分立元件相比，具有速度快、容量大、功耗小和可靠性高等优点。由于集成度高、设计方法先进、现场可编程、可以设计各种数字电路，因此，在通信、数据处理、网络、仪器、工业控制、军事和航空航天等众多领域得到了广泛应用。

在电路设计应用方面，连接逻辑、控制逻辑是 FPGA 早期发挥作用比较大的领域，也是 FPGA 应用的基石。

在产品设计方面，FPGA 因为具备多接口、功能 IP、内嵌 CPU 等特点，可有条件地实现一个构造简单、固化程度高、功能全面的系统产品，这是 FPGA 技术应用最广阔的市场。

在系统级应用方面，FPGA 与传统的计算机技术结合，可实现一种 FPGA 版的计算机系统，如用 Xilinx V-4、V-5 系列的 FPGA 实现内嵌 POWER PC CPU，可以快速构成 FPGA 大型系统。

1.2.2 FPGA 的工作原理与基本结构

1985 年，Xilinx 公司推出世界上第一片现场可编程门阵列 FPGA。它是一种新型高密度的 PLD 器件，采用 COMS-SRAM 工艺制作，其内部由许多独立的可编程逻辑模块(CLB)组成，逻辑模块之间可以灵活地连接。

1. 工作原理

FPGA 可以被反复擦写，因此，它所实现的逻辑电路不是通过固定门电路的连接完成的，而是采用一种易于反复配置的查找表结构。

目前，主流 FPGA 都采用了基于 SRAM 的查找表结构，也有一些高可靠性要求的 FPGA 产品采用 Flash 或者熔丝工艺的查找表结构。通过擦写文件改变查找表内容的方法，实现对 FPGA 的重复配置。

根据数字电路的基本原理，对于一个具有 n 个输入的逻辑运算，不管是与、或、非运算还是“异或”运算，最多有 2^n 个输出结果。所以，如果事先将输入变量的所有可能取值及对应输出结果(即真值表)存放于一个 RAM 存储器中，然后通过查表来由输入找到对应的输出值，就相当于实现了与真值表的内容相对应的逻辑电路的功能。

FPGA 的基本原理是通过擦写文件配置查找表的内容，从而在相同的电路情况下实现不同的逻辑功能。查找表(Look-Up-Table)简称 LUT，LUT 实际上就是一个 RAM。目前，FPGA 中多数使用 4 输入的 LUT，每一个 LUT 可以看成一个有 4 位地址线的 16×1 的 RAM。当用户通过原理图或硬件描述语言 HDL 描述了一个逻辑电路以后，FPGA 开发软件就会自动计算逻辑电路的所有可能结果，并把这些计算结果(即逻辑电路的真值表)事先写入 RAM 中，这样，每输入一组逻辑值进行逻辑运算时，就等于输入一个地址进行查表，找到地址对应的内容后进行输出即可。

基于 SRAM 结构的 FPGA 在使用时需要外接片外存储器(常用 E2PROM)来保存设计文件所生成的配置数据。上电时，FPGA 将片外存储器中的数据读入片内 RAM 中，完成配置后进入工作状态；掉电后，FPGA 恢复为白片，内部逻辑消失。这样，FPGA 可以反复擦写，这种特性非常易于实现设备功能的更新和升级。

2. FPGA 的基本结构

FPGA 结构通常包括三种基本逻辑模块：可编程逻辑模块(CLB)、可编程输入/输出模块(IOB)和可编程布线资源(PI)。较复杂的 FPGA 结构中还有其他一些功能模块，如图 1.64 所示。FPGA 的基本组成结构包括可编程输入/输出模块、可编程逻辑模块、可编程布线资源、内嵌块 RAM、底层内嵌功能单元和内嵌专用硬核等。

1) 可编程输入/输出模块(IOB)

IOB 是 FPGA 芯片与外界电路的接口部分，用于完成不同电路特性下对输入/输出信号的驱动与配置。一种结构比较简单的 FPGA 芯片(Xilinx 公司的 XC2064)的 IOB 结构如图 1.65 所示。

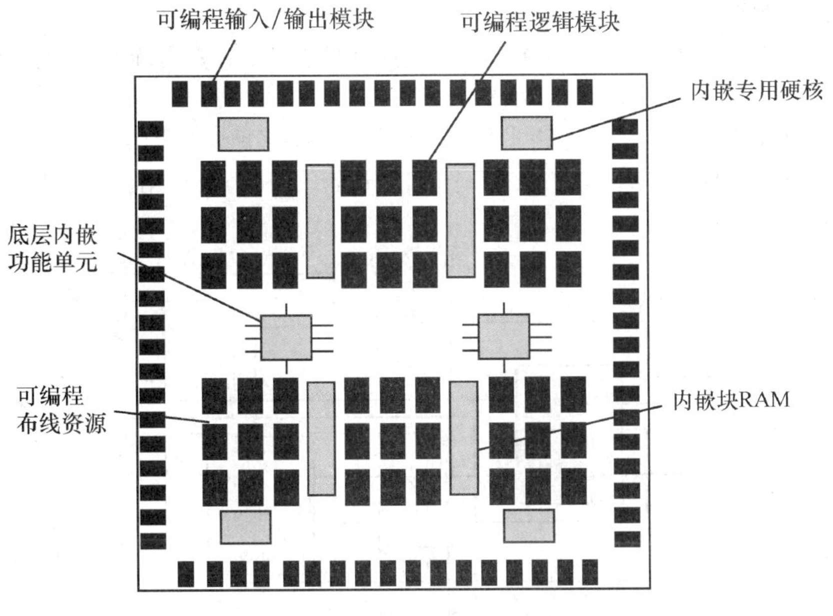

图 1.64　FPGA 的结构框图

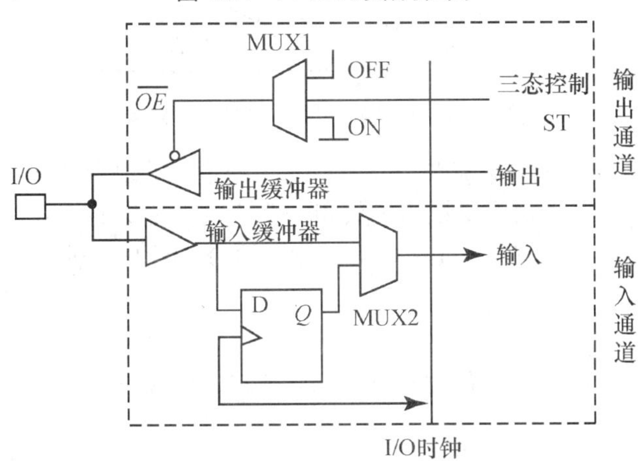

图 1.65　可编程输入/输出模块

由图 1.65 可见，IOB 由一个输出缓冲器、一个输入缓冲器、一个 D 触发器和两个多路选择器(MUX1 和 MUX2)组成。一个 IOB 与一个外部引脚相连，在 IOB 的控制下，外部引脚可以为输入、输出或者双向信号使用。

每个 IOB 中含有一条可编程输入通道和一条可编程输出通道。当多路选择器 MUX1 输出为高电平时，输出缓冲器的输出端处于高阻态，外部 I/O 引脚用作输入端，输入信号经输入缓冲器转换为适合芯片内部工作的信号，同时，缓冲后的输入信号被送到 D 触发器的 D 输入端和多路选择器 MUX2 的一个输入端。

用户可编程选择直接输入方式(即不经 D 触发器而直接送入 MUX2)或者寄存器输入方式(即经 D 触发器寄存后再送入 MUX2)。

当多路选择器 MUX1 输出为低电平时，外部 I/O 引脚作输出端使用。

2) 可编辑逻辑模块(CLB)

CLB 是可编辑逻辑的主体，以矩阵形式安排在器件中心，其实际数量和特性依器件不同而不同。

每个 CLB 中包含组合逻辑电路、存储电路和由一些多路选择器组成的内部控制电路，外有 4 个通用输入端 *A*、*B*、*C*、*D*，两个输出端 *X*、*Y* 和一个专用的时钟输入端 *K*，如图 1.66 所示。

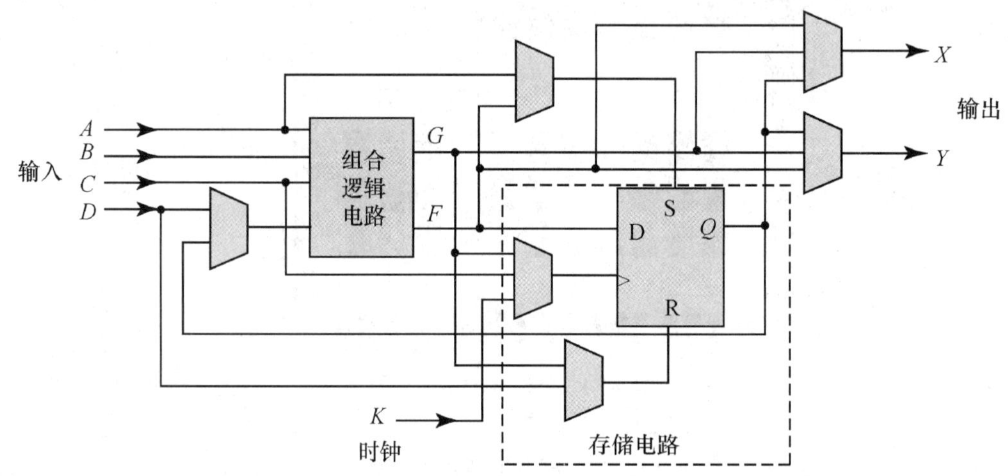

图 1.66 FPGA(XC2064)的 CLB 结构

组合逻辑电路部分可以根据需要将其编程为 3 种不同的组合逻辑形式，分别产生一个 4 输入变量的函数、两个 3 输入变量的函数和一个 5 输入变量的函数，输入变量可以来自 CLB 的 4 个输入端，也可以来自 CLB 内部触发器的 Q 端输出，使整个控制逻辑具有较强的灵活性。

3) 可编程布线资源(PI)

FPGA 芯片内部有着丰富的布线资源。根据工艺、连线长度、宽度和布线位置的不同而划分为 4 种类型。

第一类是全局布线资源，用于芯片内部全局时钟和全局复位/置位信号的布线。

第二类是长线资源，用于完成芯片中各模块间信号的长距离传输，或用于以最短路径将信号传送到多个目的地的情况。

第三类是短线资源，它具有连线短、延迟小的特点，如 CLB 的输出 *X* 与它上下相邻的 CLB 输入的连接。

第四类是分布式的布线资源，用于专有时钟、复位等控制信号线。

需要说明的是，在实际设计中，设计者并不需要直接选择布线资源，布局布线器(软件)可自动地根据输入逻辑网表的拓扑结构和约束条件选择布线资源来连通各个模块单元。

4) 内嵌块 RAM(BRAM)

目前大多数 FPGA 都具有内嵌块 RAM(BLOCK RAM)，这大大拓展了 FPGA 的应用范围和灵活性。FPGA 内嵌的 RAM 块一般可以灵活地配置为单端口 RAM、双端口 RAM、内容地址存储器 CAM(Content Addressable Memory)和 FIFO 等常用存储结构。

在 CAM 存储器内部的每个存储单元中都有一个比较逻辑，写入 CAM 中的数据会和其内部存储的每一个数据进行比较，并返回与端口数据相同的所有内部数据的地址。这种功能特性在路由的地址交换器中有广泛的应用。

5) 底层内嵌功能单元

底层内嵌功能单元指的是那些通用程度较高的嵌入式功能模块，如 DLL(Delay Locked Loop)、PLL(Phase Locked Loop)、DSP 和 CPU 等。

正是由于集成了丰富的内嵌功能单元，FPGA 才能够满足各种不同场合的需求。

DLL 和 PLL 具有类似的功能，可以完成时钟高精度、低抖动的倍频和分频，以及占空比调整和移相等功能。

6) 内嵌专用硬核

内嵌专用硬核(Hard Core)是相对底层嵌入的软核而言的。FPGA 中处理能力强大的硬核等效于 ASIC 电路。

为了提高 FPGA 的乘法速度，主流的 FPGA 都集成了专用乘法器。为了适用通信总线与接口标准，很多高端的 FPGA 内部都集成了串并收发器(SERDES)，可以达到几十吉比特/秒(Gbps)的收发速度。

3. IP 核简介

IP(Intelligent Property)核是具有知识产权的集成电路芯核的总称，是经过反复验证的、具有特定功能的宏模块，与芯片制造工艺无关，可以移植到不同的半导体工艺中。

目前，IP 核已经变成系统设计的基本单元，并作为独立设计成果被交换、转让和销售。

从 IP 核的提供方式上，通常将其分为软核、固核和硬核三种类型。从完成 IP 核所花费的成本来看，硬核代价最大；从使用灵活性来看，软核的可复用性最高。

1) 软核

在 EDA 设计领域中，软核指的是综合(Synthesis)之前的寄存器传输级(RTL)模型。具体在 FPGA 设计中，软核指的是对电路的硬件语言描述，包括逻辑描述、网表和帮助文档等。软核只经过功能仿真，需要经过综合以及布局布线后才能使用。

其优点是灵活性高、可移植性强，允许用户自己配置。

其缺点是对模块的可预测性较低，在后续设计中存在发生错误的可能性，存在一定的设计风险。软核是 IP 应用最广泛的形式。

2) 固核

在 EDA 设计领域中，固核指的是带有平面规划信息的网表。具体在 FPGA 设计中，可以看作带有布局规划的软核，通常以 RTL 代码和对应具体工艺网表的混合形式提供。

将 RTL 描述结合具体标准单元库进行综合优化设计，形成门级网表，再通过布局布线工具即可使用。

与软核相比，固核的设计灵活性稍差，但在可预测性上有较大提高。

3) 硬核

在 EDA 设计领域中，硬核指的是经过验证的设计版图。具体在 FPGA 设计中，指布局和工艺固定、经过前端和后端的设计，设计人员不能对其修改。

硬核的这种不允许修改的特点使其复用有一定困难，所以通常用于某些特定应用中，使用范围较窄。

1.2.3 基于 FPGA 的 EDA 开发流程

基于 FPGA 的 EDA 开发流程主要包括设计输入(Design Entry)、仿真(Simulation)、综合(Synthesize)、布局布线(Place and Route)和下载编程等步骤，一般开发流程如图 1.67 所示。

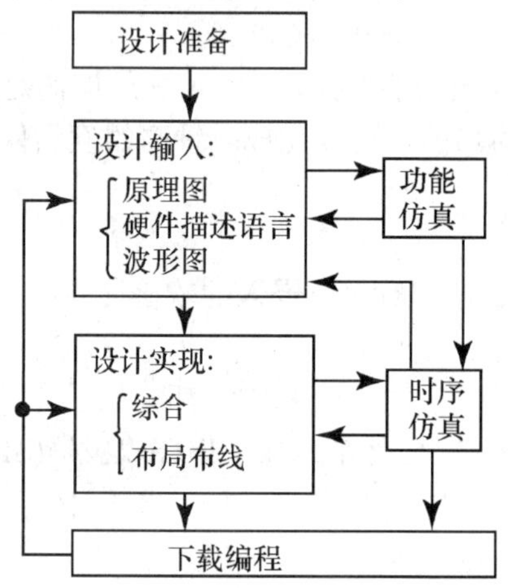

图 1.67 基于 FPGA 的 EDA 开发流程

1. 设计准备

设计准备是指设计者在进行设计之前，依据任务要求，确定系统所要完成的功能、器件资源的利用、成本等所要做的准备工作，如进行方案论证、系统设计和器件选择等。

2. 设计输入

设计输入是将所设计的电路或系统以开发软件所要求的某种形式表示出来，并输入给 EDA 工具的过程。常用的方法有文本设计输入方式，图形设计输入方式，文本、图形两者混合的设计输入方式。

1) 原理图或图形输入方式

原理图或图形输入方式是一种最直接的设计输入方式，它将所需要的器件从元件库中调出来，画出电路原理图，完成输入过程。这种方式大多用在对系统及各部分电路很熟悉的情况，或在系统对时间特性要求较高的场合。优点是容易实现仿真，便于信号的观察和电路的调整。但在大型设计中，这种方法的效率较低，且不易维护，不利于模块构造和重用。

2) 硬件描述语言输入方式

硬件描述语言有普通硬件描述语言和行为描述语言，它们用文本方式描述设计和输入。普通硬件描述语言有 AHDL、CUPL 等，它们支持逻辑方程、真值表、状态机等逻辑表达方式。

行为描述语言是目前常用的高层硬件描述语言，有 VHDL 和 Verilog HDL 等，它们具有很强的逻辑描述和仿真功能，可实现与工艺无关的编程与设计，可以使设计者在系统设计、逻辑验证阶段便确立方案的可行性，而且输入效率高，在不同的设计输入库之间转换

也非常方便。运用 VHDL、Verilog HDL 硬件描述语言进行设计已是当前的趋势。

3) 波形输入方式

波形输入主要用于建立和编辑波形设计文件，以及输入仿真向量和功能测试向量。波形输入适合用于时序逻辑和有重复性的逻辑函数，系统软件可以根据用户定义的输入/输出波形自动生成逻辑关系。

波形编辑功能还允许设计者对波形进行复制、剪切、粘贴、重复与伸展。从而可以用内部节点、触发器和状态机建立设计文件，并将波形进行组合，显示各种进制的状态值。还可以通过将一组波形重叠到另一组波形上，对两组仿真结果进行比较。

3. 功能仿真

功能仿真也称为前仿真或行为仿真，是在综合之前对用户所设计的电路进行逻辑功能验证。这时的仿真没有延时信息，仅对初步的功能进行检测。Quartus II 12.1 集成环境设计工具可以与 ModelSim 无缝衔接实现仿真。仿真前，需先建立测试仿真文件，仿真结果将会生成报告文件和输出信号波形，从中可以观察各个节点信号的变化情况是否符合功能要求。如果发现错误，则返回设计输入进行修改。

4. 综合

综合就是将较高级抽象层次的描述转化成较低层次的描述。它根据设计目标与要求(约束条件)优化所生成的逻辑连接，使层次设计平面化，供 FPGA 布局布线软件来实现。具体而言，综合就是将 HDL 语言、原理图等设计输入翻译成由与门、或门、非门、RAM、触发器等基本逻辑单元组成的逻辑连接网表。然后，用 FPGA 制造商的设计工具的布局布线功能，根据综合后生成的标准门级网表产生真实、具体的门级电路。因此，为了能够转换成标准的门级网表，HDL 程序的编写必须符合特定综合器所要求的风格。

5. 实现与布局布线

实现是将综合生成的逻辑连接网表适配到具体的 FPGA 芯片上，布局布线是其中最重要的过程。布局将逻辑连接网表中的底层单元确定到芯片内部的合理位置上，并且要在速度最优和面积最优之间做出权衡和选择。

布线根据布局的拓扑结构、利用芯片内部的各种连线资源，正确地连接各个元件。由于 FPGA 的结构非常复杂，只有 FPGA 芯片生产厂商才对芯片的结构最为了解，所以布局布线必须选择开发商提供的工具。

6. 时序仿真

时序仿真也称为后仿真，是指将布局布线的延时信息反标注到设计网表中来检测有无时序违规现象。由于时序仿真含有较为全面、精确的延时信息，所以能较好地反映芯片的实际工作情况。通过时序仿真，可检查和清除电路中实际存在的冒险竞争现象。

7. 下载编程与调试

下载编程是将设计阶段所生成的位流文件装入到可编程器件中。通常，器件编程需要满足一定的条件，如编程电压、编程时序和编程算法等。基于 SRAM 的 FPGA 可以由

EPROM 或其他存储体进行配置。在系统的可编程器件则不需要专门的编程器，只要一根与计算机互连的下载编程电缆就可以了。

器件在编程完毕之后，可以用编译时产生的文件对器件进行检验、加密等工作，或采用边界扫描测试技术进行功能测试，测试成功后才完成其设计。

设计验证可以在 EDA 硬件开发平台上进行。EDA 硬件开发平台的核心部件是一片可编程逻辑器件 FPGA，再附加一些输入输出设备，如按键、数码显示器、指示灯、喇叭等，还提供时序电路需要的脉冲源。将设计电路编程下载到 FPGA 中后，根据 EDA 硬件开发平台的操作模式要求，进行相应的输入操作，然后检查输出结果，验证设计电路。

1.2.4 Quartus II 设计开发工具使用

EDA 技术的核心是利用计算机完成电子系统的设计，EDA 软件是进行设计开发必不可少的工具。不同 FPGA 芯片生产厂商的开发工具不同，本书主要介绍开发 Altera 公司 FPGA 芯片的综合开发工具 Quartus II 12.1。

Quartus II 12.1 是 Altera 公司的 EDA 软件工具，支持 Altera 名为 Qsys 的系统级集成工具新产品。Qsys 系统集成工具提高了系统开发速度，支持设计重用，从而缩短了 FPGA 设计过程，节省了时间，减轻了工作量。这一版本实现了对 Stratix V FPGA 系列的扩展支持，包括增加了收发器模式和特性。Quartus II 12.1 综合开发工具完全支持 VHDL、Verilog HDL 的设计流程，其内部嵌有 VHDL、Verilog HDL 逻辑综合器，能与第三方仿真工具 ModelSim- Altera 10.1b 无缝连接。

运行 Quartus II 12.1，进入开发环境，用户界面如图 1.68 所示，它由标题栏、菜单栏、工具栏、工程管理窗口、任务窗口、消息窗口、状态窗口和工作区等几部分组成。在 Quartus II 12.1 集成开发环境中选择【View】→【Utility Windows】命令，可添加或隐藏工程管理窗口、任务窗口等窗口。

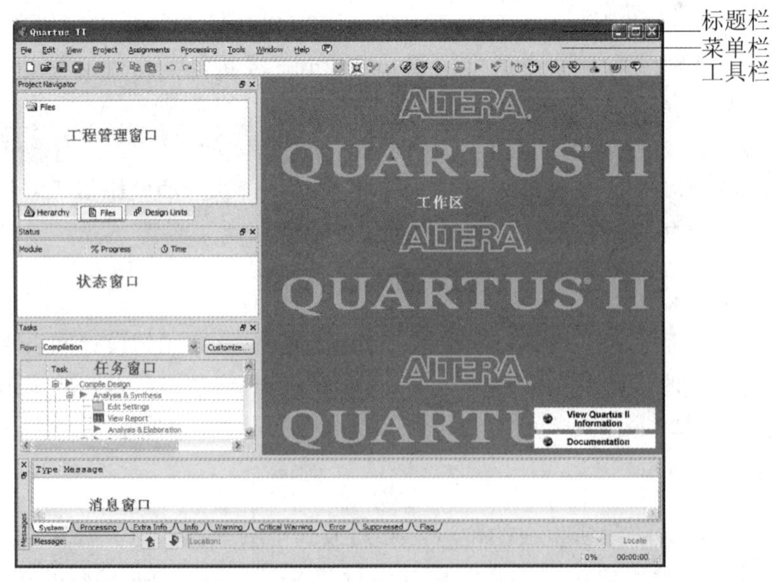

图 1.68 Quartus II 用户界面

为了保证 Quartus II 12.1 的正常运行，第一次运行软件需要设置 license.dat 文件，否则工具的许多功能将被禁用。

Quartus II 12.1 开发工具进行 FPGA 器件的开发应用，其过程主要有设计输入、设计处理、逻辑仿真和器件编程等阶段。在设计的任何阶段出现错误，都需要进行纠正错误，直至每个阶段都正确为止。

1. 设计输入阶段

Quartus II 12.1 开发工具的工作对象是工程，工程用来管理所有设计文件以及编辑设计文件过程中产生的中间文件，建议同一工程的所有设计文件及设计过程中产生的中间文档存储在同一文件夹内。在一个工程下，可以有多个设计文件，这些设计文件的格式可以是原理图文件、文本文件(如 AHDL、VHDL、Verilog HDL 等文件)、元件符号文件及第三方 EDA 工具提供的文件等，设计输入阶段主要包括工程的创建和设计文件的输入。

1) 建立工程

工程的创建一般通过工程向导进行，在 Quartus II 12.1 开发环境中选择【File】→【New Project Wizard】命令，弹出【New Project Wizard】对话框，新建工程向导 5 步骤中的第 1 页如图 1.69 所示。

(1) 新建工程向导第 1 页，用来设置工程文件保存的路径、工程的名称及顶层实体名称。在对话框相应文本框中输入工程路径、工程名称和顶层实体文件名，如“myexam”。顶层实体文件名可以与工程名称不一致，系统默认为一致的名称。

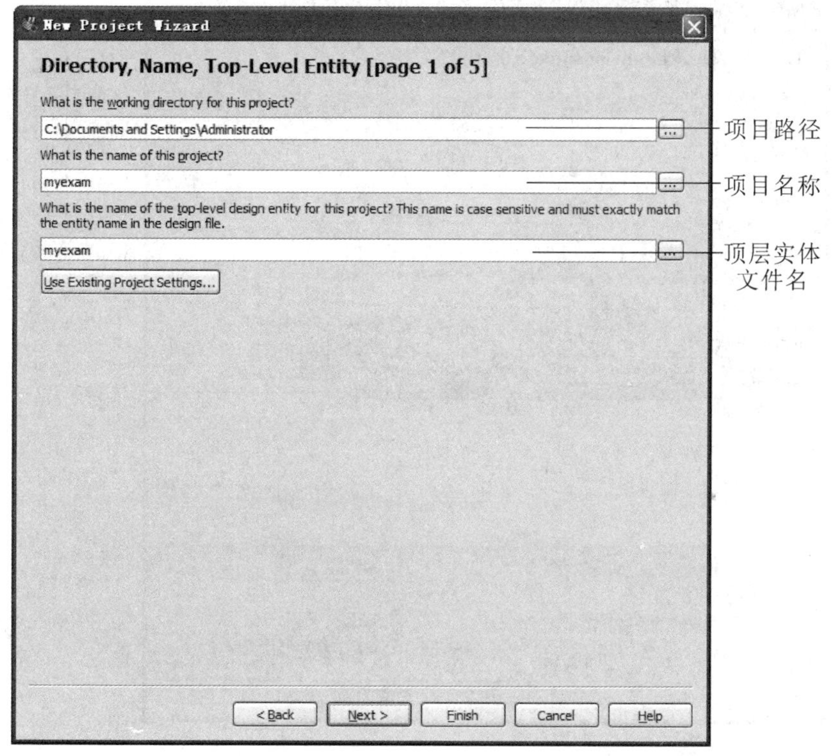

图 1.69　新建工程向导第 1 页

(2) 新建工程向导第 2 页，用来向工程添加或删除已有的设计文件，如图 1.70 所示。在新建工程向导第 2 页单击按钮...，可浏览文件选项，添加文件到该工程中。

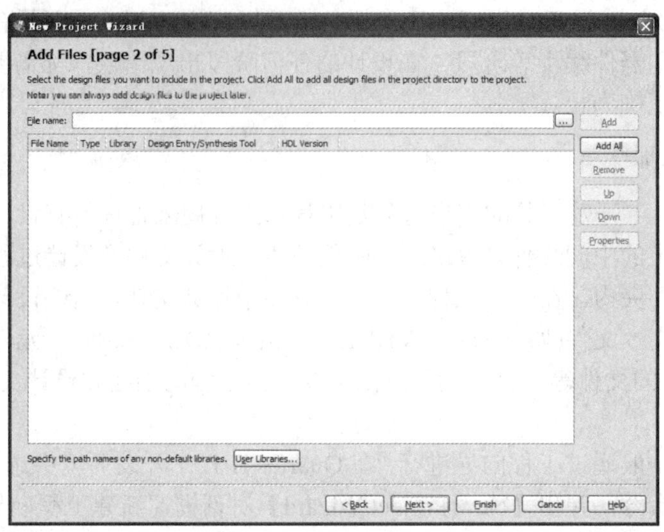

图 1.70　新建工程向导第 2 页

(3) 新建工程向导第 3 页，用来设置目标芯片的型号，如图 1.71 所示。可根据编程目标器件的 FPGA 芯片型号，选择器件的芯片型号、封装方式、引脚数目、速度级别等。

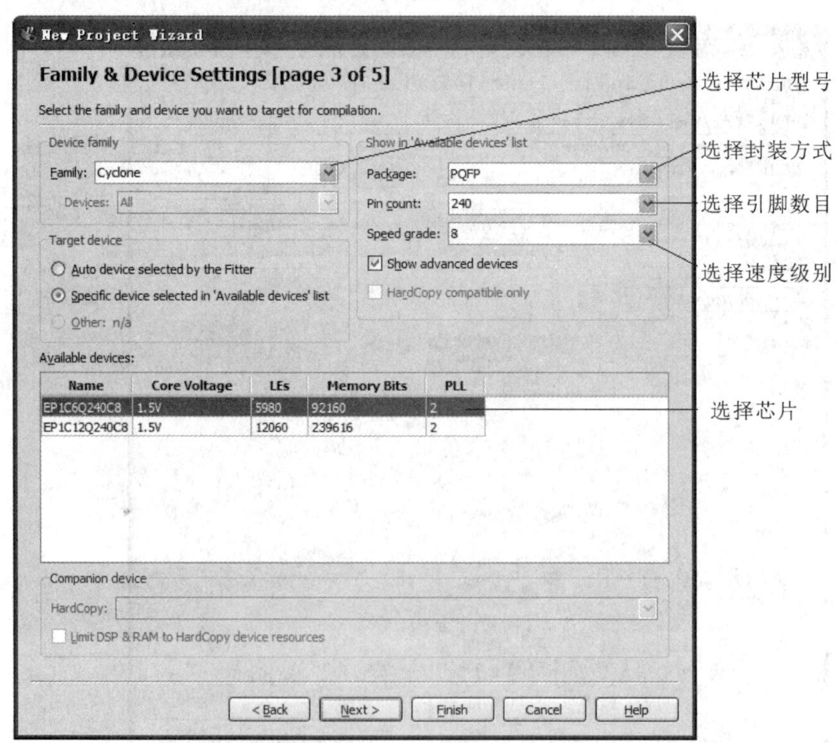

图 1.71　新建工程向导第 3 页

(4) 新建工程向导第 4 页，用来设置第三方 EDA 工具，如图 1.72 所示。该页面上可

添加第三方 EDA 综合、仿真、定时等分析工具。Quartus II 12.1 中没有自带仿真工具，因而，在此可选择 ModelSim-Altera 仿真工具。

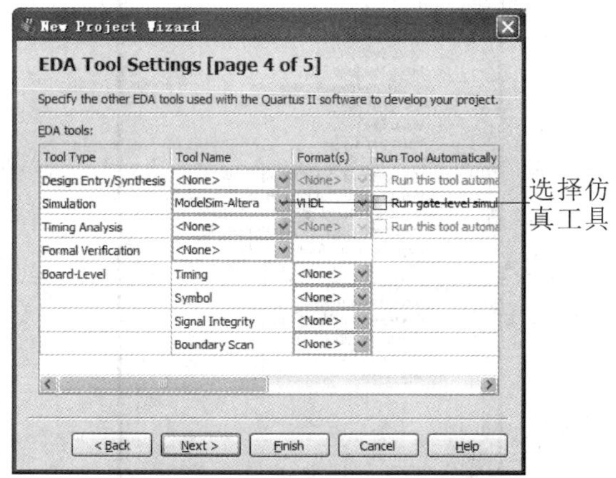

图 1.72　新建工程向导第 4 页

(5) 在新建工程向导最后一页，给出了前面输入内容的总览。单击【Finish】按钮，“myexam”工程出现在工程管理窗口，“myexam”表示顶层实体名，如图 1.73 所示。

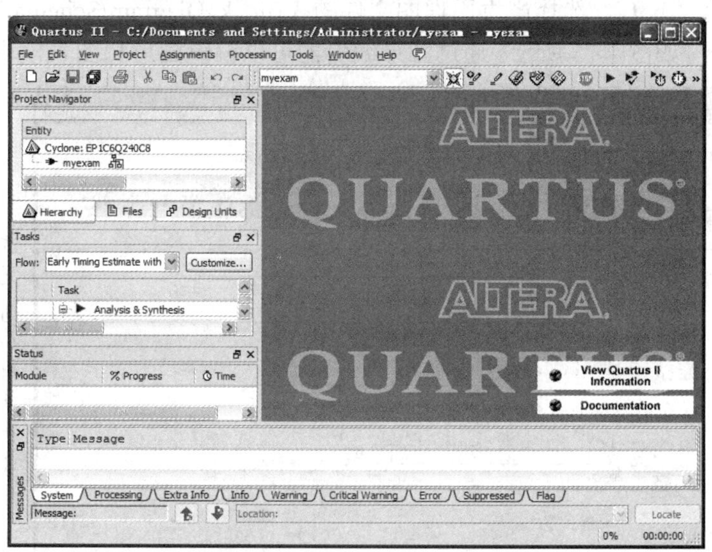

图 1.73　新建工程完成后界面

新建工程向导中的各个选项，在新建工程结束后，若需修改或重新设置，可选择【Assignments】→【Settings】命令，在弹出的工程设置对话框中选择修改。

2) 输入设计文件

Quartus II 12.1 支持 AHDL、VHDL、Verilog HDL 等硬件描述语言描述的文本文件。新建设计文件操作步骤为：选择【File】→【New】命令或单击工具栏上的【New】按钮，弹出【New】对话框，如图 1.74 所示。在【New】对话框的【Design Files】目录中，选择所需的设计文件类型，单击【OK】按钮，打开相应类型的文件编辑器。

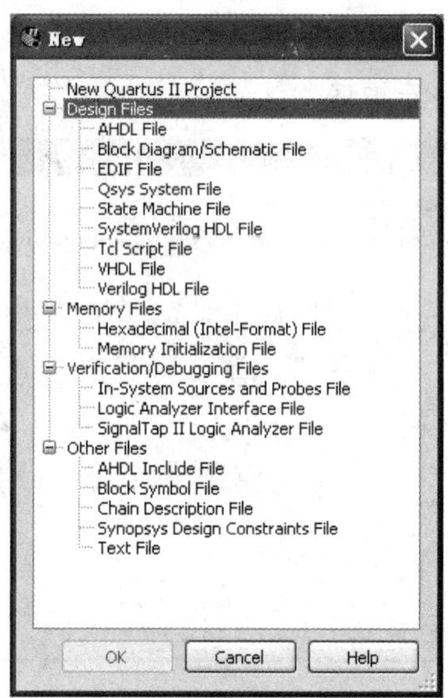

图 1.74 【New】对话框

(1) 在【New】对话框中，【Block Diagram/Schematic File】为图形文件，其生成的设计文件扩展名为“.bdf”。选择产生原理图文件的【Block Diagram/Schematic File】类型，打开图形编辑器，如图 1.75 所示。通过图形编辑器可以编辑图形和图表模块，画出原理图。

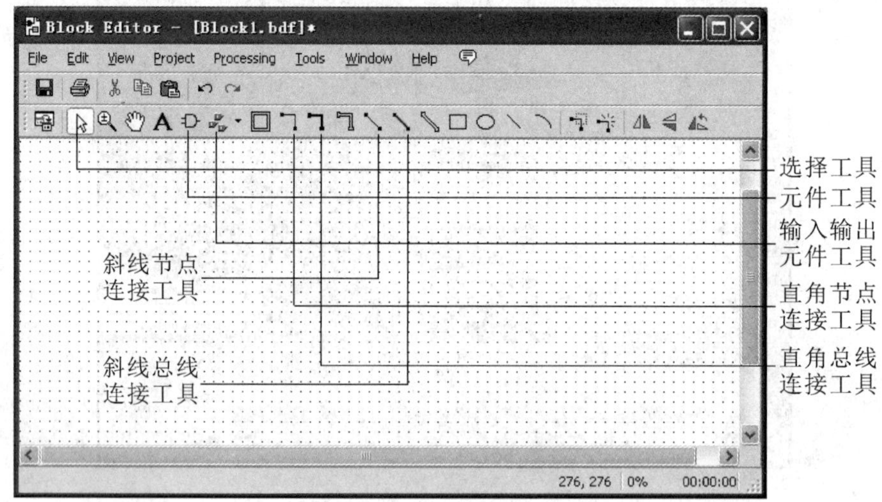

图 1.75 图形编辑器界面

为了简化原理图的设计过程，Quartus II 建立了常用的符号库，在库中提供了具有各种逻辑功能的元件符号，可以直接调用。编辑原理图文件的基本步骤包括：建立原理图文件、使用模块元件符号库输入元件符号(包括输入、输出引脚)、连接元件符号等。

(2) 在【New】对话框中，【VHDL File】、【AHDL File】、【Verilog HDL File】分别为VHDL、AHDL、Verilog HDL 等硬件描述的文本文件，其生成的设计文件扩展名分别为“.vhd”、“.tdf”、“.v”。可以在文本编辑窗口下，按照各自的语言规则直接输入设计文件，也可以用 Quartus II 12.1 提供的相应的文本文件编辑模板，快速准确地输入文本文件。

通过文本文件编辑模板创建“binary_counter.vhd”文本文件的操作方法如下。

选择【Edit】→【Insert Template】命令，打开【Insert Template】对话框，在左侧的【Language Template】栏中选择所需的程序模板，如二进制计数器模板文件“Binary Counter”，如图 1.76 所示；单击【Insert】按钮，模板程序文件会出现在文本编辑器中，对模板文件进行简单修改，可得二进制计数器 VHDL 程序如下。

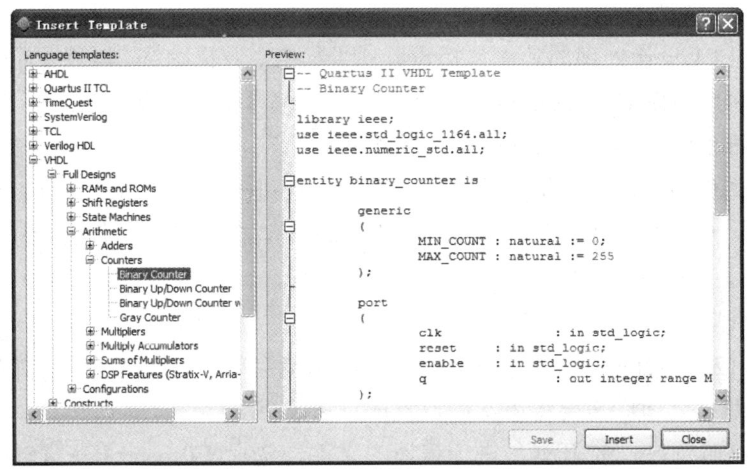

图 1.76　【Insert Template】对话框

```
library ieee;
use ieee.std_logic_1164.all;
entity binary_counter is
        generic(MIN_COUNT : natural := 0;
            MAX_COUNT : natural := 255);
        port(clk: in std_logic;
            reset: in std_logic;
            enable: in std_logic;
            q: out integer range MIN_COUNT to MAX_COUNT);
end entity;
architecture rtl of binary_counter is
begin
        process(clk)
            variable cnt: integer range MIN_COUNT to MAX_COUNT:=0;
        begin
            if(rising_edge(clk))then
                if reset = '1' then
                    cnt := 0;
                elsif enable = '1' then
                    cnt := cnt + 1;
                end if;
```

```
            end if;
            q <= cnt;
        end process;
end rtl;
```

2. 设计处理阶段

Quartus II 12.1 设计处理的功能包括设计错误检查、逻辑综合、器件配置以及产生编程下载文件等，称为编译(Compilation)。编译后生成的编程文件可以用 Quartus II 12.1 编程器或其他工业标准的编程器对器件进行编程或配置。

输入设计文件后，可直接执行编译操作，对设计进行全面的设计处理，也可以分步骤执行，首先进行分析和综合处理(Analysis & Synthesis)，检查设计文件有无错误，基本分析正确后，再进行工程的完整编译。

1) 执行编译

Quartus II 12.1 实行的是工程管理，一个工程可能会有多个设计文件，如果要对其中的一个文件进行编译处理，需要将该文件设置成顶层文件。

设置顶层文件方法：打开准备进行编译的文件，选择【Project】→【Set as Top-Level Entity】命令。

执行编译的方法：选择【Processing】→【Start Compilation】命令或直接单击工具栏【Start Compilation】编译按钮▶，开始执行编译操作，对设计文件进行全面的检查、逻辑综合、产生下载编程文件等。编译结束后，给出编译后的信息，如图 1.77 所示。

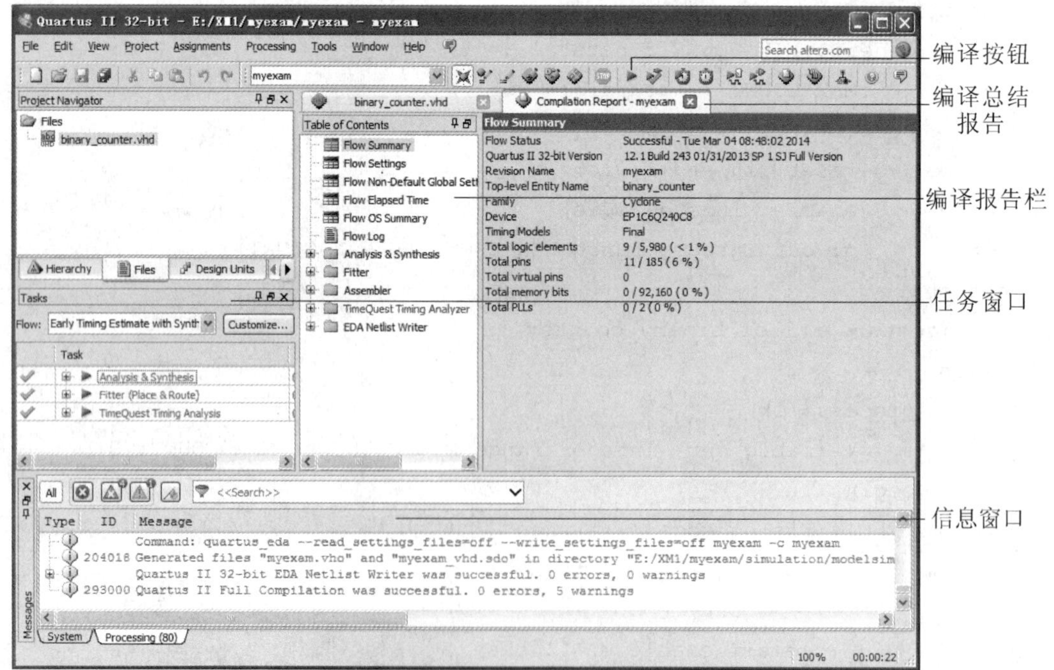

图 1.77　完成编译后的界面

任务窗口：显示编译过程中的编译进程及具体的操作工程。

信息窗口：显示所有信息、警告和错误。如果编译有错误，需要修改设计，重新进行编译。双击某个错误信息项，可以定位到原设计文件并高亮显示。

编译报告栏：编译完成后显示编译报告，编译报告栏包含了一个设计编译正确后，将设计放到器件中的所有信息，如器件的资源统计、编译设置、底层显示、器件资源利用率、适配结果、延时分析结果等。编译报告栏是一个只读窗口，选中某项可获得详细信息。

编译总结报告：编译完成后直接给出报告，报告中给出编译的主要信息：工程名、文件名、选用器件名、占用资源、使用器件引脚数等。

2) 锁定引脚

锁定引脚是指将设计文件的输入输出信号分配到器件指定引脚，这是将设计文件下载到 FPGA 芯片必须完成的步骤。在 Quartus II 12.1 中，如果是在编译后才锁定引脚，必须再次进行编译，引脚锁定才会生效并保存。

引脚锁定操作方法：选择【Assignments】→【Pin Planner】命令，打开如图 1.78 所示的窗口。在节点列表区列出了工程所有输入输出端口的名称，在需要锁定的节点名处，双击引脚锁定区【Location】，在列出的引脚号中进行选择。完成所有引脚锁定后，需再次进行编译，引脚锁定才能生效并保存。

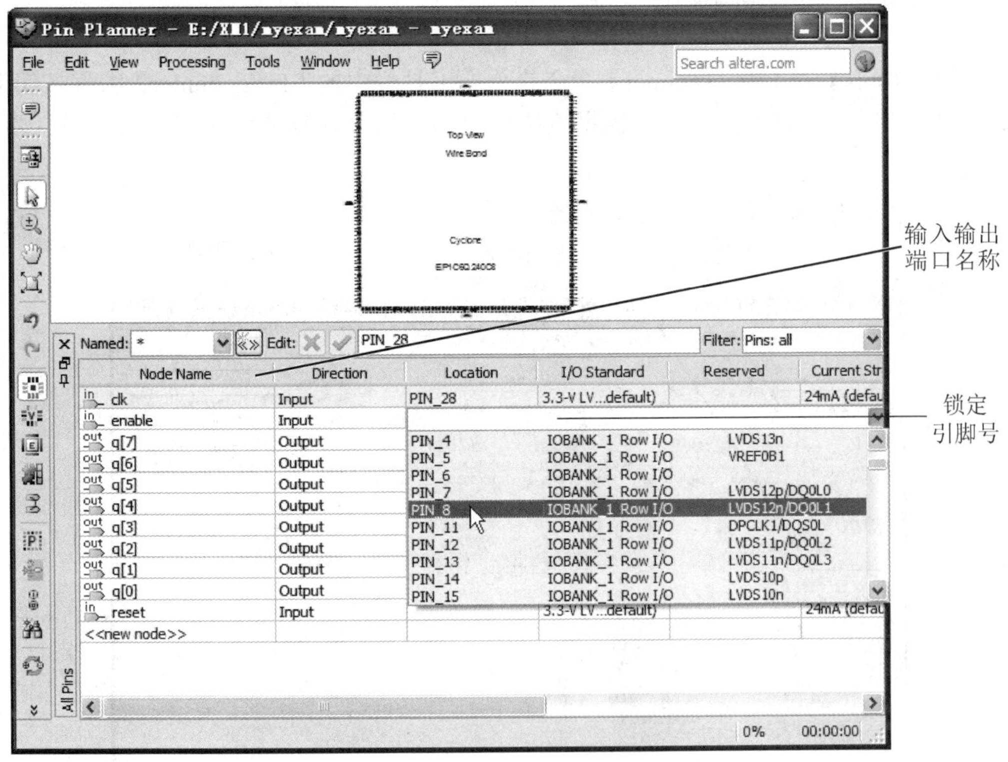

图 1.78　锁定引脚操作界面

3. 逻辑仿真阶段

一个工程文件编译通过后，能否实现预期的逻辑功能，需要进行仿真检验。仿真一般分为功能仿真、前仿真与后仿真。根据设计需要，编写完代码(Verilog hdl、Vhdl、system Verilog)后，首先进行功能仿真，验证所写代码是否能完成设计功能；前仿真又称为综合后仿真，即在 Quartus II 12.1 完成综合后，验证设计的功能；后仿真又称为时序仿真布局布线后仿真，是加入延时后的仿真。对于编译时间较短的小规模设计，一般只进行功能仿真与后仿真。Quartus II 12.1 本身没有仿真工具，它可以与第三方仿真工具 ModelSim-Altera 10.1b 无缝连接，具体使用方法将在下一节介绍。

4. 器件编程阶段

编译成功后，Quartus II 会生成编程数据文件(如.pof 和.sof)，通过下载电缆将编程数据文件下载到预先选择的 FPGA 芯片中，该芯片就会执行设计文件描述的功能。器件编程的操作步骤如下。

1) 编程连接

首先将下载电缆的一端与 PC 对应的端口进行相连。使用“Master Blaster”下载电缆编程，将“Master Blaster”电缆连接到 PC 的 RS-232C 串行端口；使用“Byte Blaster MV”下载电缆编程，将“Byte Blaster MV”电缆连接到 PC 的并行端口；使用“USB-Blaster”下载电缆编程，将“USB-Blaster”电缆连接到 PC 的 USB 端口。下载电缆的另一端与编程器相连，连接好后进行编程操作。

2) 编程操作

选择【Tools】→【Programmer】命令或单击工具栏中的【Programmer】编程按钮，打开如图 1.79 所示的编程窗口。根据连接的电缆及器件编程要求设置，具体设计步骤如下。

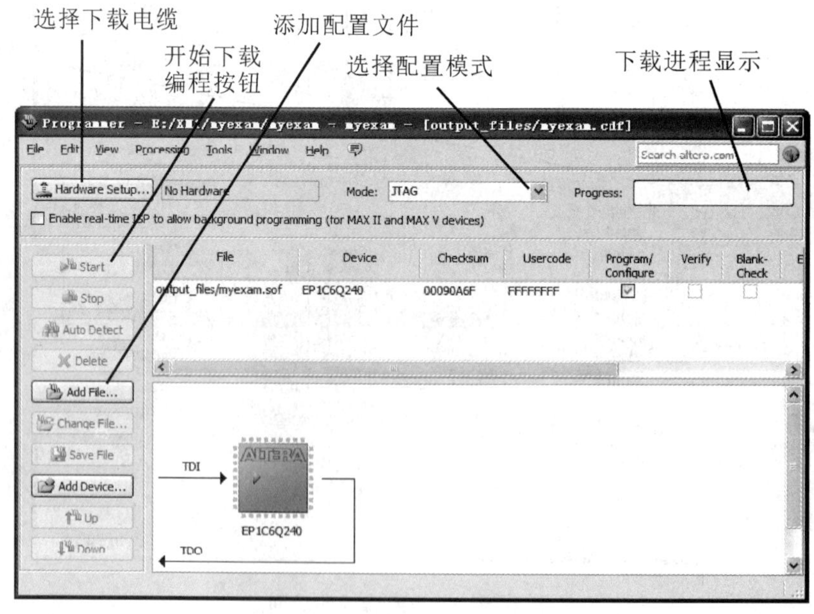

图 1.79 器件编程设置界面

(1) 下载电缆设置：单击【Hardware Setup】按钮，在弹出的【Hardware Setup】对话框中，根据连接的电缆设置。

(2) 配置模式设置：一般在线编程用【JTAG】模式；如果为了使 FPGA 在上电启动后仍然保持原有的配置文件，并能正常工作，必须将配置文件烧写进专用的配置芯片中，这时的编程模式一般选择【Active Serial Programming】模式。

(3) 配置文件选择：一般自动给出当前工程的在线编程模式的“.sof”格式的配置文件。如果要添加配置文件可单击【Add File】按钮，添加配置文件。

(4) 执行编程操作：单击【Start】按钮，开始对器件进行编程。编程过程中进度条显示下载进程，信息窗口显示下载过程中的警告和错误信息。

1.2.5　ModelSim-Altera 仿真工具使用

Quartus II 12.1 没有集成仿真工具，需要用第三方仿真工具进行仿真。本节介绍使用 ModelSim-Altera 10.1b 仿真工具对 Quartus II 12.1 的设计文件进行仿真。ModelSim-Altera 10.1b 仿真工具带有 Altera 的仿真库，无须添加仿真库，可与 Quartus II 12.1 实现无缝对接。

1. Quartus II 调用 ModelSim-Altera 10.1b 仿真

Quartus II 12.1 完成一个工程文件的编译后，能否实现预期的逻辑功能，需要进行仿真检验，下面介绍具有复位功能的二进制计数器的 VHDL 文本文件的仿真过程。

(1) 在 Quartus II 12.1 集成设计环境中选择【File】→【Open Project】命令，选择 1.2.4 节创建的“myexam”工程，在 Quartus II 12.1 集成环境的【Project Navigator】面板【File】标签页中双击“binary_counter.vhd”文件，将其打开，如图 1.80 所示。

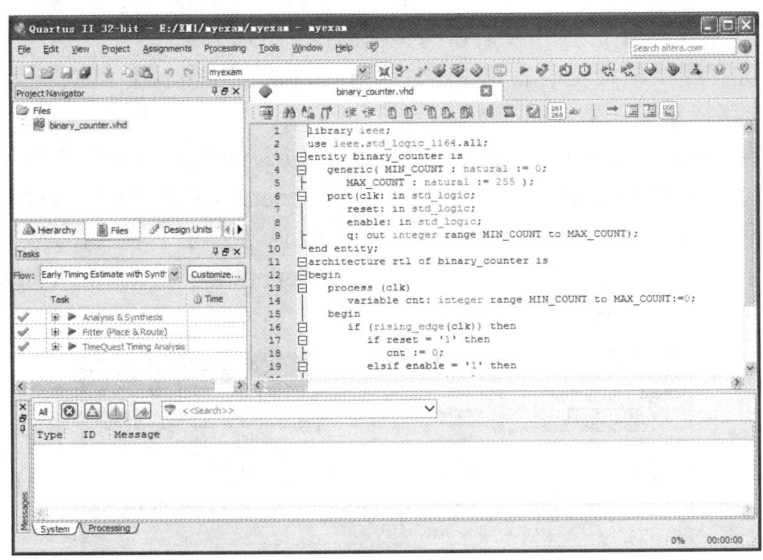

图 1.80　二进制计数器 VHDL 设计文件

(2) 指定 Quartus II 12.1 仿真软件。

① 选择【Assignments】→【Settings】命令，弹出【Settings- myexam】对话框。在【Category】栏中选择【EDA Tool Settings】目录下的【Simulation】选项，左边显示【Simulation】设置面板，如图 1.81 所示。

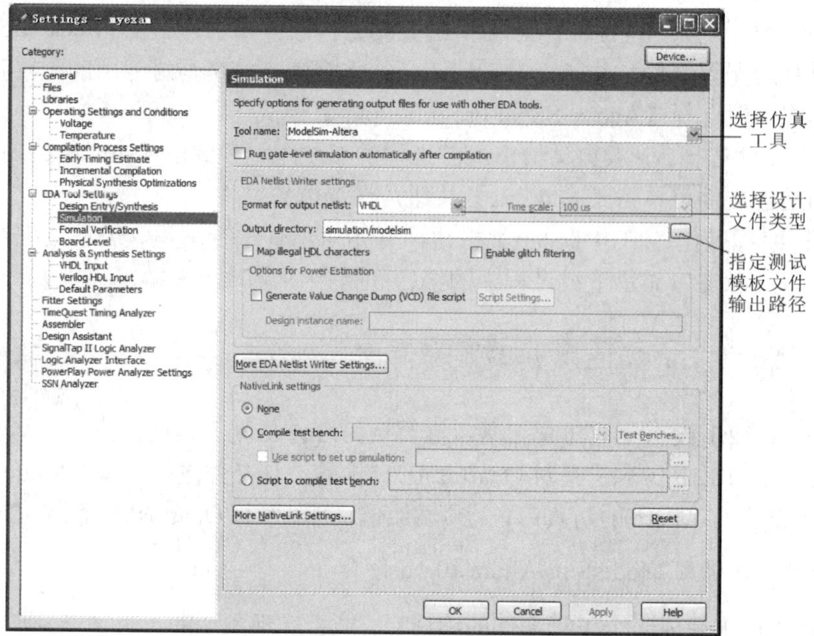

图 1.81　【Settings-myexam】对话框

② 指定仿真工具。在【Simulation】设置面板的【Tool name】下拉列表中选择仿真工具为【ModelSim-Altera】。

③ 选择要仿真的设计文件类型。在【EDA Netlist Writer settings】选项组【Format for output netlist】下拉列表中选择开发语言的类型为【VHDL】。

④ 指定仿真测试模板文件的输出路径。【Output directory】栏默认为“simulation/modelsim”，该路径是工程文件的相对路径。

(3) 指定 ModelSim-Altera 10.1b 的安装路径。在 Quartus II 12.1 开发界面中选择【Tools】→【Options】命令，弹出【Options】对话框。在【Category】栏中选择【General】目录下【EDA Tool Options】选项，将显示【EDA Tool Options】面板。在【EDA Tool Options】面板的【Modelsim- Altera】选项中指定仿真软件 ModelSim-Altera 10.1b 的安装路径，如图 1.82 所示。

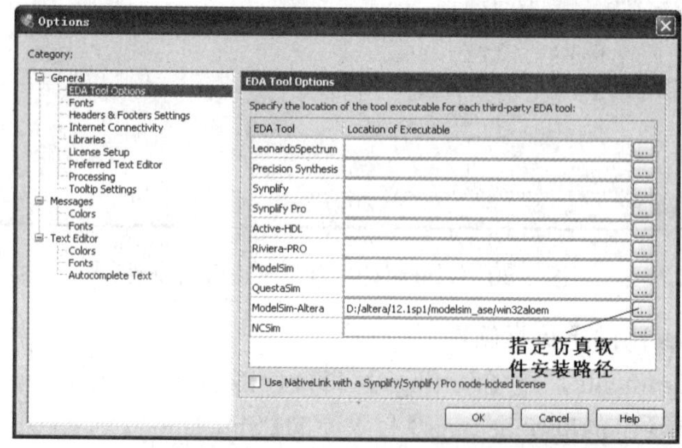

图 1.82　指定仿真软件安装路径

(4) 生成仿真测试模板文件。在 Quartus II 12.1 开发界面中选择【Processing】→【Start】→【Start Test Bench Template Writer】命令，系统会弹出生成测试模板文件成功的对话框。生成的“binary_counter.vhd”文件的仿真测试模板文件位于本工程文件的“sinulation/ modelsim”文件夹中。文件名为“binary_counter.vht”。

(5) 编辑仿真测试模板文件。在 Quartus II 12.1 开发界面中选择【File】→【Open】命令，选择本工程“sinulation/ modelsim”目录下的仿真测试模板文件“binary_counter.vht”。打开“binary_counter.vht”文件。在“init”进程设置时钟“clk”，在“always”进程设置复位信号“reset”、“enable”。测试文件如下。

```
library ieee;
use ieee.std_logic_1164.all;
entity binary_counter_vhd_tst is
        generic(MIN_COUNT : natural := 0;
                MAX_COUNT : natural := 255);
end binary_counter_vhd_tst;
architecture binary_counter_arch of binary_counter_vhd_tst is
        signal clk : std_logic;
        signal enable : std_logic;
        signal q : integer range MIN_COUNT to MAX_COUNT;
        signal reset : std_logic;
        component binary_counter
            port(clk : in std_logic;
            enable : in std_logic;
            q : out integer range MIN_COUNT to MAX_COUNT;
            reset : in std_logic);
        end component;
begin
        i1 : binary_counter
        port map(clk => clk,enable => enable,
            q => q,reset => reset);
        init : process
        begin
            clk<='0'; wait for 10ns;
            clk<='1'; wait for 10ns;
        end process init;
        always : process
        begin
            enable<='0';reset<='1'; wait for 30ns;
            enable<='1';reset<='0'; wait for 1500ns;
        end process always;
end binary_counter_arch;
```

该测试文件的顶层实体名为“binary_counter_vhd_tst”，测试模块的元件例化名为“i1”。

(6) 配置选择仿真文件。

① 选择【Assignments】→【Settings】命令，弹出【Settings- myexam】对话框，在【Category】栏中选择【EDA Tool Settings】目录下的【Simulation】选项，右边显示【Simulation】设置面板。在【NativeLink settings】选项组中选择【Compile test bench】选项。单击【Test Benches】按钮，弹出【Test Benches】对话框，如图 1.83 所示。

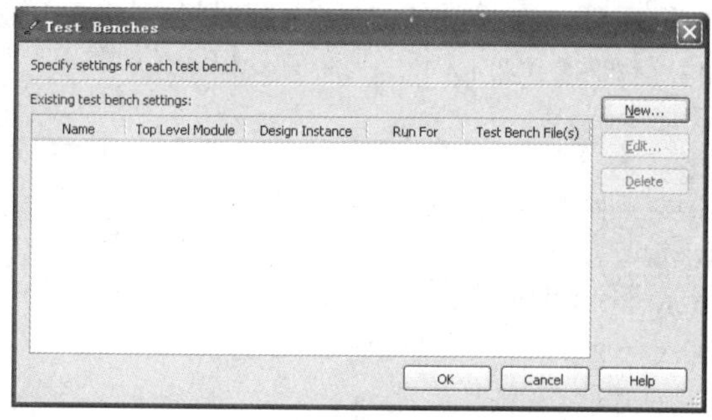

图 1.83 【Test Benches】对话框

② 单击【Test Benches】对话框中的【New】按钮，弹出【New Test Bench Settings】对话框；在【Test bench name】文本框中输入测试模块文件名“binary_counter.vht”；在【Top level module in test bench】文本框中输入测试模块文件中的顶层实体名“binary_counter_vhd_tst”；选中【Use test bench to perform VHDL timing simulation】复选框，并在【Design instance name in test bench】文本框中输入设计测试模块的元件例化名“i1”；选择【End simulation at】时间为 3μs；在【Test bench and simulation files】选项组中单击【File name】文本框后的按钮▭，选择测试文件“.../simulation/modelsim/ binary_counter.vht”，然后，单击【Add】按钮，设置结果如图 1.84 所示。

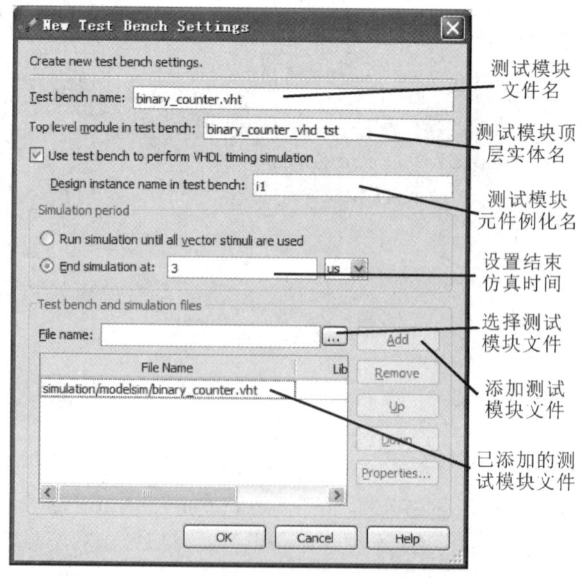

图 1.84 【New Test Bench Settings】对话框

③ 单击【New Test Bench Settings】对话框的【OK】按钮，设置的内容将填入【Test Benches】对话框中；单击【Test Benchs】对话框的【OK】按钮，“binary_counter.vht”文件名将填入【Settings-myexam】对话框的【Compile test bench】文本框中，如图 1.85 所示；单击【Settings-myexam】对话框的【OK】按钮，完成配置选择仿真测试模块文件。

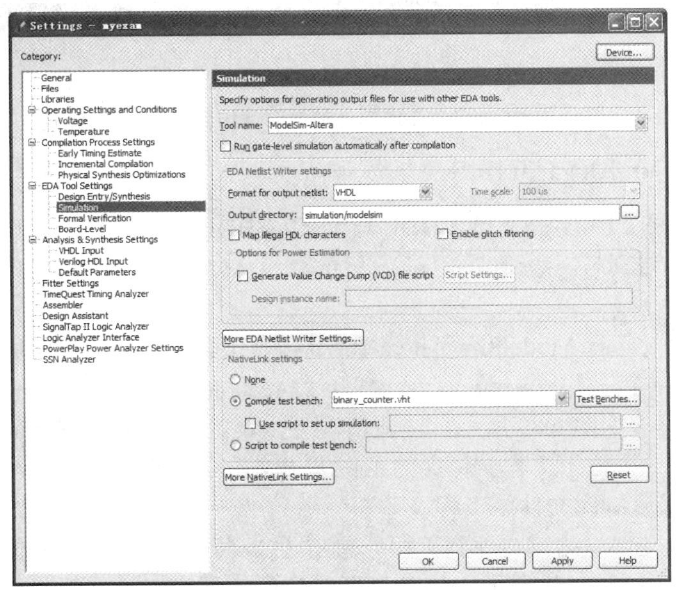

图 1.85　完成配置选择仿真测试模块文件

(7) 观察仿真波形。

① 如果进行功能仿真，在 Quartus II 12.1 集成环境中选择【Tools】→【Run Simulation Tool】→【RTL Simulation】命令，Quartus II 会调用 ModelSim-Altera 10.1b 软件，并获得仿真波形，如图 1.86 所示。

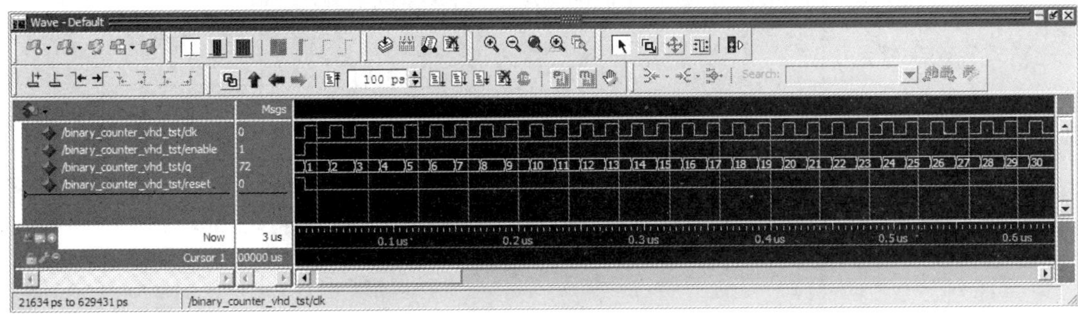

图 1.86　二进制计数器功能仿真波形

②如果进行时序仿真，先要对设计文件进行编译，然后，选择【Tools】→【Run Simulation Tool】→【Gate Level Simulation】命令，进行时序仿真。时序仿真波形如图 1.87 所示，从图中明显可见输出“q”值延迟时钟“clk”的上升沿。

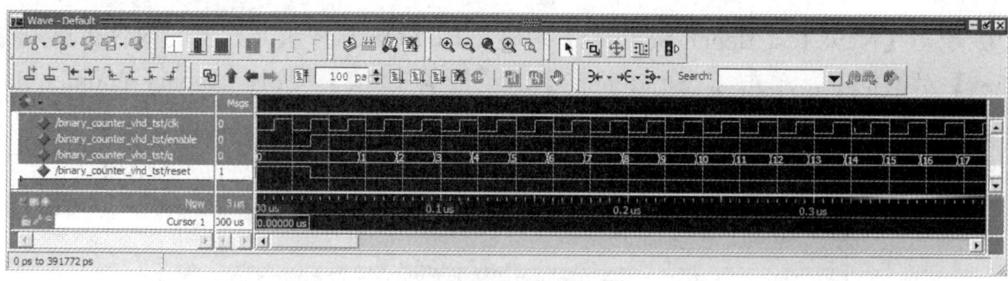

图 1.87　二进制计数器时序仿真波形

2. 在 ModelSim-Altera 10.1b 环境下仿真

ModelSim-Altera 10.1b 是支持 VHDL 与 Verilog HDL 混合仿真的仿真器，可以作 FPGA 的寄存器级(功能)仿真与门级(时序)仿真。下面介绍 ModelSim-Altera 10.1b 环境下仿真操作步骤。

(1) 新建工程。运行 ModelSim-Altera 10.1b 仿真工具，出现的界面如图 1.88 所示。选择【File】→【New】→【Project】命令，打开【Create Project】对话框，指定工程的名称、路径和默认库名称，如图 1.89 所示。一般情况下，设定默认库名【Default Library Name】为“work”，创建一个位于工程文件夹的工作库子文件夹。此外，允许选择用“.ini”文件来映射库或者直接复制库文件至工程。

(2) 添加设计文件与测试文件到工程。单击【Create Project】对话框【OK】按钮，在 ModelSim-Altera 10.1b 工作界面中自动打开新建的工程窗口，并弹出向工程添加文件的【Add Items to the Project】对话框，如图 1.90 所示。

【Add Items to the Project】对话框说明：【Create New File】选项为使用源文件编辑器创建一个新的 Verilog HDL、VHDL、TCL 或文本文件；【Add Existing File】选项为添加一个或多个已存在的文件；【Create Simulation】选项为创建指定源文件和仿真选项的仿真配置；【Create New Folder】为创建一个新的工程文件夹。

图 1.88　ModelSim-Altera 10.1b 工作环境

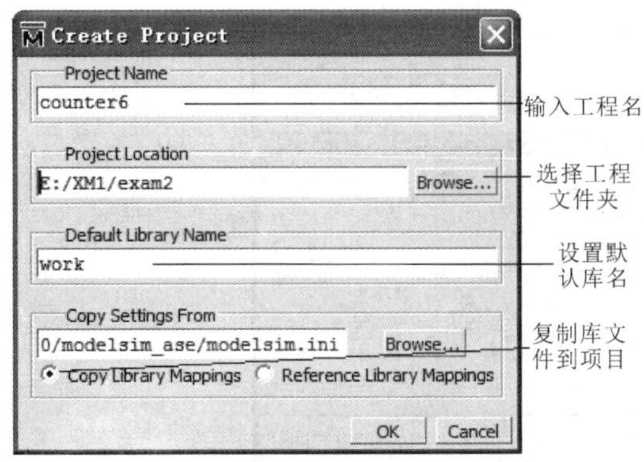

图 1.89　【Create Project】对话框

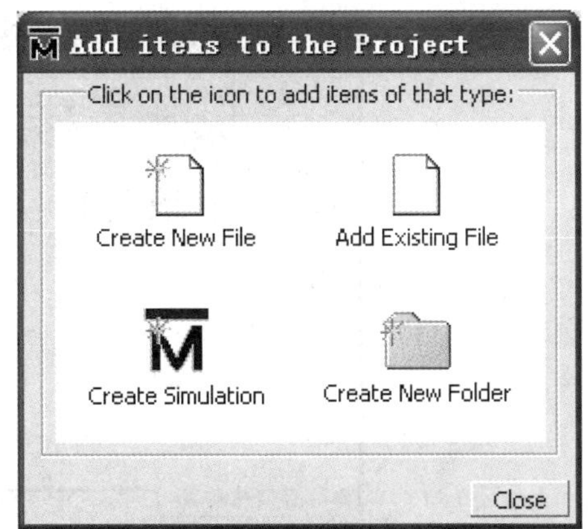

图 1.90　【Add items to the Project】对话框

(3) 选择设计文件与测试文件。选择【Add Existing File】选项，弹出【Add file to Project】对话框，如图 1.91 所示。单击【Browse】按钮，弹出【Select files to add to Project】对话框；分别选择二进制计数器设计文件"binary_counter.vhd"与测试文件"binary_counter.vht"，将工程文件目录与文件名填入【Add file to Project】对话框的【File Name】文本框中；选择【Copy to project directory】选项，单击【OK】按钮，设计文件与测试文件被添加到工程中。

如果进行时序仿真，选择 Quartus II 12.1 编译后设计文件"myexam.vho"与测试文件"binary_counter.vht"。

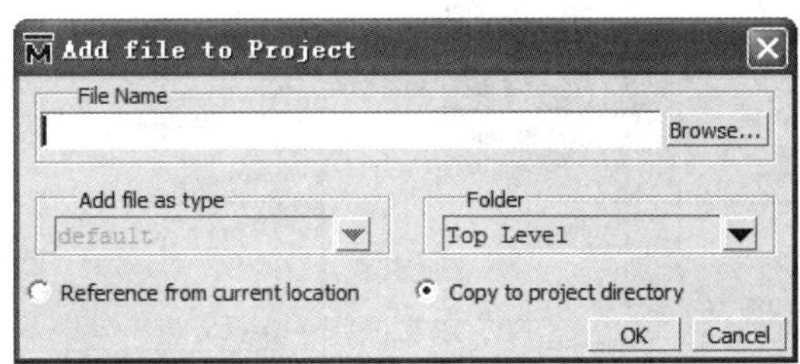

图 1.91　【Add file to Project】对话框

(4) 编译文件。加入工程未经 ModelSim-Altera 10.1b 编译的文件，在【Project】面板的【Status】列有"？"号。表示文件尚未编译进项目工程，此时，【Library】面板的【work】工作库是空的。

在 ModelSim 工作界面选择【Compile】→【Compile ALL】命令，如果没有错误，编译成功，会在【Transcript】面板出现报告，【Status】列的"？"号变成"√"号，如图 1.92 所示。完成编译后设计文件与测试文件被加入到了【work】工作库。

(5) 仿真工程文件。

① 选择【Library】面板，单击【work】库前的"+"号展开选项；右击"binary_counter_vhd_tst"选项，弹出快捷菜单，选择【Simulate】命令，如图 1.93 所示，打开【sim-Default】面板。

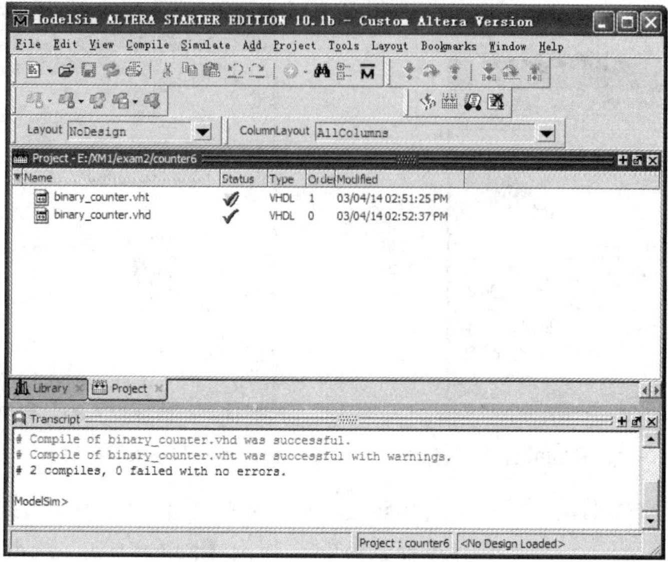

图 1.92　完成编译的工程文件

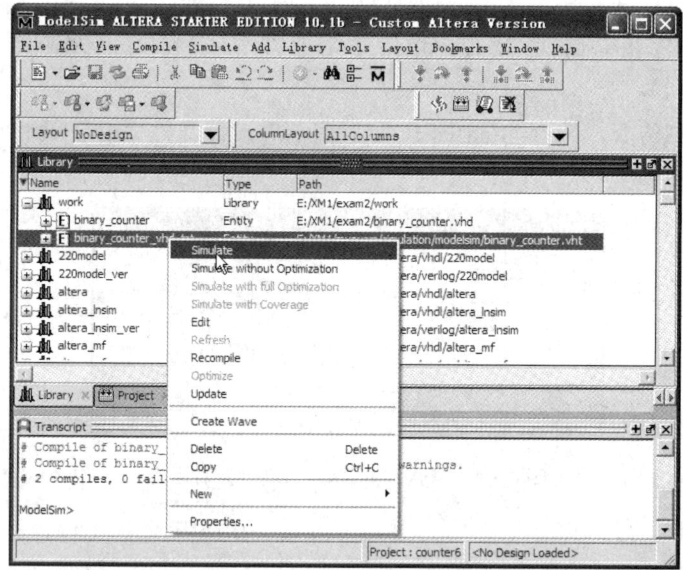

图 1.93　仿真快捷菜单

② 在【sim-Default】面板中右击【binary_counter_vhd_tst】选项，弹出快捷菜单，选择【Add to】→【Wave】→【All Items in region】命令，如图 1.94 所示。将输入输出端口信号加入到波形【Wave】窗口。

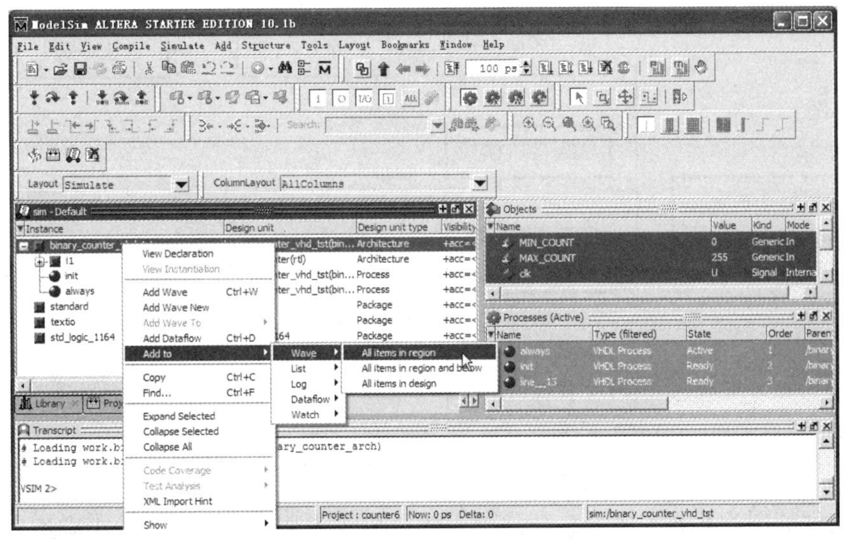

图 1.94　向【Wave】窗口添加输入输出信号快捷菜单

③ 在【Wave】窗口的工具栏的【Run Length】文本框中输入仿真时间长度为 3μs；单击【Run】按钮，可得仿真波形图，如图 1.95 所示。

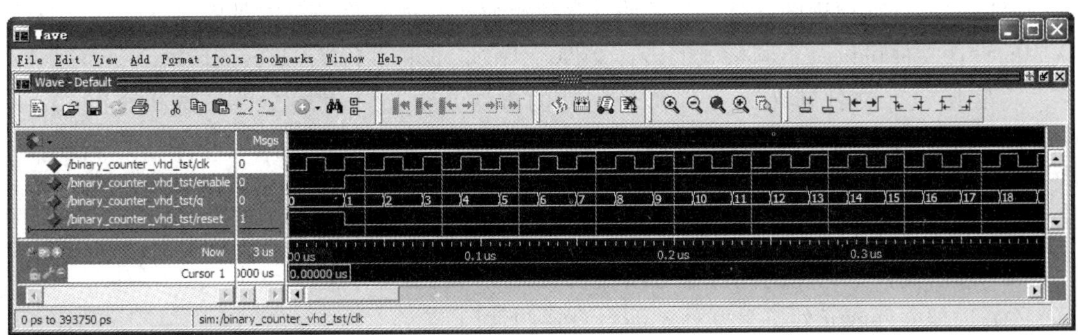

图 1.95　【Wave】窗口

1.2.6　层次化设计方法

随着技术的不断发展和工艺的进步，数字系统的规模变得越来越庞大，复杂系统描述经常采用多层次的设计结构。多层次的设计结构指的是在一个大型设计项目中，将目标层层分解，在各个层次上分别设计系统的某一个简单的模块，然后再将这些小模块组合起来，从而完成整个大系统的设计。在整个设计任务上进行行为描述的设计称为顶层设计，而从事某一块或某一单元的行为设计称为底层设计。层次化设计结构可以用如图 1.96 所示的树形结构图来表达。

Quartus II 12.1 支持层次化设计，在一个设计项目中，通过顶层模块调用底层设计模块的方式实现，设计者可灵活进入每个层次设计文件的编辑窗口，对文件进行编辑。

在 Quartus II 12.1 集成环境平台中可以采用文本文件也可采用原理图文件进行层次化设计。

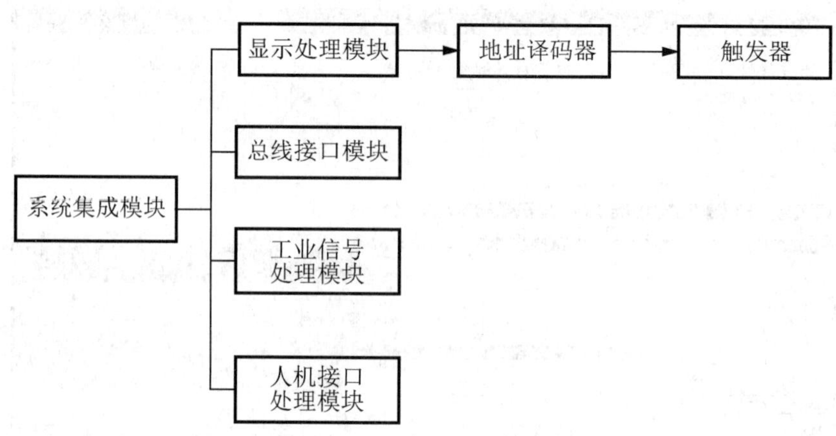

图 1.96　层次化设计结构图

文本文件的层次化设计方法：在顶层模块用相应的硬件描述语言调用底层同类型的文本文件。

原理图文件的层次化设计方法：在图形编辑器中创建顶层原理图设计文件(.bdf)，然后，在顶层原理图文件中调用底层文件的元件符号文件(.bsf)，实现层次化设计。底层设计文件可以是文本文件或原理图文件，只要将底层文件打包生成元件符号文件即可。由于每个层次中的设计文件可以是不同格式的设计文件，因而，也称此法为混合设计法。

将底层设计文件转化为元件符号文件的方法是：打开底层文件，选择【File】→【Create/Update】→【Create Symbol Files for Current File】命令，生成元件符号文件(.bsf)。

层次化设计过程中应注意的问题如下。

(1) 同一设计工程中，顶层设计文件和底层设计文件名称不能重复。

(2) 顶层文件中调用的元件符号所代表的文件为底层设计文件。

(3) 顶层文件或元件符号文件不能自身递归调用。

(4) 顶层设计文件可以通过将文件转换为元件符号文件的方法降为底层文件，供其他顶层文件调用。

(5) 同一设计工程的各个设计文件都可以重新编译、修改、保存或转换为元件符号文件，重新转换为元件符号文件后要及时在上层文件中更新并保存。

1.3　2 位二进制数乘法器设计制作

FPGA 最小系统板没有提供输入输出设备，增加了设计制作的自由度，为培养设计制作能力提供了前提条件。本节介绍基于 FPGA 最小系统板，设计制作 2 位二进制数乘法器。基于 FPGA 最小系统板的 2 位二进制数乘法器设计制作流程如图 1.97 所示。

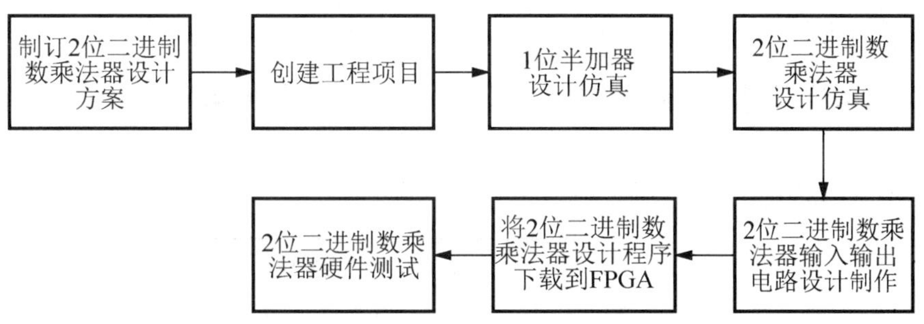

图 1.97　2 位二进制数乘法器设计制作流程

1.3.1　任务书

基于 FPGA 最小系统板设计制作 2 位二进制数乘法器，若采用不同的输入输出的表示方法，则 FPGA 内程序设计不同，但乘法运算器程序设计一致。

1. 学习目的

(1) 熟练使用 FPGA 的 EDA 工具软件 Quartus II 12.1 和 ModelSim-Altera 10.1b。
(2) 能用原理图输入法，层次化设计 2 位二进制数乘法器。
(3) 能用 ModelSim-Altera 10.1b 进行设计电路的时序仿真。
(4) 能用编程器将硬件程序载入 FPGA 芯片。
(5) 能进行 FPGA 最小系统开发板的调试。
(6) 能用开关、数码管、发光二极管设计数字系统的输入与输出。

2. 任务描述

设计 2 位二进制数乘法器要求：在 Quartus II 12.1 软件平台上，用原理图输入法和层次化设计法，设计 2 位二进制数乘加器；用 ModelSim-Altera 10.1b 仿真软件仿真检查设计结果；硬件验证采用 EP2C5T144-FPGA 最小系统板；输入输出可利用的资源有按钮开关、LED 灯、数码管、连接线等。

3. 教学工具

(1) 计算机。
(2) Quartus II 12.1 软件。
(3) ModelSim-Altera 10.1b 仿真软件。
(4) EP2C5T144-FPGA 最小系统板、万能板、按键开关、数码管、发光二极管、连接导线。

1.3.2　2 位二进制数乘法器设计方案

基于 FPGA 最小系统板的 2 位二进制数乘法器设计，包括乘法器的设计、输入电路及输出显示电路的设计。根据输出显示电路的设计不同，需在 FPGA 中增加不同的显示译码模块。

1. 2 位二进制数乘法器的设计

2 位二进制数相乘，最多可得 4 位二进制数，其乘法运算如图 1.98 所示。

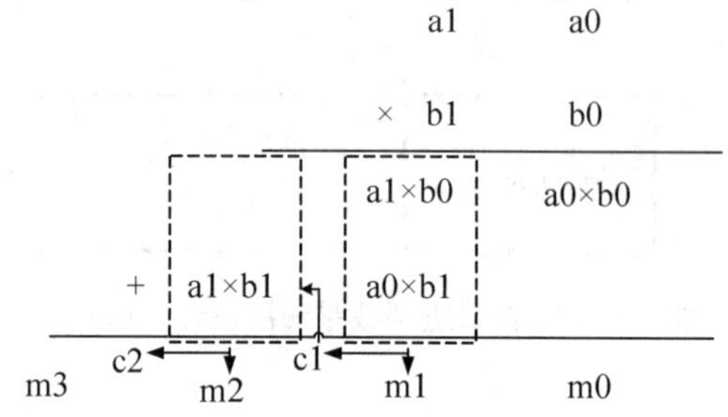

图 1.98 2 位二进制数相乘过程

从 2 位二进制数相乘过程可知：积的第 0 位“m0”，如果用硬件逻辑元件表示，m0 为输入量 a0、b0 相“与”的结果，即 m0=a0&b0；积的第 1 位“m1”为 a1&b0+a0&b1 的和，同时产生进位 c1；积的第 2 位“m2”为 a1&b1+c1 的和，同时产生进位 c2；积的第 3 位“m3”为进位 c2。由分析可知，系统可分解为两个半加器和 4 个与门联结而成，如图 1.99 所示。

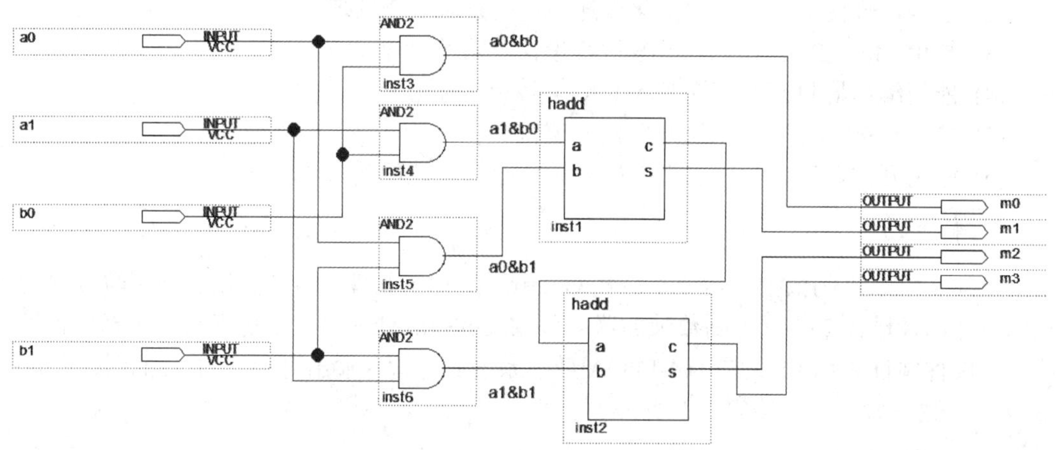

图 1.99 2 位二进制数乘法器原理图

2. 输入输出电路的设计

由于 EP2C5T144-FPGA 最小系统板没有连接输入输出器件，根据表示方法不同，可以设计不同的输入输出电路。

1) 设计输入电路

用两个按键开关代表 2 位二进制数输入，当按键按下时输入高电平，与之相连的发光二极管“亮”，表示输入二进制数“1”；当按键未按下时，输入低电平，与之相连的发光二极管“灭”，表示输入二进制数“0”。输入参考电路如图 1.100 所示。

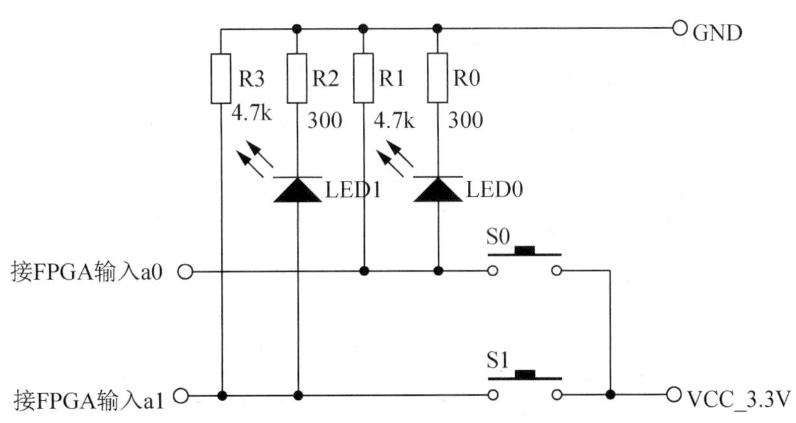

图 1.100　2 位二进制数输入参考电路

2) 用发光二极管表示输出

用发光二极管的“亮”与“灭”表示输出的二进制数“1”与“0”。当输出为高电平时，与之相连接的发光二极管“亮”，表示输出二进制数“1”；当输出为低电平时，与之相连接的发光二极管“灭”，表示输出二进制数“0”。输出参考电路如图 1.101 所示。

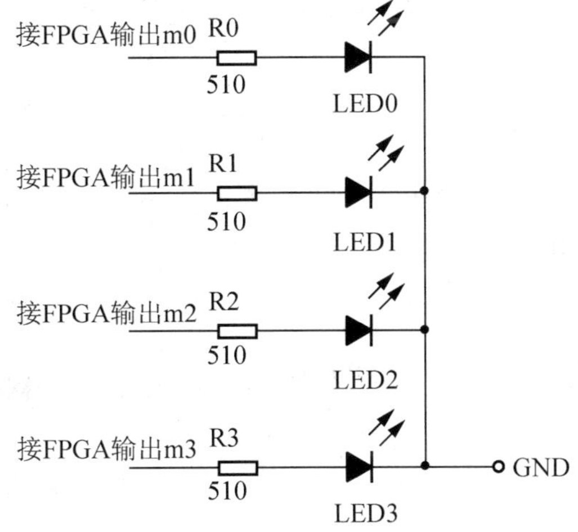

图 1.101　4 位二进制数输出参考电路

2 位二进制数乘法器结果见表 1.3。

表 1.3　2 位二进制数乘法器结果

被乘数		乘数		输出				被乘数		乘数		输出			
a1	a0	b1	b0	m3	m2	m1	m0	a1	a0	b1	b0	m3	m2	m1	m0
灭	灭	灭	灭	灭	灭	灭	灭	亮	灭	灭	灭	灭	灭	灭	灭
灭	灭	灭	亮	灭	灭	灭	灭	亮	灭	灭	亮	灭	灭	亮	灭
灭	灭	亮	灭	灭	灭	灭	灭	亮	灭	亮	灭	灭	亮	灭	灭

续表

被乘数		乘数		输出				被乘数		乘数		输出			
a1	a0	b1	b0	m3	m2	m1	m0	a1	a0	b1	b0	m3	m2	m1	m0
灭	灭	亮	亮	灭	灭	灭	灭	亮	灭	亮	亮	灭	亮	亮	灭
灭	亮	灭	灭	灭	灭	灭	灭	亮	亮	灭	灭	灭	灭	灭	灭
灭	亮	灭	亮	灭	灭	灭	亮	亮	亮	灭	亮	灭	灭	亮	亮
灭	亮	亮	灭	灭	灭	亮	灭	亮	亮	亮	灭	灭	亮	亮	灭
灭	亮	亮	亮	灭	灭	亮	亮	亮	亮	亮	亮	亮	灭	灭	亮

3) 用数码管表示输出值

为了直观地显示 2 位二进制数乘法器积的输出数值，可用七段数码管表示输出积的值。七段数码管的形态与输出电路的连接原理图如图 1.102 所示。

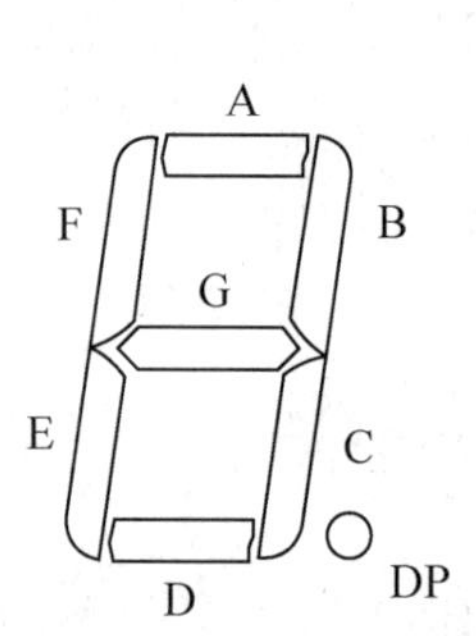

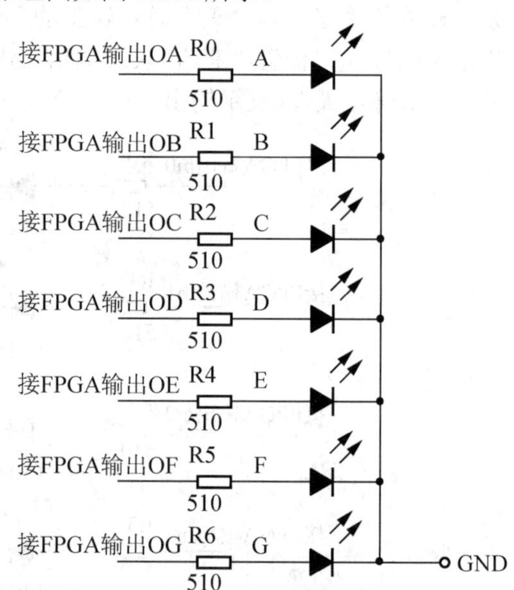

图 1.102　七段数码管的形态与输出电路连接原理图

由于七段数码管需要 7 位二进制数表示，而 2 位二进制数乘法器输出为 4 位二进制数“m3”、“m2”、“m1” 和 “m0”，因而，需要增加译码器。译码器可以选择 BCD 七段译码器，其真值表见表 1.4。7449BCD 七段译码器可以由 FPGA 产生，从 Quartus II 12.1 软件的元件库中调用。增加译码器后 2 位二进制数乘法器原理图如图 1.103 所示。

表 1.4　7449BCD 七段译码器真值表

输入					输出							显示字符
$\overline{BIN}$	D	C	B	A	OA	OB	OC	OD	OE	OF	OG	
1	0	0	0	0	1	1	1	1	1	1	0	0

续表

输　入					输　出							显示字符
$\overline{BIN}$	D	C	B	A	OA	OB	OC	OD	OE	OF	OG	
1	0	0	0	1	0	1	1	0	0	0	0	
1	0	0	1	0	1	1	0	1	1	0	1	
1	0	0	1	1	1	1	1	1	0	0	1	
1	0	1	0	0	0	1	1	0	0	1	1	
1	0	1	0	1	1	0	1	1	0	1	1	
1	0	1	1	0	0	0	1	1	1	1	1	
1	0	1	1	1	1	1	1	0	0	0	0	
1	1	0	0	0	1	1	1	1	1	1	1	
1	1	0	0	1	1	1	1	0	0	1	1	
1	1	0	1	0	0	0	0	1	1	0	1	
1	1	0	1	1	0	0	1	1	0	0	1	
1	1	1	0	0	0	1	1	0	0	1	1	
1	1	1	0	1	1	0	0	1	0	1	1	
1	1	1	1	0	0	0	0	1	1	1	1	
1	1	1	1	1	0	0	0	0	0	0	0	
0	×	×	×	×	0	0	0	0	0	0	0	

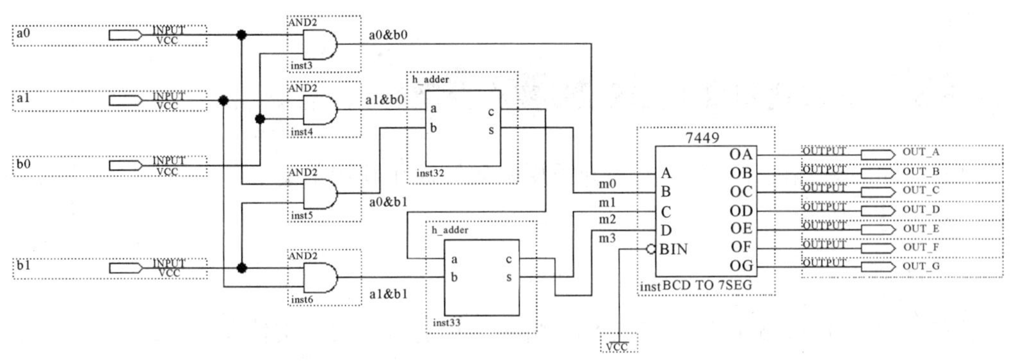

图 1.103　具有译码器的 2 位二进制数乘法器原理图

4) 输入输出值均用数码管表示

如果输入的二进制数乘数与被乘数以及输出的积均用数码管显示数值，参考原理图如图 1.104 所示。

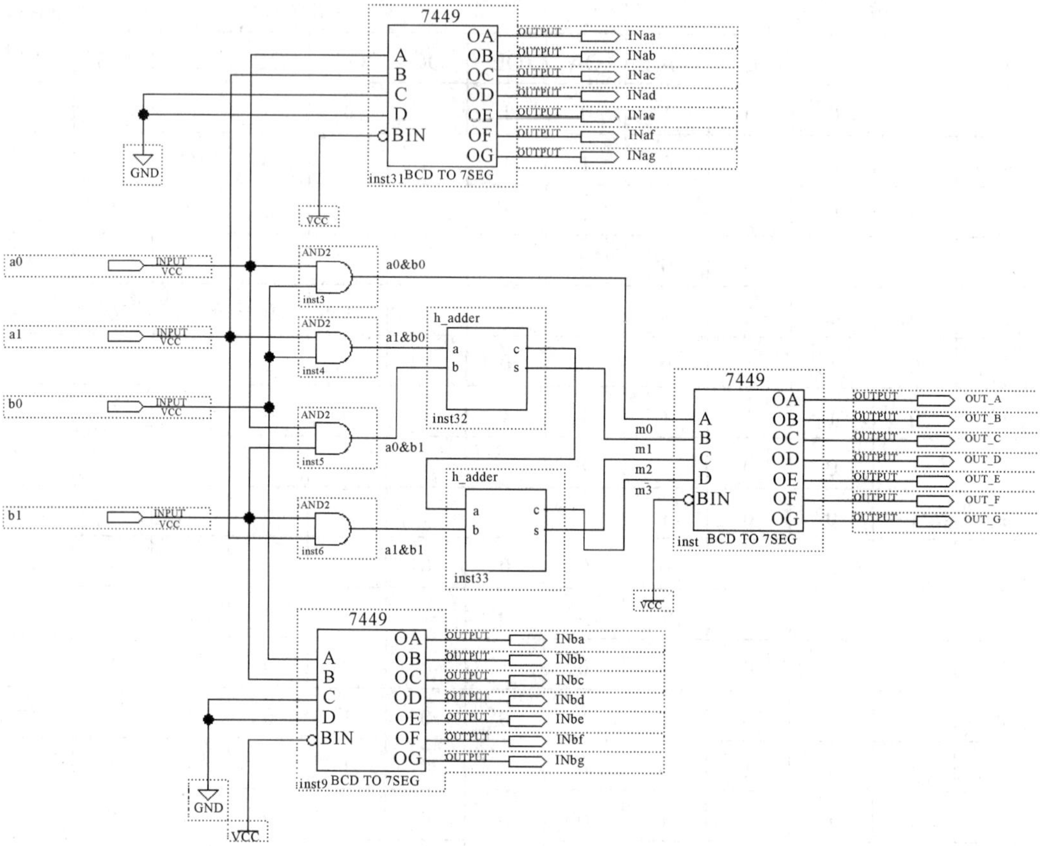

图 1.104　2 位二进制数乘法器原理图

1.3.3　2 位二进制数乘法器设计实施步骤

根据前面的系统设计方案，本节介绍用数码管表示输出值的 2 位二进制数乘法器设计实施过程。

1. 创建工程

建立工程文件夹(如 E:/XM1/MUL)，将本工程的全部设计文件保存在此文件夹。运行 Quartus II 12.1 软件平台，单击【File】→【New Project Wizard】命令；在新建工程向导 5 步骤的第 1 步设置页面中创建名为“mul2”的工程，顶层实体名为“mul2”，如图 1.105 所示；在新建工程向导 5 步骤的第 4 步的设置页面中设置采用第三方仿真软件“ModelSim-Altera”，如图 1.106 所示。

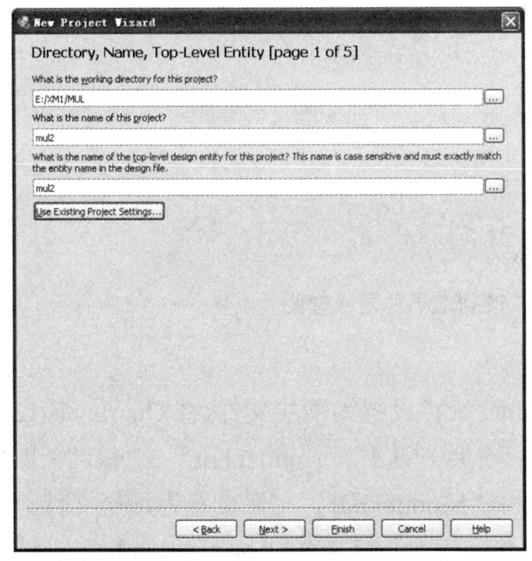

图 1.105　设置工程名和顶层实体名

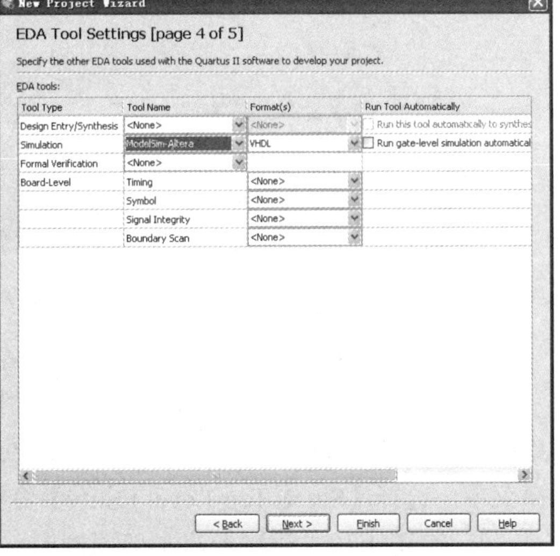

图 1.106　设置 EDA 工具软件

2. 底层半加器设计

在 Quartus II 12.1 集成环境中选择【File】→【New】命令，弹出【New】对话框；选择【Block Diagram/Schematic File】选项，单击【OK】按钮。在 Quartus II 12.1 集成环境中产生原理图设计文件编辑窗口，自动产生原理图文件“Block1.bdf”；选择【File】→【Save As】命令，弹出【另存为】对话框，命名 1 位二进制数半加器原理图设计文件为“h_adder.bdf”，保存在“E:/XM1/MUL”。完成在“mul2”工程创建空白 1 位二进制数半加器原理图文件。

下面介绍 1 位二进制数半加器原理图文件“h_adder.bdf”创建、时序仿真和元件符号文件创建过程。

(1) 创建 1 位二进制数半加器原理图文件。

① 将元件加入 1 位二进制数半加器原理图文件。在“h_adder.bdf”原理图文件编辑窗口空白位置双击鼠标，弹出【Symbol】对话框。根据 1 位二进制数半加器的元件组成，在【Symbol】对话框中选择“2 输入与门”(and2)、“异或门”(xor)、输入(input)、输出(output)元件，加入到“h_adder.bdf”原理图文件。

② 命名输入、输出端口。双击各输入输出端口，弹出【Pin Properties】对话框，在【Pin name(s)】文本框内输入端口名。命名 1 位二进制数半加器输入端口名，分别为“a”和“b”；1 位二进制数半加器“和”输出端口为“s”，“进位”输出端口为“c”。

③ 连接各元件。在“h_adder.bdf”原理图文件编辑窗口的工具栏中单击直角节点连接工具【Orthogonal Node Tool】按钮┐，鼠标将变成“+”号，按鼠标左键并拖动，连接各元件。设计完成的 1 位二进制数半加器原理图如图 1.107 所示。

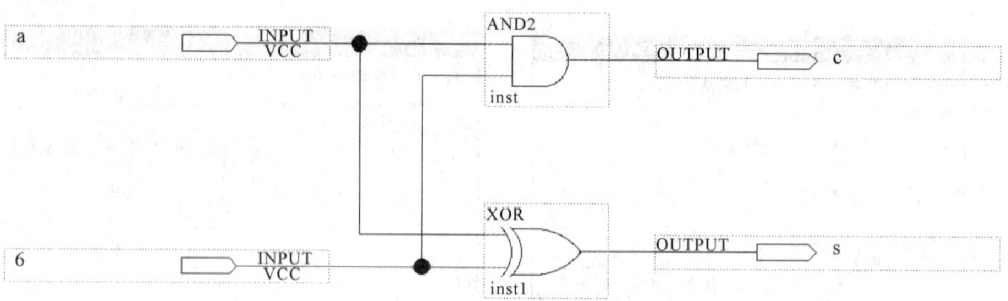

图 1.107　设计完成的 1 位二进制数半加器原理图

(2) 编译 1 位二进制数半加器原理图文件。

① 将 1 位二进制数半加器原理图文件"h_adder.bdf"设置为顶层文件。在 Quartus II 12.1 集成环境的【Project Navigator】面板【Files】标签页中右击"h_adder.bdf"文件，弹出快捷菜单，选择【Set as Top-Level Entity】命令，将"h_adder.bdf"文件设置为顶层文件。

② 编译 1 位二进制数半加器原理图文件。单击工具栏【Start Compilation】按钮▶，编译 1 位二进制数半加器原理图文件。如果设计文件没有错误，编译完成后，弹出全编译完成对话框。

(3) 创建 1 位二进制数半加器原理图文件仿真测试文件。

① 创建仿真测试模板文件。选择【Processing】→【Start】→【Start Test Bench Template Writer】命令。如果没有设置错误，弹出生成测试模板文件成功对话框。生成的仿真测试模板文件名为"h_adder.vht"，位置为"E:/XM1/ MUL/ simulation/ modelsim"。

② 编辑仿真测试模板文件。选择【File】→【Open】命令，弹出【Open File】对话框；选择前面生成的仿真测试模板文件"E:/XM1/MUL/simulation /modelsim/h_adder.vht"。打开"h_adder.vht"文件，删除"always"进程，在"init"进程设置 1 位二进制数半加器输入端 a、b 的值。完成编辑后的 1 位二进制数半加器仿真测试文件如下。

```
library ieee;
use ieee.std_logic_1164.all;
entity h_adder_vhd_tst is
end h_adder_vhd_tst;
architecture h_adder_arch of h_adder_vhd_tst is
       signal a : std_logic;
       signal b : std_logic;
       signal c : std_logic;
       signal s : std_logic;
component h_adder
       port(a : in std_logic;
       b : in std_logic;
       c : out std_logic;
       s : out std_logic);
end component;
begin
```

```
i1 : h_adder
       port map(a => a,b => b,
            c => c,s => s);
init: process
begin
       a<='0';b<='0';wait for 20us;
       a<='1';b<='0';wait for 20us;
       a<='0';b<='1';wait for 20us;
       a<='1';b<='1';wait for 20us;
       end process init;
 end h_adder_arch;
```

该测试文件的顶层实体名为“h_adder_vhd_tst”，测试模块的元件例化名为“i1”。

(4) 配置 1 位二进制数半加器仿真测试文件。

① 选择【Assignments】→【Settings】命令，弹出设置工程“mul2”的【Settings –mul2】对话框；在【Category】栏中选择【EDA Tool Settings】目录下的【Simulation】选项，【Settings –mul2】对话框中将显示【Simulation】面板。

在【Simulation】面板【NativeLink settings】选项组中选择【Compile test bench】选项；单击【Test Benches】按钮，弹出【Test Benches】对话框，如图 1.108 所示。

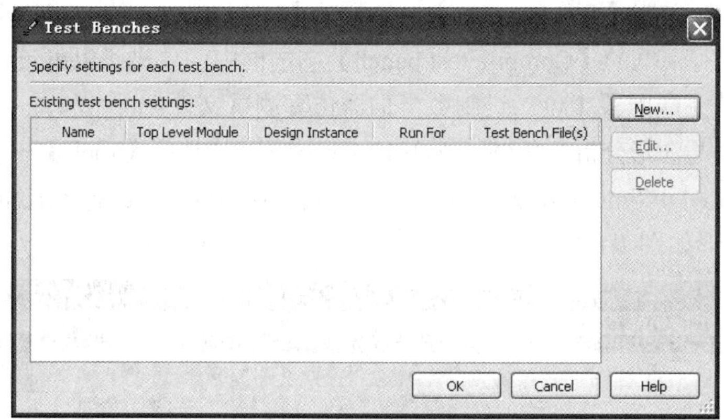

图 1.108　【Test Benches】对话框

② 单击【Test Benches】对话框中的【New】按钮，弹出【New Test Bench Settings】对话框；在【Test bench name】文本框中输入测试文件名“h_adder.vht”；在【Top level module in test bench】文本框中输入测试文件顶层实体名“h_adder_vhd_tst”；选中【Use test bench to perform VHDL timing simulation】复选框，在【Design instance name in test bench】文本框中输入设计测试模块元件例化名“i1”；选择【End simulationat】时间为 3 ms；单击【Test bench and simulation files】选项组【File name】文本框后的按钮，选择测试文件“E:/XM1/ MUL/ simulation/ modelsim/ h_adder.vht”，单击【Add】按钮，设置结果如图 1.109 所示。

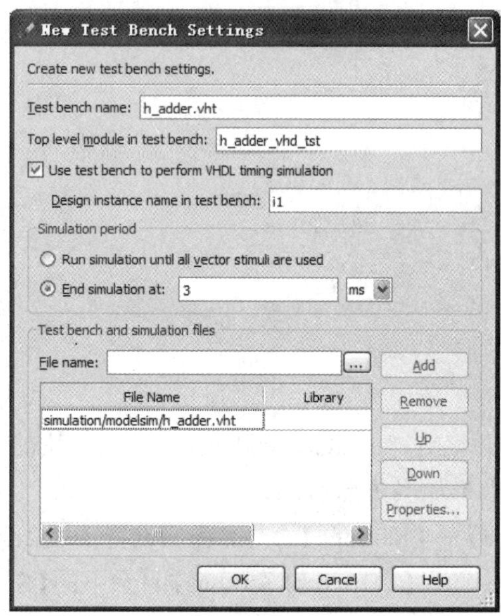

图 1.109 【New Test Bench Settings】对话框

③ 单击【New Test Bench Settings】对话框的【OK】按钮，设置的内容将填入【Test Benches】对话框；单击【Test Benches】对话框的【OK】按钮，“h_adder.vht”文件名填入【Settings–mul2】对话框的【Compile test bench】文本框中；单击【Settings –mul2】对话框的【OK】按钮，完成配置 1 位二进制数半加器仿真测试文件。

(5) 时序仿真与波形分析。在 Quartus II 12.1 集成环境中选择【Tools】→【Run Simulation Tool】→【Gate Level Simulation】命令，可以看到 ModelSim-Altera 10.1b 的运行界面，出现的时序仿真波形如图 1.110 所示。

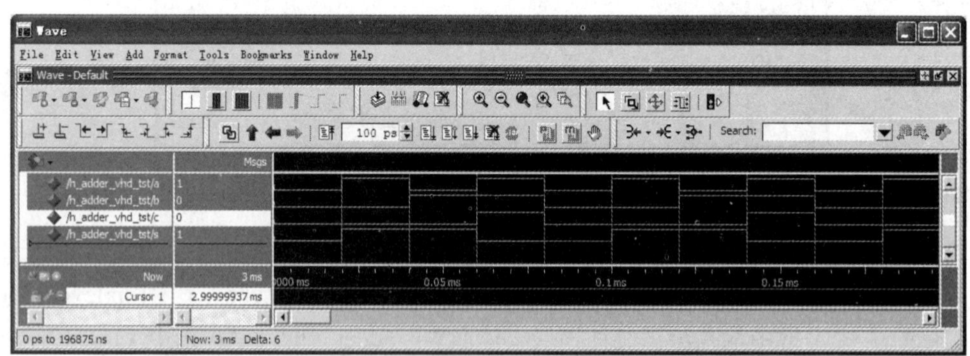

图 1.110 1 位二进制数半加器时序仿真波形图

从波形图中可知，当 a、b 输入为 0、0 时，输出 s=0，c=0；当 a、b 输入为 1、0 时，输出 s=1，c=0；当 a、b 输入为 0、1 时，输出 s=1，c=0；当 a、b 输入为 1、1 时，输出 s=0，c=1。说明设计的 1 位二进制数半加器符合 1 位二进制数相加的功能要求。

(6) 生成底层 1 位二进制数半加器元件符号文件。双击“h_adder.vhd”文件，将其打开；选择【File】→【Create/Update】→【Create Symbol File for Current File】命令；弹出创建元件符号文件成功的对话框，此时，在工程文件夹内生成了与 1 位二进制数半加器同名的“h_adder.bsf”元件符号文件，为层次化设计 2 位二进制数乘法器作准备。

3. 2 位二进制数乘法器设计

完成底层 1 位二进制数半加器创建后，可进行 2 位二进制数乘法器设计。选择【File】→【New】命令，弹出【New】对话框；选择【Block Diagram/Schematic File】选项，单击【OK】按钮，自动产生扩展名为“.bdf”的原理图文件；选择【File】→【Save As】命令，弹出【另存为】对话框，命名 2 位二进制数乘法器原理图设计文件为“mul2.bdf”，保存在“E:/XM1/MUL”。

下面是 2 位二进制数乘法器原理图文件“mul2.bdf”设计和时序仿真过程。

(1) 设计 2 位二进制数乘法器原理图文件。

①在 2 位二进制数乘法器原理图文件“mul2.bdf”编辑窗口的空白位置双击鼠标，弹出【Symbol】对话框，如图 1.111 所示。由于已创建了名为“h_adder”的 1 位二进制数半加器元件符号文件，因而，在【Symbol】对话框中出现了【Project】库。

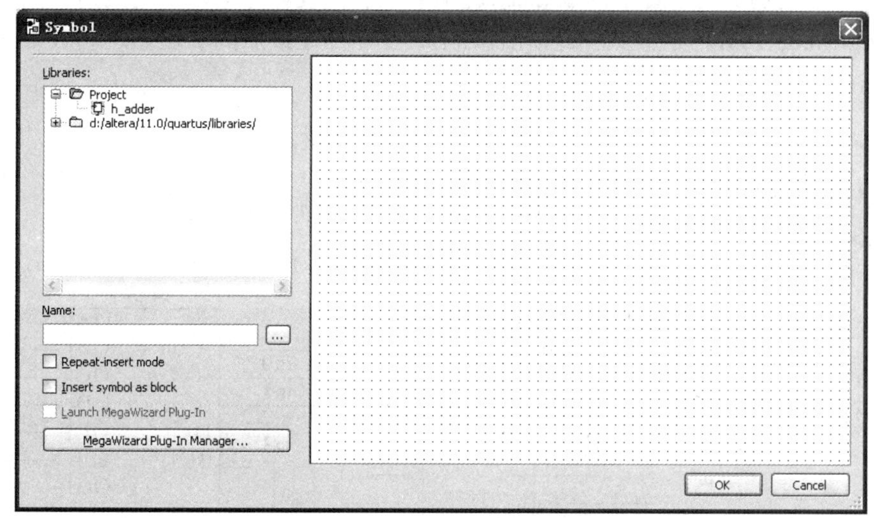

图 1.111　【Symbol】对话框

② 双击【Project】库的“h_adder”1 位二进制数半加器元件符号，关闭【Symbol】对话框，鼠标将变成“+”号，并在右下角吸附了“h_adder”1 位二进制数半加器元件。在“mul2.bdf”原理图文件编辑窗口的适当位置单击，添加“h_adder”1 位二进制数半加器元件。

采用同样的方法在“mul2.bdf”原理图中添加其他元件，包括 4 个元件名为“AND2”的 2 输入与门、1 个元件名为“7449”的译码器，如图 1.112 所示。

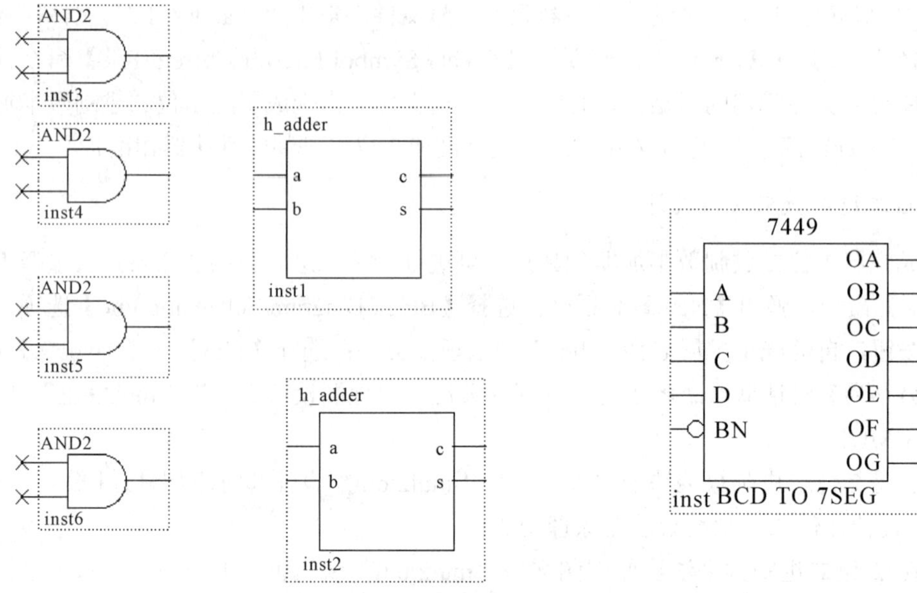

图 1.112 2 位二进制数乘法器的元件

③ 根据输出用数码管显示的 2 位二进制数乘法器设计方案，利用直角节点连接工具【Orthogonal Node Tool】按钮⌝连接各元件。完成各元件连接后的 2 位二进制数乘法器原理图如图 1.113 所示。

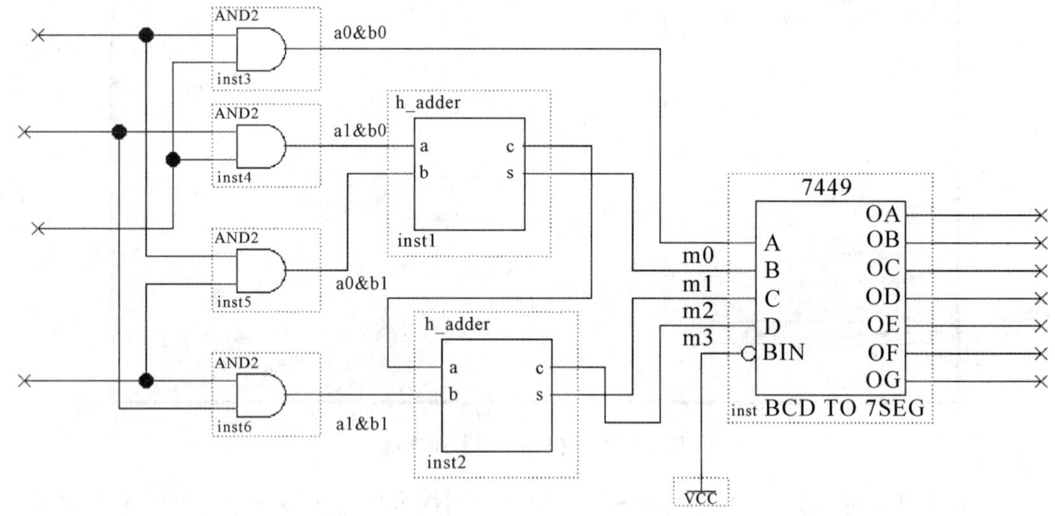

图 1.113 2 位二进制数乘法器各元件连接图

④ 输入输出端口元件命名与网络连接。被乘数 in_a、乘数 in_b 为 2 位二进制数，积数采用译码输出为 7 段码，为简捷明晰，可采用总线组合的网络名连接的方式。完成的 2 位二进制数乘法器设计原理图如图 1.114 所示。

输入输出端口元件命名与网络连接设置方法如下。

在原理图中放置 1 个“Input”输入元件，把端口命名为 in_a[1..0]，表示该输入端口有 2 位，从高到低分别是 in_a1、in_a0；单击工具栏直角总线工具【Orthogonal Bus Tool】按

钮 ᒣ，按鼠标左键从输入端口拖出一段总线连接线。

根据 2 位二进制数乘法器设计原理图，右击“a0”端连接线，弹出快捷菜单；选择【Properties】命令，弹出【Node Properties】对话框；在【Node Properties】对话框【General】面板的【Name】文本框中输入 in_a0。表示输入端口 in_a[1..0]元件的 2 位二进制数，低位“in_a0”与此相连接。其他端口元件的设置方法与 in_a[1..0]输入端口元件设置方法相同。

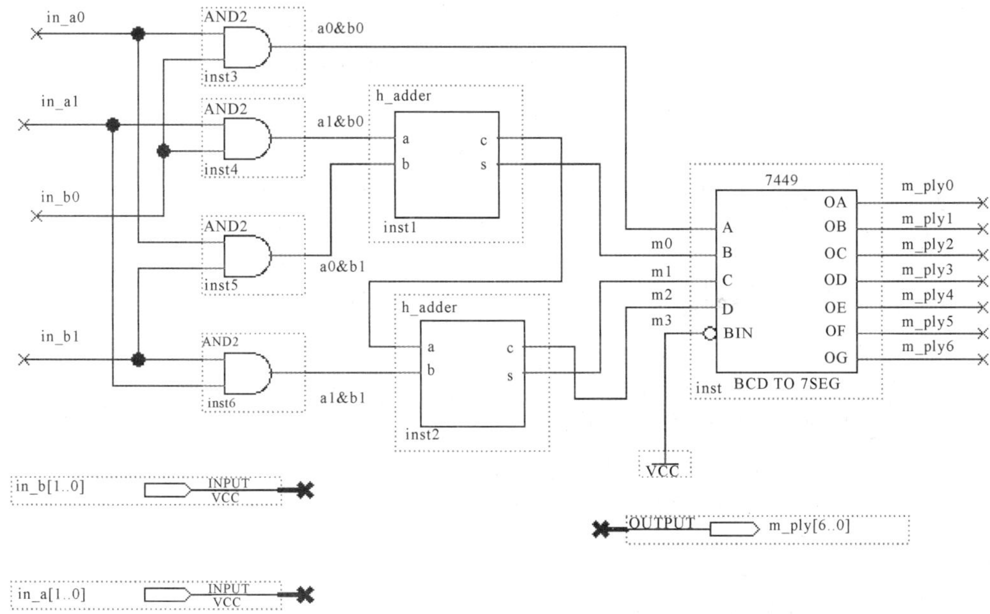

图 1.114　总线表示的 2 位二进制数乘法器原理图

(2) 编译 2 位二进制数乘法器。

① 将 2 位二进制数乘法器原理图文件“mul2.bdf”设置为顶层文件。在 Quartus II 12.1 集成环境的【Project Navigator】面板【Files】标签页中右击“mul2.bdf”文件，弹出快捷菜单，选择【Set as Top-Level Entity】命令。

② 编译 2 位二进制数乘法器文件。在 Quartus II 12.1 集成环境工具栏中单击【Start Compilation】按钮 ▸，如果设计文件没有错误，编译完成，弹出全编译完成对话框。

(3) 创建 2 位二进制数乘法器仿真测试文件。

① 将 2 位二进制数乘法器设置为当前文件。在 Quartus II 12.1 集成环境的【Project Navigator】面板【Files】标签页中双击“mul2.bdf”文件，将“mul2.bdf”文件设置为当前文件。

② 创建 2 位二进制数乘法器仿真测试模板文件。选择【Processing】→【Start】→【Start Test Bench Template Writer】命令，如果无设置错误，弹出生成仿真测试模板文件成功对话框。系统自动生成的 2 位二进制数乘法器测试模板文件名为“mul2.vht”，位置为“E:/XM1/ MUL/ simulation/ modelsim”。

③ 编辑 2 位二进制数乘法器仿真测试模板文件。选择【File】→【Open】命令，弹出【Open File】对话框，选择“E:XM1/MUL/simulation/modelsim/mul2.vht”文件，打开“mul2.vht”文件。在 mul2.vht”文件的“init”进程设置乘数与被乘数的值。完整的 2 位二进制数乘法器仿真测试文件程序如下。

```
library ieee;
use ieee.std_logic_1164.all;
entity mul2_vhd_tst is
end mul2_vhd_tst;
architecture mul2_arch of mul2_vhd_tst is
        signal in_a : std_logic_vector(1 downto 0);
        signal in_b : std_logic_vector(1 downto 0);
        signal m_ply : std_logic_vector(6 downto 0);
        component mul2
            port(in_a : in std_logic_vector(1 downto 0);
            in_b : in std_logic_vector(1 downto 0);
            m_ply : out std_logic_vector(6 downto 0)    );
        end component;
begin
i1 : mul2
        port map(in_a => in_a,
                in_b => in_b,
                m_ply => m_ply   );
init : process
begin
        in_a<="00";in_b<="00"  ; wait for 20us;
        in_a<="00";in_b<="01"  ; wait for 20us;
        in_a<="00";in_b<="10"  ; wait for 20us;
        in_a<="00";in_b<="11"  ; wait for 20us;
        in_a<="01";in_b<="00"  ; wait for 20us;
        in_a<="01";in_b<="01"  ; wait for 20us;
        in_a<="01";in_b<="10"  ; wait for 20us;
        in_a<="01";in_b<="11"  ; wait for 20us;
        in_a<="10";in_b<="00"  ; wait for 20us;
        in_a<="10";in_b<="01"  ; wait for 20us;
        in_a<="10";in_b<="10"  ; wait for 20us;
        in_a<="10";in_b<="11"  ; wait for 20us;
        in_a<="11";in_b<="00"  ; wait for 20us;
        in_a<="11";in_b<="01"  ; wait for 20us;
        in_a<="11";in_b<="10"  ; wait for 20us;
        in_a<="11";in_b<="11"  ; wait for 20us;
end process init;
end mul2_arch;
```

2 位二进制数乘法器仿真测试文件的顶层实体名为“mul2_vhd_tst”，测试模块的元件例化名为“i1”。

(4) 配置仿真测试文件。

① 选择【Assignments】→【Settings】命令，弹出设置工程“mul2”的【Settings–mul2】对话框；在【Category】栏中选择【EDA Tool Settings】目录下的【Simulation】选项，对话框内显示【Simulation】面板；单击【Test Benches】按钮，弹出【Test Benches】对话框。

② 单击【Test Benches】对话框【New】按钮，弹出【New Test Bench Settings】对话框；在【Test bench name】文本框中输入测试文件名“mul2.vht”；在【Top level module in test bench】文本框中输入测试文件顶层实体名“mul2_vhd_tst”；选中【Use test bench to perform VHDL timing simulation】复选框，在【Design instance name in test bench】文本框中输入测试模块元件例化名“i1”；选择【End simulation at】时间为 3ms；单击【File name】文本框后的按钮 ...，弹出选择文件对话框，选择测试文件“E:XM1/MUL/simulation/modelsim/mul2.vht”；单击【Add】按钮，设置结果如图 1.115 所示。

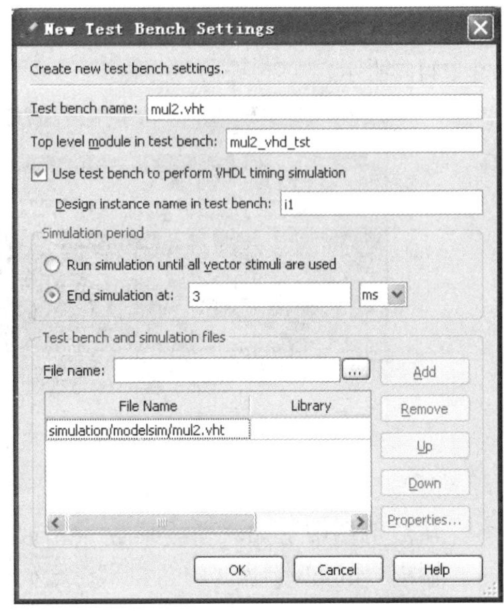

图 1.115　【New Test Bench Settings】对话框

③ 单击【New Test Bench Settings】对话框的【OK】按钮，设置的内容将填入【Test Benches】对话框；单击【Test Benches】对话框的【OK】按钮，关闭【Test Benches】对话框。

④ 在【Settings–mul2】对话框【Compile test bench】下拉列表中选择【mul2.vht】选项，完成配置选择仿真测试文件，如图 1.116 所示；单击【Settings–mul2】对话框【OK】按钮，关闭【Settings–mul2】对话框。

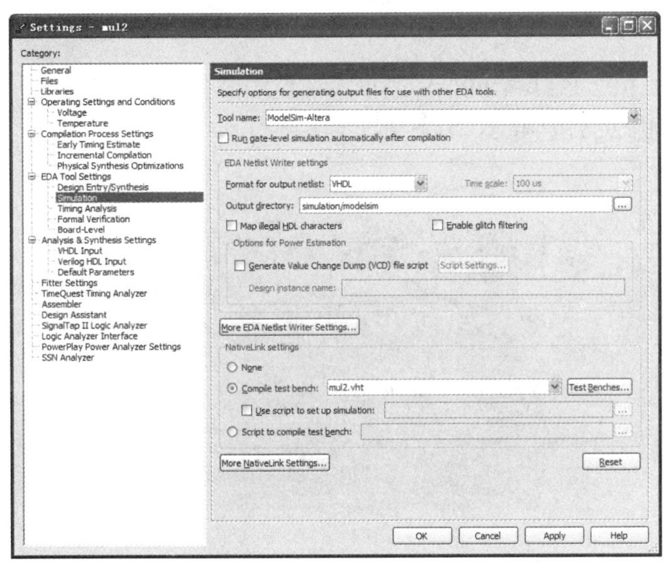

图 1.116　选择乘法器测试模块

(5) 时序仿真与波形分析。

在 Quartus II 12.1 集成环境中选择【Tools】→【Run Simulation Tool】→【Gate Level Simulation】命令，打开 ModelSim-Altera 10.1b 的运行界面，产生的时序仿真波形，如图 1.117 所示。

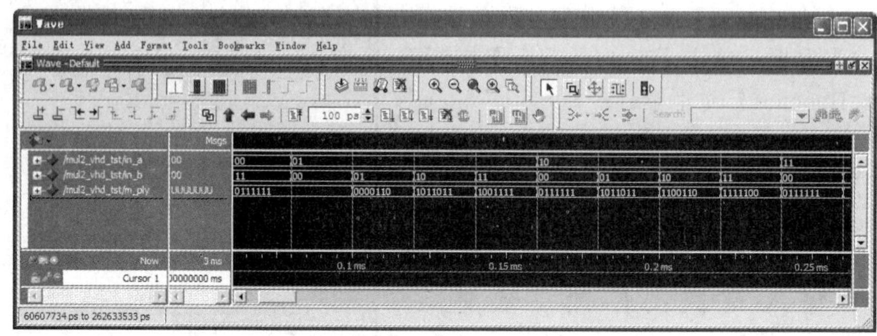

图 1.117　2 位二进制数乘法器时序仿真波形

从波形图中可知，当被乘数“in_a”为“01”(1)，乘数“in_b”为“00”(0)，即 1×0 时，输出“m_ply”为“0111111”，数码管显示“0”；当被乘数“in_a”为“01”(1)，乘数“in_b”为“01”(1)，即 1×1 时，输出“m_ply”为“0000110”，数码管显示“1”；当被乘数“in_a”为“01”(1)，乘数“in_b”为“10”(2)，即 1×2 时，输出“m_ply”为“1011011”，数码管显示“2”；分析其他被乘数“in_a”、乘数“in_b”与输出的积“m_ply”之间的关系，可知符合设计要求。

1.3.4　2 位二进制数乘法器编程下载与硬件测试

编程下载设计文件需要可编程逻辑器件开发板支持，下面介绍基于 EP2C5T144 –FPGA 最小系统板，数码管显示输出结果的 2 位二进制数乘法器的硬件测试过程。

1. EP2C5T144-FPGA 最小系统板

本教程所用的 EP2C5T144-FPGA 最小系统板如图 1.118 所示，FPGA 为 Altera 公司 Cyclone II 系列的 EP2C5T144C8，其各部分组成如下。

图 1.118　EP2C5T144-FPGA 最小系统板

(1) 板载 EP2C5T144C8-FPGA 核心芯片。

(2) 50MHz 有源晶体，提供系统工作主时钟，与 FPGA 芯片 PIN_17 相连接。

(3) IN5822 二极管，防止电源反接。

(4) 电源开关。

(5) 5V 电源输入接口，外径 5mm，内径 3.5mm，内正外负。

(6) R_C 按键，FPGA 的重新配置按键，按下之后，系统重新从 EPCS1 配置芯片中读取程序然后工作。

(7) Rst 按键，可以当作用户输入按键使用，也可以分配为系统的复位按键。

(8) 电源工作指示灯 D4。

(9) 1 只用户 LED 灯。

(10) 下载指示灯 D1，平时熄灭，下载时亮，按下 R_C 按键时亮。

(11) JTAG 下载接口，对应下载的文件是“.sof”文件。JTAG 将程序直接下载到 FPGA 中，但是掉电程序丢失。

(12) ASP 下载接口，需要断电操作的情况下再使用 ASP 下载模式，对应下载的是“.pof”文件，需要重新上电并且拔掉下载线才能工作。

(13) 螺丝铜柱支撑。

(14) 25×2 双排直插，2.54mm 间距用户接口，各插针与 FPGA 芯片引脚连接排列如图 1.119 所示。

(15) 4 线制 RS232 串口通信接口。

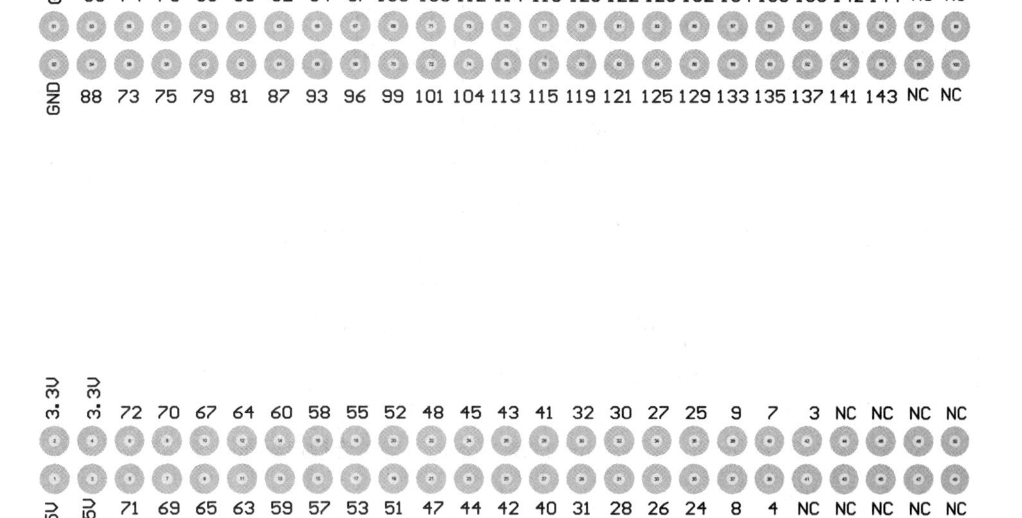

图 1.119　EP2C5T144-FPGA 最小系统板双排直插用户接口

2. 2 位二进制数乘法器硬件电路连接

根据设计方案，选择按钮开关作为 2 位二进制乘数、被乘数输入元件；选择共阴数码管作为乘积值显示元件。按钮开关、数码管与 EP2C5T144-FPGA 最小系统板的 25×2 双排直插针连接原理图如图 1.120 所示。

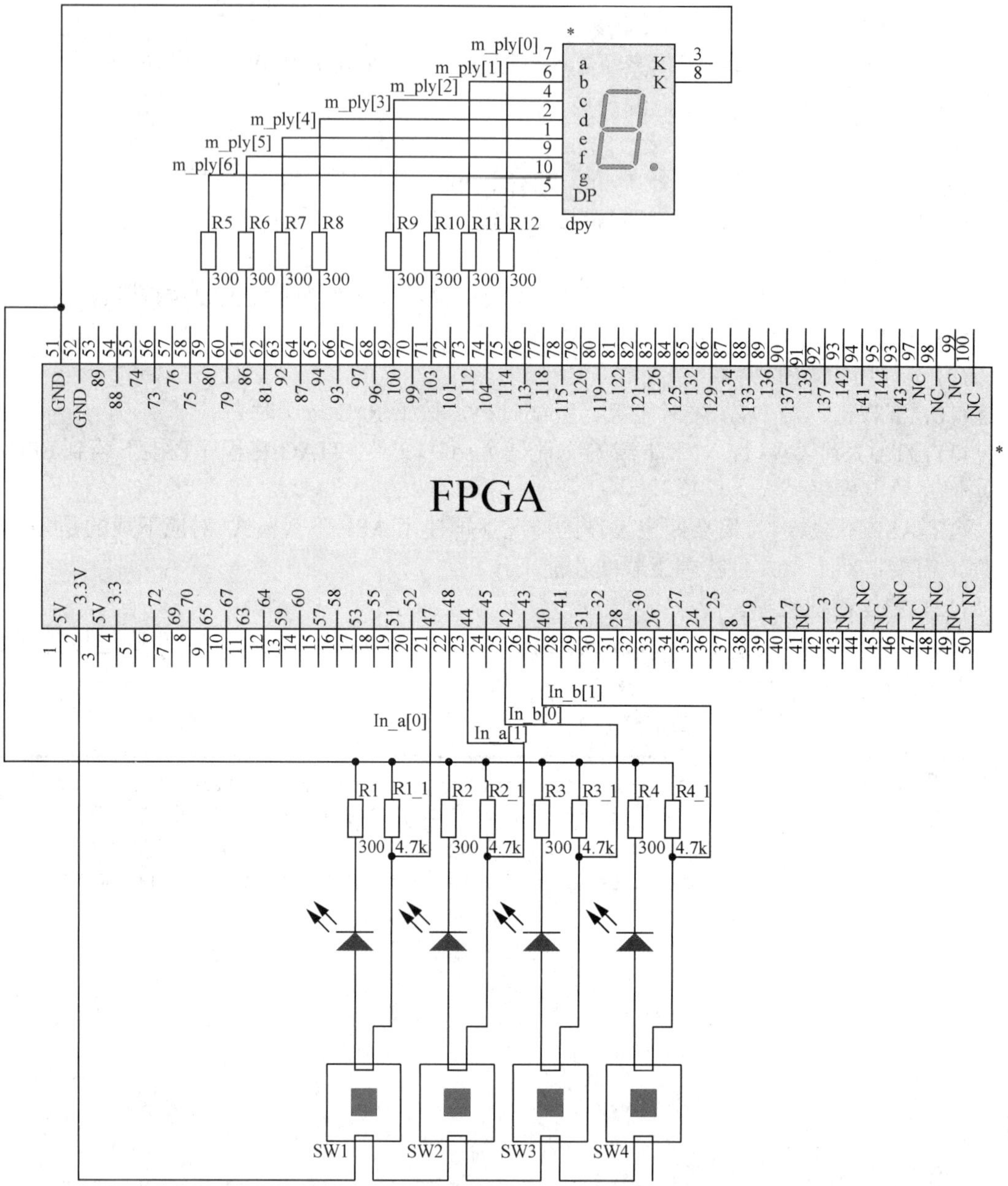

图 1.120　2 位二进制数乘法器输入输出连接电路图

3. 指定目标器件

根据所用的 EP2C5T144-FPGA 最小系统板，指定 FPGA 目标器件。

操作方法：选择【Assignments】→【Device】命令，弹出【Device】对话框；在【Family】选项中指定芯片类型为【Cyclone II】；在【Package】选项中指定芯片封装方式为【TQFP】；在【Pin count】选项中指定芯片引脚数为【114】；在【Speed grade】选项中指定芯片速度等级为【8】；在【Available devices】列表中选择有效芯片为【EP2C5T114C8】芯片，完成芯片指定后的对话框如图 1.121 所示。

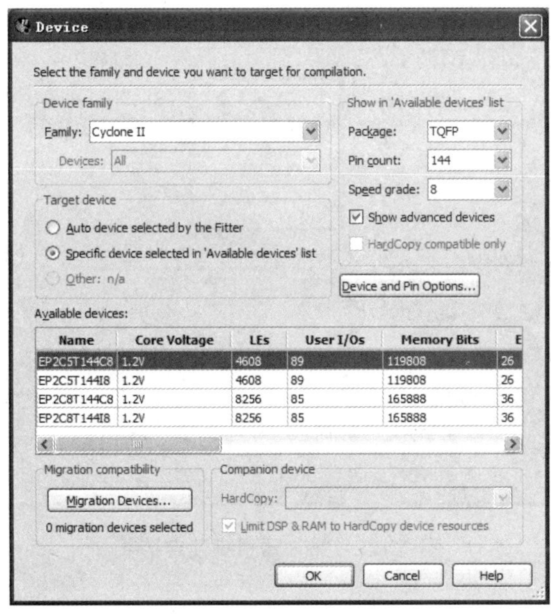

图 1.121　【Device】对话框

根据输入输出端口连接电路与 FPGA 相连的管脚，2 位二进制数乘法器与目标芯片引脚的连接关系见表 1.5。

表 1.5　输入输出端口与目标芯片引脚的连接关系表

输　入		输　出	
端口名称	芯片引脚	端口名称	芯片引脚
In_a[0]	Pin_47	m_ply[0](a)	Pin_144
In_a[1]	Pin_44	m_ply[1](b)	Pin_112
In_b[0]	Pin_42	m_ply[2](c)	Pin_100
In_b[1]	Pin_40	m_ply[3](d)	Pin_94
		m_ply[4](e)	Pin_92
		m_ply[5](f)	Pin_86
		m_ply[6](g)	Pin_80

4. 引脚锁定

选择【Assignments】→【Pin Planner】命令，打开【Pin Planner】窗口；在【Pin Planner】窗口【Location】列空白位置双击，根据表 1.5 输入相对应的引脚值。完成设置后的【Pin Planner】窗口如图 1.122 所示。完成引脚分配以后，必须再次执行编译命令，才能保存引脚锁定信息。

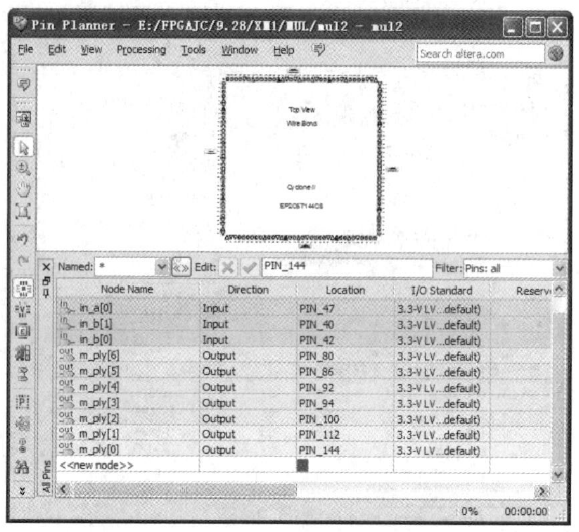

图 1.122 乘法器引脚锁定结果

5. 下载设计文件

下载设计文件到目标芯片，需要专用下载电缆将 PC 与目标芯片相连接。选择“USB-Blaster”下载电缆的一端连接到 PC 的 USB 口，另一端连接到 FPGA 最小系统板的 JTAG 口，接通 FPGA 最小系统板的电源，进行下载配置。

(1) 配置下载电缆。选择【Tools】→【Programmer】命令或单击工具栏中的【Programmer】按钮，打开【Programmer】窗口；单击【Hardware Setup】按钮，弹出硬件设置对话框，选择使用 USB 下载电缆的【USB-Blaster[USB-0]】选项，完成下载电缆配置的界面如图 1.123 所示。

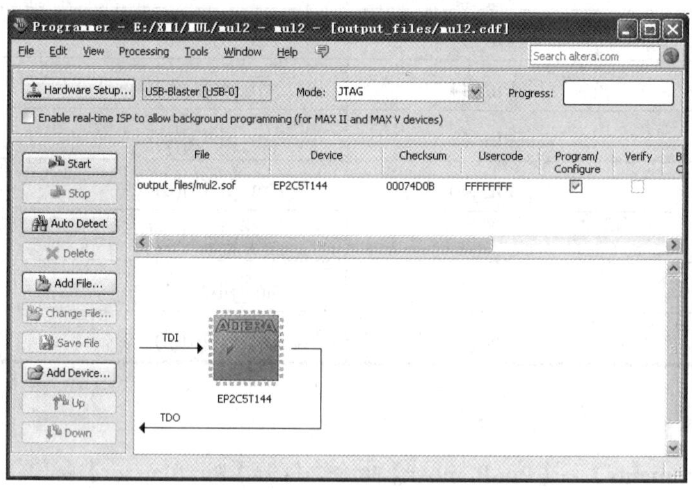

图 1.123 【Programmer】窗口

(2) 配置下载文件。在【Programmer】窗口【Mode】下拉列表框中选择【JTAG】模式；选中下载文件“mulz.sof”的【Program/Configure】复选框；单击【Start】按钮，开始编程下载，下载进度为 100%表示下载完成，如图 1.124 所示。

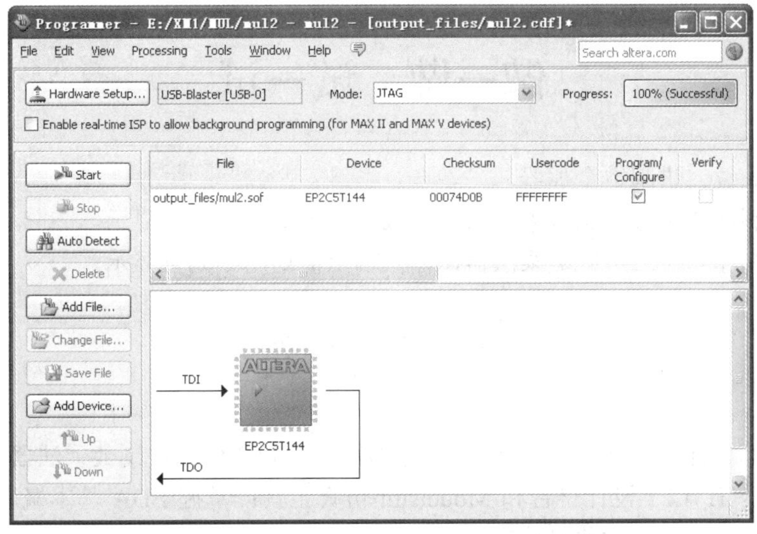

图 1.124　完成编程下载的界面

6. 硬件测试

选择按键开关 a0、a1、b0、b1，改变输入二进制数，可以在数码管中显示相乘后积的值，如图 1.125 所示。

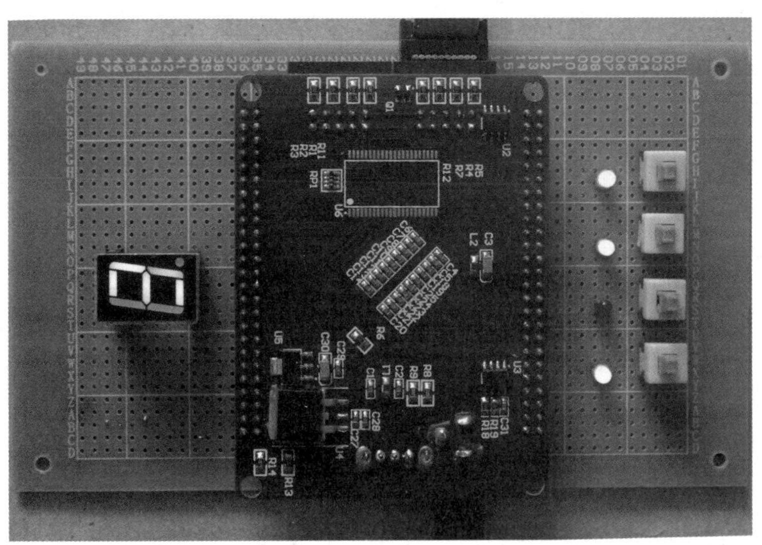

图 1.125　2 位二进制数乘法器硬件测试结果

从图 1.125 中可知，输入值：被乘数“a1”、“a0”的值为“01”(1)，乘数“b1”、“b0”的值为“11”(3)，1×3=3。输出结果：数码管显示值为“3”，证明设计的 2 位二进制数乘法器符合要求。改变不同的输入值，可测试设计制作的 2 位二进制数乘法器是否符合设计要求。

做一做，试一试

1．设计 8 位二进制数全加器。

2．设计制作 2 位二进制数乘法器，输入输出值均用数码管显示。

3．设计制作 4 位二进制数乘法器，输入输出值均用数码管显示。

项 目 小 结

通过基于原理图输入法 4 位二进制数全加器设计和 2 位二进制数乘法器设计制作，学会使用 Quartus II 12.1 设计平台和 Modelsim 仿真工具；掌握 EDA 基本概念；熟悉 EDA 开发流程；掌握 EDA 层次化设计方法。

项目 2 基于VHDL的表决器和抢答器设计制作

引 言

使用原理图描述方法进行数字系统设计形象直观，但随着数字系统设计规模日益增大、复杂程度不断提高，如果仍然采用原理图方式描述电路，无法满足快速高效的设计要求。为了满足设计人员对抽象层次更高的电路描述需要，硬件描述语言(HDL)应运而生，它具有对系统的高层次描述功能，具有很强的灵活性和通用性。用硬件描述语言对电子线路的描述和设计是EDA建模和实现的重要方法。本项目以表决器和抢答器为载体，通过三人表决器与简易四路抢答器等简单、完整的典型VHDL(超高速集成电路硬件描述语言)程序设计示例，说明用VHDL程序描述和设计数字电路的方法，逐步掌握VHDL基本语法知识，提高数字电路VHDL程序描述和设计能力。

完成本项目基本流程

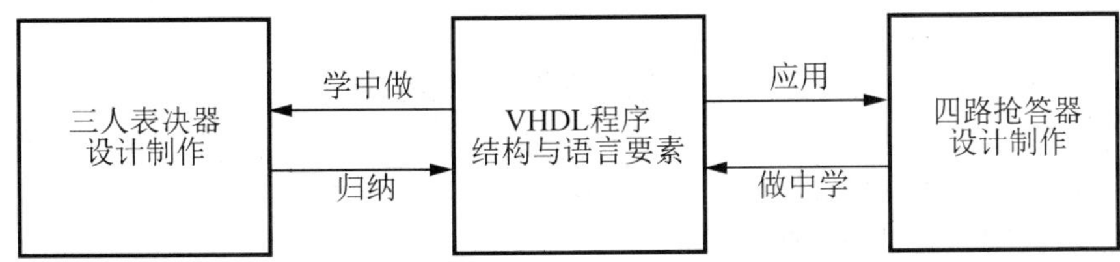

重点提要

能力目标	知识目标
(1) 能使用Quartus II软件，应用文本输入法设计数字电路 (2) 能将数字电路转化为硬件语言描述 (3) 能使用ModelSim-Altera软件对设计电路进行功能仿真 (4) 能将设计好的硬件程序通过编程器载入开发板目标芯片 (5) 能进行VHDL程序与FPGA的在线联合调试 (6) 能用开关、数码管、蜂鸣器设计数字系统的输入与输出	(1) 了解常用硬件描述语言类型 (2) 了解VHDL程序的特点 (3) 熟悉VHDL程序的基本格式和规范 (4) 熟悉VHDL程序基本结构 (5) 熟悉VHDL程序的标识符、数据对象、数据类型、运算符等基本元素

2.1 三人表决器设计

三人表决器是一个组合电路，通过三人表决器电路的 VHDL 程序描述与设计，熟悉 VHDL 程序结构、语句表述、数据类型和语法特点。三人表决器的设计流程如图 2.1 所示。

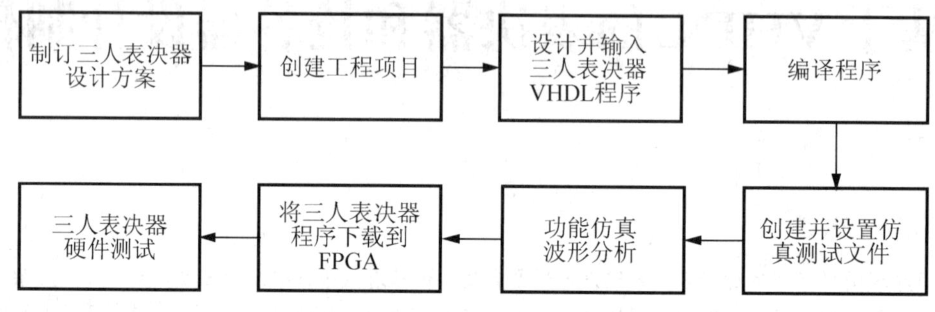

图 2.1 三人表决器设计制作流程

2.1.1 任务书

在实际设计中，三人表决器实现的方法有多种，本项目是针对 VHDL 程序的设计示例，要求使用 VHDL 程序，采用文本输入法设计一个基于 FPGA 的三人表决器，并下载到 GW48 系列实验箱的 EDA 学习开发板中进行硬件验证。

1. 学习目的

(1) 能将任务书的要求转化为数字电路硬件语言描述。
(2) 能采用文本输入法设计、调试 VHDL 程序。
(3) 了解 VHDL 程序设计约定。
(4) 熟悉 VHDL 程序的结构。
(5) 熟悉 VHDL 程序的标识符、数据对象、数据类型等基本元素。
(6) 能用开关、数码管、蜂鸣器设计数字系统的输入与输出。

2. 任务描述

采用文本输入法，利用 VHDL 程序设计一个三人表决器，完成逻辑功能见表 2.1。

要求在 Quartus II 12.1 软件平台上用文本输入方法设计三人表决器；用 ModelSim-Altera 10.1b 仿真软件仿真检查设计结果；利用 GW48 实验箱进行硬件验证。可选用的输入输出硬件资源为按钮开关、LED 灯、数码管、蜂鸣器。

表 2.1 三人表决器逻辑功能表

评　委	投票意见							
评委 A	×	×	×	√	√	√	×	√
评委 B	×	×	√	×	√	×	√	√

续表

评　委	投票意见							
评委 C	×	√	×	×	×	√	√	√
表决结果	×	×	×	×	√	√	√	√

3. 教学工具

(1) 计算机。
(2) Quartus II 12.1 软件。
(3) ModelSim-Altera 10.1b 仿真软件。
(4) GW48 实验箱。

2.1.2　三人表决器设计方案

1. 功能描述

表决输入：三个评委分别用开关 KD1、KD2、KD3 来表示自己的意愿，如果对某决议同意，使用按钮开关输入高电平，不同意则输入低电平。

表决结果：根据任务书要求可选用 LED 灯、数码管、蜂鸣器等显示。

2. 设计方案

输入用 3 个开关，输出根据不同情况可以用 1 只 LED 灯表示，当大于等于 2 个开关输入为高电平时，灯亮表示通过；当少于 2 个开关输入为高电平时，灯灭表示未通过。同理，输出还可用 2 只 LED 灯、1 只 LED 灯加蜂鸣器、数码管加蜂鸣器等表示，见表 2.2。

表 2.2　三人表决器输入输出表示方法

输入表示方法	输出表示方法			
3 个开关	1 只 LED 灯	2 只 LED 灯	LED 灯与蜂鸣器	数码管与蜂鸣器
高电平表示同意	灯亮表示通过	L1 灯亮表示通过	灯亮且发出蜂鸣声表示通过	数值大于等于 2 且发出蜂鸣声表示通过
低电平表示不同意	灯灭表示不通过	L2 灯亮表示不通过	灯灭且无声表示不通过	数值小于 2 且不发出蜂鸣声表示不通过

2.1.3　三人表决器设计实施步骤

根据前面系统设计方案，本节以 3 个按钮开关输入，2 只 LED 灯表示输出结果的三人表决器设计为例，说明三人表决器设计步骤。具体实施步骤按照先后顺序可分为：创建工程、输入 VHDL 程序、编译程序、创建仿真测试文件、功能仿真、编程下载、硬件测试等。

1. 创建工程

在计算机中建立工程文件夹(如 E:/XM2/BJQ)，将本工程的全部设计文件放在此文件夹中。在 Quartus II 12.1 集成环境中选择【File】→【New Project Wizard】命令，根据新建工程向导 5 步骤创建名为“bjq”的工程，顶层实体名为“bjq”，第三方仿真软件选择“ModelSim-Altera”。

2. 三人表决器 VHDL 程序设计并输入

在 Quartus II 12.1 集成环境中选择【File】→【New】命令，弹出【New】对话框；选择【Design Files】目录下的【VHDL File】选项，单击【OK】按钮，在 Quartus II 12.1 集成环境中将打开文本文件编辑窗口界面，并自动产生扩展名为“.vhd”的文本文件“vhdl1.vhd”。

在 Quartus II 12.1 集成环境中选择【File】→【Save As】命令，弹出【另存为】对话框，命名三人表决器设计文件为“BJQ.vhd”，保存在“E:/XM2/BJQ”目录。在文本文件编辑窗口输入实现三人表决功能的 VHDL 程序如下。

```
library ieee;                --库声明部分
use ieee.std_logic_1164.all;
--*************************************************
entity bjq is               --实体说明部分
       port(kd:in std_logic_vector(2 downto 0);
            pl:out std_logic_vector(1 downto 0));
end entity bjq;
--*************************************************
architecture cont of bjq is    --结构体部分
begin
with kd select
       pl<="10" when "011",
            "10" when "101",
            "10" when "110",
            "10" when "111",
            "01" when others;
end architecture cont;
```

程序说明：

1) VHDL 程序的基本约定

(1) VHDL 程序由保留关键字组成；一般 VHDL 程序对字母大小写不敏感，但单引号“' '”与双引号“" "”中的字符、字符串例外；每条 VHDL 程序语句由一个分号结束；VHDL 程序对空格不敏感；在“--”之后的是 VHDL 程序的注释语句。

(2) 无论 VHDL 程序描述的电路是复杂还是简单，一个 VHDL 程序必须包含实体说明部分(entity 关键词引导)与结构体部分(architecture 关键词引导)。除实体说明与结构体以外，根据需要还可以增加另外三个部分：库声明(library 关键词引导)、配置(configuration 关键词引导)、包(package 关键词引导)等。本程序含有 3 个部分：库声明部分、实体说明部分、结构体部分。

2) 三人表决器 VHDL 程序说明

完成三人表决器 VHDL 程序文本输入后，本文件编辑窗口如图 2.2 所示。三人表决器 VHDL 程序各描述语句说明如下。

```
BJQ.vhd
1   library ieee;                    --库声明部分
2   use ieee.std_logic_1164.all;
3   --*********************************************
4   entity bjq is                    --实体说明部分
5       port (kd:in std_logic_vector (2 downto 0);
6             pl:out std_logic_vector (1 downto 0));
7   end entity jiq;
8   --*********************************************
9   architecture cont of bjq is      --结构体部分
10  begin
11  with kd select
12      pl<="10" when "011",
13          "10" when "101",
14          "10" when "110",
15          "10" when "111",
16          "01" when others;
17  end architecture cont;
```

图 2.2　三人表决器 VHDL 程序

(1) 库声明部分：对照图 2.2，三人表决器 VHDL 程序第 1、2 行语句为库声明部分。库是一个集合，专门用来存放已经过编译的实体、结构体。只有对库进行声明，设计者才能调用库中已定义的内容。库声明部分通常放在 VHDL 程序描述的最前面。

(2) 实体说明部分：对照图 2.2，三人表决器 VHDL 程序第 4～7 行语句为实体说明部分。以关键词 entity 引导、end entity bjq 结尾。实体部分用来描述实体的对外端口信息，如信号流动的方向、流动在其上的数据类型等。这部分相当于原理图的一个元件符号。

本程序实体名为“bjq”；输入端口名为“kd”，数据类型为“std_logic_vector”标准逻辑矢量，数据位宽为 3 位，即有 3 个输入信号，分别是 kd(2)、kd(1)、kd(0)；输出端口名为“pl”，数据类型为“std_logic_vector”标准逻辑矢量，数据位宽为 2 位，即有 2 个输出信号，分别是 pl(1)、pl(0)。

(3) 结构体部分：对照图 2.2，三人表决器 VHDL 程序第 9～17 行语句为结构体部分。以关键词 architecture 引导、end architecture cont 结尾。结构体用来描述电路和系统的逻辑功能。

本程序结构体名为“cont”；第 11～16 行语句为选择信号赋值语句，描述电路的逻辑功能；当输入信号 kd 的值为“011”时，将值“10”赋给 pl 输出，也即输入信号“kd(2)”为低电平，“kd(1)”与“kd(0)”为高电平，表示有 2 人同意，此时，输出信号“pl(1)”为高电平，L1 灯亮；“pl(0)”为低电平，L2 灯灭，表示通过。同理，第 13、14、15 行语句所表示的为有 2 人或 3 人同意的情况，输出信号均为“pl(1)”为高电平，L1 灯亮，“pl(0)”为低电平，L2 灯灭，表示通过；第 16 行语句表示除了前面情况以外的任何情况(包括只有 1 人同意或没有人同意)，输出信号“pl(1)”为低电平，L1 灯灭，“pl(0)”为高电平，L2 灯亮，表示不通过。

3. 编译程序

完成三人表决器 VHDL 程序设计并输入后，在 Quartus II 12.1 集成环境中选择【Processing】→【Start Compilation】命令，对设计程序进行编译处理。编译处理时，Quartus

II 12.1 首先进行工程的检错，检查工程的设计文件有无语法错误或连接错误，错误信息会在【Messages】窗口显示，双击错误信息可定位到错误的程序位置，如果有错误必须进行修改，直到编译通过。

4. 创建并设置仿真测试文件

编译通过表示设计文件无语法或连接错误，但设计功能是否实现，还需通过功能仿真来验证。

1) 创建仿真测试模板文件

在 Quartus II 12.1 集成环境中选择【Processing】→【Start】→【Start Test Bench Template Writer】命令。如果没有设置错误，系统将弹出生成测试模板文件成功的对话框。默认生成的仿真测试模板文件为“BJQ.vht”，位置为“E:/XM2/BJQ /simulation/modelsim”。

2) 修改仿真测试模板文件

在 Quartus II 12.1 集成环境中选择【File】→【Open】命令，弹出【Open File】对话框，选择生成的仿真测试模板文件“E:/XM2/BJQ /simulation/modelsim /BJQ.vht”。打开“BJQ.vht”文件，删除“always”进程；在“init”进程设置表决器输入端“kd”的值，每隔 20ms 改变不同的组合值。完整的仿真测试文件如下。

```
library ieee;
use ieee.std_logic_1164.all;
entity bjq_vhd_tst is
end bjq_vhd_tst;
architecture bjq_arch of bjq_vhd_tst is
       signal kd : std_logic_vector(2 downto 0);
       signal pl : std_logic_vector(1 downto 0);
       component bjq
           port(kd : in std_logic_vector(2 downto 0);
                   pl : out std_logic_vector(1 downto 0));
       end component;
begin
           i1 : bjq
           port map(kd => kd,pl => pl);
       init : process
       begin
            kd<="000" ;wait for 20us;
            kd<="001" ;wait for 20us;
            kd<="010" ;wait for 20us;
            kd<="011" ;wait for 20us;
            kd<="100" ;wait for 20us;
            kd<="101" ;wait for 20us;
            kd<="110" ;wait for 20us;
            kd<="111" ;wait for 20us;
       end process init;
 end bjq_arch;
```

仿真测试文件的实体名为“bjq_vhd_tst”，测试模块的元件例化名为“i1”。

3) 配置仿真测试文件

(1) 在 Quartus II 12.1 集成环境中选择【Assignments】→【Settings】命令，弹出设置工程“BJQ”的【Settings –BJQ】对话框；在【Settings –BJQ】对话框【Category】栏中选择【EDA Tool Settings】目录下的【Simulation】选项，在【Settings –BJQ】对话框内将显示【Simulation】面板；在【Simulation】面板的【NativeLink settings】选项组中选择【Compile test bench】选项，如图 2.3 所示。

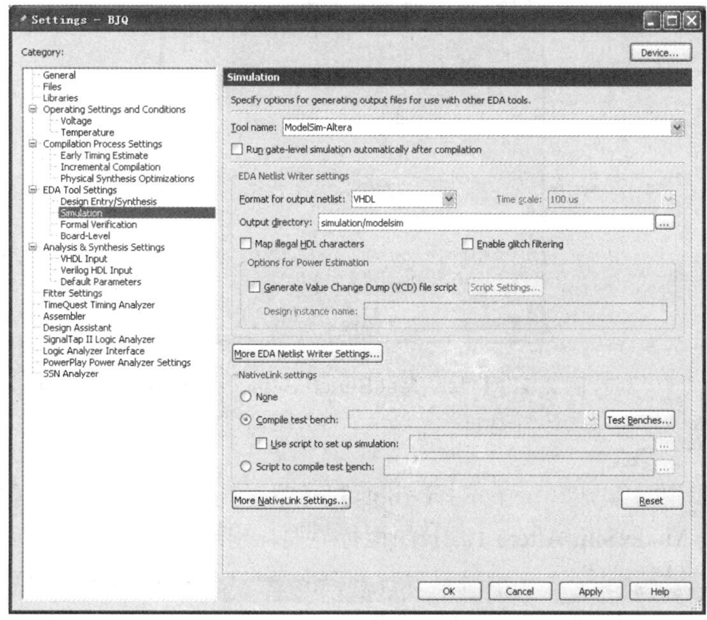

图 2.3　【Settings-BJQ】对话框

(2) 单击【Test Benches】按钮，弹出【Test Benches】对话框，如图 2.4 所示。

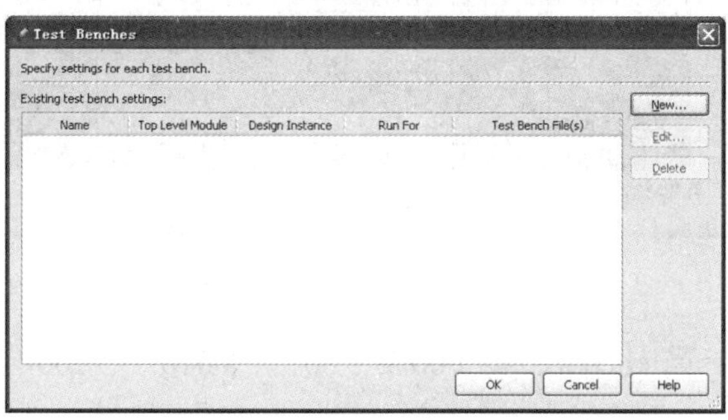

图 2.4　【Test Benches】对话框

(3) 单击【Test Benches】对话框中的【New】按钮，弹出【New Test Bench Settings】对话框；在【Test bench name】文本框中输入仿真测试文件名“BJQ.vht”；在【Top level module in test bench】文本框中输入仿真测试文件的顶层实体名“bjq_vhd_tst”；选中【Use test bench to perform VHDL timing simulation】复选框，在【Design instance name in test bench】文本

框中输入设计测试模块元件例化名“i1”; 设置【End simulation at】为 200μs; 单击【Test bench and simulation files】选项组【File name】文本框后的按钮▭，弹出【Select File】对话框，选择仿真测试文件“E:/XM2/BJQ/simulation/modelsim/BJQ.vht”，单击【Add】按钮，设置结果如图 2.5 所示。完成各项设置后单击各对话框的【OK】按钮，返回主界面。

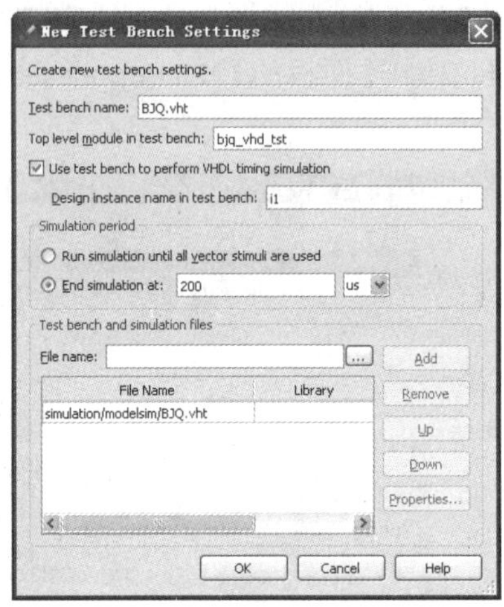

图 2.5 【New Test Bench Settings】对话框

5. 功能仿真

在 Quartus II 12.1 集成环境中选择【Tools】→【Run Simulation Tool】→【RTL Simulation】命令，可以看到 ModelSim-Altera 10.1b 的运行界面，出现的功能仿真波形如图 2.6 所示。

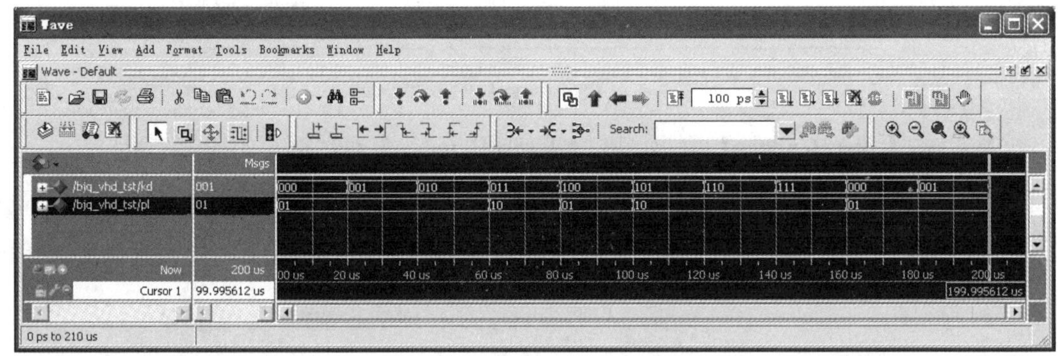

图 2.6 表决器功能仿真波形图

从波形图中可知，当 kd 输入为“000”、“001”、“010”、“100”时，输出 pl 为“01”，即少于 2 个人同意时，pl=“01”; 当输入 kd 为“011”、“101”、“110”、“111”时，输出 pl 为“10”，即当有 2 个或 2 个以上人同意时，pl=“10”。

6. 编程下载与硬件测试

三人表决器硬件测试采用 GW48 实验箱的 FPGA 开发板。操作过程包括指定目标器件、引脚锁定、下载设计文件和硬件测试等 4 个部分。

1) 指定目标器件

在 Quartus II 12.1 集成环境中选择【Assignments】→【Device】命令，在弹出的【Device】对话框中指定 GW48 实验箱 FPGA 开发板上芯片为 Altera 公司 Cyclone 系列的 EP1C6Q240C8 芯片，如图 2.7 所示。

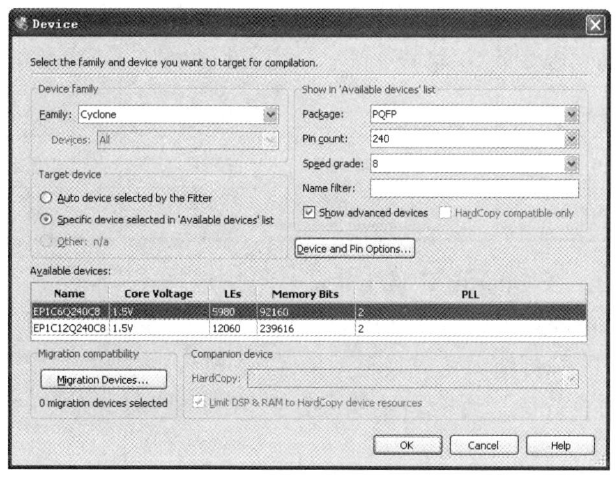

图 2.7　芯片设置结果

2) 引脚锁定

根据 GW48 实验箱提供的实验模式，三人表决器的硬件验证可以选择的实验电路结构如图 2.8 所示，即实验模式 No.5。选择“键 1”～“键 3”为表决键，可以输入高低电平；输出 L1 用发光二极管“D8”表示，L2 用发光二极管“D1”表示。

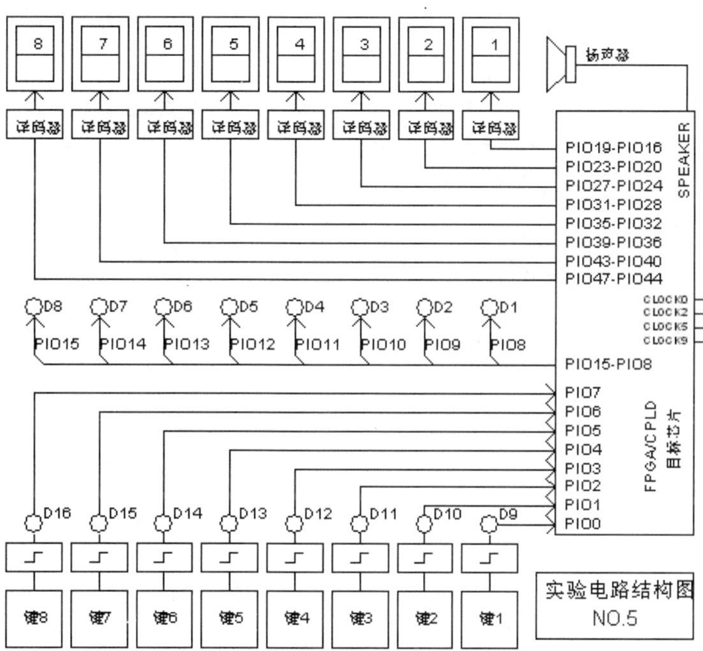

图 2.8　实验模式 No.5 电路结构图

根据实验模式 No.5 结构图及 GW48 实验箱提供的芯片引脚对照表，表决器与目标芯片引脚的连接关系见表 2.3。

表 2.3　表决器输入输出端口与目标芯片引脚的连接关系表

输　入			输　出		
端口名称	I/O 引脚	芯片引脚	端口名称	I/O 引脚	芯片引脚
kd[2]	PIO2	PIN_235	pl[1]	PIO15	PIN_12
kd[1]	PIO1	PIN_234	pl[0]	PIO8	PIN_1
kd[0]	PIO0	PIN_233			

引脚锁定的方法：在 Quartus II 12.1 集成环境中选择【Assignments】→【Pin Planner】命令，打开【Pin Planner】窗口；在【Pin Planner】窗口【Location】列空白位置双击，根据表 2.3 输入相对应的引脚值。完成设置后的【Pin Planner】窗口如图 2.9 所示。完成引脚分配以后，必须再次执行编译命令，才能保存引脚锁定信息。

3) 下载设计文件

将“USB-Blaster”下载电缆的一端连接到 PC 的 USB 口，另一端接到 FPGA 目标板的 JTAG 口，接通目标板的电源，配置下载电缆和下载文件。配置方法如下。

(1) 在 Quartus II 12.1 集成环境中选择【Tools】→【Programmer】命令或单击工具栏中的【Programmer】按钮，打开【Programmer】窗口；单击【Hardware Setup】按钮，弹出硬件设置对话框；选择【Hardware Settings】选项卡，在【Currently selected hardware】下拉列表框中选择【USB-Blaster[USB-0]】选项；单击【Close】按钮，关闭硬件设置对话框。这时，在【Programmer】窗口的【Hardware Setup】按钮后的文本框内已填入了“USB-Blaster[USB-0]”。

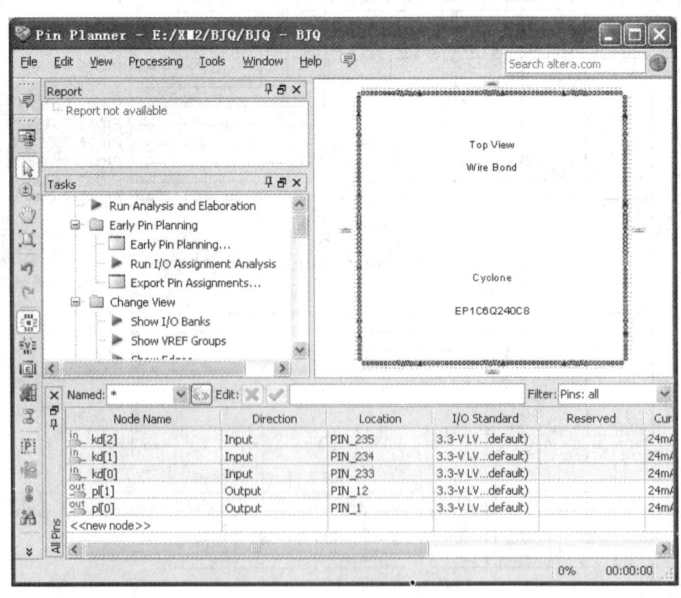

图 2.9　引脚锁定结果

(2) 在【Programmer】窗口的【Mode】下拉列表框中选择【JTAG】模式；选中下载文件“BJQ.sof”的【Program/Configure】复选框；单击【Start】按钮，开始编程下载，下载进度为 100%表示下载完成，如图 2.10 所示。

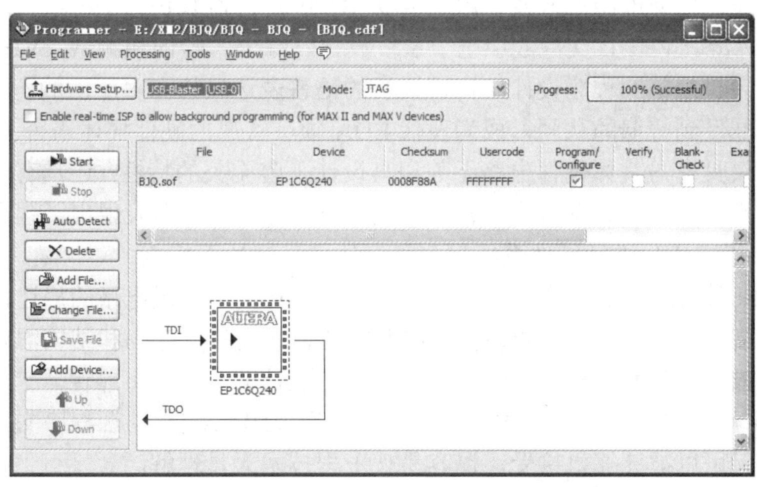

图 2.10　编程下载完成

4) 硬件测试

按 GW48 实验装置“模式选择”键，选择实验模式为“5”；设置“键 1”、“键 3”为电平高；此时发光二极管“D8”亮表示通过，如图 2.11 所示。改变“键 1”、“键 2”、“键 3”电平高低的组合，观察发光二极管“D8”、“D1”亮灭情况，测试表决器设计的正确性。

图 2.11　硬件测试结果

2.2　VHDL 程序结构与语言要素

VHDL 是利用 EDA 进行电子设计的主流硬件描述语言之一，本节介绍 VHDL 程序的基础内容，包括 VHDL 程序结构及 VHDL 程序语言要素。

2.2.1 VHDL 程序概述

VHDL 由美国国防部组织开发，1987 年被 IEEE 确认为 IEEE 1076 标准，1993 年升级为 IEEE 1164 标准。VHDL 支持数字电子系统设计、综合、验证和测试。VHDL 以其强大的系统描述能力、规范的程序设计结构、灵活的语言表达风格和多层次的仿真测试手段，在电子设计领域受到普遍的认同，成为现代 EDA 领域首选的硬件描述语言。

VHDL 不仅具有与具体硬件电路无关和与设计平台无关的特性，还具有良好的电路行为描述和系统描述的功能。在易读性和层次化、结构化设计方面表现出了强大的生命力和应用潜力。采用 VHDL 进行硬件系统与电路设计，具有如下特点。

(1) VHDL 系统硬件描述能力强、设计效率高。它支持门级电路的描述，也支持寄存器、存储器、总线等构成的寄存器传输级电路描述，还支持以行为和结构混合描述为对象的系统级电路描述，从而简化了硬件设计，提高了设计的效率和可靠性。

(2) VHDL 可读性强，易于修改和发现错误。用 VHDL 编写的源程序文件既是程序又是文档，它不但可以被计算机接受，也容易被工程技术人员理解。

(3) VHDL 具有良好的可移植性。它作为一种被 IEEE 承认的工业标准，可以作为通用的硬件描述语言，在不同的设计环境和系统平台中使用。

(4) VHDL 具有良好的适应性。VHDL 设计不依赖于器件，与工艺无关，不会应工艺变化而使描述过时，从而延长设计的生命周期。

(5) VHDL 支持对大规模设计的分解和已有设计的再利用。VHDL 体系符合自顶向下、自底向上和并行工程设计思想，支持对大规模设计的分解，复杂的电路系统可以由多人、多项目组共同承担完成。

2.2.2 VHDL 程序结构

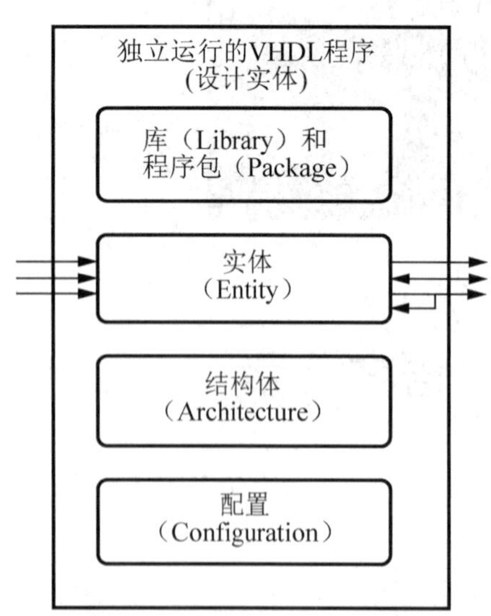

图 2.12　VHDL 程序结构模型图

一个相对完整的 VHDL 程序称为设计实体，通常都具有比较固定的结构。由实体(Entity)、结构体(Architecture)、配置(Configuration)、库(Library)和程序包(Package)等构成，如图 2.12 所示。

不同的 VHDL 程序可以有不同的程序结构，无论 VHDL 程序描述的电路是复杂还是简单，作为一个电路功能模块而独立存在和独立运行的 VHDL 程序必须包含实体与结构体两部分，其他部分可根据程序的需要增加。

1. 实体

实体用来描述设计实体的对外端口信息，是设计实体经封装后对外的一个通信界面。实体有输入端口和输出端口的说明，也可以有一些参数化的数值说明。实体说明部分基本格式如下。

```
entity 实体名  is
[generic(类属参数说明)];
    port(端口表);
end[entity]实体名;
```

[　]表示其中的部分是可选项。一个基本单元的实体说明以“entity 实体名 is”开始，以“end [entity]实体名”结束。

1) 实体名

一个设计实体无论多大和多复杂，在实体中定义的实体名即为这个设计实体的名称。实体名是标识符，标识符具体取名由设计者自定，一般将 VHDL 程序的文件名作为此设计实体名。VHDL 程序标识符命名需要注意的是：标识符不能取 VHDL 程序的关键字、保留字及设计软件元件库中元件的名称。标识符由英文字母、数字及下划线组合而成，不能用数字作为第一个字符，不能用下划线作为最后一个字符。

2) 类属参数说明

类属参数说明必须放在端口说明之前，用来指定端口中矢量的位数、器件的延迟时间参数等。类属参数说明书写格式如下。

```
generic([constant]常量名称:[in]数据类型[:=设定值];…);
```

【例 2-1】 generic(wide:integer :=32);

【说明】 wide 为常量名，值为整数 32。

3) 端口表

端口表是对端口的说明，用于描述设计实体的输入/输出信号，也可以说是对外部引脚信号的名称、数据类型和输入/输出方向的描述。端口说明的一般书写格式如下。

```
port(端口名{,端口名}:端口模式  数据类型[:设定值];
       …
       端口名{,端口名}:端口模式  数据类型[:设定值]);
```

其中，花括号“{ }”中的内容可以没有，也可以有多项。

(1) 端口名。端口名是赋予每个外部引脚的名称，即该端口的标识符，通常用一个或几个英文字母，或用英文字母加数字来命名，名称需满足 VHDL 程序标识符的要求。

(2) 端口模式。端口模式用来定义外部引脚的信号流向。端口模式共有 4 种，分别为输入 in、输出 out、双向 inout 和缓冲 buffer。

in：输入模式仅允许数据由外部流向实体输入端口。

out：输出模式仅允许数据从实体内部流向实体输出端口，输出模式不能用于反馈，输出端口在实体内部不可读。

inout：双向模式允许数据流入或流出实体。双向模式允许用于内部反馈，适合描述双向数据总线。

buffer：缓冲模式通常用于内部有反馈需求的信号描述。缓冲模式与输出模式类似，只是缓冲模式允许用于内部反馈，而输出模式不允许。

(3) 数据类型。在实际使用时，端口描述的数据类型通常有位 bit、位矢量 bit_vector、标准逻辑 std_logic、标准逻辑矢量 std_logic_vector。

bit：若端口的数据类型定义为 bit 类型，则其信号值是一个 1 位的二进制值，取值只能是 0 或 1。

bit_vector：若端口的数据类型定义为 bit_vector 类型，其信号值是一组二进制数。

std_logic：标准逻辑位，其取值有 9 种，分别是：0(信号 0)、1(信号 1)、H(弱信号 1)、L(弱信号 0)、Z(高阻)、X(不定)、W(弱信号不定)、U(初始值)和—(不可能情况)。

std_logic_vector：标准逻辑矢量，它是标准逻辑的集合，基本元素是 std_logic 类型。

std_logic 和 std_logic_vector 由 IEEE_std_logic_1164 程序包支持，在用 std_logic 和 std_logic_vector 声明端口时，在实体说明前必须增加库说明。

【例 2-2】 端口说明之一。

```
prot(clk,clr:in bit;
    sec0,sec1:out bit_vector(3 downto 0));
```

【说明】 clk 和 clr 端口均为输入端口，且都是 bit 数据类型。而 sec0 和 sec1 均为输出端口，且都为具有 4 位总线宽度。“3 downto 0”表示其为 4 位端口，位矢量为 4 位。

【例 2-3】 端口说明之二。

```
library IEEE;
use IEEE_std_logic_1164.all;
prot(clk,clr:in std_logic;
    sec0,sec1:out std_logic _vector(3 downto 0));
```

【说明】 “library IEEE”与“use IEEE_std_logic_1164.all”为库使用声明语句，以便在对 VHDL 程序语句进行编译时，从指定库的程序包中寻找预定义的数据类型；clk 和 clr 端口均为输入端口，且都是标准逻辑位 std_logic 数据类型；sec0 和 sec1 均为输出端口，且都具有 4 位总线宽度。“3 downto 0”表示其为 4 位端口，每位均为标准逻辑位。

2. 结构体

结构体描述了该设计实体单元电路的逻辑功能。结构体附属于实体，是实体的说明。结构体描述格式如下。

```
architecture 结构体名 of 实体名 is
    [说明语句];
begin
    功能描述语句;
end [architecture] 结构体名;
```

其中，实体名必须是所在设计实体的实体名字，而结构体名可以自由选择，当一个设计实体有多个结构体时，结构体不能同名。结构体说明语句必须放在关键字“architecture”和“begin”之间，结构体必须以“end [architecture]”作为结束语句。

1) 结构体说明语句

结构体说明语句用于对结构体内部所用到的信号(Signal)、数据类型(Type)、常量(Constant)、元件(Conponent)、函数(Function)和过程(Procedure)等进行说明。需要注意的是，在结构体中说明和定义的数据类型、常量、函数和过程，作用范围局限于其所在的结构体。

实体说明中的端口表定义的 I/O 端口为外部信号，而结构体定义的信号为内部信号。结构体内的信号定义与实体的端口说明类似，由信号名称和数据类型组成，但不需要定义信号模式，即不需要说明信号的方向。

2) 功能描述语句

功能描述语句包括 5 种不同类型的并行方式工作的语句结构，如图 2.13 所示。5 种语句结构本身是以并行方式工作的，但它们内部不一定是并行语句。

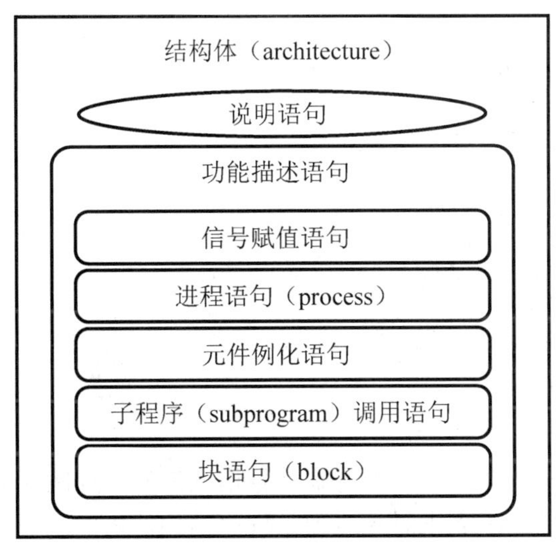

图 2.13　结构体构造图

(1) 信号赋值语句：将设计实体内的处理结果向定义的信号或输出端口进行赋值。

(2) 进程语句：在 VHDL 程序中进程语句是使用频繁的一种语句。在一个结构体内可以包含多个进程，每个进程都是同步执行的，但是进程内部的语句是顺序执行。虽然进程中的语句是顺序执行的，但执行完进程中的顺序语句并不需要时间，只是信号在传输时会有延时，这一点与单片机中的顺序执行语句不同。进程语句的描述格式为：

```
[进程名:] process[(敏感信号表)]
            [进程说明部分];
        begin
        顺序描述语句部分;
    end process [进程名];
```

其中，进程名是进程语句的标识符，它是一个可选项；敏感信号表是用来激励进程启动的量，当敏感信号表中有一个信号或多个信号发生变化时，该进程启动，否则该进程处于挂起状态；进程说明语句定义该进程所需要的局部量，可包括数据类型、常量、变量、属性、子程序等，但不允许定义信号和共享变量；顺序描述语句用于描述该进程的行为。

【例 2-4】 异步清零十进制加法计数器的描述。

```
library ieee;
use ieee.std_logic_1164.all;
use ieee.std_logic_unsigned.all;
entity cnt10y is
```

```
port(clr:in std_logic;
        clk:in std_logic;
        cnt:buffer std_logic_vector(3 downto 0));
end cnt10y;
architecture example9 of cnt10y is
begin
process(clr,clk)
        begin
            if clr='0' then cnt<="0000";
            elsif clk'event and clk='1' then
                 if(cnt="1001")then
                   cnt<="0000";
                 else
                   cnt<=cnt+'1';
                 end if;
            end if;
        end process;
end example9;
```

【说明】 在时序逻辑电路中，异步控制信号指该信号的控制功能只要满足条件就立即产生，而不需要等时钟的边沿到来时才有效。程序结构体内的进程有 2 个敏感信号，分别是时钟信号 clk 与清零信号 clr，程序功能仿真结果如图 2.14 所示。

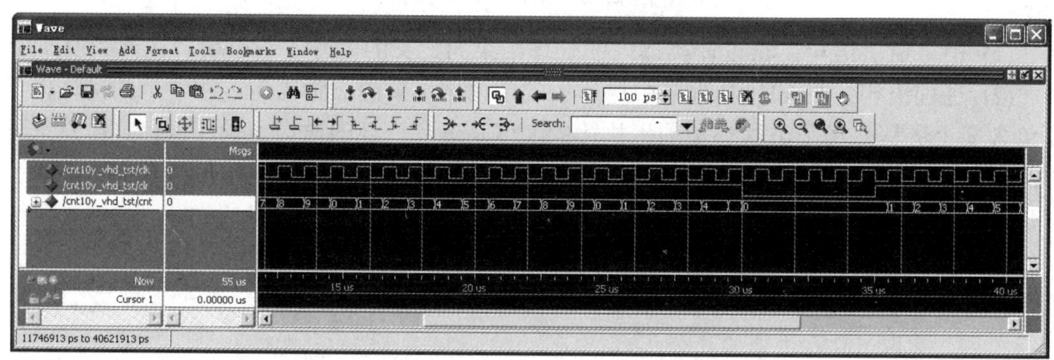

图 2.14　异步清零十进制加法计数器仿真波形

从仿真的波形图中可知，程序实现了十进制加法计数器的功能，而且清零信号 clr 为零，计数器立即清零，而不是等时钟有效的边沿(上升沿)到来时才清零，即实现了异步清零十进制加法计数器的功能。

(3) 元件例化语句：对其他的设计实体作元件调用说明，并将此元件的端口与其他元件、信号或高层次实体的界面端口进行连接。

(4) 子程序调用语句：用以调用过程或函数，并将获得的结果赋值于信号。

(5) 块语句：是由一系列并行执行语句构成的组合体，其功能是将结构体中的并行语句组成一个或多个子模块。

3. 库

库是经过编译后的数据集合，其目的是使设计遵循某些统一的语言标准或数据格式，同时便于利用已有的设计成果，以提高设计效率。库通常是以一个子目录的形式存在的，这些子目录中存放了不同数量的程序包，这些程序包里定义了一些常用的信息。

1) 库的分类

VHDL 程序中常用的库有 IEEE 库、SID 库、WORK 库、ASIC 库、用户自定义库等。

(1) IEEE 库。IEEE 库是 VHDL 程序中最为常用的库，它包含了 IEEE 标准的程序包和其他一些支持工业标准的程序包。其中 std_logic_1164、std_logic _unsigned、std_logic_signed、std_logic_arith 等程序包是经常使用的程序包。使用这个库时必须先声明 library ieee。

(2) STD 库。STD 库是 VHDL 程序的标准库，在该库中包含 standard 的程序包及 textio 程序包。standard 程序包是 VHDL 程序标准的程序包，里面定义了 VHDL 程序标准数据、逻辑关系及函数等，在 EDA 工具软件启动后自动调用到工作库中，所以，使用 standard 包中定义的量可以不加声明。但是若使用 textio 包，则需要按照格式进行说明。

(3) WORK 库。WORK 库是 VHDL 程序的工作库，用户在工程设计中设计成功、正在验证、未仿真的中间部件等都堆放在 WORK 工作库。当需要使用这些部件时，EDA 工具软件自动把这些部件及参数加到当前工作的库中，所以，不需要再进行说明调用。

(4) ASIC 库。在 VHDL 程序中，为了进行门级仿真，各公司提供面向 ASIC 的逻辑门库。在各库中存放着与逻辑门一一对应的实体。使用 ASIC 库，需要按照格式进行说明。

(5) 用户自定义库。用户自定义库是用户根据自己的需要，将开发的共用程序包和实体等汇集在一起，定义成一个库。在使用用户自定义库时，需要按照格式进行说明。

2) 库的说明

在 VHDL 程序中，库的说明通常放在实体描述的最前面。多数情况下，对库进行说明后，设计者才能使用库集合中定义的数据。库说明语句格式如下。

library 库名;

3) 库的使用

库说明语句与 use 语句一般同时使用，库说明语句指明所使用的库名，use 语句指明库中的程序包。一旦说明了库和程序包，整个设计实体就可以进入访问或调用，但其作用范围仅限于所说明的设计实体。库的调用格式如下。

library　库名;

use 库名.程序包名.all; (或 use 库名.程序包名.项目名;)

【例 2-5】 库的调用。

```
library ieee;
use ieee.std_logic_1164.all;
```

【说明】 上述两语句表明打开 IEEE 库中的 std_logic_1164 程序包，并使程序包中所有的公共资源对后面的 VHDL 设计实体程序全部开放，即该语句后的程序可任意使用程序包中的公共资源。

4. 程序包

在设计实体中定义的数据类型、数据对象等对其他设计实体是不可见的。为了使已定义的数据类型、数据对象等被更多的其他设计实体共享，可以将它们收集在一个 VHDL 程序包中，这样可以提高设计的效率和程序的可读性。多个程序包可以并入一个 VHDL 程序库中。常用的预定义程序包如下。

1) std_logic_1164 程序包

std_logic_1164 程序包是 IEEE 库中最常用的程序包，是 IEEE 的标准程序包。其中包含了一些数据类型、子类型和函数的定义，这些定义将 VHDL 程序扩展为一个能描述多值逻辑的硬件描述语言。std_logic_1164 程序包中用得最多的是满足工业标准的两个数据类型 std_logic 和 std_logic_vector。新定义的数据类型除具有“0”和“1”逻辑量以外，还有其他逻辑量，如高阻态“z”、不定态“x”等，更能满足实际数字系统设计仿真的需求。

2) std_logic_arith 程序包

std_logic_arith 程序包在 std_logic_1164 程序包的基础上扩展了 3 个数据类型，即 unsigned、signed 和 small_int，并为其定义了相关的算术运算符和转换函数。unsigned 数据类型不包含符号位，无法参与有符号的运算；signed 数据类型包含符号位，可以参与有符号的运算。

3) std_logic_unsigned 和 std_loglc_signed 程序包

std_logic_unsigned 和 std_logic_signed 程序包重载了可用于 integer 型、std_logic 型和 std_logic_vector 型混合运算的运算符，并定义了由 std_logic_vector 型到 integer 型的转换函数。其中：std_logic_signed 中定义的运算符考虑了符号，是有符号数的运算；std_logic_unsigned 程序包定义的运算符没有符号，为无符号运算。

5. 配置

配置语句用来为较大的系统设计提供管理和工程组织。通常在大而复杂的 VHDL 程序设计中，同一个实体可以采用多种结构体描述，因此，对拥有多种结构体的实体，可以通过配置语句把特定的结构体关联到一个确定的实体，以使设计者比较不同结构体之间的仿真差别。

配置是 VHDL 程序实体中的一个基本单元。对以元件例化的层次方式构成的 VHDL 程序实体，可以将其中的配置语句理解为设计实体选择合适元件结构的表单，以配置语句指定在顶层设计中的某一元件与一特定结构体相衔接，或赋予特定属性。配置语句还能用于对元件的端口连接进行重新安排。

配置语句的一般格式如下。

```
configuration  配置名  of  实体名  is
  for  选配结构体名
  end  for;
end  配置名;
```

2.2.3　VHDL 程序语言要素

VHDL 程序具有编程语言的一般特性，其语言要素是 VHDL 程序编程语句的基本元素，反映了 VHDL 程序的语言特征。VHDL 程序的语言要素主要有标识符、数据对象、数据类型和各种运算操作符等。

1. VHDL 程序字符集与标识符

字符是组成 VHDL 程序的最基本单元。标识符是用户编程时为常量、变量、信号、端口、子程序或参数等定义的名字。

1) VHDL 程序字符集

VHDL 合法的字符集有两大类：基本字符集与扩张字符集。

基本字符集是基本标识符使用的字符集，包括以下 4 小类。

(1) 26 个大写英文字母：A,B,C,D,E,…,X,Y,Z。

(2) 26 个小写英文字母：a,b,c,d,e,…,x,y,z。

(3) 10 个阿拉伯数字：0,1,2,3,4,5,6,7,8,9。

(4) 下划线：_。

扩张字符集是扩张标识符使用的字符集，除了基本字符集外，还包括图形符号与空格等。扩张标识符扩展了标识符的设计范围，但也增加了标识符的复杂性。为了保持程序的通用性并提高程序的可读性，建议用基本标识符设计 VHDL 程序。

2) 标识符

标识符是程序设计语言的组成部分，VHDL 程序的标识符与其他程序设计语言一样有其自身的规则与特点。

VHDL 程序基本标识符的设计规则如下。

(1) 必须由基本字符集组成。

(2) 必须以基本字符集的 26 个大、小写英文字母开头。

(3) 基本字符集的下划线不能作为基本标识符的最后一个字符。

(4) 基本字符集的下划线不能连续出现两次或两次以上。

(5) VHDL 程序的保留字不能单独作为一个基本标识符。

(6) 基本标识符中的英文字母不区分大小写。

3) 关键字

关键字是 VHDL 程序预先定义的保留字，它们在程序中有不同的目的和作用。如 entity(实体)、type(类型)、if、end process(进程)等都是 VHDL 程序的关键字。

2. 数据对象

数据对象是 VHDL 程序中进行各种运算与操作的对象。VHDL 程序使用的数据对象包括常量、变量、信号和文件 4 种类型。前 3 种属于可综合的数据对象，在硬件电路系统中通常有一定的物理含义。信号相当于组合电路中门与门之间的硬件连接线；常量相当于数字电路中的电源与地等；变量通常代表暂存某些值的存储器。文件数据对象仅在行为仿真时使用。

1) 常量

常量是一个固定的值，通俗地讲，常量就是一个有名字的固定数值。定义和设置常量主要是为了程序更易阅读和修改。常量语句允许在实体、结构体、程序包、进程和子程序中定义，常量的适用范围取决于它被定义的位置。常量说明的一般格式如下。

constant 常量名:数据类型:=表达式;

【例 2-6】

```
constant  DATA: integer:=50;
constant  VCC: real:=5.0;
constant  RISE: time:=25ns;
```

【说明】 该例语句定义了一个名为“DATA”的整数常量，并且赋予初值 50；定义了一个名为“VCC”的实数常量，并且赋予初值 5.0；定义了一个名为“RISE ”的时间常量，并且赋予初值 25ns。

2) 变量

变量是一种内容可发生变化的数据对象，其主要作用是在进程中作为临时的数据存储单元。变量只能在进程语句和子程序中使用，它是一个局部量，在仿真过程中执行到变量赋值语句后，变量就被即时赋值。变量说明语句的一般格式如下。

variable 变量名:数据类型 [约束条件] [:=初值表达式];

变量数值的改变是通过变量赋值来实现的，对变量赋值的一般形式如下。

目标变量名 := 表达式;

变量赋值符号为“:=”，变量赋值语句后的“表达式”必须与目标变量名具有相同的数据类型，这个表达式可以是运算表达式，也可以是一个数值。

【例 2-7】

```
variable  X,Y:real range 0 to 200;
variable  A,B:bit_vector(7 downto 0);
X:=100.0;
Y:=1.5+X;
A:="10101100";
B(7 downto 2):=A(5 downto 0);
B(1 downto 0):= "10";
```

【说明】 程序定义“X”、“Y”为限定在 0 到 200 内的实变量；“A”、“B”为位矢量变量；给“X”变量赋值为 100.0，“Y”变量赋值为 100.0+1.5=101.5；给“A”变量赋值为“10101100”；给“B”变量赋值为“10110010”。

3) 信号

信号既可以描述为电子电路内部硬件连接的连线，也可描述为数值寄存器，可以保留历史值。它除了没有数据流动方向说明以外，其他性质和“端口”概念几乎完全一致。信号通常在结构体、包集合和实体中说明，是一个全局量。信号的说明语句格式如下。

signal 信号名:数据类型[约束条件][:=表达式];

给信号赋初值用“:=”符号，在程序中，给信号赋值用“<=”符号，信号的赋值语句一般形式如下。

目标信号名 <= 表达式 [after 时间量];

这里的“表达式”可以是一个运算表达式，也可以是数据对象(变量、信号或常量)，信号赋值时可附加延时。

信号是 VHDL 程序作为硬件描述语言的一大特性，信号具有一些属性。VHDL 程序支持以下的信号属性，设 sig 为一个信号，t 为时间值。

(1) sig'event --如果 sig 值发生改变，则返回值 true，否则为 false。

(2) sig'stable --如果 sig 值保持不变，则返回值 true，否则为 false。

(3) sig'active --如果 sig 值为“1”，则返回值 true，否则为 false。

(4) sig'quiet(t)--如果 sig 值在时间 t 内保持不变，则返回值 true，否则为 false。

(5) sig'last_event --返回从上一次事件发生的时间到当前时间的时间差。

(6) sig'last_ active --返回最后一次 sig='1'到当前所经历的时间长度值。

(7) sig'last_ value --返回最后一次变化前 sig 的值。

以上属性除 sig'event 与 sig'stable 属性可以综合外，其他属性都不可综合，仅用于仿真。如：clk'event and clk='1'为时钟信号 clk 上升沿的表示方法；clk'event and clk='0'为时钟信号 clk 下降沿的表示方法。

4) 变量、信号的比较

信号和变量是 VHDL 程序中重要的数据对象，它们之间主要区别如下。

(1) 物理意义不同：信号用于电路中的信号连接，变量用于进程中局部数据存储。

(2) 定义位置不同：信号的使用和定义范围在结构体、程序包和实体中，不能在进程、函数和子程序中定义，而变量只能在进程、函数和子程序中定义。

(3) 赋值符号不同：变量用“:=”，信号用“<=”。

(4) 附加延时不同：变量赋值语句一旦被执行，其值立即被赋予变量。信号实际赋值过程和赋值语句的处理是分开进行的，也即信号赋值语句执行时附加了延时。

【例 2-8】 下列程序中的 a、b、c、d、x、y 均为已定义的信号。

```
process(a,b,c,d)
begin
        d<=a;
        x<=b+d;
        d<=c;
        y<=b+d;
end process;
```

【说明】 程序执行的结果是：x=b+c；y=b+c。程序执行过程中信号 d 先执行赋值 a 语句，再执行赋值 c 语句，但并未进行处理。信号实际赋值过程和赋值语句的处理是分开进行的，进程中的所有语句执行完毕，信号 d 最后代入的值 c 作为最终的数值，所以，d 中的数值是 c，程序执行的结果是：x=b+d=b+c；y=b+d=b+c。

【例 2-9】 下列程序中的 a、b、c、x、y 均为已定义的信号。

```
process(a,b,c)
variable d:std_logic;
begin
```

```
        d:=a;
        x<=b+d;
        d:=c;
        y<=b+d;
end process;
```

【说明】 程序执行的结果是：x=b+d=b+a；y=b+d=b+c。由于 d 是变量，没有延时立即执行，因此，执行完赋值语句 d:=a 后，a 值赋给了 d，所以在执行 x<=b+d 语句后，x=b+a；接着又执行赋值语句 d:=c，c 值又赋给了 d，所以在执行 y<=b+d 语句后，y=b+c。

3. 数据类型

VHDL 程序的每个数据对象都有确定的数据类型，不同类型的数据间无法直接进行操作，数据类型相同而位长不同时，也不能直接代入，数据类型不匹配时必须使用转换函数。VHDL 程序不仅提供了多种预定义的标准数据类型，还允许用户自定义数据类型。

1) 标准数据类型

标准的数据类型有 10 种，这些数据类型及其含义见表 2.4。

表 2.4 标准数据类型

标准数据类型	含　义
整数(integer)	整数 32 位，-2147483647～+2147483647
实数(real)	浮点数，-1.0E+38～+1.0E+38
位(bit)	逻辑 0 或 1
位矢量(bit_vector)	位矢量，元素为 bit
布尔量(boolean)	逻辑“ture”或逻辑“false”
字符(character)	ASCII 字符
时间(time)	时间单位 fs、ps、ns、μs、ms、sec、min、hr
错误等级(severity level)	note(注意)、warning(警告)、error(出错)、failure(失败)
自然数(natural) 正整数(positive)	整数的子集。自然数为大于等于 0 的整数，正整数是大于 0 的整数
字符串(string)	字符矢量

上述 10 种标准数据类型中，实数、时间、错误等级和字符串等数据类型不可综合，只可用于系统仿真。

2) 用户自定义数据类型

VHDL 程序允许用户定义新的数据类型，可由用户自定义的数据类型有：枚举类型、整数类型、实数和浮点数类型、数组类型、存取类型、文件类型、记录类型和物理类型等。用户自定义数据类型书写格式如下。

type 数据类型名 is 数据类型定义 of 基本数据类型;

或

type 数据类型名 is 数据类型定义;

下面只介绍可以综合的常用的用户自定义数据类型。

(1) 枚举类型。枚举类型是把类型中的各个可能的取值都列举出来，使用枚举类型的数据可提高程序的可阅读性。枚举类型可以用符号来代替数值，在使用状态机时常采用枚举类型来定义状态参数。枚举类型的定义格式如下。

type 数据类型名 is(元素 1,元素 2,…);

如状态机的定义方式如下。

type states is(s0,s1,s2,s3);--数据 states 有 4 种状态

signal present_state,next_state: states;--定义 2 状态信号 present_state 与 next_state

(2) 数组类型。数组是将相同的数据集合在一起所形成的一个新的数据类型。它可以是一维的，也可以是二维或多维的。数组的定义格式如下。

type 数组名 is array(数组范围)of 数据类型;

如定义一个名为“ram”的一维数组，表述如下。

type ram is array(0 to 63)of std_logic;

定义一个名为“matrix”的二维数组，表述如下。

type matrix is array(15 downto 0)of std_logic_vector(15 downto 0);

(3) 记录类型。记录类型是将不同类型的数据和数据名组织在一起而形成的数据类型。记录类型与数组类型的区别在于，数组是由多个同一类型的数据集合起来，记录可由不同类型数据组合，定义记录类型的数据时需要一一定义。记录类型的一般书写格式如下。

```
type 数据类型名 is record
    元素名 1: 数据类型名;
    元素名 2: 数据类型名;
…
end record;
```

从记录数据类型中提取元素数据类型时应使用“.”。

如定义一个名为“bank”的记录类型数据：

```
type bank is record                            --定义纪录类型
     a0: std_logic_vector(4 downto 0);         --5 位标准逻辑矢量类型元素
     a1: std_logic_vector(7 downto 0);         --8 位标准逻辑矢量类型元素
     ro: integer range 0 to 15;                --限定在 0～15 之间的整数类型元素
end record;
signal rbank :bank;                            --定义记录型信号“rbank”
rbank. a0<= "10101";                           --给“rbank”的“a0”元素赋值
```

3) 数据类型转换

VHDL 程序是一种强类型的语言，不同类型的数据之间不能直接进行运算和赋值操作。为了实现正确的运算和赋值操作，必须要对信号或者变量进行类型转换。数据类型转换函数通常由 VHDL 程序的包集合提供，各程序包提供的数据类型的转换函数见表 2.5。

在使用数据转换函数前，要使用 library 和 use 语句声明和使用相应的包集合，才可使用相应的数据转换函数。

表 2.5 数据类型转换函数

包集合	函数名	功　能
std_logic_1164	to_stdlogicvector(a)	由 bit_vector 转换为 std_logic_vector
	to_bitvector(a)	由 std_logic_vector 转换为 bit_vector
	to_stdlogic(a)	由 bit 转换为 std_logic
	to_bit(a)	由 std_logic 转换为 bit
std_logic_aryth	conv_std_logic_vector(a,位长)	由 integer、unsigned、signed 转换为 std_logic_vector
	conv_integer(a)	由 unsigned、signed 转换为 integer
std_logic_unsigned	conv_integer(a)	由 std_logic_vector 转换为 integer

4) 值类属性

值类属性用于返回有关数据类型或数组类型的特定值，还可返回数组的长度及类型的边界值。常用的有'left、'right、'high、'low、'length 等，通常用单引号“'”指定属性。使用方法为：单引号后面跟属性名，单引号前面是所附属性的数据对象。

值类属性的含义说明如下。

(1) 'left：返回数据类区间最左端值。

(2) 'right：返回数据类区间最右端值。

(3) 'high：返回数据类区间高端值。

(4) 'low：返回数据类区间低端值。

(5) 'length：返回限制性数组中的元素数。

【例 2-10】

```
type word is array(15 downto 0)of std_logic;
process(a)
  variable l_range,r_range,m_range,n_range,len_range:integer range 0 to 15;
begin
  l_range := word'left;
  r_range := word'right;
  m_range := word'high;
  n_range := word'low;
  len_range := word'length;
end process;
```

【说明】 l_range=15(数组“word”左端值)，r_range=0(数组“word”右端值)，m_range=15(数组“word”高端值)，n_range=0(数组“word”低端值)，len_range=16(数组“word”长度)。

4. 基本运算符

VHDL 程序的运算符是将数据对象进行不同形式的组合以实现不同的功能，VHDL 程序支持的预定义的运算符主要有算术运算符、关系运算符、逻辑运算符、移位运算符、赋值运算符、关联运算符、并置运算符等。运算符操作的对象是操作数，操作数的类型应该和运算符所要求的数据类型相一致。VHDL 程序的各运算符见表 2.6。

表 2.6　VHDL 程序的运算符

类　别	运算符	功　能	数据类型
算术运算符	+	加运算	integer
	-	减运算	integer
	*	乘运算	integer 或者 real
	/	除运算	integer 或者 real
	mod	求模运算	integer
	rem	取余运算	integer
	**	指数运算	integer
	abs	取绝对值运算	integer
	-	负数	integer
	+	正数	integer
关系运算符	=	等于	任何数据类型
	/=	不等于	任何数据类型
	<	小于	枚举与 integer 及对应的一维数组
	<=	小于等于	枚举与 integer 及对应的一维数组
	>	大于	枚举与 integer 及对应的一维数组
	>=	大于等于	枚举与 integer 及对应的一维数组
逻辑运算符	not	取反运算	bit、boolean 或 std_logic
	and	与运算	bit、boolean 或 std_logic
	or	或运算	bit、boolean 或 std_logic
	nand	与非运算	bit、boolean 或 std_logic
	nor	或非运算	bit、boolean 或 std_logic
	xor	异或运算	bit、boolean 或 std_logic
	xnor	异或非运算	bit、boolean 或 std_logic

续表

类　别	运算符	功　能	数据类型
位移运算符	sll	逻辑左移	bit 或 boolean 型的一维数组
	srl	逻辑右移	bit 或 boolean 型的一维数组
	sla	算术左移	bit 或 boolean 型的一维数组
	sra	算术右移	bit 或 boolean 型的一维数组
	rol	逻辑循环左移	bit 或 boolean 型的一维数组
	ror	逻辑循环右移	bit 或 boolean 型的一维数组
赋值运算符	<=	信号赋值	
	:=	变量赋值	
关联运算符	=>	例化元件时用于形参到实参的映射	
并置	&	连接	bit、std_logic

VHDL 程序设计中的运算符与其他程序设计语言一样也有其优先级，其优先级的顺序见表 2.7。

表 2.7　VHDL 程序的运算符优先级

运算符类型	运算符	优先级顺序
逻辑运算符	not	最高优先级 ↑
算术运算符	abs	
	**	
	rem	
	mod	
	/	
	*	
	-	
	+	
连接运算符	&	
算术运算符	-	
	+	最低优先级
关系运算符	>=	
	<=	
	>	

续表

运算符类型	运算符	优先级顺序
关系运算符	<	最高优先级
	/=	↑
	=	
逻辑运算符	xor	
	nor	
	nand	
	or	
	and	最低优先级

2.3　四路抢答器设计制作

本节介绍基于 FPGA 最小系统板，用 VHDL 程序设计制作简易四路抢答器。通过简易四路抢答器电路设计，熟悉 VHDL 程序的结构及语言要素。四路抢答器设计制作流程如图 2.15 所示。

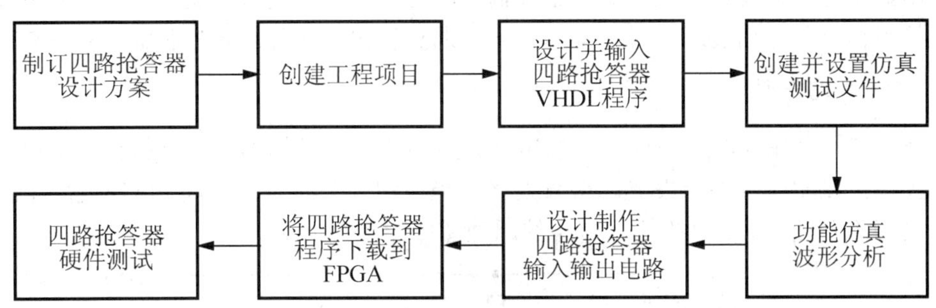

图 2.15　四路抢答器设计制作流程

2.3.1　任务书

基于 FPGA 最小系统板，设计制作简易四路抢答器，输入电路用按键控制输入信号，输出电路用 LED 灯、数码管或蜂鸣器指示。

1. 学习目的

(1) 熟练使用 EDA 工具软件 Quartus II 12.1 和 ModelSim-Altera 10.1b。

(2) 能将任务书的要求转化为数字电路硬件语言描述。

(3) 掌握 VHDL 基本语法知识。

(4) 熟悉 VHDL 程序的结构。

(5) 能进行 FPGA 最小系统开发板的调试。

(6) 能用开关、蜂鸣器、发光二极管设计数字系统的输入与输出。

2. 任务描述

四路抢答器功能要求：主持人控制开关可控制抢答起始时刻；四组参赛者的抢答按键按下时，抢答器能准确判断出抢答者，用 LED 灯指示或数码管显示；抢答器应具有互锁功能，当某组完成抢答后，其他各组抢答键无效。

设计要求：在 Quartus II 12.1 软件平台，基于 VHDL 程序设计四路抢答器控制器；通过编译及 ModelSim-Altera 10.1b 仿真软件仿真检查设计结果；选用 EP2C5T144-FPGA 最小系统板、按钮开关、LED 灯、数码管、蜂鸣器等硬件资源进行硬件测试。

3. 教学工具

(1) 计算机。
(2) Quartus II 12.1 软件。
(3) ModelSim-Altera 10.1b 仿真软件。
(4) EP2C5T144-FPGA 最小系统板、万能板、开关、自锁按钮开关、发光二极管、数码管、蜂鸣器、连接导线。

2.3.2 四路抢答器设计方案

基于 FPGA 最小系统板的四路抢答器设计，包括四路抢答控制器的设计、输入电路设计及输出显示电路的设计。抢答信号通过输入电路输入四路抢答控制器，经控制器锁存对应的抢答者信息并输出显示信号与提示信号，通过输出电路显示抢答信息与提示信息。

1. 输入电路设计

4 个抢答信号输入电路设计：用按钮开关控制抢答信号的输入，当按钮开关闭合时，向 FPGA 输入高电平，指示发光二极管发光；当按钮开关断开时，向 FPGA 输入低电平，指示二极管不发光。4 个抢答输入电路的原理图如图 2.16 所示。

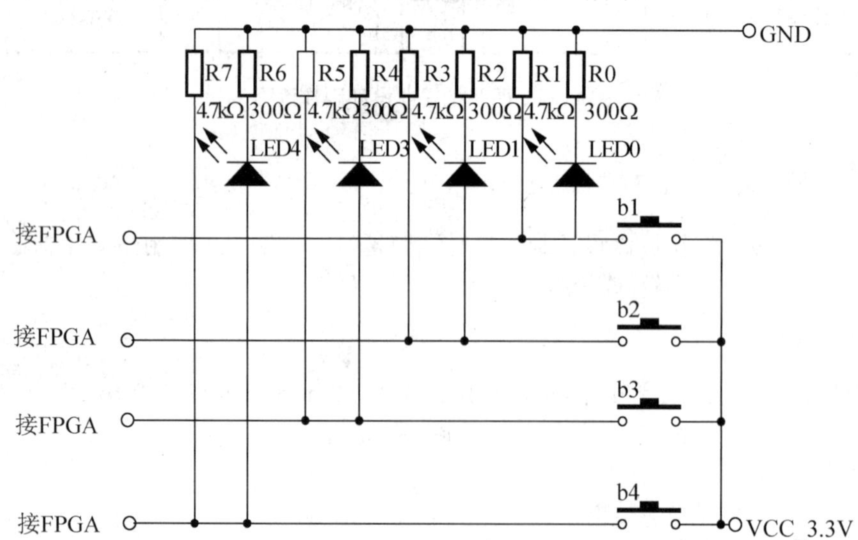

图 2.16 抢答输入电路原理图

主持人控制信号输入电路设计：用自锁开关控制什么时候开始抢答。当开关闭合时，向 FPGA 输入高电平，指示发光二极管发光，四路抢答器处于抢答状态；当开关断开时，向 FPGA 输入低电平，指示二极管不发光，四路抢答器处于抢答准备状态。主持人控制信号输入电路的原理图如图 2.17 所示。

2. 四路抢答控制器的设计

四路抢答控制器根据输出的复杂程度可设计为：用发光二极管指示抢答成功与否；用数码管显示抢答成功者的编号；用数码管显示抢答成功者编号的同时发出提示声音。

3. 输出电路设计

输出电路根据设计的四路抢答器的复杂程度设计。

(1) 用发光二极管显示抢答成功与否的输出电路原理图如图 2.18 所示。

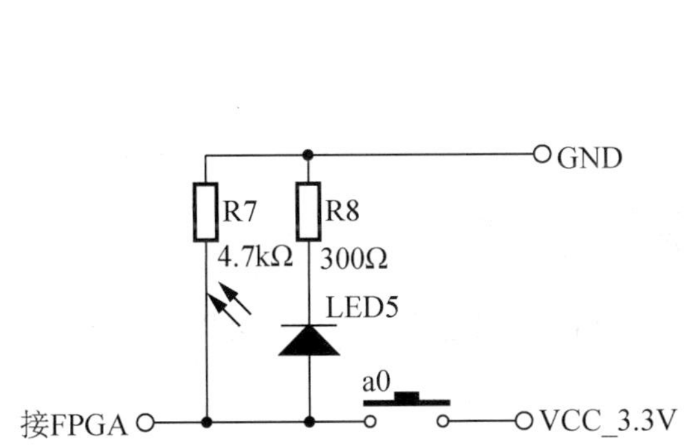

图 2.17　主持人控制输入电路原理图　　　　图 2.18　发光二极管显示输出电路原理图

(2) 用数码管显示抢答成功者编号的输出电路原理图如图 2.19 所示。

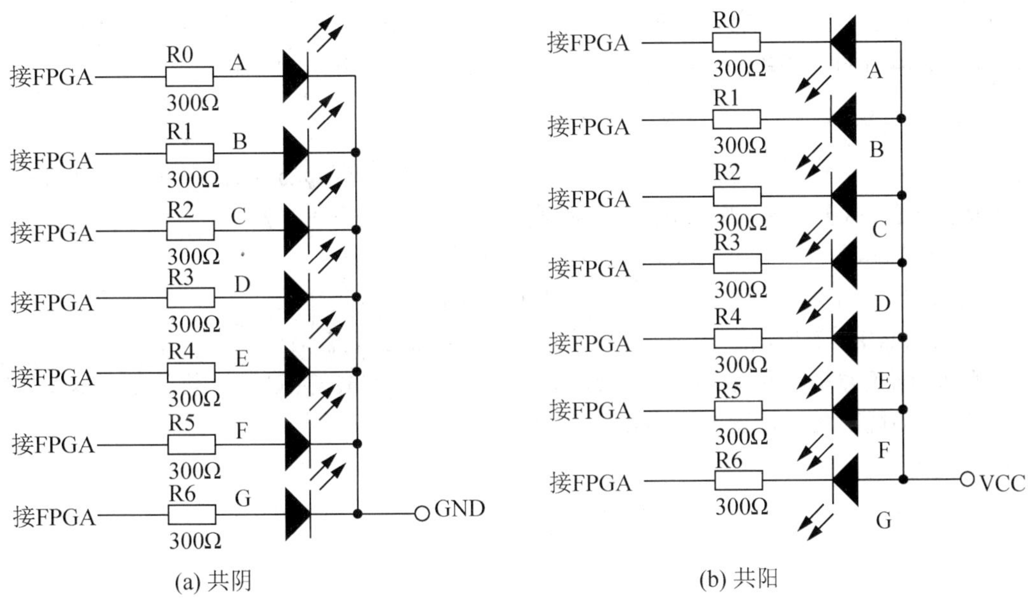

图 2.19　数码管显示输出电路原理图

(3) 用数码管显示抢答者编码的同时发出提示声音，则蜂鸣器提示音输出电路原理图如图 2.20 所示。

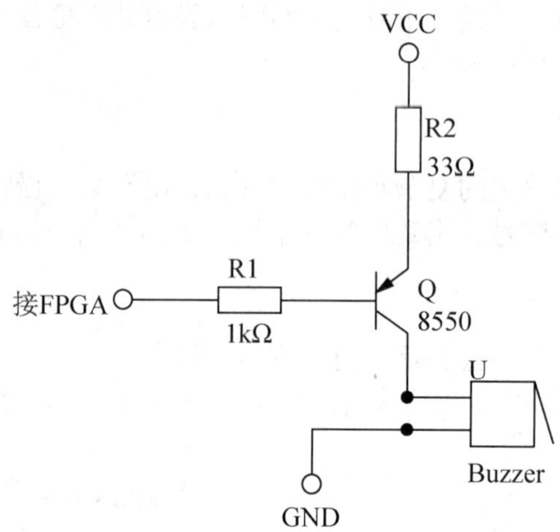

图 2.20　蜂鸣器输出电路原理图

2.3.3　四路抢答控制器设计实施步骤

根据系统设计方案，本节介绍基于 EP2C5T144-FPGA 最小系统板，共阴数码管显示抢答者编号的四路抢答控制器的实施过程。

1. 创建工程

建立工程文件夹(如 E:/XM2/QDQ)，将本工程的全部设计文件存放在此文件夹。在 Quartus II 12.1 集成环境中选择【File】→【New Project Wizard】命令，根据新建工程向导 5 步骤，工程路径设置为已建立的工程文件夹(如 E:/XM2/QDQ)；创建名为“QDQ”的工程；顶层实体名为“QDQ”；第三方仿真软件选择“ModelSim-Altera”。

2. 设计并输入四路抢答器 VHDL 程序

在“QDQ”工程中创建四路抢答器 VHDL 程序文件。在 Quartus II 12.1 集成环境中选择【File】→【New】命令，弹出【New】对话框；选择【Design File】目录下的【VHDL File】选项，单击【OK】按钮，在 Quartus II 12.1 集成环境中将产生文本文件编辑窗口界面，并自动产生后缀名为“.vhd”的文本文件名“vhdl1.vhd”。

在 Quartus II 12.1 集成环境中选择【File】→【Save As】命令，弹出【另存为】对话框，命名四路抢答器文件名为“qdq.vhd”，保存在“E:/XM2/QDQ”目录。在文本文件编辑窗口输入实现四路抢答器的 VHDL 程序如下。

```
library ieee;
use ieee.std_logic_1164.all;
entity qdq is
        port(clk :in std_logic;                                  --时钟输入
        host :in std_logic;                                      --主持人控制信号输入
```

```
        answer : in std_logic_vector(3 downto 0);     --抢答信号输入
        smg : out std_logic_vector(6 downto 0));      --数码管 7 段码信号输出
end entity;
architecture rtl of qdq is
        signal lock:std_logic_vector(3 downto 0):="0000"; --声明“锁存”信号
begin
P1:process(host,answer,clk) --抢答锁存并译码输出显示进程
 begin
        if host='0' then      --主持人控制信号为“0”(低电平)，清零，不允许抢答
             lock<="0000";
        elsif clk'event and clk='1' then
             if(answer(3)='1')and not(lock(0)= '1' or lock(1)='1' or lock(2)='1')then
                 lock(3)<='1';      --锁存第 4 组抢答信号
             elsif(answer(2)='1')and not(lock(0)='1' or lock(1)='1' or lock(3)='1')then
                 lock(2)<='1';      --锁存第 3 组抢答信号
             elsif(answer(1)='1')and not(lock(0)='1' or lock(2)='1' or lock(3)='1')then
                 lock(1)<='1';      --锁存第 2 组抢答信号
             elsif(answer(0)='1')and not(lock(1)='1' or lock(2)='1' or
lock(3)='1')then
                 lock(0)<='1';          --锁存第 1 组抢答信号
             end if;
        end if;
case lock is          --译码电路
 when "0001"=>smg<="0000110";         --显示数值“1”
 when "0010"=>smg<="1011011";         --显示数值“2”
 when "0100"=>smg<="1001111";         --显示数值“3”
 when "1000"=>smg<="1100110";         --显示数值“4”
 when others=>smg<="0111111";         --显示数值“0”
end case;
end process;
end rtl;
```

程序说明：程序中的进程 P1 用 if 语句的条件判断来确定执行内容。在抢答有效时段(host='1')，输入时钟 clk'event and clk='1'时，判断抢答信号，即以输入时钟的频率检测输入信号变化情况；用 case 语句将锁存信号变换为 7 段数码管的编码值。

3. 编译程序

完成四路抢答器 VHDL 程序设计并输入后，在 Quartus II 12.1 集成环境中选择【Processing】→【Start Compilation】命令，对设计程序进行编译处理。编译处理时，Quartus II 12.1 首先进行工程的检错，检查工程的设计文件有无语法错误或连接错误，错误信息会在【Messages】窗口显示，双击错误信息可定位到错误的程序位置，如果有错误必须进行修改，直到编译通过。

4. 创建并设置仿真测试文件

编译通过表示设计文件无语法或连接错误，但设计功能是否实现，还需通过功能仿真来验证。

(1) 创建仿真测试模板文件。在 Quartus II 12.1 集成环境中选择【Processing】→【Start】→【Start Test Bench Template Writer】命令。如果没有设置错误，系统将弹出生成测试模板文件成功的对话框。默认生成的仿真测试模板文件为“qdq.vht”，位置为“E:/XM2/QDQ /simulation/modelsim”。

(2) 编辑仿真测试模板文件。在 Quartus II 12.1 集成环境中选择【File】→【Open】命令，弹出【Open File】对话框，选择生成的仿真测试模板文件“E:/XM2 /QDQ /simulation /modelsim / qdq.vht”，打开“qdq.vht”文件。在“qdq.vht”文件的“init”进程设置输入时钟“clk”的值；在“always”进程设置抢答信号“answer”与主持人控制信号“host”的值。完成编辑后，完整的测试文件如下。

```
library ieee;
use ieee.std_logic_1164.all;
entity qdq_vhd_tst is
end qdq_vhd_tst;
architecture qdq_arch of qdq_vhd_tst is
      signal answer : std_logic_vector(3 downto 0);
      signal clk : std_logic;
      signal host : std_logic;
      signal smg : std_logic_vector(6 downto 0);
component qdq
      port(answer : in std_logic_vector(3 downto 0);
              clk : in std_logic;
              host : in std_logic;
              smg : out std_logic_vector(6 downto 0));
end component;
begin
      i1 : qdq
      port map(answer => answer,clk => clk,
                  host => host,smg => smg);
init : process
begin
      clk<='0';wait for 10ns;
      clk<='1';wait for 10ns;
end process init;
always : process
begin
      host<='0'; answer<="0000" ; wait for 100 ms;
      answer<="0100" ; wait for 100 ms;
      answer<="0000" ; wait for 100 ms;
      host<='1'; wait for 100 ms;
      answer<="0001" ; wait for 10 ms;
      answer<="0010" ; wait for 100 ms;
      answer<="0000" ; wait for 200 ms;
      host<='0'; wait for 200 ms;
end process always;
```

```
end qdq_arch;
```

程序说明：进程“init”表示输入时钟“clk”的频率为 50MHz，周期为 20ns。进程“answer”表示当主持人控制信号“host”为低电平(不允许抢答)时，编号 3 抢答信号输入 100ms 的情况；其次仿真当主持人控制信号“host”为高电平(允许抢答)时，编号 1 抢答信号输入(answer 为“0001”)10ms 后，编号 2 抢答信号输入(answer 为“0010”)100ms 的情况。

该仿真测试文件的实体名为“qdq_vhd_tst”，仿真测试模块的元件例化名为“i1”。

(3) 配置选择仿真测试文件。

① 在 Quartus II 12.1 集成环境中选择【Assignments】→【Settings】命令，弹出设置工程“QDQ”的【Settings –qdq】对话框；在【Settings –qdq】对话框的【Category】栏中选择【EDA Tool Settings】目录下的【Simulation】选项，在【Settings –qdq】对话框内将显示【Simulation】面板。

② 在【Simulation】面板的【NativeLink settings】选项组中选择【Compile test bench】选项；单击【Test Benches】按钮，弹出【Test Benches】对话框。

③ 在【Test Benches】对话框中单击【New】按钮，弹出【New Test Bench Settings】对话框；在【Test bench name】文本框中输入测试文件名“qdq.vht”；在【Top level module in test bench】文本框中输入仿真测试文件的实体名“qdq_vhd_tst”；选中【Use test bench to perform VHDL timing simulation】复选框，在【Design instance name in test bench】文本框中输入仿真测试模块元件例化名“i1”；选择【End simulationat】时间为 1 s；单击在【Test bench and simulation files】选项组【File name】文本框后的按钮⋯，选择测试文件“E:/XM2/QDQ/simulation/modelsim/qdq.vht”，单击【add】按钮，设置结果如图 2.21 所示。完成各项设置后，单击各对话框的【OK】按钮，返回主界面。

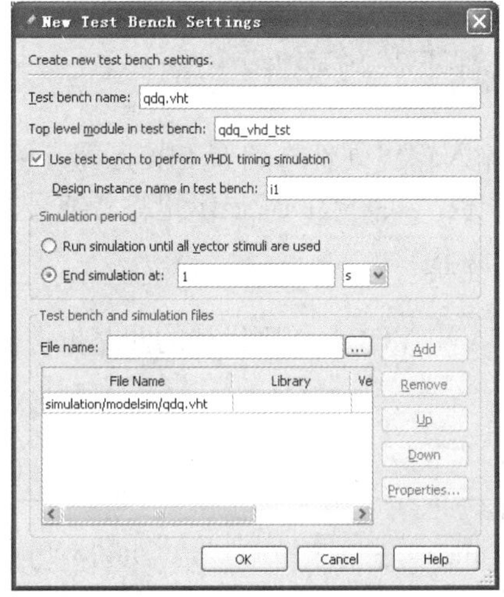

图 2.21　【New Test Bench Settings】对话框

5. 功能仿真

在 Quartus II 12.1 集成环境中选择【Tools】→【Run Simulation Tool】→【RTL Simulation】命令，可以看到 ModelSim-Altera 10.1b 的运行界面出现功能仿真波形，如图 2.22 所示。

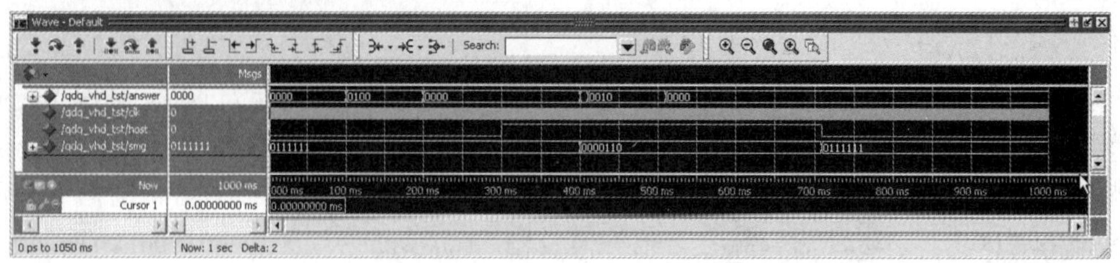

图 2.22　抢答器功能仿真波形图

功能仿真波形图分析说明如下。

(1) 从仿真波形图中可知，主持人控制信号“host”为低电平(不允许抢答)时，编号 3 抢答信号输入(answer="0100")无效，输出 7 段码信号“smg”为“0111111”(显示数值“0”)。

(2) 放大 400ms 处功能仿真波形，如图 2.23 所示。

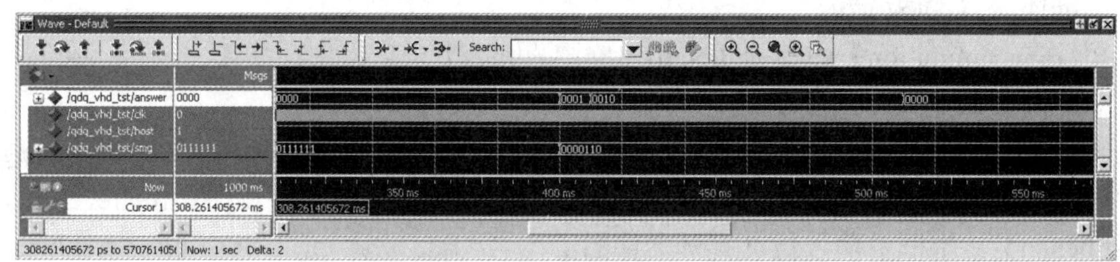

图 2.23　400ms 处四路抢答器功能仿真波形图

主持人控制信号“host”为高电平(允许抢答)时，编号 1 抢答信号首先输入(answer="0001")，输出 7 段码信号“smg”变为“0000110”(显示数值 1)；编号 2 抢答信号再次输入(answer="0010")，7 段码信号“smg”不变，即锁定先输入的抢答信号编号。同理，设置仿真测试文件的“host”与“answer”的不同组合，可仿真其他可能的情况。

2.3.4　四路抢答器编程下载与硬件测试

编程下载设计文件需要输入输出硬件电路及 FPGA 最小系统开发板支持，下面介绍基于 EP2C5T144-FPGA 最小系统板，共阴数码管显示抢答者编号的四路抢答器硬件测试过程。

1. 四路抢答器硬件电路连接

根据前面所述，基于 FPGA 用 VHDL 程序设计的四路抢答控制器输入输出端口如图 2.24 所示。

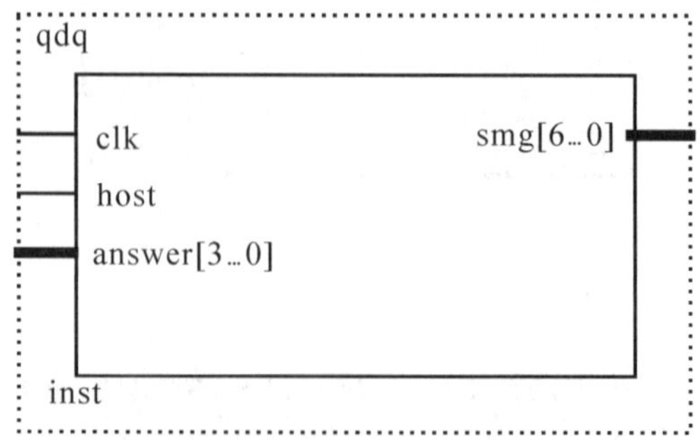

图 2.24　四路抢答器输入输出端口

输入输出各端口说明如下。【clk】为系统时钟信号输入端，与 FPGA 最小系统板所提供的 50MHz 时钟信号相连接；【answer[3..0]】为抢答信号输入端；【host】为主持人控制信号输入端；【smg[6..0]】为 7 段数码管抢答编号显示信号输出端。

根据设计方案，选择按钮开关作为抢答信号输入元件；选择可自锁按钮开关作为主持人控制信号输入元件；共阴数码管作为抢答编号显示元件。输入输出资源抢答信号输入按钮开关、主持人控制信号输入自锁按钮开关、数码管与 EP2C5T144-FPGA 最小系统板的 25×2 双排直插针连接原理图如图 2.25 所示。

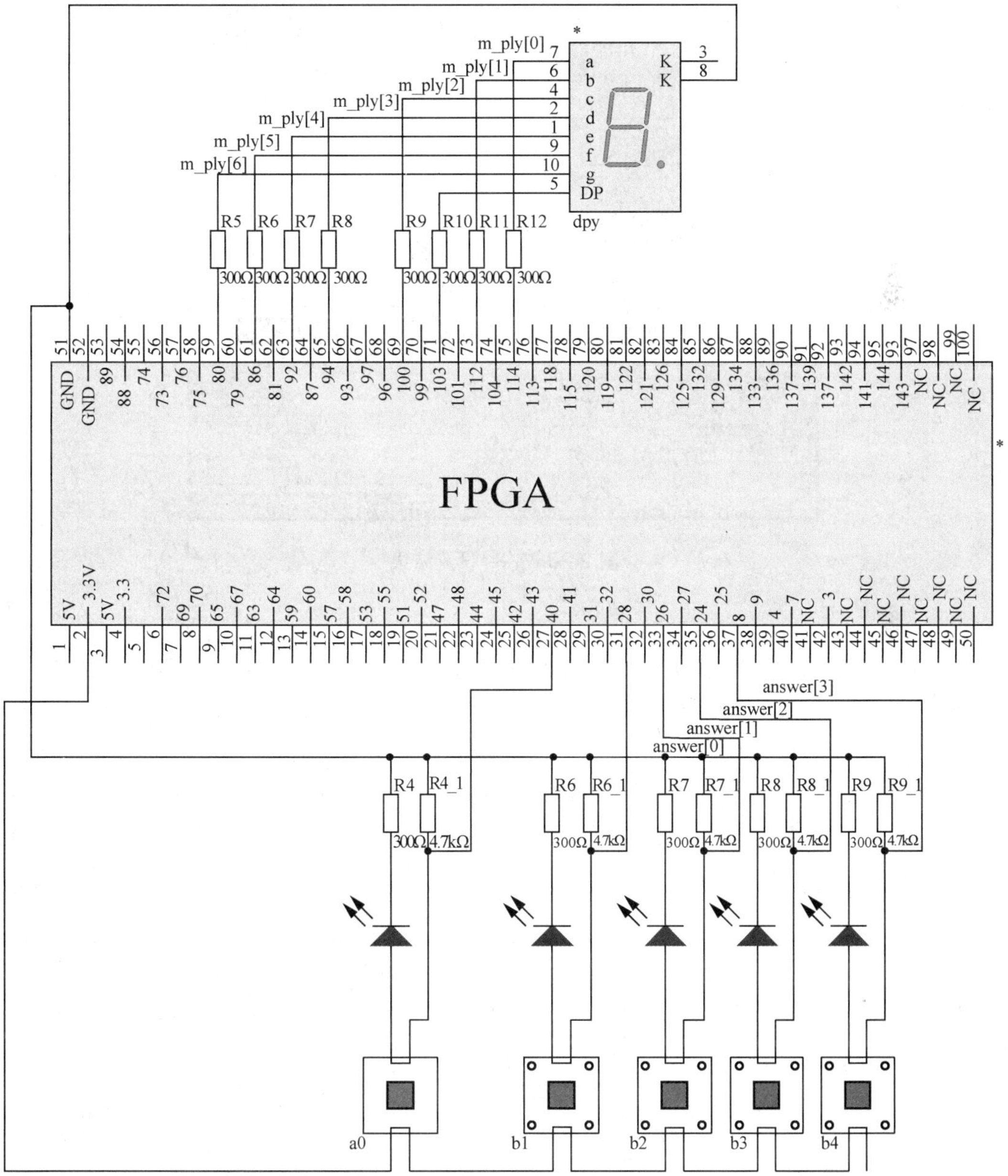

图 2.25　四路抢答器输入、输出连接电路图

2. 指定目标器件

根据所用 EP2C5T144-FPGA 最小系统板，指定目标器件操作方法如下。

在 Quartus II 12.1 集成环境中选择【Assignments】→【Device】命令，在弹出的【Device】对话框中指定。在【Family】选项中指定芯片类型为【Cyclone II】；在【Package】选项中指定芯片封装方式为【TQFP】；在【Pin count】选项中指定芯片引脚数为【114】；在【Speed grade】选项中指定芯片速度等级为【8】；在【Available devices】列表中选择有效芯片为【EP2C5T114C8】芯片，完成芯片指定后的对话框如图 2.26 所示。

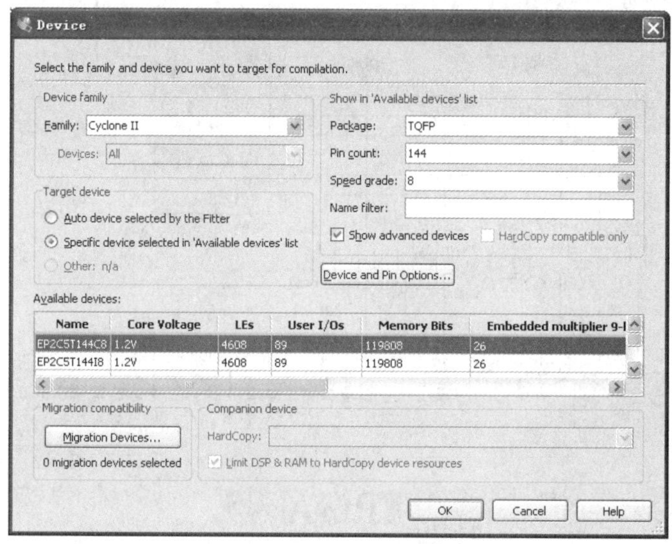

图 2.26 芯片设置结果

3. 输入输出引脚锁定

根据输入输出电路与 FPGA 最小系统板相连的管脚可知，四路抢答器输入输出端口与目标芯片引脚的连接关系见表 2.8。

表 2.8 输入输出端口与目标芯片引脚的连接关系表

输入		输出	
端口名称	芯片引脚	端口名称	芯片引脚
answer[3]	PIN_8	smg[6]	PIN_80
answer[2]	PIN_24	smg[5]	PIN_86
answer[1]	PIN_26	smg[4]	PIN_92
answer[0]	PIN_28	smg[3]	PIN_94
clk	PIN_17	smg[2]	PIN_100
host	PIN_40	smg[1]	PIN_112
		smg[0]	PIN_114

引脚分配锁定方法：在 Quartus II 12.1 集成环境中选择【Assignments】→【Pin Planner】命令，打开【Pin Planner】窗口；在【Pin Planner】窗口的【Location】列空白位置双击，根据表 2.8 输入相对应的引脚值。完成设置后的【Pin Planner】窗口如图 2.27 所示。当分配引脚完成以后，必须再次执行编译命令，这样才能保存引脚锁定信息。

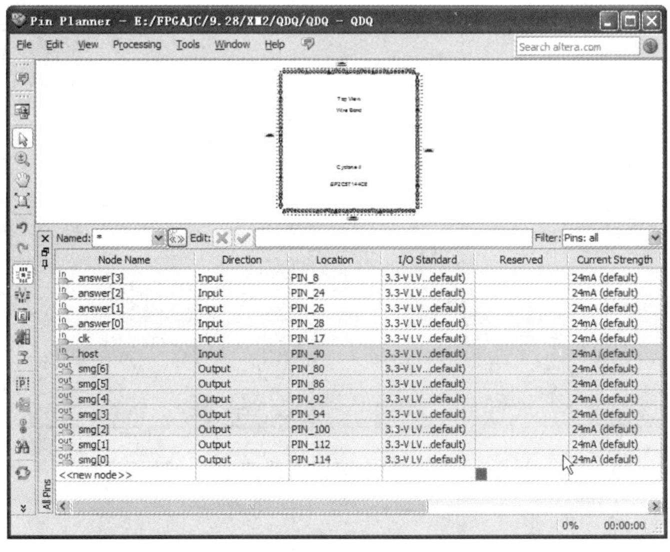

图 2.27　四路抢答器引脚锁定结果

4. 下载设计文件

下载设计文件到目标芯片，需要专用下载电缆将 PC 与目标芯片相连接。将“USB-Blaster”下载电缆的一端连接到 PC 的 USB 口，另一端接到 FPGA 最小系统板的 JTAG 口，然后，接通 FPGA 最小系统板的电源，进行下载配置。

(1) 配置下载电缆。选择【Tools】→【Programmer】命令或单击工具栏中的【Programmer】按钮，打开【Programmer】窗口；单击【Hardware Setup】按钮，弹出硬件设置对话框，选择使用 USB 下载电缆的【USB-Blaster[USB-0]】选项，完成下载电缆配置，如图 2.28 所示。

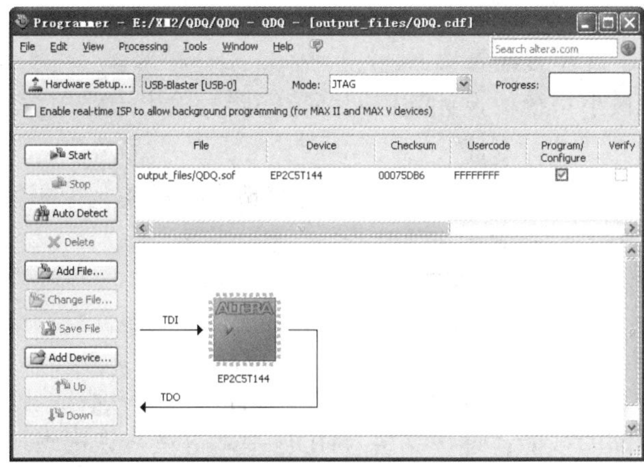

图 2.28　【Programmer】窗口

(2) 配置文件下载。在【Programmer】窗口的【Mode】下拉列表框中选择【JTAG】模式；选中下载文件“QDQ.sof”的【Program/Configure】复选框；单击【Start】按钮，开始编程下载，直到下载进度为 100%，下载完成，如图 2.29 所示。

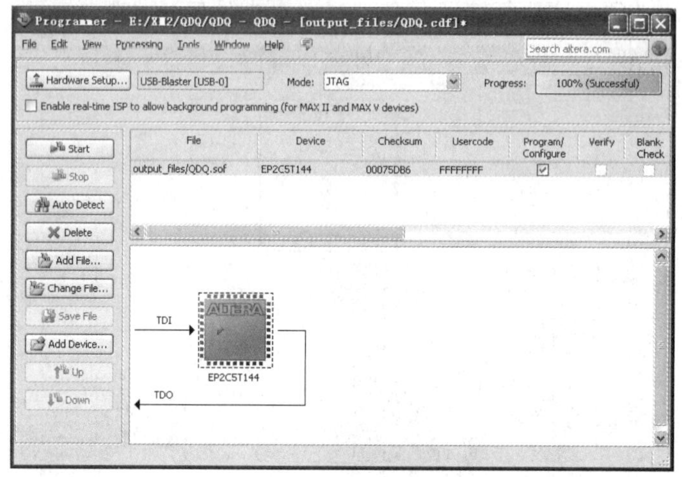

图 2.29　编程下载完成

5. *硬件测试*

自锁开关 a0 为主持人控制开关，按钮开关 b1、b2、b3、b4 为抢答开关。当主持人控制信号为低电平时(开关指示灯灭)，b1、b2、b3、b4 抢答开关无效，数码管显示数值“0”；当主持人控制信号为高电平时(开关指示灯亮)，b1、b2、b3、b4 抢答开关有效，如果开关 b1 最先按下(输入高电平)，数码管显示数值“1”，此时，抢答信号被锁定，其他抢答开关 b2、b3、b4 无效。进行第 2 次抢答前，需要主持人控制开关设为低电平，数码管清零后，重新设为高电平，进行第 2 次抢答。

做一做，试一试

1. 用 VHDL 程序设计五人表决器。

2. 基于 FPGA 最小系统板设计制作四路抢答器，输出电路用数码管显示抢答者信息的同时发出提示声音。

3. 基于 FPGA 最小系统板设计制作简易的六路抢答器。

项 目 小 结

通过基于 VHDL 程序的三人表决器和简易四路抢答器的设计制作，训练用 VHDL 程序描述和设计数字电路的技能；逐步完备 VHDL 基本语法知识；掌握 VHDL 程序结构、语句表述、数据规则和语法特点。

项目 3 音乐发生器设计制作

VHDL 程序的描述语句分为并行执行语句和顺序执行语句，相对于传统的软件描述语言而言，这是 VHDL 程序作为硬件描述语言的特点。本项目以音乐发生器设计为载体，通过硬件乐曲自动演奏电路设计与简易电子琴的设计制作，说明 VHDL 程序描述电路的方法，介绍 VHDL 程序并行执行语句和顺序执行语句的特点。

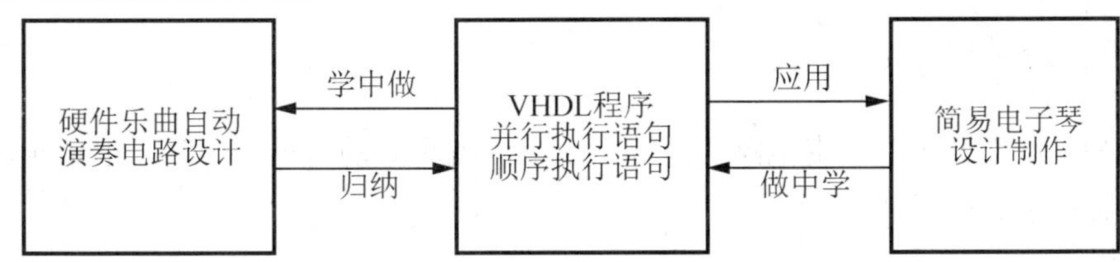

能力目标	知识目标
(1) 能采用文本输入法，用 VHDL 程序设计一般复杂的数字系统 (2) 能将实际的数字系统需求转化为数字电子系统硬件语言描述 (3) 能熟练使用 ModelSim-Altera 软件对设计电路进行功能仿真与时序仿真 (4) 能熟练地进行 VHDL 程序的调试 (5) 能用蜂鸣器、数码管、开关等元件设计数字系统的输入与输出	(1) 掌握 VHDL 程序顺序语句的特点 (2) 掌握 VHDL 程序平行语句的特点 (3) 掌握 if、case 等常用顺序语句的使用 (4) 掌握条件信号选择、多进程应用等常用并行语句的使用 (5) 熟悉功能仿真测试文件的创建与编辑

3.1 乐曲自动演奏电路设计

乐曲自动演奏电路广泛用于自动答录装置、手机铃声及智能仪器仪表设备。随着 EDA 设计工具更新换代，FPGA 集成度的提高及价格下降，使用 FPGA 设计乐曲自动演奏电路成为可能。本节通过基于 FPGA 的乐曲自动演奏电路的设计，说明 VHDL 描述语句的使用方法。乐曲自动演奏电路设计流程如图 3.1 所示。

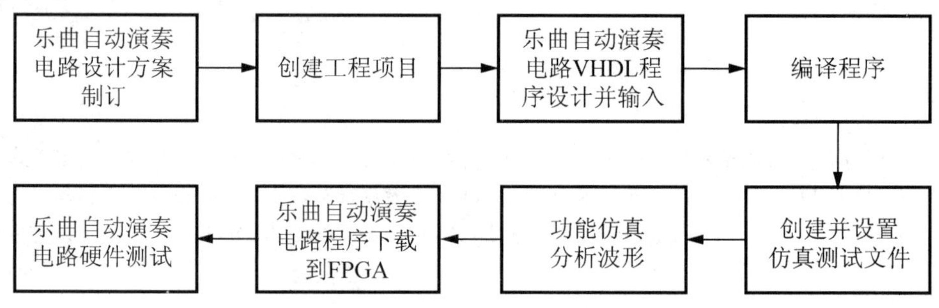

图 3.1 乐曲自动演奏电路设计制作流程

3.1.1 任务书

基于 FPGA 设计乐曲演奏电路，能够自动播放编写好的音乐，同时，根据乐曲的节拍用数码管显示乐曲的简谱。

1. 学习目的

(1) 能用 VHDL 程序设计一般复杂的数字系统。
(2) 能将实际的数字系统需求转化为数字电子系统硬件语言描述。
(3) 能熟练地使用 if、case 等顺序描述语句。
(4) 能熟练地使用多进程语句描述数字电路。
(5) 能基于 FPGA 在线调试 VHDL 程序。
(6) 能用 LED 灯、蜂鸣器、数码管等硬件设计数字电路系统的输入与输出。

2. 任务描述

在 Quartus II 12.1 软件平台上，用文本输入方法设计《康定情歌》乐曲自动演奏电路，《康定情歌》简谱如图 3.2 所示。音乐演奏的同时用数码管显示简谱，音的高低用 LED 灯指示；用 ModelSim-Altera 10.1b 仿真软件仿真检查设计结果；选用 GW48 实验箱的输入频率、LED 灯、数码管和蜂鸣器等硬件资源进行硬件测试。

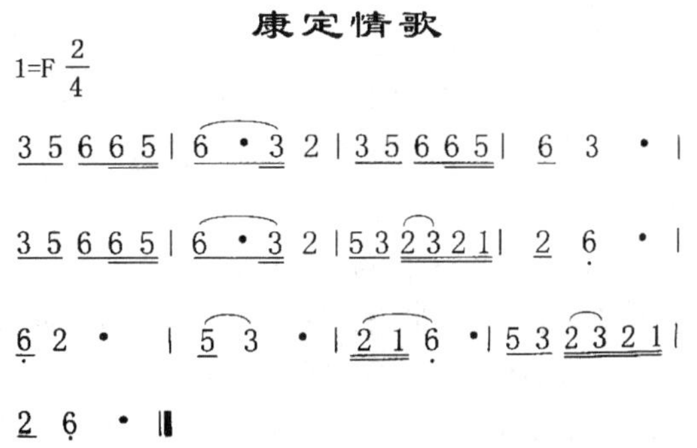

康定情歌

1=F $\frac{2}{4}$

3 5 6 6 5 | 6 · 3 2 | 3 5 6 6 5 | 6 3 · |

3 5 6 6 5 | 6 · 3 2 | 5 3 2 3 2 1 | 2 $\underset{\cdot}{6}$ · |

$\underset{\cdot}{6}$ 2 · | 5 3 · | 2 1 $\underset{\cdot}{6}$ · | 5 3 2 3 2 1 |

2 $\underset{\cdot}{6}$ · ‖

图 3.2　《康定情歌》简谱

3. 教学工具

(1) 计算机。
(2) Quartus II 12.1 软件。
(3) ModelSim-Altera 10.1b 仿真软件。
(4) GW48 实验箱。

3.1.2　硬件乐曲自动演奏电路设计方案

乐曲是一连串的音符按一定的节拍演奏，每个音符对应一定频率。乐曲自动演奏电路，就是按照乐曲的乐谱依次输出这些音符所对应的频率。利用 VHDL 程序设计乐曲自动演奏电路，即设计二路控制电路：一路准确地控制输出的频率，控制音符音的高低；另一路准确地控制音符输出的节拍，控制音符输出时间的长短。

1. 音符频率的产生

从《康定情歌》简谱中可知，该乐曲采用 F 调演奏，F 调简谱的音符与频率的关系见表 3.1。

表 3.1　F 调简谱的音符与频率的关系

音符(简谱)	频率(Hz)	音符(简谱)	频率(Hz)	音符(简谱)	频率(Hz)
$\underset{\cdot}{1}$	349.2	1	698.5	$\dot{1}$	1396.9
$\underset{\cdot}{2}$	392.0	2	784.0	$\dot{2}$	1568.0
$\underset{\cdot}{3}$	440.0	3	880.0	$\dot{3}$	1760.0
$\underset{\cdot}{4}$	466.2	4	932.3	$\dot{4}$	1864.7
$\underset{\cdot}{5}$	523.3	5	1046.5	$\dot{5}$	2093.0
$\underset{\cdot}{6}$	587.3	6	1174.7	$\dot{6}$	2349.3
$\underset{\cdot}{7}$	659.3	7	1318.5	$\dot{7}$	2637.0

在数字系统设计中，对某个基准频率进行分频可以产生不同的频率。因而，不同音符的频率可通过对某个基准频率分频产生。由于数字系统分频系数只能是整数，考虑减少产生频率的相对误差，基准频率不能过低，若基准频率过低，则分频系数过小，取整后的误差较大。若基准频率过高，则分频结构将变大。综合考虑这两个方面的因素，本设计输入基准时钟选取 4MHz。4MHz 频率通过带预置数的 13 位二进制计数器分频，产生频率随预置数变化的脉冲信号，由于该脉冲信号非等占空比，不具有驱动蜂鸣器的能力，故对此脉冲信号需再次进行 2 分频以推动蜂鸣器发声。所以，可控分频器的分频系数 Tone=$2^{13}-4\,000\,000/2f$，f 值为歌曲音符的频率。根据各音符的频率及计算公式可计算出 F 调各音符，基准频率为 4MHz 时的分频系数，见表 3.2。

表 3.2　音符对应的分频系数、音符显示数据和高低音指示电平

序号	简谱	频率(Hz)	分频系数	分频系数(二进制)	数码管显示值	表示音高低 3LED 灯
1	$\underset{\bullet}{1}$	349.2	2465	0100110100001	0001	001
2	$\underset{\bullet}{2}$	392.0	3090	0110000010010	0010	001
3	$\underset{\bullet}{3}$	440.0	3647	0111000111111	0011	001
4	$\underset{\bullet}{4}$	466.2	3902	0111100111110	0100	001
5	$\underset{\bullet}{5}$	523.3	4370	1000100010010	0101	001
6	$\underset{\bullet}{6}$	587.3	4787	1001010110011	0110	001
7	$\underset{\bullet}{7}$	659.3	5158	1010000100110	0111	001
8	1	698.5	5329	1010011010001	0001	011
9	2	784.0	5641	1011000001001	0010	011
10	3	880.0	5919	1011100011111	0011	011
11	4	932.3	6047	1100100000111	0100	011
12	5	1046.5	6281	1100010001001	0101	011
13	6	1174.7	6489	1100101011001	0110	011
14	7	1318.5	6675	1101000010011	0111	011
15	$\dot{1}$	1396.9	6760	1101001101000	0001	111

2. 乐曲节拍的控制

一般乐曲最小的节拍为 1/4 拍，若将 1 拍的时间定为 1s，则 1/4 拍的时长为 0.25s。若是占用时间较长的节拍(1/4 拍的整数倍)，则只需要将该音符连续输出相应的次数即可。由此可知，计数时钟信号可作为输出音符快慢的控制信号，时钟快时输出节拍速度就快，演奏的速度也就快，时钟慢时输出节拍的速度就慢，演奏的速度自然降低。本设计采用 4Hz 的输入时钟信号来控制乐曲节拍。

3. 歌曲乐谱的设置

歌曲乐谱中各音符所需的节拍有长有短，若某个音符需停留 3 个时钟节拍，只需连续 3 次输出相同的分频系数即可。因而，设置演奏歌曲的乐谱，就是根据歌曲乐谱的节拍存储每个音符的分频编码个数。演奏歌曲的乐谱可以存储在 FPGA 的 LPM-ROM 中，也可以直接用单元电路存储，本设计采用单元电路存储。

综上所述，设计基于 FPGA 的硬件乐曲自动演奏电路，可用 VHDL 程序的一个进程以 4Hz 的频率控制每个音符的分频系数输出；另一个进程根据分频系数将 4MHz 的基准频率分频为每个音符的频率输出。由于 VHDL 程序的各进程具有并发执行的特点，因而，可以认为两个进程是同时执行的。

3.1.3　硬件乐曲自动演奏电路设计实施步骤

根据硬件乐曲自动演奏电路系统设计方案，输入为 4MHz 与 4Hz 两个基准时钟，输出为显示音符高中低音的 3LED 灯电平、显示简谱值的数码管信号及驱动蜂鸣器频率信号。利用 Quartus II 12.1 软件平台，设计硬件乐曲自动演奏电路实施步骤按照先后顺序可分为：创建工程、设计并输入 VHDL 程序、编译程序、创建并设置仿真测试文件、功能仿真、编程下载、硬件测试。

1. 创建工程

建立工程文件夹(如 E:/XM3/SING)，将本工程的全部设计文件保存在此文件夹中。运行 Quartus II 12.1 软件平台；选择【File】→【New Project Wizard】命令，根据新建工程向导 5 步骤创建名为“SONG”的工程，顶层实体名为“SONG”第三方仿真软件选择“ModelSim-Altera”。

2. 设计并输入 VHDL 程序

在 Quartus II 12.1 集成环境中选择【File】→【New】命令，弹出【New】对话框；选择【Design Files】目录下的【VHDL File】选项，单击【OK】按钮，在 Quartus II 12.1 集成环境中将产生文本文件编辑窗口界面，并自动产生文本文件“vhdl1.vhd”。

在 Quartus II 12.1 集成环境中选择【File】→【Save As】命令，弹出【另存为】对话框，命名硬件乐曲自动演奏电路设计文件为“SONG.vhd”，保存在“E:/XM2/SING”目录。在文本文件编辑窗口输入实现硬件乐曲自动演奏电路的 VHDL 程序如下。

```
library ieee;
      use ieee.std_logic_1164.all;
      use ieee.std_logic_unsigned.all;
entity song is
   port(clk_4MHz,clk_4Hz: in std_logic;--分频基准时钟和节拍控制时钟输入
        smg: out std_logic_vector(3 downto 0);--数码管显示简谱值输出
        led:out std_logic_vector(2 downto 0);--显示音高低的 LED 电平输出
        speaker: out std_logic);--驱动蜂鸣器信号输出
end song;
```

```
architecture song_arch of song is
      signal divider:std_logic_vector(12 downto 0):="0000000000000";
      signal origin:std_logic_vector(12 downto 0):="0000000000000";
      signal counter:integer range 0 to 110 :=0;
      signal digit:integer range 0 to 15 :=0;
      signal carrier:std_logic :='0';
begin
      p1:process(clk_4MHz)--控制音符频率的进程
      begin
          if(clk_4MHz'event and clk_4MHz='1')then
              if(divider="1111111111111")then
                  carrier<='1';
                  divider<=origin;
              else
                  divider<=divider+'1';
                  carrier<='0';
              end if;
          end if;
      end process;
      p2:process(carrier)--各音符频率再次 2 分频进程
          variable count : std_logic:='0';
      begin
          if(carrier'event and carrier='1')then
              count:= not count;
              if count='1' then
                  speaker<='1';
              else
                  speaker<='0';
              end if;
          end if;
      end process;
      p3:process(clk_4Hz)--控制歌曲节拍进程
      begin
          if(clk_4Hz'event and clk_4Hz='1')then
              if(counter=102)then
                  counter<=0;
              else
                  counter<=counter+1;
              end if;
          end if;
          case counter is --根据《康定情歌》简谱节拍确定各音符个数
              when 00=>digit<=10;when 01=>digit<=10;
              when 02=>digit<=12;when 03=>digit<=12;
              when 04=>digit<=13;when 05=>digit<=13;
              when 06=>digit<=13;when 07=>digit<=12;
              when 08=>digit<=13;when 09=>digit<=13;
```

```
when 10=>digit<=13; when 11=>digit<=10;
when 12=>digit<=9; when 13=>digit<=9;
when 14=>digit<=9; when 15=>digit<=9;
when 16=>digit<=10;when 17=>digit<=10;
when 18=>digit<=12;when 19=>digit<=12;
when 20=>digit<=13;when 21=>digit<=13;
when 22=>digit<=13;when 23=>digit<=12;
when 24=>digit<=13;when 25=>digit<=13;
when 26=>digit<=10;when 27=>digit<=10;
when 28=>digit<=10;when 29=>digit<=10;
when 30=>digit<=10;when 31=>digit<=0;
when 32=>digit<=10;when 33=>digit<=10;
when 34=>digit<=12;when 35=>digit<=12;
when 36=>digit<=13;when 37=>digit<=13;
when 38=>digit<=13;when 39=>digit<=12;
when 40=>digit<=13;when 41=>digit<=13;
when 42=>digit<=10;when 43=>digit<=10;
when 44=>digit<=9;when 45=>digit<=9;
when 46=>digit<=9;when 47=>digit<=9;
when 48=>digit<=12;when 49=>digit<=12;
when 50=>digit<=10;when 51=>digit<=10;
when 52=>digit<=9;when 53=>digit<=10;
when 54=>digit<=9;when 55=>digit<=8;
when 56=>digit<=9;when 57=>digit<=9;
when 58=>digit<=6;when 59=>digit<=6;
when 60=>digit<=6;when 61=>digit<=6;
when 62=>digit<=6;when 63=>digit<=0;
when 64=>digit<=6;when 65=>digit<=6;
when 66=>digit<=9;when 67=>digit<=9;
when 68=>digit<=9;when 69=>digit<=9;
when 70=>digit<=9;when 71=>digit<=0;
when 72=>digit<=12; when 73=>digit<=12;
when 74=>digit<=10;when 75=>digit<=10;
when 76=>digit<=10;when 77=>digit<=10;
when 78=>digit<=10;when 79=>digit<=0;
when 80=>digit<=9;when 81=>digit<=8;
when 82=>digit<=6;when 83=>digit<=6;
when 84=>digit<=6;when 85=>digit<=0;
when 86=>digit<=12;when 87=>digit<=12;
when 88=>digit<=10;when 89=>digit<=10;
when 90=>digit<=9;when 91=>digit<=10;
when 92=>digit<=9;when 93=>digit<=8;
when 94=>digit<=9;when 95=>digit<=9;
when 96=>digit<=6;when 97=>digit<=6;
when 98=>digit<=6;when 99=>digit<=6;
when 100=>digit<=6;when 101=>digit<=6;
```

```
            when others=>digit<=0;
        end case;
        case digit is  --根据音符编码指定分频系数、LED 电平及显示简谱值
            when 6 =>origin<="1001010110011";led<="001"; smg<="0110";
            when 8 =>origin<="1010011010001";led<="011"; smg<="0001";
            when 9 =>origin<="1011000001001";led<="011"; smg<="0010";
            when 10 =>origin<="1011100011111";led<="011"; smg<="0011";
            when 12 =>origin<="1100010001001";led<="011"; smg<="0101";
            when 13 =>origin<="1100101011001";led<="011"; smg<="0110";
            when others=>origin<="1111111111111";led<="000";smg<="0000";
        end  case;
    end process;
end song_arch;
```

程序说明：进程 p1 的功能是根据预置的“origin”值(“origin”信号值根据进程 p3 的译码电路而变化)，将 4MHz 的“clk_4MHz”基准频率分频为不同音符的“carrier”信号；进程 p2 的功能是把进程 p1 输出的“carrier”信号再次进行 2 分频，输出“speaker”信号驱动蜂鸣器；进程 p3 的功能是以“clk_4Hz”的频率输出歌曲各音符的分频系数、显示音高低的 LED 电平及数码管显示简谱值。

3. 编译程序

完成硬件乐曲自动演奏电路 VHDL 程序设计并输入后，在 Quartus II 12.1 集成环境中选择【Processing】→【Start Compilation】命令，对设计程序进行编译处理。编译处理时，Quartus II 12.1 首先进行工程的检错，检查工程的设计文件有无语法错误或连接错误，错误信息在【Messages】窗口显示，双击错误信息可定位到错误的程序位置，如果有错误必须进行修改，直到编译通过。

4. 创建并设置仿真测试文件

编译通过表示设计文件无语法或连接错误，设计功能是否实现，需通过功能仿真来验证。

(1) 创建仿真测试模板文件。在 Quartus II 12.1 集成环境中选择【Processing】→【Start】→【Start Test Bench Template Writer】命令。如果没有设置错误，系统将弹出生成测试模板文件成功的对话框。默认生成的仿真测试模板文件名为“SONG.vht”，保存位置为“E:/XM3/SING /simulation/modelsim”。

(2) 编辑仿真测试模板文件。在 Quartus II 12.1 集成环境中选择【File】→【Open】命令，弹出【Open File】对话框，选择仿真测试模板文件“E:/XM3/SING/simulation/modelsim/SONG.vht”，打开“SONG.vht”文件，在 SONG.vht”文件的“init”进程与“always”进程中设置输入频率“clk_4Hz”、“clk_4MHz”的值 4Hz 与 4MHz。完成编辑后，完整的仿真测试文件如下。

```
library ieee;
        use ieee.std_logic_1164.all;
entity song_vhd_tst is
```

```
end song_vhd_tst;
architecture song_arch of song_vhd_tst is
      signal clk_4Hz : std_logic;
      signal clk_4MHz : std_logic;
      signal led : std_logic_vector(2 downto 0);
      signal smg : std_logic_vector(3 downto 0);
      signal speaker : std_logic;
      component song
          port(clk_4Hz : in std_logic;
                  clk_4MHz : in std_logic;
                  led : out std_logic_vector(2 downto 0);
                  smg : out std_logic_vector(3 downto 0);
                  speaker : out std_logic);
      end component;
begin
      i1 : song
      port map(clk_4Hz => clk_4Hz,
                  clk_4MHz => clk_4MHz,
                  led => led,
                  smg => smg,
                  speaker => speaker);
      init : process
      begin
          clk_4Hz <='0' ; wait for 125ms;
          clk_4Hz <='1' ; wait for 125ms;
      end process init;
      always : process
      begin
          clk_4MHz <='0'; wait for 125ns;
          clk_4MHz <='1'; wait for 125ns;
      end process always;
end song_arch;
```

该仿真测试文件的实体名为“song_vhd_tst”，测试模块元件的例化名为“i1”。

(3) 配置选择仿真测试文件。在 Quartus II 12.1 集成环境中选择【Assignments】→【Settings】命令，弹出设置工程“SONG”的【Settings –SONG】对话框；在【Settings –SONG】对话框的【Category】栏中选择【EDA Tool Settings】目录下的【Simulation】选项，在【Settings-SONG】对话框内将显示【Simulation】面板；在【Simulation】面板的【NativeLink settings】选项组中选择【Compile test bench】选项；单击【Test Benches】按钮，弹出【Test Benches】对话框；单击【Test Benches】对话框中的【New】按钮，弹出【New Test Bench Settings】对话框；在【Test bench name】文本框中输入测试文件名“song.vht”；在【Top level module in test bench】文本框中输入测试文件的顶层实体名“song_vhd_tst”；选中【Use test bench to perform VHDL timing simulation】复选框，并在【Design instance name in test bench】文本框中输入测试模块的元件例化名“i1”；选择【End simulationat】时间为 4s；单击在【Test bench files】选项组【File name】文本框后的按钮⋯，选择测试文件“E:/XM3/SING/simulation/modelsim

/SONG.vht”，单击【Add】按钮，设置结果如图 3.3 所示。设置完成后，单击【OK】按钮，关闭各面板，返回主界面。

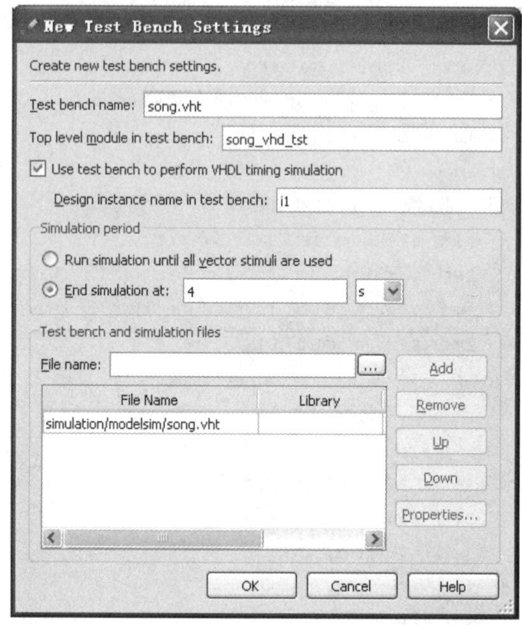

图 3.3 【New Test Bench Settings】对话框

5. 功能仿真

在 Quartus II 12.1 集成环境中选择【Tools】→【Run Simulation Tool】→【RTL Simulation】命令，可以看到 ModelSim-Altera 10.1b 运行界面，出现的功能仿真波形如图 3.4 所示。

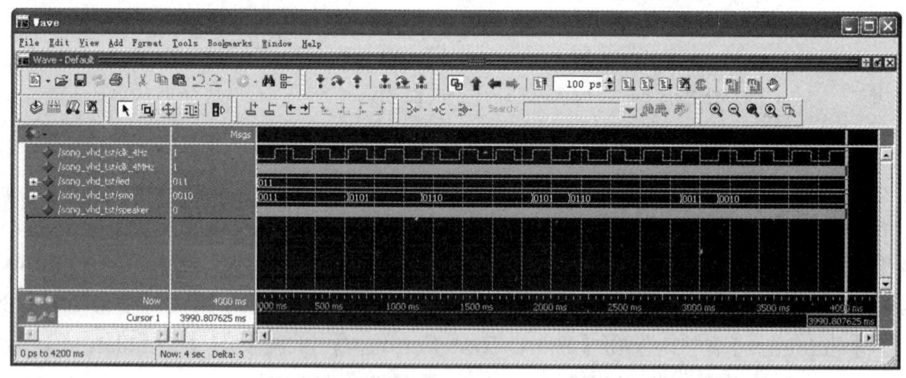

图 3.4 歌曲自动演奏电路仿真波形图

从图 3.4 的功能仿真波形图中可知，前 4s 输出的均为中音符(led 值为 011)，输出顺序为中音 3(smg 值为 0011)2 拍(clk_4Hz 为 2 个周期 0.5s)、中音 5(smg 值为 0101)2 拍(clk_4Hz 为 2 个周期 0.5s)、中音 6(smg 值为 0110)3 拍(clk_4Hz 为 3 个周期 0.75s)、中音 5(smg 值为 0101)1 拍(clk_4Hz 为 1 个周期 0.25s)、中音 6(smg 值为 0110)3 拍(clk_4Hz 为 3 个周期 0.75s)、中音 3(smg 值为 0011)1 拍(clk_4Hz 为 1 个周期 0.25s)……其节拍与《康定情歌》简谱起始部分相符合。

各音符输出的频率是否符合要求，在图 3.4 的功能仿真波形图中无法观察，但可从局部放大的仿真波形图中测得。在 ModelSim-Altera 10.1b 中放大局部仿真波形图，并添加测量游标，如图 3.5 所示。

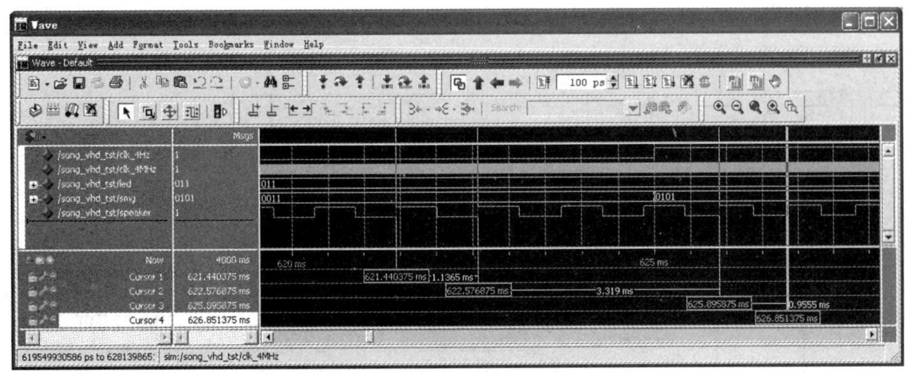

图 3.5　局部放大的歌曲自动演奏电路仿真波形

从图 3.5 中可知，中音 3(led=011，smg=0011)输出的“speaker”波形周期为 1.1365ms，而中音 5(led=011，smg=0101)输出的“speaker”波形周期为 0.9555ms；即中音 3 输出的频率为 1000/1.1365=880Hz，中音 5 输出的频率为 1000/0.9555=1046.5Hz。对照表 3.1F 调简谱的音符与频率的关系可知输出频率符合要求。

6. 编程下载与硬件测试

乐曲自动演奏电路硬件测试采用 GW48 实验箱的 FPGA 开发板。操作过程包括指定目标器件、引脚锁定、下载设计文件和硬件测试等 4 个部分。

(1) 指定目标器件。在 Quartus II 12.1 集成环境中选择【Assignments】→【Device】命令，在弹出的【Device】对话框中指定 GW48 实验箱 FPGA 开发板上芯片为 Altera 公司 Cyclone 系列的 EP1C6Q240C8 芯片，如图 3.6 所示。

Device

Select the family and device you want to target for compilation.

Device family — Family: Cyclone; Devices: All

Show in 'Available devices' list — Package: PQFP; Pin count: 240; Speed grade: 8; Name filter:; Show advanced devices; HardCopy compatible only

Target device — Auto device selected by the Fitter; Specific device selected in 'Available devices' list; Other: n/a

Device and Pin Options...

Available devices:

Name	Core Voltage	LEs	Memory Bits	PLL
EP1C6Q240C8	1.5V	5980	92160	2
EP1C12Q240C8	1.5V	12060	239616	2

Migration compatibility — Migration Devices... ; 0 migration devices selected

Companion device — HardCopy: ; Limit DSP & RAM to HardCopy device resources

OK　Cancel　Help

图 3.6　芯片设置结果

(2) 引脚锁定。根据 GW48 实验箱提供的实验模式，歌曲自动演奏电路设计的硬件测试可以选择的实验电路结构如图 3.7 所示，即实验模式 No.5。输入频率“clk_4Hz”、“clk_4MHz”从 GW48 实验箱提供的 clock0、clock9 输入。显示高低音的 3LED 灯，选择 GW48 实验箱提供的“D8”、“D7”、“D6”发光二极管，显示简谱数值的数码管选择数码管 8，音频输出选择“SPEAKER”。

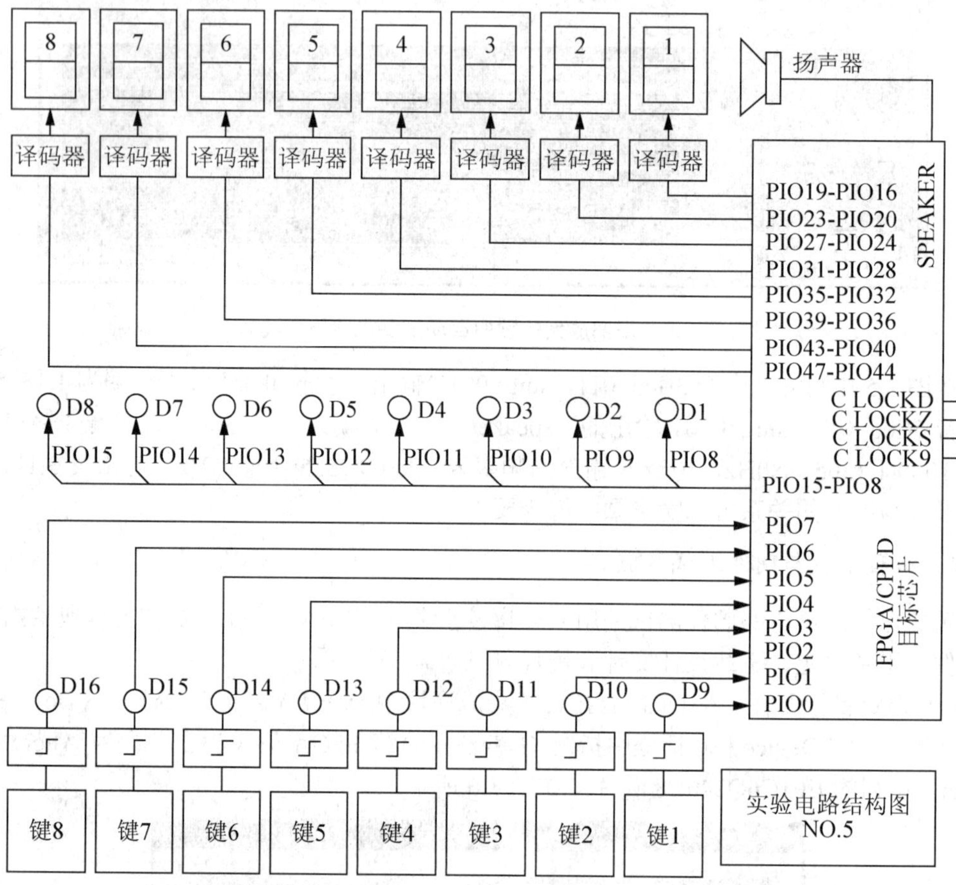

图 3.7　实验模式 No.5 电路结构图

根据实验模式 No.5 结构图及 GW48 实验箱提供的芯片引脚对照表，歌曲自动演奏电路与目标芯片引脚的连接关系见表 3.3。

表 3.3　乐曲自动演奏电路输入输出端口与目标芯片引脚的连接关系表

输　入			输　出		
端口名称	I/O 引脚	芯片引脚	端口名称	I/O 引脚	芯片引脚
clk_4Hz	clock0	PIN_28	Smg[3]	PIO47	Pin_168
clk_4MHz	clock9	PIN_29	Smg[2]	PIO46	Pin_167
			Smg[1]	PIO45	Pin_166

续表

输　入			输　出		
端口名称	I/O 引脚	芯片引脚	端口名称	I/O 引脚	芯片引脚
			Smg[0]	PIO44	Pin_165
			Led[2]	PIO15	Pin_12
			Led[1]	PIO14	Pin_8
			Led[0]	PIO13	Pin_7
			speaker	SPEAKER	Pin_174

引脚锁定的方法：在 Quartus II 12.1 集成环境中选择【Assignments】→【Pin Planner】命令，打开【Pin Planner】窗口；在【Pin Planner】窗口【Location】列空白位置双击，根据表 3.3 输入相对应的引脚值。完成设置后的【Pin Planner】窗口，如图 3.8 所示。引脚分配完成以后，必须再次执行编译命令，才能保存引脚锁定信息。

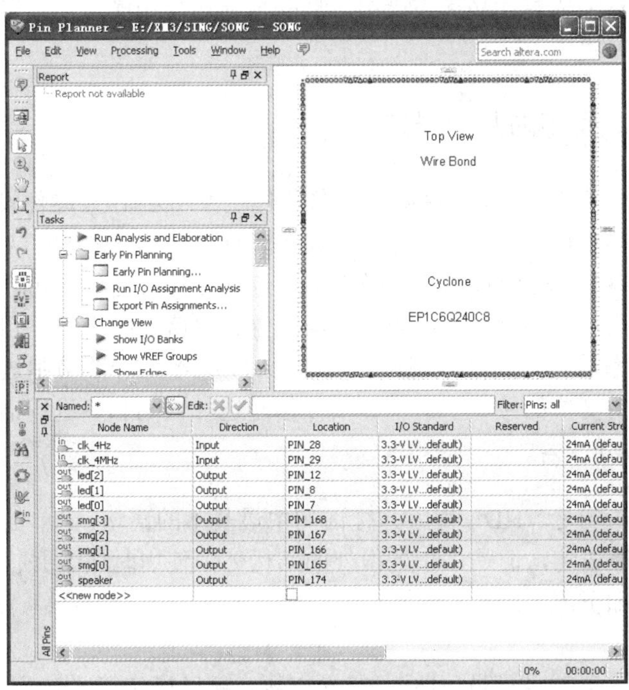

图 3.8　引脚锁定结果

(3) 下载设计文件。将“USB-Blaster”下载电缆的一端连接到 PC 的 USB 口，另一端接到 FPGA 目标板的 JTAG 口，接通目标板的电源。完成硬件连接后，进行配置下载电缆和配置下载文件，配置方法如下。

① 在 Quartus II 12.1 集成环境中选择【Tools】→【Programmer】命令或单击工具栏【Programmer】按钮，打开【Programmer】窗口；单击【Hardware Setup】按钮，弹出硬件设置对话框；选择【Hardware Settings】标签，在【Currently selected hardware】下拉列

表框中选择【USB-Blaster[USB-0]】选项，单击【Close】按钮，关闭硬件设置对话框。在【Programmer】窗口【Hardware Setup】按钮后的文本框内可见已填入了“USB-Blaster [USB-0]”。

② 在【Programmer】窗口的【Mode】下拉列表框中选择【JTAG】模式；选中下载文件“SONG.sof”的【Program/Configure】复选框；单击【Start】按钮，开始编程下载，直到下载进度为100%。

(4) 硬件测试。按GW48实验箱【模式选择】键，选择实验模式为“5”；设置clock0、clock9输入频率为4Hz与4MHz；此时蜂鸣器会流畅地播放预置的歌曲，同时数码管8会随着乐曲音符的改变显示相应的乐谱简谱码，3只LED灯会随着乐曲音符高中低相应地闪烁。当乐曲演奏完成后，能自动从头开始循环演奏。

3.2 VHDL 程序的描述语句

VHDL是硬件描述语言，其描述语句包括并行语句与顺序语句。本节介绍并行语句与顺序语句的使用与特点。

3.2.1 VHDL 程序的并行语句

相对于传统的软件语言而言，并行语句最能体现VHDL作为硬件设计语言的特点。各种并行语句在结构体中是同时并发执行的，其执行顺序与书写的顺序无关。在结构体中主要的并行语句有：简单信号赋值语句、条件信号选择语句、进程语句、端口映射语句、元件例化语句、生成语句、块语句、过程调用语句等。端口映射语句、元件例化语句、生成语句常用于VHDL程序的结构化描述方式，这部分内容将在4.2节中进行介绍，本节主要介绍结构体中常见的简单信号赋值语句、条件信号选择语句和多进程语句。

1. 简单信号赋值语句

简单信号赋值语句是VHDL程序并行语句中最基本的语句，简单信号赋值语句在进程内部使用时属于顺序语句，但是，在进程外的结构体中使用时属于并行语句。简单信号赋值语句的使用格式如下。

信号 <= 表达式;

简单信号赋值语句由4部分组成：左操作数、赋值操作符“<=”、表达式和“;”。其中左操作数必须是信号，不能是输入端口信号；表达式可以是算术表达式，也可以是逻辑表达式，还可以是关系表达式，但表达式中不能含有输出端口信号。目标信号与信号的赋值源必须长度一致、类型一致，否则在检查编译时会出错。

在简单信号赋值语句中，如果两边类型不一致，可以通过调用相关的程序包，运用类型转换函数进行类型转换；如果赋值两边长度不一致，可以通过并置符补充相应的位数，或者通过段下标进行赋值。

2. 条件信号选择语句

条件信号选择语句的作用是根据指定的条件表达式的多种可能进行相应的赋值。条件信号选择语句有 when/else 与 with/select/when 两种形式。

1) when/else 条件信号选择语句

格式如下。

信号 <=　表达式 1　when　赋值条件 1 else
　　　　表达式 2　when　赋值条件 2 else
　　　　…
　　　　表达式 *n*　when　赋值条件 *n*　else
　　　　表达式 *n*+1;

【例 3-1】 when/else 条件信号选择语句应用。

```
library ieee;
      use ieee.std_logic_1164.all;
entity useselect is
          port(sel:in std_logic_vector(1 downto 0);
      i0,i1,i2,i3:in std_logic;
              q: out std_logic);
end useselect;
architecture behave of useselect is
begin
          q<= i0  when  sel="00"  else --注意 else 后没有分号
             i1  when  sel="01"  else
             i2  when  sel="10"  else
             i3 ;
end behave;
```

对例 3-1 程序进行功能仿真，功能仿真的波形如图 3.9 所示。

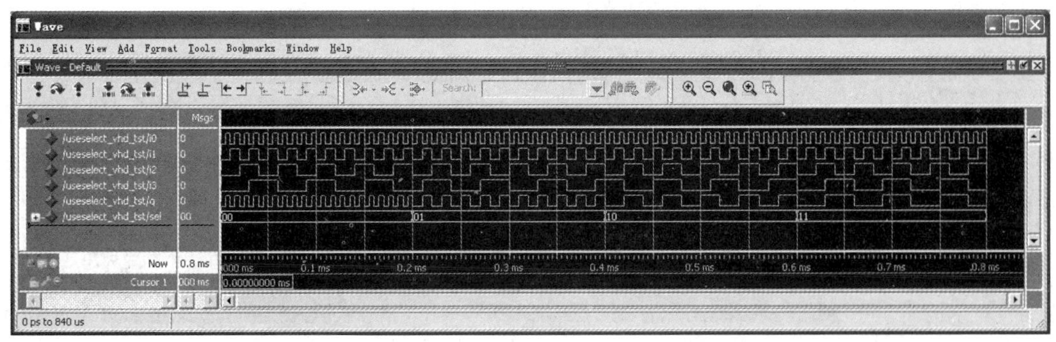

图 3.9　应用 when/else 条件信号选择语句程序的仿真波形图

功能仿真波形图说明：例 3-1 程序实现了条件选择的逻辑功能。当 sel= "00"时，输出 q 的波形与 i0 一样；当 sel= "01"时，输出 q 的波形与 i1 一样；当 sel= "10"时，输出 q 的波形与 i2 一样；当 sel= "11"时，输出 q 的波形与 i3 一样。

2) with/select/when 条件信号选择语句

with/select/when 条件信号选择语句与 when/else 条件信号选择语句类似，也是根据分支条件选择相应的表达式对目标信号进行赋值。但 with/select/when 条件信号选择语句的分支不能有重复，必须是唯一的，也不允许有条件覆盖不全的情况。

选择信号赋值语句的使用格式如下。

```
with 表达式 select
信号<= 表达式 1      when    条件 1,
       表达式 2      when    条件 2,
         …
       表达式 n      when    条件 n,
       表达式 n+1    when others;
```

【例 3-2】 with/select/when 条件信号选择语句应用。

```
library ieee;
      use ieee.std_logic_1164.all;
entity useselect is
      port(sel:in std_logic_vector(1 downto 0);
      i0,i1,i2,i3:in std_logic;
          q: out std_logic);
end useselect;
architecture behave of useselect is
begin
      with sel select
      q<= i0  when  "00" , --注意此处是逗号
           i1  when  "01" ,
           i2  when  "10" ,
           i3  when others;
end behave;
```

对例 3-2 程序进行功能仿真，功能仿真的波形如图 3.10 所示。

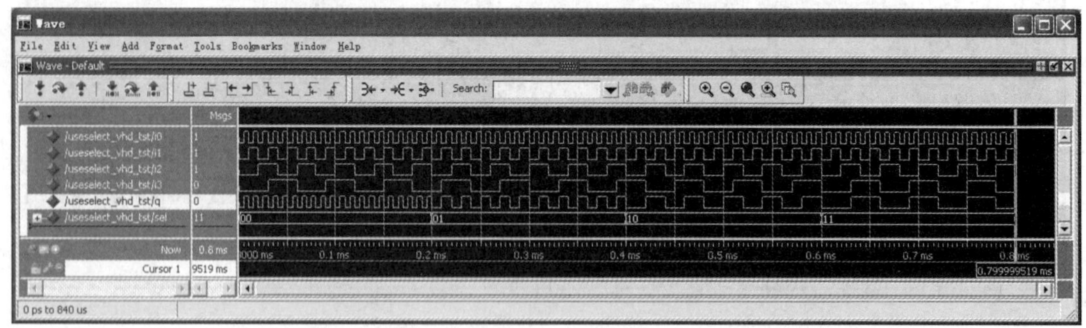

图 3.10 应用 with/select/when 条件信号选择语句程序的仿真波形图

功能仿真波形图说明：例 3-2 程序实现了条件选择的逻辑功能。当 sel= "00"时，输出 q 的波形与 i0 一样；当 sel= "01"时，输出 q 的波形与 i1 一样；当 sel= "10"时，输出 q 的波形与 i2 一样；当 sel="11"时，输出 q 的波形与 i3 一样。

3. 多进程语句

进程语句是最主要的并行语句，它在 VHDL 程序中使用最频繁，也是最能体现硬件描述语言特点的一种语句。在一个结构体中多个进程语句是并行执行的，但是每个进程内部的语句是顺序执行的。它的基本格式如下。

```
[进程名:] process[(敏感信号表)]
        进程说明部分;
      begin
      顺序语句 1;
      顺序语句 2;
      顺序语句 3;
      …
   end process [进程名];
```

其中，进程名是进程语句的标识符，它是一个可选项；敏感信号列表至少需要有一个敏感信号。敏感信号的变化决定着进程是否执行，如果进程的敏感信号列表没有信号，该进程将被永远挂起，在进程中使用 wait 语句来代替敏感信号列表。

进程语句有如下特点。

(1) 可以和其他进程语句同时执行，并可以存取结构体和实体中所定义的信号。

(2) 进程中的所有语句都按照顺序执行。

(3) 为启动进程，在进程中必须包含一个敏感信号的列表或 wait 语句。

(4) 进程之间可通过信号实现通信。

【例 3-3】 用进程语句描述一个按 BCD 码计数的六十进制计数器。

```
library ieee;
use ieee.std_logic_1164.all;
use ieee.std_logic_unsigned.all;
entity count60 is
      port(clk: in std_logic; --时钟输入
          co: out std_logic; --进位输出
          bcd_1_p: out std_logic_vector(3 downto 0); --个位计数输出
          bcd_10_p: out std_logic_vector(2 downto 0));--十位计数输出
end count60;
architecture behave of count60 is
      signal bcd_1_n: std_logic_vector(3 downto 0):="0000"; --定义个位通
信信号
      signal bcd_10_n: std_logic_vector(2 downto 0):="000"; --定义十位通
信信号
begin
      bcd_1_p<=bcd_1_n;
      bcd_10_p<=bcd_10_n;
      p1: process(clk)--个位，十进制计数进程
      begin
          if(clk'event and clk='1')then --时钟上升沿有效
              if(bcd_1_n="1001")then
                  bcd_1_n<="0000";
```

```
                    else
                         bcd_1_n<= bcd_1_n+'1';
                    end if;
               end if;
          end process p1;
          p2: process(clk)--十位，六进制计数进程
          begin
               if(clk'event and clk='1')then
                    if(bcd_1_n="1001")then
                        if(bcd_10_n="101")then
                         bcd_10_n<="000"; --计数器输出为 59 时，个位输出为 0
                    else
                         bcd_10_n<=bcd_10_n+'1';
                        end if;
                    end if;
               end if;
          end process p2;
          p3: process(clk,bcd_10_n, bcd_1_n)--进位信号控制进程
          begin
               if(clk'event and clk='1')then
                    if  bcd_1_n="1001" and bcd_10_n="101" then
                        co<='1';  --计数器输出为 59 时，进位输出
                    else
                        co<='0';
                    end if;
               end if;
          end process p3;
     end behave;
```

程序说明：按 BCD 码计数的六十进制计数器 VHDL 程序包含了三个进程：p1、p2 和 p3，三个进程并行执行。p1 进程为十进制计数器，计数脉冲“clk”上升沿时，计数值发生改变；p2 进程为六进制计数器，每当个位数计数到 9 时，在计数脉冲“clk”下一周期的上升沿，十位数计数器进行计数；p3 进程为产生进位信号的进程，当个位数为 9、十位数为 5 时，在计数脉冲“clk”下一周期的上升沿产生一个进位信号。

p2 进程需要用到 p1 的个位计数值，p3 进程需要用到 p1 的个位计数值和 p2 的十位计数值。进程间的通信通过信号“bcd_1_n”、“bcd_10_n”进行。BCD 码计数的六十进制计数器的 VHDL 程序功能仿真波形如图 3.11 所示。

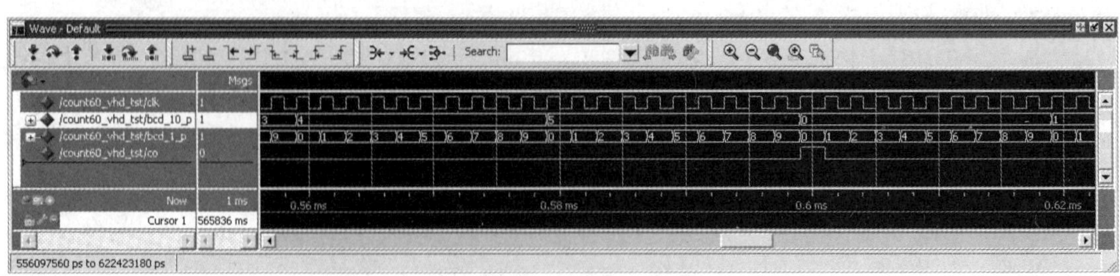

图 3.11　BCD 码计数的六十进制计数器仿真波形图

从图 3.11 可知，个位计数输出端在 0～9 之间变化；当个位计数器计数到 9，在计数脉冲“clk”下一周期的上升沿，十位数计数器输出端加 1；当十位与个位计数器计数到 59，在计数脉冲“clk”下一周期的上升沿，进位输出，重新开始计数，实现了按 BCD 码计数的六十进制计数。

3.2.2　VHDL 的顺序语句

顺序语句只能出现在进程(Process)、过程(Procedure)和函数(Function)中，其特点与传统的计算机编程语句类似，是按程序书写的顺序自上而下、一条一条地执行。利用顺序语句可以描述数字逻辑系统中的组合逻辑电路和时序逻辑电路。VHDL 程序中常见的顺序语句有：赋值语句、流程控制语句、wait 语句、子程序调用语句、空操作语句、断言语句、report 语句等。

1. 顺序赋值语句

顺序赋值语句是出现在进程、过程和函数中的赋值语句。由于进程、过程和函数中可以出现变量的处理，所以在顺序赋值语句中不仅有信号赋值语句，还有变量赋值语句。它们的格式如下。

变量名:=表达式;

信号名<=表达式;

变量赋值与信号赋值的过程有不同之处。变量具有局部特征，它的赋值是立即发生的。信号具有全局性特征，它不但可以作为一个设计实体内部各单元之间数据传送的载体，也可通过信号进行实体间通信。信号在顺序语句中的赋值不是立即发生的，它发生在一个进程结束或子程序调用完成以后，所以，信号的赋值过程有一定的延时。

【例 3-4】 变量赋值和信号赋值的应用。

```
library ieee;
use ieee.std_logic_1164.all;
use ieee.std_logic_unsigned.all;
entity assign is
        port(clk: in std_logic;
             rst: in std_logic;
             sigcnt: out std_logic_vector(5 downto 0);
             varcnt: out std_logic_vector(5 downto 0));
end assign;
architecture behave of assign is
        signal scnt: std_logic_vector(5 downto 0):="000000"; --声明信号
begin
        p1: process(clk,rst)
             variable vcnt: std_logic_vector(5 downto 0):="000000";--声明变量
        begin
             if rst ='1' then
                  sigcnt<="000000";
                  varcnt<="000000";
```

```
                scnt<="000000";
                vcnt:= "000000";
            elsif(clk'event and clk='1')then
                scnt<=scnt+'1'; --信号加 1 计数赋值
                vcnt:=vcnt+'1'; --变量加 1 计数赋值
                sigcnt<=scnt;  --scnt 值赋值输出
                varcnt<=vcnt;  --vcnt 值赋值输出
            end if;
        end process p1;
end behave;
```

例 3-4 的 VHDL 程序仿真结果如图 3.12 所示，仿真时为了说明信号赋值过程的延迟性，加入了参与运算的信号量“scnt”的变化过程。

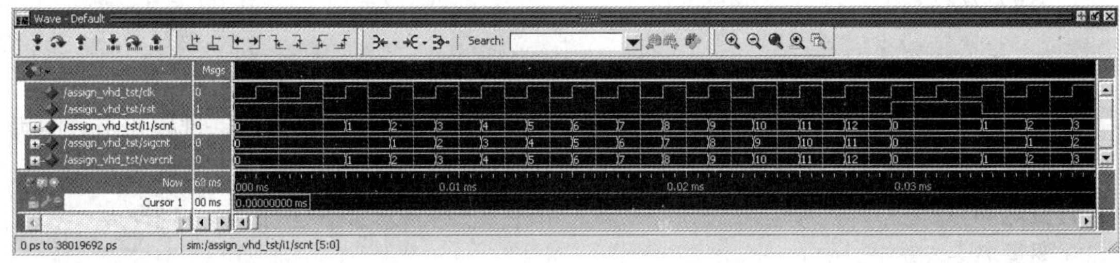

图 3.12　变量赋值和信号赋值功能仿真

由例 3-4 的 VHDL 程序可知，信号“scnt”与变量“vcnt”都从 0 开始加 1 计数，但是信号计数输出“sigcnt”值比变量计数输出“varcnt”值晚一个时钟周期。相当于信号赋值是通过寄存器赋值，而变量赋值是直接赋值。

2. 流程控制语句

在 VHDL 程序顺序执行语句中，流程控制语句占了很大的比重。流程控制语句通过对条件的判断来决定执行哪一条或几条语句，或者重复执行一条或几条语句，或者跳过一条或几条语句。常用的流程控制语句有 if 语句、case 语句、loop 语句等。

1) if 语句

if 语句是 VHDL 程序中流程控制的常用语句之一，其功能是通过对分支条件的判断决定执行哪个分支的顺序语句。if 语句的常用格式有以下三种。

(1) 单分支 if 语句。单分支 if 语句格式如下。

```
if 条件判断表达式 then
    顺序执行语句;
end if;
```

当程序执行到该 if 语句时，就要判断 if 语句所指定的条件是否成立。如果 if 的判断条件为真，则 if 语句所包含的顺序执行语句将被执行；否则，不做任何操作。

【例 3-5】 单分支 if 语句的应用。

```
library ieee;
use ieee.std_logic_1164.all;
```

```
entity sinif  is
      port(clk,enable: in std_logic;
          in_a,in_b: in std_logic;
          out_a,out_b: out std_logic);
end sinif;
architecture behave of sinif is
begin
      p1: process(enable,in_a)
      begin
          if enable  ='1' then --在组合电路中使用单分支 if 语句
              out_a<=in_a;
          end if;
      end process p1;
      p2: process(clk)
      begin
          if clk'event and clk='1' then --在时序电路中使用单分支 if 语句
              if enable  ='1' then
                  out_b<=in_b;
              end if;
          end if;
      end process p2;
end behave;
```

例 3-5 VHDL 程序编译综合后，在 Quartus II 12.1 集成环境中选择【Tools】→【Netlist Viewers】→【RTL Viewer】命令，得到如图 3.13 所示的综合效果图。

从单分支 if 语句寄存器传输级综合效果图中可知，在组合电路中使用单分支 if 语句，从“in_a”到“out_a”产生的是锁存器；在时序电路中使用单分支 if 语句，从“in_b”到“out_b”产生的是寄存器。

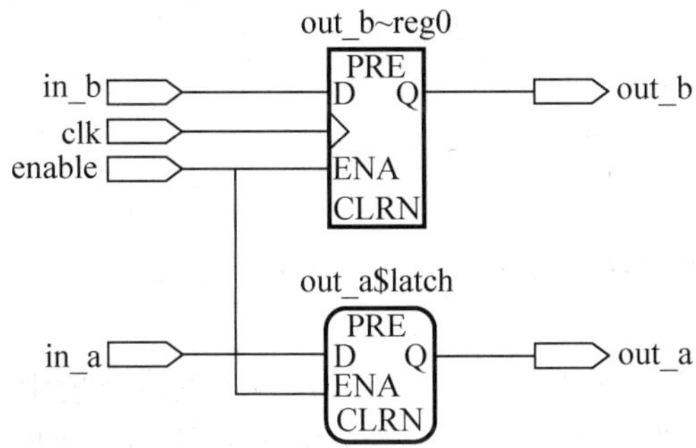

图 3.13 单分支 if 语句寄存器传输级综合效果图

(2) 两分支 if 语句。两分支 if 语句格式如下。

```
if 条件判断表达式 then
    顺序执行语句 1;
else
    顺序执行语句 2;
```

end if;

该语句起到选择控制的作用。当 if 条件成立时，程序执行 then 和 else 之间的顺序执行语句；当 if 语句的条件不成立时，程序执行 else 和 end if 之间的顺序执行语句，即根据所指定的条件是否满足，程序可以选择两条不同的执行路径，可以看成是一个二选一数据选择器。

【例 3-6】 两分支 if 语句的应用。

```
library ieee;
use ieee.std_logic_1164.all;
entity douif  is
       port(clk,enable: in std_logic;
           in_a,in_b: in std_logic;
           out_a,out_b: out std_logic);
end douif;
architecture behave of douif is
begin
       p1: process(enable)
       begin
           if enable  ='1' then --在组合电路中使用两分支 if 语句
               out_a<=in_a;
           else
               out_a<=in_b;
           end if;
       end process p1;
       p2: process(clk)
       begin
           if clk'event and clk='1' then --在时序电路中使用两分支 if 语句
               if enable  ='1' then
                   out_b<=in_a;
               else
                   out_b<=in_b;
               end if;
           end if;
       end process p2;
end behave;
```

例 3-6 VHDL 程序编译综合后，在 Quartus II 12.1 集成环境中选择【Tools】→【Netlist Viewers】→【RTL Viewer】命令，产生如图 3.14 所示的综合效果图。

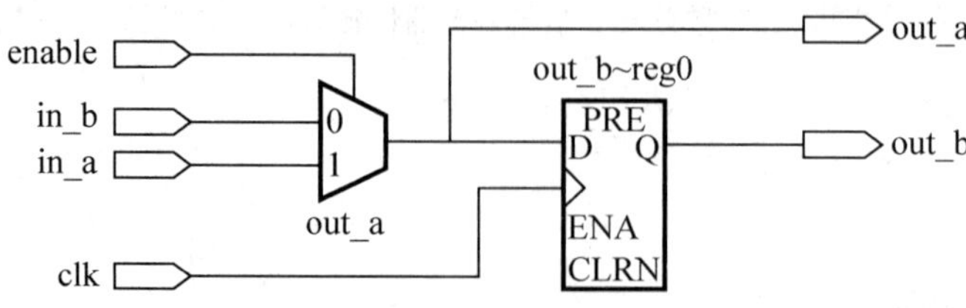

图 3.14　两分支 if 语句寄存器传输级综合效果图

从两分支 if 语句寄存器传输级综合效果图中可知，两分支 if 语句可以看成是一个二选一数据选择器。在组合电路中使用两分支 if 语句，从输入到输出“out_a”没有产生锁存器；在时序电路中使用两分支 if 语句，输出“out_b”之前多了一个寄存器。

(3) 多分支 if 语句。多分支 if 语句的格式如下。

```
if  条件判断表达式 1  then
        顺序语句 1;
    elsif  条件判断表达式 2  then
        顺序语句 2;
    …
    elsif  条件判断表达式 n  then
        顺序语句 n;
    else
        顺序语句 n+1;
    end if;
```

没有 else 分支的格式如下。

```
if  条件判断表达式 1  then
        顺序语句 1;
    elsif  条件判断表达式 2  then
        顺序语句 2;
    …
    elsif  条件判断表达式 n  then
        顺序语句 n;
    end if;
```

该语句执行多选择控制功能。在这种语句中，可允许在一个语句中出现多重条件，即条件嵌套。它设置了多个条件，当满足所设置的多个条件之一时，就执行该条件后的顺序执行语句。当所有设置的条件都不满足时，程序执行 else 和 end if 之间的执行语句。其中 else 后面的语句可以不用，当条件都不满足时，直接执行后续语句。

【例 3-7】 多分支 if 语句的应用。

```
library ieee;
use ieee.std_logic_1164.all;
entity manyif  is
      port(enable: in std_logic_vector(1 downto 0);
          in_d0,in_d1,in_d2,in_d3: in std_logic;
          out_a,out_b: out std_logic);
end manyif;
architecture behave of manyif is
begin
      p1: process(enable)
      begin
          if enable  ="00" then --有 else 分支的格式
```

```
                out_a<=in_d0;
            elsif enable  ="01" then
                out_a<=in_d1;
            elsif enable  ="10" then
                out_a<=in_d2;
            else
               out_a<=in_d3;
            end if;
        end process p1;
        p2: process(enable)
        begin
            if enable  ="00" then --没有else分支的格式
                out_b<=in_d0;
            elsif enable  ="01" then
                out_b<=in_d1;
            elsif enable  ="10" then
                out_b<=in_d2;
            elsif enable  ="10" then
               out_b<=in_d3;
            end if;
        end process p2;
end behave;
```

例 3-7 VHDL 程序编译综合后，在 Quartus II 12.1 集成环境中选择【Tools】→【Netlist Viewers】→【RTL Viewer】命令，得到如图 3.15 所示的综合效果图。

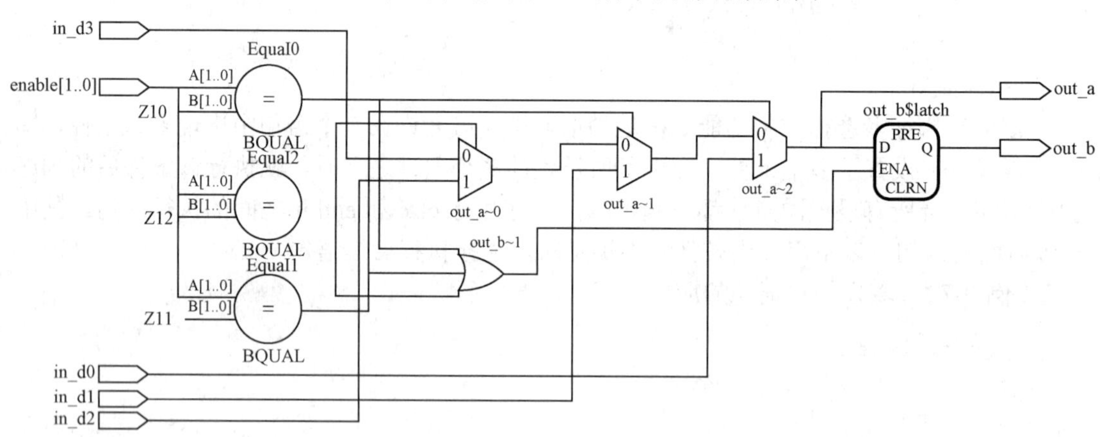

图 3.15　多分支 if 语句寄存器传输级综合效果图

从多分支 if 语句寄存器传输级综合效果图中可知，输出“out_a”的多分支 if 语句最后加了 else 分支，没有产生锁存器；输出“out_b”的多分支 if 语句最后没有加 else 分支，产生了锁存器，而且前面还产生了一个 3 输入的“或门”等资源消耗。从图中还可以看出优先级高的第一分支，处在最靠近输出信号的位置，也即其门级延迟最小，因此，在设计多分支 if 语句时，要把优先级最高或关键路径的信号放在第一分支中。

2) case 语句

case 语句的格式如下。

```
case 判断表达式 is
      when 选择项值 1 =>顺序语句 1;
      when 选择项值 2 =>顺序语句 2;
      …
      when 选择项值 n =>顺序语句 n;
      when others =>顺序语句 n+1;
end case;
```

case 语句的功能是通过对分支条件的判断来决定执行哪个分支程序语句，经常用来描述总线、编码和译码等行为。当执行 case 语句时，首先计算判断表达式的值，然后根据条件句中与之相同的选择值对应的顺序语句执行，最后结束 case 语句。选择项可以是一个值，也可以是多个用“值|值|值”表示的值，还可用“值 to 值”约束一个范围，但选择项不能有重复。

使用 case 语句需要注意以下几点。

(1) 条件句中的“=>”是操作符，它相当于 if 语句中的“then”。

(2) 条件句中的选择值必须在表达式的取值范围之内。

(3) case 语句中每一条语句的选择值只能出现一次，即不能有相同选择值的条件语句出现。

(4) 除非所有条件句中的选择值能完全覆盖 case 语句表达式的取值，否则最末一个条件句中的选择值必须用“others”表示，它代表已给的所有条件句中未能列出的其他可能的取值。关键词“others”只能出现一次，且只能作为最后一个条件取值。

(5) 与 if 语句相比，case 语句组的程序可读性比较好。if 语句是有序的，先处理最起始、最优先的条件，后处理次优先的条件。case 语句是无序的，所有表达式的值都并行处理。

【例 3-8】 case 语句与多分支 if 语句的差别。

```
library ieee;
use ieee.std_logic_1164.all;
entity usecase is
      port(enable: in std_logic_vector(1 downto 0);
          in_d0,in_d1,in_d2,in_d3: in std_logic;
          out_a,out_b: out std_logic);
end usecase;
architecture behave of usecase is
begin
      P1: process(enable)--case 语句的应用
      begin
          case enable is
              when "00"=>out_a<= in_d0;
              when "01"=>out_a<= in_d1;
              when "10"=>out_a<= in_d2;
```

```
            when others =>out_a<= in_d3;
        end case;
    end process P1;
    p2: process(enable)--多分支 if 语句的应用
    begin
        if enable  ="00" then
            out_b<=in_d0;
        elsif enable  ="01" then
            out_b<=in_d1;
        elsif enable  ="10" then
            out_b<=in_d2;
        else
          out_b<=in_d3;
        end if;
    end process p2;
end behave;
```

例 3-8 VHDL 程序编译综合后，在 Quartus II 12.1 集成环境中选择【Tools】→【Netlist Viewers】→【RTL Viewer】命令，得到综合效果图，如图 3.16 所示。

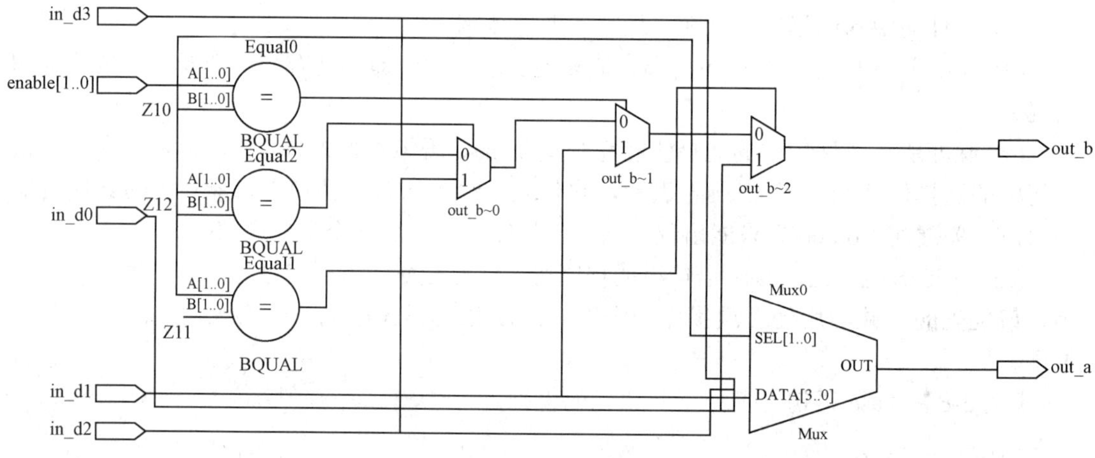

图 3.16　case 语句与多分支 if 语句寄存器传输级综合效果图

从寄存器传输级综合效果图中可知，case 语句是一个数据选择器，而多分支 if 语句由多级级连的二选一数据选择器组成。等级最低的 if 分支从输入到输出要经过多级二选一数据选择器的延时；由 case 语句生成的数据选择器，从输入到输出只有一个数据选择器的延时。如果没有优先级的要求，建议使用 case 语句。

3) loop 语句

loop 语句的功能是循环执行一条或多条顺序语句，主要有 for 循环、while 循环和条件跳出等三种形式。

(1) for/loop 语句。for/loop 语句格式如下。

[标号]：for 循环变量 in　循环变量的范围　loop

　　顺序语句;

end loop [标号];

这里的循环变量是一个临时变量，是 loop 语句的局部变量，不必事先定义，由 loop 语句自动定义，它只能作为赋值源，不能被赋值。在 loop 语句中不能再使用与此变量同名的标识符。循环变量的循环范围由初值开始，每执行一次，就改变一次，直到指定的值。

【例 3-9】 for/loop 语句的应用。

```
library ieee;
use ieee.std_logic_1164.all;
entity usefor is
      port(data: in std_logic_vector(15 downto 0);
          xoro: out std_logic);
end usefor;
architecture behave of usefor is
begin
P1: process(data)
variable xortemp:std_logic:='0';
begin
      xortemp:='0';
      for i in 0 to 15 loop
      xortemp:=data(i)xor xortemp;--这里不能用信号赋值，信号赋值会出现错误
      end loop;
      xoro<=xortemp;
end process P1;
end behave;
```

程序说明：例 3-9 VHDL 程序是 16 位偶校验电路，即取偶校验位“0”，让原始数列的最后一位与偶校验位做异或操作生成新的校验位，依次类推做异或操作，如果最后一位(左起)与最后生成的校验位的异或结果为 0，即与取的偶校验位相同，说明原始数列有偶数个 1。例 3-9 的 VHDL 程序设置不同的输入“data”值，仿真结果如图 3.17 所示。

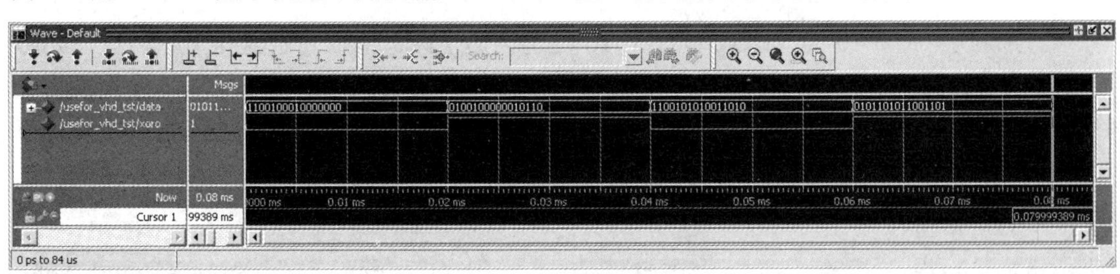

图 3.17　for/loop 语句应用程序仿真结果

从仿真结果可知，输入第 1 个“data”值为“1100100010000000”(值的所有位中有 4 个 1)，校验结果“xoro”为“0”，与偶校验位相同，输入的“data”值中有偶数个“1”；输入第 2 个“data”值为“0100100000010110”(值的所有位中有 5 个 1)，校验结果“xoro”为“1”，与偶校验位不相同，输入的“data”值中有奇数个“1”。

(2) while/loop 语句。while/loop 语句格式如下。

[标号]: while 条件 loop

顺序处理语句;

end loop [标号];

在该语句中，没有给出循环次数的范围，而给出了循环执行顺序语句的条件，没有自动递增循环变量的功能。如果循环控制条件为真，则进行循环，否则结束循环。因而需要在顺序处理语句中有修改循环条件的语句，使循环条件不满足，从而结束循环。

【例 3-10】 while/loop 语句的应用。

```
library ieee;
use ieee.std_logic_1164.all;
use ieee.std_logic_unsigned.all;
entity usewhile is
      port(data: in std_logic_vector(15 downto 0);
          xoro: out std_logic);
end usewhile;
architecture behave of usewhile is
begin
P1: process(data)
      variable xortemp:std_logic:='0';
      variable i:integer range 0 to 16:=0;
begin
      xortemp:='1';
      i := 0;
      USE_WHILE: while(i <= 15)loop
          xortemp:=data(i)xor xortemp;
          i:=i+1;
      end loop USE_WHILE;
      xoro<=xortemp;
end process P1;
end behave;
```

程序说明：例 3-10 的 VHDL 程序是 16 位奇校验电路。即取奇校验位“1”，让原始数列的最后一位与奇校验位做异或操作生成新的校验位，依次类推做异或操作，如果最后一位(左起)与最后生成的校验位的异或结果为 1，即与取的奇校验位相同，说明原始数列有偶数个 1。例 3-10 的 VHDL 程序设置不同的输入“data”值，仿真结果如图 3.18 所示。

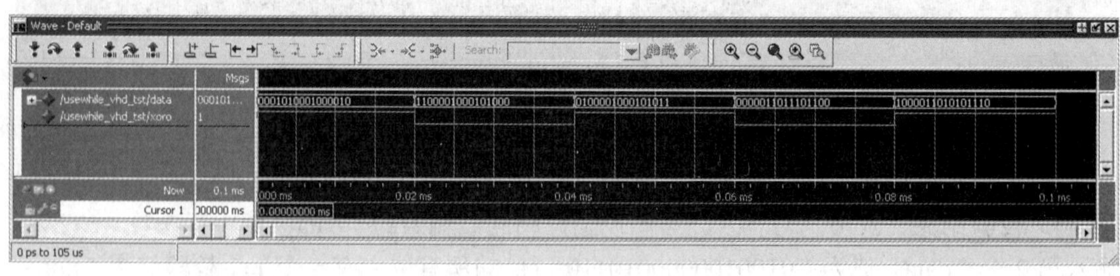

图 3.18　while/loop 语句应用程序仿真结果

从仿真结果可知，输入第 1 个“data”值为“0001010001000010”(值的所有位中有 4 个 1)，校验结果“xoro”为“1”，与奇校验位相同，说明输入的“data”值中有偶数个“1”;

输入第 2 个“data”值为“1100001000101000”(值的所有位中有 5 个 1)，校验结果“xoro”为“0”，与奇校验位不相同，说明输入的“data”值中有奇数个“1”。

(3) 条件跳出循环。在循环语句中还会用到 next 与 exit 语句，用来结束循环或跳出循环。

① next 语句。next 语句用于控制内循环的结束，其格式如下。

next　[标号]　[when 条件];

其中，“标号”与“when 条件”可以省略。当“标号”与“when 条件”都省略时，语句执行到该处，将无条件跳出本次循环；当有“标号”无“when 条件”时，语句执行到该处，将无条件跳到标号处；当有“when 条件”无“标号”时，语句执行到该处，判断条件，如果条件成立，语句将跳出本次循环；当既有“标号”又有“when 条件”时，语句执行到该处，判断条件，如果条件成立，语句将跳到标号处。

② exit 语句。exit 语句用于结束 loop 循环状态，其格式如下。

exit　[标号]　[when 条件];

其中，“标号”与“when 条件”可以省略。当“标号”与“when 条件”都省略时，语句执行到该处，将无条件跳出整个循环；当有“标号”无“when 条件”时，语句执行到该处，将无条件跳出整个循环，并从标号处往下执行；当有“when 条件”无“标号”时，语句执行到该处，判断条件，如果条件成立，语句将跳出整个循环；当既有“标号”又有“when 条件”时，语句执行到该处，判断条件，如果条件成立，语句将跳出整个循环，并从标号处往下执行。

exit 语句与 next 语句具有十分相似的语句格式和跳转功能，它们都是 loop 语句的内部循环控制语句。两者的区别是 next 语句跳转的方向是 loop 标号指定的 loop 语句处。当没有 loop 标号时，转跳到当前 loop 语句的循环起始点；而 exit 语句的跳转方向是 loop 标号指定的 loop 循环语句的结束处，即完全跳出指定的循环并开始执行循环外的语句。也即 next 语句是跳向 loop 语句的起始点，而 exit 语句是跳向 loop 语句的终点。

3. wait 语句

wait 语句的功能是把一个进程挂起，直到满足等待的条件成立才重新开始该进程的执行，含 wait 语句的进程，process 后不能加敏感信号，否则是非法的。wait 语句使用形式通常有 wait on(敏感信号列表)、wait until(判断条件表达式)和 wait for(时间)等三种形式。

1) wait on 语句

wait on 语句的使用格式如下。

```
process
begin
  顺序语句 1;
  顺序语句 2;
  …
  顺序语句 n;
wait on 信号[,信号];
end process;
```

wait on 语句后的信号也可以称为敏感信号，当语句执行到该处时，等待信号发生变化，如果信号发生变化，则执行，否则进程处于挂起状态。wait on 语句只对信号敏感，所以 wait on 后面的条件必须要有一个是信号，否则进程将永远被挂起。有些综合工具不支持 wait on 语句。

2) wait until 语句

wait until 语句的使用格式如下。

```
process
begin
  顺序语句 1;
  顺序语句 2;
  …
  顺序语句 n;
wait until 条件判断表达式;
end process;
```

当进程执行到 wait until 语句时进程被挂起，若条件判断表达式为真，则进程将被启动。wait until 语句中，条件判断表达式隐式地建立了一个敏感信号量表，当条件判断表达式中的任何一个信号量发生变化时，就立即对表达式进行一次评测。如果表达式返回一个“真”值，则进程将被启动。

【例 3-11】 wait until 语句的应用。

```
library ieee;
use ieee.std_logic_1164.all;
use ieee.std_logic_unsigned.all;
entity usewait is
      port(clk,en: in std_logic;
          out_wait_until,out_ord: out std_logic_vector(7 downto 0));
end usewait;
architecture behave of usewait is
signal cnt1,cnt2: std_logic_vector(7 downto 0):="00000000";
begin
P1: process--无敏感信号列表，使用 wait until 语句
      begin
      if en='0' then
          cnt1<="00000000";
      else
          cnt1<=cnt1+'1';
      end if;
      out_wait_until<=cnt1;
      wait until(clk'event and clk='1');
end process P1;
P2: process(clk)--使用敏感信号列表
      begin
      if clk'event and clk='1' then
```

```
            if en='0' then
                cnt2<="00000000";
            else
                cnt2<=cnt2+'1';
            end if;
            out_ord<=cnt2;
        end if;
    end process P2;
    end behave;
```

程序说明：例 3-11 进程 P1 的 process 后无敏感信号列表，使用了 wait until 语句；进程 P2 的 process 后使用了敏感信号列表，在 P2 进程中不能使用 wait until 语句。VHDL 程序的仿真结果如图 3.19 所示。从功能仿真图中可知，进程 P1 与进程 P2 的功能相同。

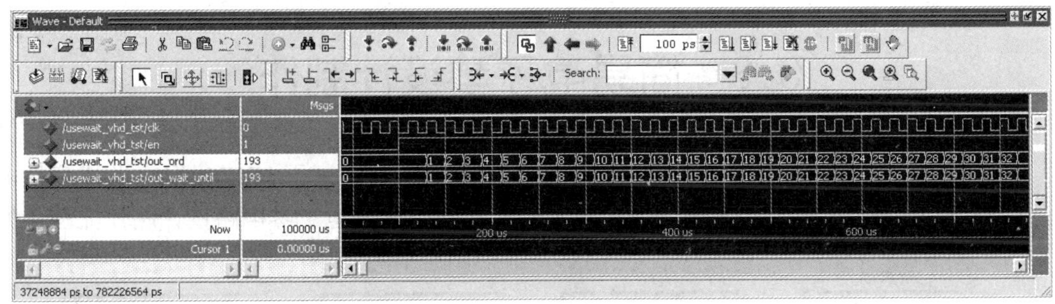

图 3.19　wait until 语句的应用程序仿真结果

3) wait for 语句

wait for 语句的格式如下。

process

begin

　顺序语句 1;

　顺序语句 2;

　…

　顺序语句 *n*;

wait for　时间 *t*(一定要以时间为单位);

end process;

wait for 时间 *t* 语句的功能是把进程挂起时间 *t* 后再启动进程，wait for 语句一般用于 VHDL 程序的测试文件中，综合工具一般不支持。

4. 其他顺序语句

在 VHDL 程序中，经常使用 null(空操作)语句、assert(断言)语句、report 语句等进行设计与仿真。

1) null 语句

空操作语句格式如下。

null;

null 语句的语法意义是不做任何操作，也没有对应的综合结果。null 语句常用在 case 语句中。在 case 语句中，所有条件句中的选择值必须完全覆盖 case 语句表达式的取值，所以，经常在最末一个条件句中用“others”表示没有列出的表达式的取值。如果不想改变任何电路结构，可以用 null 语句。

2) assert/report 语句

assert/report 语句格式如下。

assert 条件 [report 输出信息] [severity 级别];

assert/report 语句主要用于程序仿真、调试的人机对话，它可以给出文字串作为警告或错误信息。如果条件为真，向下执行另一个语句；如果条件为假，则输出错误信息和错误严重程度的级别。在 report 语句中的出错级别有：note(注意)、warning(警告)、error(错误)和 failure(失败)。

3.3 简易电子琴设计制作

本节介绍利用 FPGA 最小系统板设计制作简易电子琴，基于 VHDL 程序设计简易电子琴控制器电路，实现某一大调音乐的演奏功能。完成简易电子琴电路设计制作流程，如图 3.20 所示。

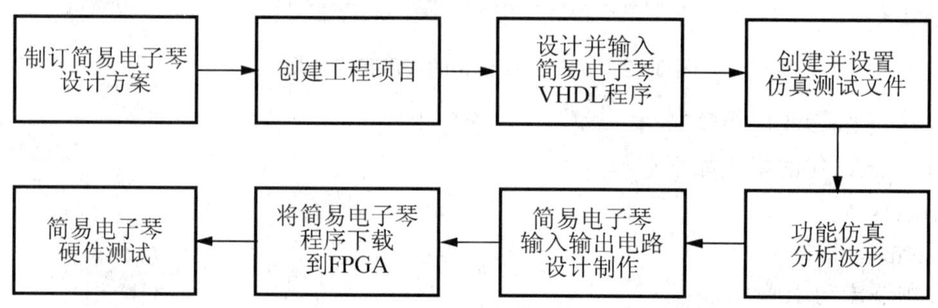

图 3.20 简易电子琴电路设计制作流程

3.3.1 任务书

利用 FPGA 最小系统板，采用文本输入法，基于 VHDL 程序设计制作某一大调简易电子琴。简易电子琴在演奏时能够显示该大调每个音符的简谱值及不同音高。

1. 学习目的

(1) 熟练使用 EDA 工具软件 Quartus II 12.1 和 ModelSim-Altera 10.1b。
(2) 能采用 VHDL 程序设计分频电路。
(3) 掌握 VHDL 程序的平行语句与顺序语句的使用。
(4) 能进行 FPGA 最小系统开发板的调试。
(5) 能用开关、蜂鸣器、发光二极管设计数字系统的输入与输出。

2. 任务描述

简易电子琴功能要求：能够实现某一大调音乐的演奏功能，同时在演奏时能够显示该大调每个音符的简谱值及区分相同简谱值的音高。

设计要求：在 Quartus II 12.1 软件平台上用 VHDL 程序设计简易电子琴控制器电路，并通过 ModelSim-Altera 10.1b 仿真软件仿真检查设计结果；选用 FPGA 最小系统板、按钮开关、数码管、LED 灯、蜂鸣器等硬件资源进行硬件验证。

3. 教学工具

(1) 计算机。
(2) Quartus II 12.1 软件。
(3) ModelSim-Altera 10.1b 仿真软件。
(4) FPGA 最小系统板、万能板、按钮开关、发光二极管、数码管、蜂鸣器、连接导线。

3.3.2 简易电子琴设计方案

基于 FPGA 最小系统板的简易电子琴输入用 2 个按钮开关的组合控制大调的不同八度音，7 个按钮开关控制同一八度音的 7 个音符；输出用 3LED 表示发出音符的不同八度音，用数码管显示音符的简谱值，用蜂鸣器发声。简易电子琴设计包括基于 VHDL 程序的简易电子琴控制器的设计、输入电路设计及输出显示电路的设计。

琴键信号通过输入电路输入基于 FPGA 设计的简易电子琴控制器；简易电子琴控制器将 FPGA 最小系统板的板载基频，根据输入信号不同，分频为不同音符的频率，通过输出端驱动蜂鸣器发生；同时，输出驱动显示简谱数值的数码管信号和区分不同八度音的 3LED 电平。

1. 输入电路设计

琴键信号输入电路设计：用按钮开关控制“1”、“2”、“3”、“4”、“5”、“6”、“7” 7 个琴键信号的输入，当按钮开关闭合时，向 FPGA 输入高电平，指示发光二极管发光；当按钮开关断开时，向 FPGA 输入低电平，指示二极管不发光。7 个琴键信号输入电路的原理图如图 3.21 所示。

控制不同八度音信号输入电路设计：用 2 个按钮开关的组合来控制 3 个不同音高的八度音。当按钮开关闭合时，向 FPGA 输入高电平，指示发光二极管发光；当按钮开关断开时，向 FPGA 输入低电平，指示二极管不发光。控制不同八度音信号的输入电路原理图如图 3.22 所示。当 c1、c2 均不闭合时，发低八度音；当 c1 闭合、c2 不闭合时，发原音；当 c1 不闭合、c2 闭合时，发高八度音。

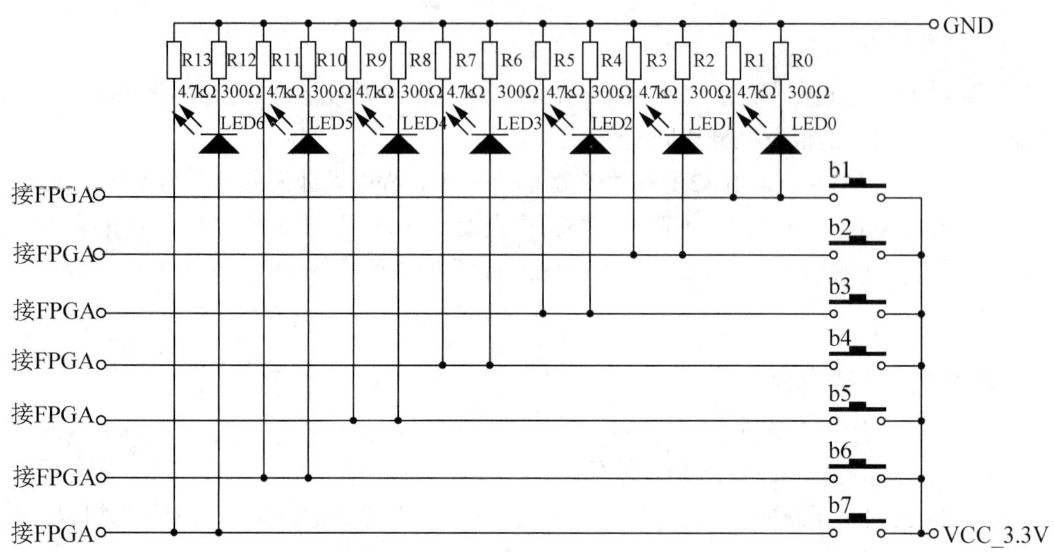

图 3.21 琴键信号输入电路原理图

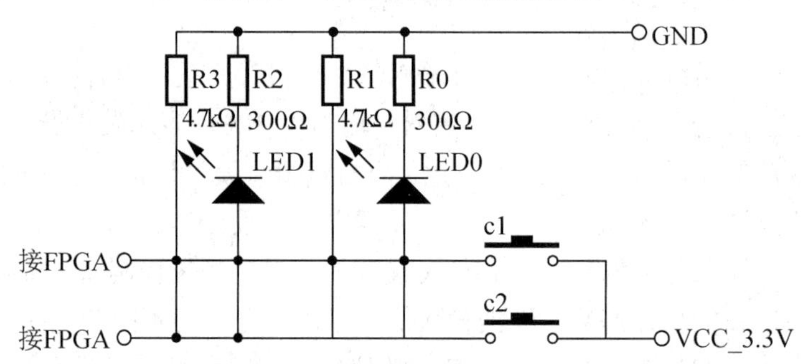

图 3.22 控制不同八度音信号的输入电路原理图

2. 简易电子琴控制器设计

不同大调乐曲的每个音符对应一定频率，简易电子琴控制器各琴键发声的频率根据钢琴的 12 大调音阶来设计。

1) 钢琴 12 大调音阶

音阶是两个相同音之间的顺序排列，钢琴 12 大调音阶的音名排列如下。

C 大调音阶：C D E F G A B C

C#（Db）大调音阶：C# D# F F# G# A# C C#

D 大调音阶：D E F# G A B C# D

D#（Eb）大调音阶：D# F G G# A# C D D#

E 大调音阶：E F# G# A B C# D# E

F 大调音阶：F G A A# C D E F

F#（Gb）大调音阶：F# G# A# B C# D# F F#

G 大调音阶：G A B C D E F# G

G#（Ab）大调音阶：G#　A#　C　C#　D#　F　G　G#

A 大调音阶：A　B　C#　D　E　F#　G#　A

A#（Bb）大调音阶：A#　C　D　D#　F　G　A　A#

B 大调音阶：B　C#　D#　E　F#　G#　A#　B

2) 钢琴上各音名的名称与频率的关系

钢琴上每个琴键对应一定的音名，每个音名对应一定的频率。以 a1=440Hz 为标准的钢琴各琴键对应的音名和频率的关系见表 3.4。

表 3.4　钢琴上各音名的名称与频率的关系

键颜色	白	黑	白	黑	白	白	黑	白	黑	白	黑	白
音名										A2	#A2	B2
频率/Hz										27.5	29.1	30.9
音名	C1	#C1	D1	#D1	E1	F1	#F1	G1	#G1	A1	#A1	B1
频率/Hz	32.7	34.6	36.7	38.9	41.2	43.7	46.2	49	51.9	55	58.3	61.7
音名	C	#C	D	#D	E	F	#F	G	#G	A	#A	B
频率/Hz	65.4	69.3	73.4	77.8	82.4	87.3	92.5	98	103.8	110	116.5	123.5
音名	c	#c	d	#d	e	f	#f	g	#g	a	#a	b
频率/Hz	130.8	138.6	146.8	155.6	164.8	174.6	185	196	207.7	220	233.1	246.9
音名	c1	#c1	d1	#d1	e1	f1	#f1	g1	#g1	a1	#a1	b1
频率/Hz	261.6	277.2	293.7	311.1	329.6	349.2	370	392	415.3	440	466.2	493.9
音名	c2	#c2	d2	#d2	e2	f2	#f2	g2	#g2	a2	#a2	b2
频率/Hz	523.3	554.4	587.3	622.3	659.3	698.5	740	784	830.6	880	932.3	987.8
音名	c3	#c3	d3	#d3	e3	f3	#f3	g3	#g3	a3	#a3	b3
频率/Hz	1047	1109	1175	1245	1319	1397	1480	1568	1661	1760	1865	1976
音名	c4	#c4	d4	#d4	e4	f4	#f4	g4	#g4	a4	#a4	b4
频率/Hz	2093	2217	2349	2489	2637	2794	2960	3136	3322	3520	3729	3951
音名	c5											
频率/Hz	4186											

3) 相同大调不同八度音频率

不同大调基准音频率不同，各大调不同八度音频率可根据 12 大调音阶的音名排列规则，对照表 3.4 钢琴上各音名的名称与频率的关系，可得到各大调不同八度音的频率。表 3.5 列出了 D 大调 3 个八度音的音名、频率及对应的简谱。

表 3.5　D 大调 3 个八度音的频率及对应的简谱

音名	#c	d	e	#f	g	a	b
简谱	$\underset{\bullet}{1}$	$\underset{\bullet}{2}$	$\underset{\bullet}{3}$	$\underset{\bullet}{4}$	$\underset{\bullet}{5}$	$\underset{\bullet}{6}$	$\underset{\bullet}{7}$
频率/Hz	138.6	146.8	164.8	185	196	220	246.9
音名	#c1	d1	e1	#f1	g1	a1	b1
简谱	1	2	3	4	5	6	7
频率/Hz	277.2	293.7	329.6	370	392	440	493.9
音名	#c2	d2	e2	#f2	g2	a2	b2
简谱	$\overset{\bullet}{1}$	$\overset{\bullet}{2}$	$\overset{\bullet}{3}$	$\overset{\bullet}{4}$	$\overset{\bullet}{5}$	$\overset{\bullet}{6}$	$\overset{\bullet}{7}$
频率/Hz	554.4	587.3	659.3	740	784	880	987.8

4) 各音符频率的产生

不同音符的频率可通过对基准频率分频产生。本设计输入基准频率为 FPGA 最小系统板载晶振产生的 50MHz 频率。考虑到预置数二进制计数器分频的位数关系，对 50MHz 基准频率先进行 50 分频，分频为 1MHz 的基频，然后用带预置数的 12 位二进制计数器分频，带预置数计数器分频所产生的是非等占空比脉冲信号。该非等占空比脉冲信号不具有驱动蜂鸣器的能力，故需对此脉冲信号再次进行 2 分频，使输出频率成为等占空比的信号，以推动蜂鸣器发声。计算可控分频器的分频系数表达式为：可控分频器的分频系数 $\text{Tone}=2^{12}-(50\,000\,000/50\times 2f)$，其中 f 值为音符的频率。根据各音符的频率及计算公式可计算出 D 大调 3 个八度各音符的分频系数，见表 3.6。

表 3.6　D 大调各音符对应的分频系数、音符显示数据和高低音指示电平的关系

序号	简谱	频率(Hz)	分频系数	分频系数(二进制)	数码管显示值	表示音高低 3LED 灯
1	$\underset{\bullet}{1}$	138.6	488	000111101000	1	001
2	$\underset{\bullet}{2}$	146.8	690	001010110010	2	001
3	$\underset{\bullet}{3}$	164.8	1062	010000100110	3	001
4	$\underset{\bullet}{4}$	185.0	1393	010101110001	4	001
5	$\underset{\bullet}{5}$	196.0	1545	011000001001	5	001
6	$\underset{\bullet}{6}$	220.0	1823	011100011111	6	001
7	$\underset{\bullet}{7}$	246.9	2071	100000010111	7	001
8	1	277.2	2292	100011110100	1	011
9	2	293.7	2394	100101011010	2	011
10	3	329.6	2579	101000010011	3	011
11	4	370.0	2745	101010111001	4	011
12	5	392.0	2820	101100000100	5	011

续表

序号	简谱	频率(Hz)	分频系数	分频系数(二进制)	数码管显示值	表示音高低 3LED 灯
13	6	440.0	2960	101110010000	6	011
14	7	493.9	3084	110000001100	7	011
15	$\dot{1}$	554.4	3194	110001111010	1	111
16	$\dot{2}$	587.3	3245	110010101101	2	111
17	$\dot{3}$	659.3	3338	110100001010	3	111
18	$\dot{4}$	740.0	3420	110101011100	4	111
19	$\dot{5}$	784.0	3458	110110000010	5	111
20	$\dot{6}$	880.0	3528	110111001000	6	111
21	$\dot{7}$	987.8	3590	111000000110	7	111

5) 简易电子琴控制器的 VHDL 程序设计

根据前面的分析，简易电子琴控制器的 VHDL 程序设计如下。

进程 1：用琴键输入电平，控制不同八度音，输入信号转换为对应琴键的分频系数、3LED 电平、数码管驱动信号。

进程 2：将 50MHz 的频率分频为 1MHz 频率。

进程 3：通过可预置分频系数的计数器，在进程 1 分频系数的控制下，将 1MHz 的频率分频为各音符脉冲信号。

进程 4：将进程 3 各音符脉冲信号 2 分频后输出驱动蜂鸣器信号。

3. 输出电路设计

输出电路包括：显示不同八度音的发光二极管电路、数码管显示驱动电路、蜂鸣器驱动电路。

(1) 显示不同八度音的发光二极管输出电路原理图如图 3.23 所示。

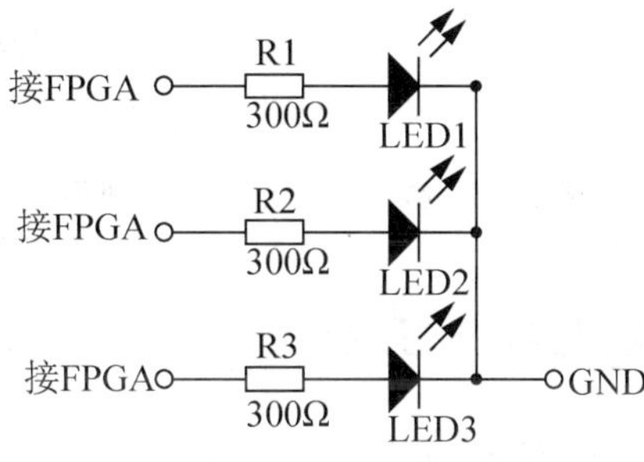

图 3.23　显示不同八度音的发光二极管输出电路

(2) 数码管显示驱动输出电路原理图如图 3.24 所示。

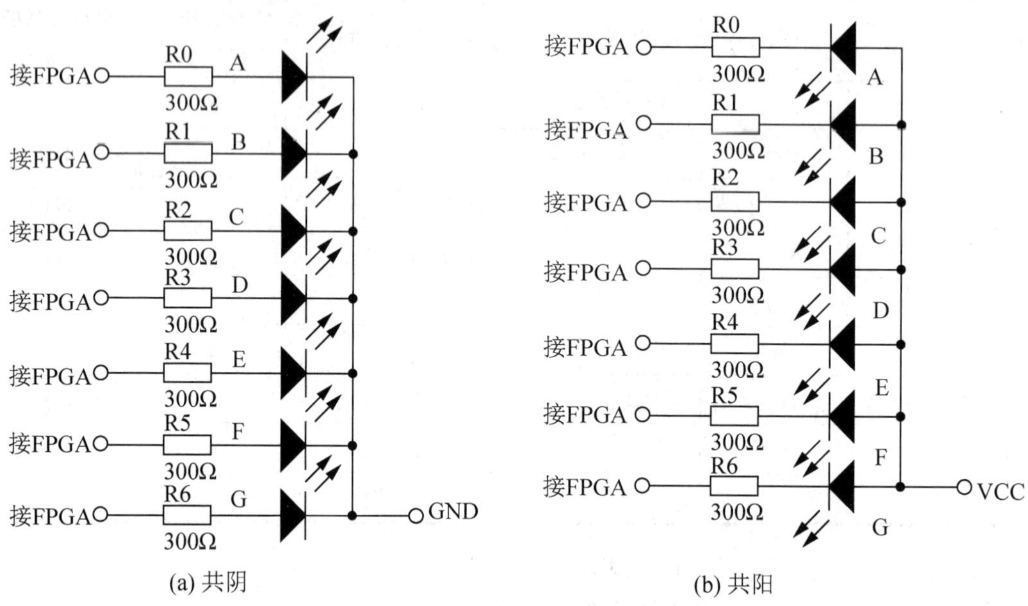

图 3.24 数码管显示输出电路原理图

(3) 蜂鸣器驱动电路如图 3.25 所示。

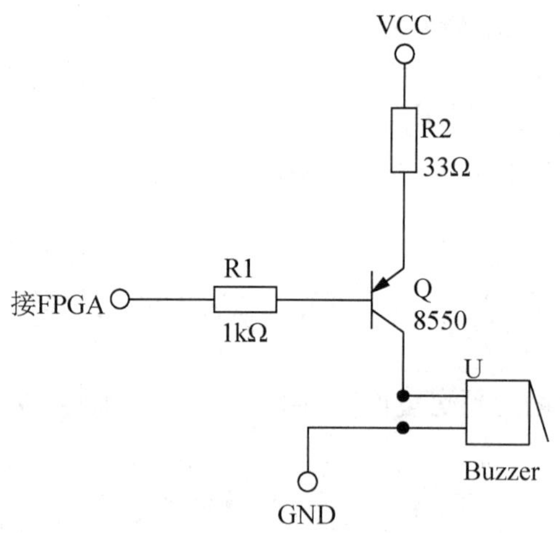

图 3.25 蜂鸣器输出电路原理图

3.3.3 简易电子琴控制器设计实施步骤

根据简易电子琴控制器设计方案，本节介绍基于 EP2C5T144-FPGA 最小系统板的共阴数码管显示，D 大调简易电子琴控制器设计实施过程。

1. 创建工程

建立工程文件夹(如 E:/XM3/JYDZJ)，将本工程的全部设计文件保存在此文件夹。在

Quartus II 12.1 集成环境中选择【File】→【New Project Wizard】命令，根据新建工程向导 5 步骤创建名为“JYDZJ”的工程，顶层实体名为“jydzj”，第三方仿真软件选择“ModelSim-Altera”。

2. 设计并输入简易电子琴 VHDL 程序

在“JYDZJ”工程创建简易电子琴 VHDL 文本设计文件。在 Quartus II 12.1 集成环境中选择【File】→【New】命令，弹出【New】对话框；选择【Design File】目录下的【VHDL File】选项，单击【OK】按钮。在 Quartus II 12.1 集成环境中将产生文本文件编辑窗口界面，并自动产生扩展名为“.vhd”的文本文件“vhdl1.vhd”。

在 Quartus II 12.1 集成环境中选择【File】→【Save As】命令，弹出【另存为】对话框，命名简易电子琴设计文件为“jydzj.vhd”，保存在“E:/XM3/ JYDZJ”目录。在文本文件编辑窗口输入实现简易电子琴的 VHDL 程序如下。

```
library ieee;
      use ieee.std_logic_1164.all;
      use ieee.std_logic_unsigned.all;
entity jydzj is
      port(clk: in std_logic;  --分频基准时钟输入
      key:in std_logic_vector(8 downto 0);--琴键输入，最高2位用于区分不同八度音
      smg: out std_logic_vector(6 downto 0);--驱动数码管显示简谱值信号输出
      led:out std_logic_vector(2 downto 0);--显示不同八度音的LED电平输出
      speaker: out std_logic);   --驱动蜂鸣器信号输出
end jydzj;
architecture behave of jydzj is
signal origin:std_logic_vector(11 downto 0):="000000000000";
signal carrier:std_logic :='0';
signal clk_1:std_logic :='0';
signal key_c:std_logic_vector(8 downto 0):="000000000";
begin
key_c <= key;
p1:process(key_c)--根据琴键输入确定分频系数、对应LED电平及数码管驱动信号
begin
case key_c is
      when "000000001" =>origin<="000111101000";led<="001"; smg<="0000110";
      when "000000010" =>origin<="001010110010";led<="001"; smg<="1011011";
      when "000000100" =>origin<="010000100110";led<="001"; smg<="1001111";
      when "000001000" =>origin<="010101110001";led<="001"; smg<="1100110";
      when "000010000" =>origin<="011000001001";led<="001"; smg<="1101101";
      when "000100000" =>origin<="011100011111";led<="001"; smg<="1111101";
      when "001000000" =>origin<="100000010111";led<="001"; smg<="0000111";
      when "010000001" =>origin<="100011110100";led<="011"; smg<="0000110";
      when "010000010" =>origin<="100101011010";led<="011"; smg<="1011011";
      when "010000100" =>origin<="101000010011";led<="011"; smg<="1001111";
      when "010001000" =>origin<="101010111001";led<="011"; smg<="1100110";
      when "010010000" =>origin<="101100000100";led<="011"; smg<="1101101";
```

```
        when "010100000" =>origin<="101110010000";led<="011"; smg<="1111101";
        when "011000000" =>origin<="110000001100";led<="011"; smg<="0000111";
        when "100000001" =>origin<="110001111010";led<="111"; smg<="0000110";
        when "100000010" =>origin<="110010101101";led<="111"; smg<="1011011";
        when "100000100" =>origin<="110100001010";led<="111"; smg<="1001111";
        when "100001000" =>origin<="110101011100";led<="111"; smg<="1100110";
        when "100010000" =>origin<="110110000010";led<="111"; smg<="1101101";
        when "100100000" =>origin<="110111001000";led<="111"; smg<="1111101";
        when "101000000" =>origin<="111000000110";led<="111"; smg<="0000111";
        when others=>origin<="111111111111";led<="000"; smg<="0111111";
end  case;
end process;
p2  : process(clk)--50 分频
        variable count: std_logic_vector(5 downto 0):="000000";
begin
        if clk'event and clk = '1'  then
            if count=49 then
                clk_1 <= '1';
                count:= "000000";
            else
                count:= count+'1';
                clk_1 <= '0';
            end if;
        end if;
end process;
p3:process(clk_1,origin)--预置数的分频进程
        variable divider : std_logic_vector(11 downto 0):="111111111111";
begin
        if(clk_1'event and clk_1='1')then
            if(divider="111111111111")then
                carrier<='1';
                divider:=origin;
            else
                divider:=divider+'1';
                carrier<='0';
            end if;
        end if;
        end process;
p4:process(carrier)--2 分频进程
        variable count : std_logic:='0';
begin
        if(carrier'event and carrier='1')then
            count:= not count;
            if count='1' then
                speaker<='1';
            else
```

```
                speaker<='0';
            end if;
        end if;
end process;
end behave;
```

程序说明：进程 p1 用 case 语句的条件判断确定琴键输入不同组合时的分频系数、对应 LED 电平及数码管驱动信号。其中的“origin”值为分频系数，“smg”值为驱动七段数码管的电平，从高位到低位对应七段数码管段码 G～A；进程 p2 将输入时钟信号“clk”50 分频，输出“clk_1”脉冲信号；进程 p3 将 50 分频后的“clk_1”信号根据不同分频系数，输出为“carrier”脉冲信号；进程 p4 将“carrier”信号 2 分频，输出为“speaker”信号输出，驱动蜂鸣器。

3. 编译程序

完成简易电子琴 VHDL 程序设计并输入后，在 Quartus II 12.1 集成环境中选择【Processing】→【Start Compilation】命令，对设计程序进行编译处理。编译处理时，Quartus II 12.1 首先进行工程的检错，检查工程的设计文件有无语法错误或连接错误，错误信息会在【Messages】窗口显示，双击错误信息可定位到错误的程序位置，如果有错误必须进行修改，直到编译通过。

4. 创建并设置仿真测试文件

仿真验证前需要先创建并设置仿真测试文件，供仿真时调用。创建并设置仿真测试文件步骤如下。

(1) 创建仿真测试模块文件。在 Quartus II 12.1 集成环境中选择【Processing】→【Start】→【Start Test Bench Template Writer】命令。如果没有设置错误，系统将弹出生成测试模板文件成功的对话框。默认生成的仿真测试模板文件为“jydzj.vht”，保存位置为工程文件夹中的“../simulation/modelsim”文件夹内。

(2) 编辑仿真测试文件。在 Quartus II 12.1 集成环境中选择【File】→【Open】命令，弹出【Open File】对话框，选择生成的仿真测试模板文件“E:/XM3/JYDZJ/simulation/modelsim/ jydzj.vht”。打开“jydzj.vht”文件，在“init”进程设置输入时钟“clk”为 50MHz 的值；“always”进程设置琴键输入信号。完整的测试文件如下。

```
library ieee;
use ieee.std_logic_1164.all;
entity jydzj_vhd_tst is
end jydzj_vhd_tst;
architecture jydzj_arch of jydzj_vhd_tst is
signal clk : std_logic;
signal key : std_logic_vector(8 downto 0);
signal led : std_logic_vector(2 downto 0);
signal smg : std_logic_vector(6 downto 0);
signal speaker : std_logic;
```

```
component jydzj
        port(clk : in std_logic;
        key : in std_logic_vector(8 downto 0);
        led : out std_logic_vector(2 downto 0);
        smg : out std_logic vector(6 downto 0);
        speaker : out std_logic );
end component;
begin
        i1 : jydzj
        port map(clk => clk,
        key => key,led => led,
        smg => smg,speaker => speaker);
init : process
begin
        clk <='0'; wait for 10ns;
        clk <='1'; wait for 10ns;
end process init;
always : process
begin
        key<="000000000" ; wait for 10ms;
        key<="000000001" ; wait for 100ms;
        key<="000000000" ; wait for 10ms;
        key<="000000010" ; wait for 100ms;
        key<="000000000" ; wait for 10ms;
        key<="000000100" ; wait for 100ms;
        key<="000000000" ; wait for 10ms;
        key<="000001000" ; wait for 100ms;
        key<="000000000" ; wait for 10ms;
        key<="000010000" ; wait for 100ms;
        key<="000000000" ; wait for 10ms;
        key<="000100000" ; wait for 100ms;
        key<="000000000" ; wait for 10ms;
        key<="001000000" ; wait for 100ms;
        key<="000000000" ; wait for 10ms;
        key<="010000001" ; wait for 100ms;
        key<="000000000" ; wait for 10ms;
        key<="010000010" ; wait for 100ms;
        key<="000000000" ; wait for 10ms;
        key<="010000100" ; wait for 100ms;
        key<="000000000" ; wait for 10ms;
        key<="010001000" ; wait for 100ms;
        key<="000000000" ; wait for 10ms;
        key<="010010000" ; wait for 100ms;
```

```
        key<="000000000" ; wait for 10ms;
        key<="010100000" ; wait for 100ms;
        key<="000000000" ; wait for 10ms;
        key<="011000000" ; wait for 100ms;
        key<="000000000" ; wait for 10ms;
        key<="100000001" ; wait for 100ms;
        key<="000000000" ; wait for 10ms;
        key<="100000010" ; wait for 100ms;
        key<="000000000" ; wait for 10ms;
        key<="100000100" ; wait for 100ms;
        key<="000000000" ; wait for 10ms;
        key<="100001000" ; wait for 100ms;
        key<="000000000" ; wait for 10ms;
        key<="100010000" ; wait for 100ms;
        key<="000000000" ; wait for 10ms;
        key<="100100000" ; wait for 100ms;
        key<="000000000" ; wait for 10ms;
        key<="101000000" ; wait for 100ms;
        key<="000000000" ; wait for 10ms;
    end process always;
    end jydzj_arch;
```

程序说明：进程“init”表示输入时钟“clk”的频率为 50MHz(周期为 20ns)。进程“answer”仿真每隔 10ms，先后按下“$\underset{\cdot}{1}$”、“$\underset{\cdot}{2}$”、“$\underset{\cdot}{3}$”、“$\underset{\cdot}{4}$”、“$\underset{\cdot}{5}$”、“$\underset{\cdot}{6}$”、“$\underset{\cdot}{7}$”、“1”、“2”、“3”、“4”、“5”、“6”、“7”、“$\dot{1}$”、“$\dot{2}$”、“$\dot{3}$”、“$\dot{4}$”、“$\dot{5}$”、“$\dot{6}$”、“$\dot{7}$” 100ms 的情况。同理，要仿真不同的情况只要修改“key”值即可。该测试文件的实体名为“jydzj_vhd_tst”，测试模块元件的例化名为“i1”。

(3) 配置选择仿真测试文件。在 Quartus II 12.1 集成环境中选择【Assignments】→【Settings】命令，弹出设置工程“jydzj”的【Settings –jydzj】对话框；在【Category】栏中选择【EDA Tool Settings】目录下的【Simulation】选项，在【Settings –jydzj】对话框内将显示【Simulation】面板；在【Native Link settings 】选项组中选择【Compile test bench】选项；单击【Test Benches】按钮，弹出【Test Benches】对话框；单击【Test Benches】对话框中的【New】按钮，弹出【New Test Bench Settings】对话框；在【Test bench name】文本框中输入测试文件名“jydzj.vht”；在【Top level module in test bench】文本框中输入测试文件的实体名“jydzj_vhd_tst”；选中【Use test bench to perform VHDL timing simulation】复选框，并在【Design instance name in test bench】文本框中输入设计测试模块元件例化名“i1”；选择【End simulationat】时间为 3 s；单击在【Test bench files】选项组的【File name】文本框后的按钮，选择测试文件“E:/XM3/JYDZJ/simulation/modelsim jydzj.vht”，单击【Add】按钮，设置结果如图 3.26 所示。单击各对话框的【OK】按钮，返回主界面。

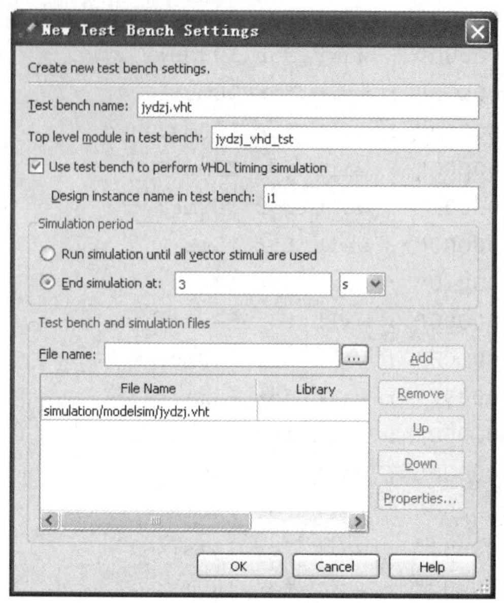

图 3.26 【New Test Bench Settings】对话框

5. 功能仿真

在 Quartus II 12.1 集成环境中选择【Tools】→【Run Simulation Tool】→【RTL Simulation】命令，可以看到 ModelSim-Altera 10.1b 的运行界面，出现的功能仿真波形如图 3.27 所示。

功能仿真波形图分析说明如下。

(1) 从图 3.27 中可知，1000ms 处，输入琴键电平“key”为“010000100”，最高的 2 位用来表示高八度音的状态，“01”表示原音，后七位“0000100”表示第 3 号琴键按下，也即表示的是简谱“3”状态；1000ms 处，区分不同八度音的“led”值为“011”，可以使 3 只 LED 灯中的 2 只发光；驱动七段数码管电平“smg”值为“1001111”，即七段数码管的 G(高电平)、F(低电平)、E(低电平)、D(高电平)、C(高电平)、B(高电平)、A(高电平)，数码管显示数值“3”；驱动蜂鸣器的信号“speaker”为一定频率的波形。

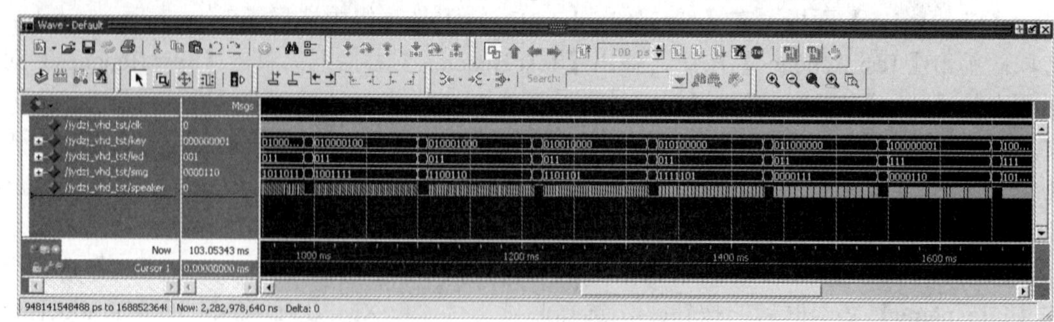

图 3.27 简易电子琴控制器功能仿真波形图

(2) 在 1600ms 处，输入琴键电平“key”为“100000001”，最高的 2 位为“10”表示高八度音，后七位“0000001”表示第 1 号琴键按下，也即表示的是简谱“$\dot{1}$”状态；1600ms

处，区分不同八度音的“led”值为“111”，使 3 只 LED 灯中的 3 只均发光；驱动七段数码管电平“smg”值为“0000110”，即七段数码管的 G(低电平)、F(低电平)、E(低电平)、D(低电平)、C(高电平)、B(高电平)、A(低电平)，数码管显示数值“1”；驱动蜂鸣器的信号“speaker”为一定频率的波形。各音符输出的频率值是否符合要求，在图 3.27 的仿真波形图中不能判断，但可从局部放大的仿真波形图中测得。

(3) 在 ModelSim-Altera 10.1b 中，局部放大 1000ms 处仿真波形图，并添加测量游标后，如图 3.28 所示。从图中可知，输入琴键是简谱“3”状态(“key”值为 010000100)，输出“speaket”的周期是 3.034ms，输出的频率为 1000/3.034=329.6Hz。对照表 3.5 D 大调简谱的音符与频率的关系，可知输出频率符合要求。

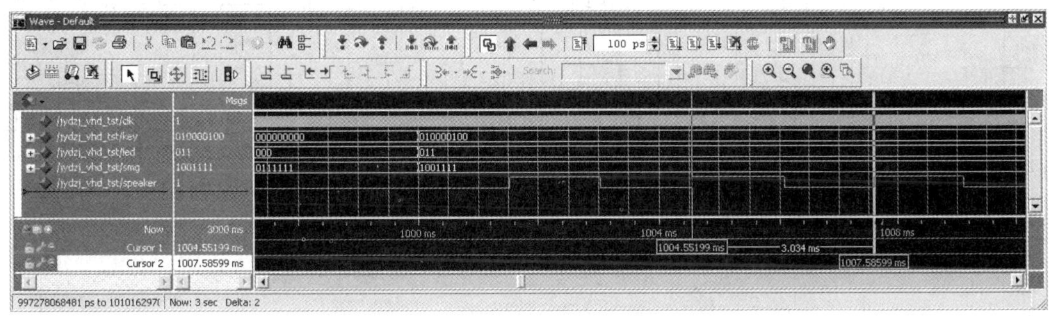

图 3.28　简易电子琴控制器功能仿真波形局部放大图

3.3.4　简易电子琴控制器编程下载与硬件测试

编程下载设计文件需要输入输出硬件电路及 FPGA 最小系统开发板支持，下面介绍基于 EP2C5T144-FPGA 最小系统板，共阴数码管显示简谱数值的简易电子琴硬件测试过程。

1. 简易电子琴硬件电路连接

根据设计的简易电子琴控制器可知，基于 FPGA 利用 VHDL 程序设计完成的简易电子琴控制器输入输出端口如图 3.29 所示。

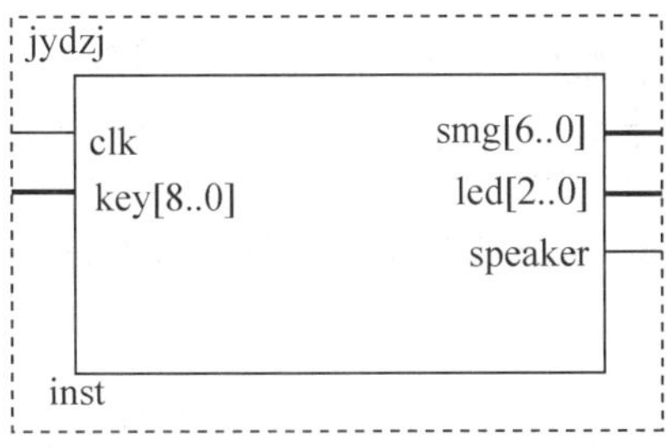

图 3.29　简易电子琴模块输入输出端口

输入输出各端口的连接说明如下。“clk”为系统时钟信号输入端，与 FPGA 最小系统板所提供的 50MHz 时钟信号相连接；“key[8..0]”为琴键信号输入端；“smg[6..0]”为简谱显示信号输出端；“led[2..0]”为高低音指示信号输出端；“speaker”为音频信号输出端。

输入输出元器件琴键按钮、数码管、发光二极管、蜂鸣器与 EP2C5T144-FPGA 最小系统板的 25×2 双排直插针连接原理图如图 3.30 所示。

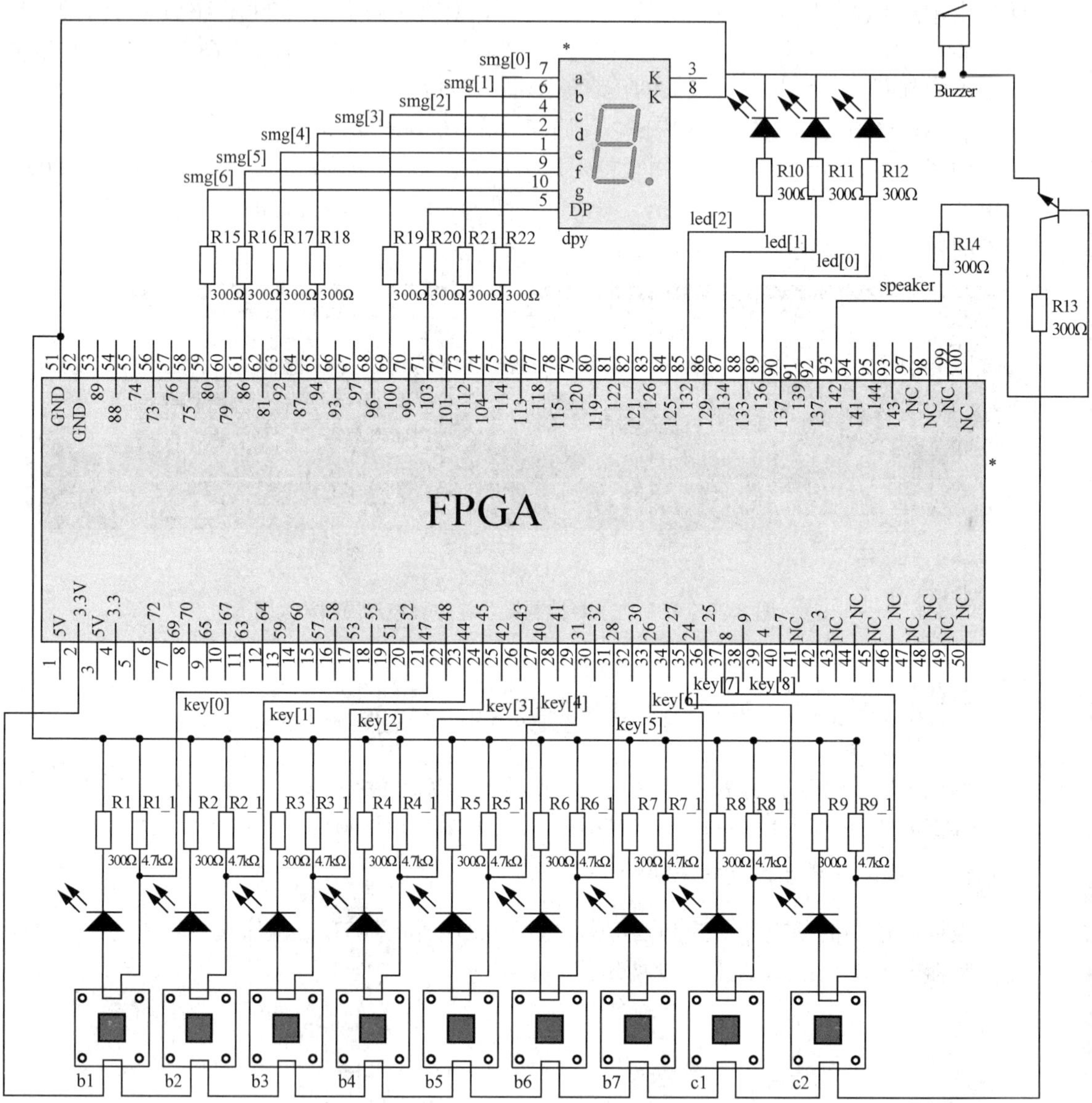

图 3.30　简易电子琴输入、输出电路连接原理图

2. 指定目标器件

根据所用 EP2C5T144-FPGA 最小系统板指定目标器件。操作方法如下。

在 Quartus II 12.1 集成环境中选择【Assignments】→【Device】命令，弹出的【Device】对话框；在【Family】选项中指定芯片类型为【Cyclone II】；在【Package】选项中指定芯片封装方式为【TQFP】；在【Pin count】选项中指定芯片引脚数为【114】；在【Speed grade】选项中指定芯片速度等级为【8】；在【Available devices】列表中选择有效芯片为【EP2C5T114C8】芯片，完成目标芯片指定后的【Device】对话框如图 3.31 所示。

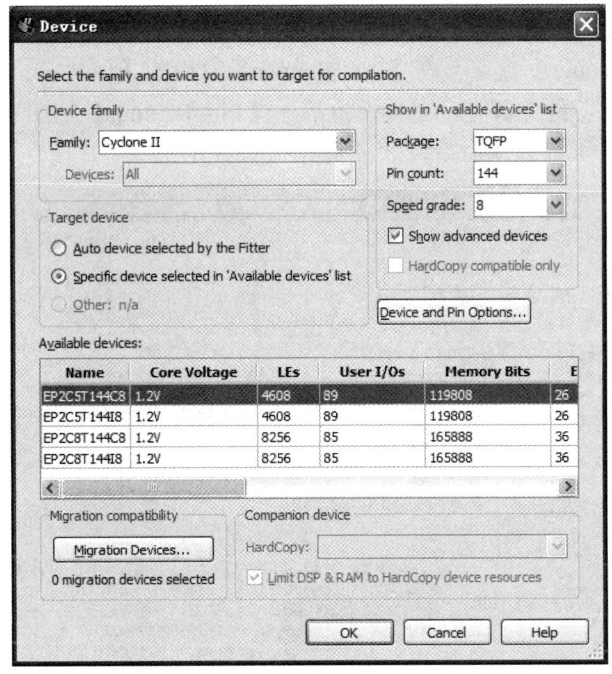

图 3.31　芯片设置结果

3. 输入输出引脚锁定

根据输入输出电路与 EP2C5T144-FPGA 最小系统板相连接的原理图可知，简易电子琴输入输出端口与目标芯片引脚的连接关系见表 3.7。

表 3.7　输入输出端口与目标芯片引脚的连接关系表

输　入		输　出	
端口名称	芯片引脚	端口名称	芯片引脚
clk	pin_17	smg[6]	pin_80
key[8]	pin_8	smg[5]	pin_86
key[7]	pin_24	smg[4]	pin_92
key[6]	pin_26	smg[3]	pin_94
key[5]	pin_28	smg[2]	pin_100
key[4]	pin_31	smg[1]	pin_112
key[3]	pin_40	smg[0]	pin_114
key[2]	pin_42	led[2]	pin_132
key[1]	pin_44	led[1]	pin_134
key[0]	pin_47	led[0]	pin_136
		speaker	pin_142

引脚分配锁定方法：在 Quartus II 12.1 集成环境中选择【Assignments】→【Pin Planner】命令，打开【Pin Planner】窗口；在【Pin Planner】窗口的【Location】列空白位置双击，根据表 3.7 输入相对应的引脚值。完成设置后的【Pin Planner】如图 3.32 所示。分配引脚完成以后，必须再次执行编译命令，才能保存引脚锁定信息。

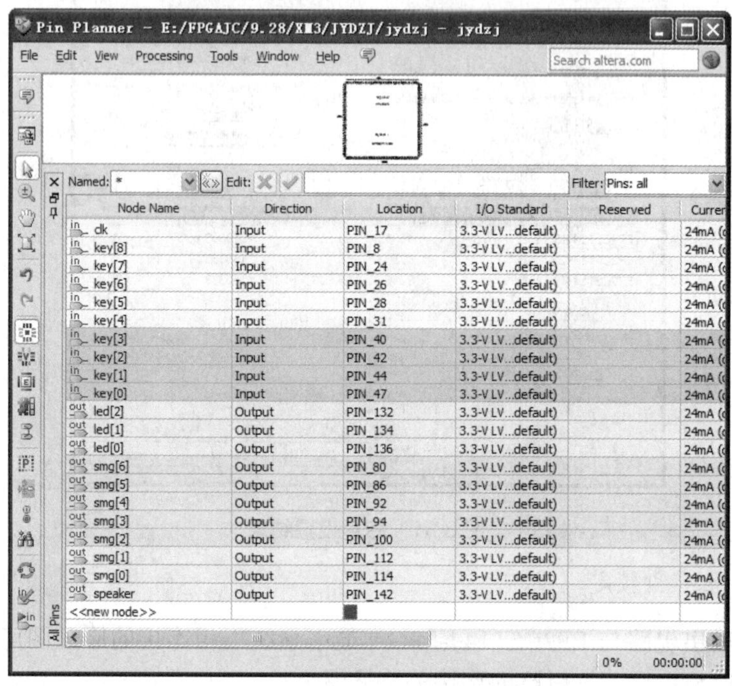

图 3.32 简易电子琴引脚锁定结果

4. 下载设计文件

将“USB-Blaster”下载电缆的一端连接到 PC 的 USB 口，另一端接到 FPGA 最小系统板的 JTAG 口，然后，接通 FPGA 最小系统板的电源，进行下载配置。

(1) 配置下载电缆。在 Quartus II 12.1 集成环境中选择【Tools】→【Programmer】命令或单击工具栏【Programmer】按钮，打开【Programmer】窗口；单击【Hardware Setup】按钮，弹出硬件设置对话框，选择使用 USB 下载电缆的【USB-Blaster[USB-0]】选项，完成下载电缆配置。

(2) 配置文件下载。在【Programmer】窗口的【Mode】下拉列表框中选择【JTAG】模式；选中下载文件“jydzj.sof”的【Program/Configure】复选框；单击【Start】按钮，开始编程下载，直到下载进度为 100%，下载完成。

5. 硬件测试

按钮开关 c1、c2 为不同八度音控制按键：当 c1、c2 均不闭合时，分别按下 b1、b2、b3、b5、b6、b7 琴键，蜂鸣器发出 D 大调低八度的“1̣”、“2̣”、“3̣”、“4̣”、“5̣”、“6̣”、“7̣”音，显示不同八度音的 3 只 LED 灯，LED1 发光，LED2、LED3 不发光，数码管显示数值分别为“1”、“2”、“3”、“4”、“5”、“6”、“7”。

当 c1 闭合、c2 不闭合时，按下 b1、b2、b3、b5、b6、b7 琴键，蜂鸣器发出 D 大调原音“1”、“2”、“3”、“4”、“5”、“6”、“7”音，显示不同八度音的 3 只 LED 灯，LED1、LED2 发光，LED3 不发光，数码管显示数值分别为“1”、“2”、“3”、“4”、“5”、“6”、“7”。

当 c1 不闭合、c2 闭合时，按下 b1、b2、b3、b5、b6、b7 琴键，蜂鸣器发出 D 大调高八度“$\dot{1}$”、“$\dot{2}$”、“$\dot{3}$”、“$\dot{4}$”、“$\dot{5}$”、“$\dot{6}$”、“$\dot{7}$”音，显示不同八度音的 3 只 LED 灯，LED1、LED2、LED3 均发光，数码管显示数值分别为“1”、“2”、“3”、“4”、“5”、“6”、“7”。

做一做，试一试

1．设计 F 调的《康定情歌》外的其他乐曲自动演奏电路。
2．设计 F 调以外的其他调的硬件乐曲自动演奏电路。
3．设计基于 FPGA 最小系统板的 D 调以外的简易电子琴。

项 目 小 结

本项目通过基于 FPGA 的乐曲自动演奏电路的设计与简易电子琴设计制作，训练用 VHDL 描述相对复杂电路的能力，熟悉 VHDL 程序并行执行语句和顺序执行语句的使用和特点。

项目 4

字符显示控制器设计制作

引　言

字符型 LCD(Liquid Crystal Display)在人机交互时，常用于输出显示，如手持设备、便携式电脑、数字摄像机、仪器仪表、移动通信工具等，而 LED 点阵屏则广泛应用于各种公共场合的广告屏以及公告牌。本项目以字符型 LCD、LED 点阵屏控制器设计为载体，通过基于 FPGA 最小系统板的字符型 LCD1602 的显示控制及 LED 点阵屏设计制作，说明 VHDL 程序的结构描述方式、元件例化语句的使用、LPM(Library of Parameterized Modules)宏功能模块使用、状态机的描述方法。

完成本项目基本流程

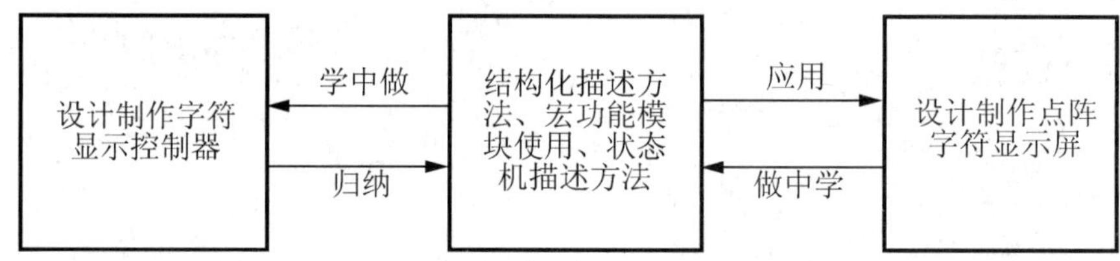

重点提示

能力目标	知识目标
(1) 能将实际数字系统需求转化为数字电子系统硬件语言描述 (2) 能采用结构化描述方法，设计中等复杂程度的数字系统 (3) 能根据设计需要定制 LPM 宏功能模块 (4) 能用 VHDL 程序描述状态机 (5) 能用 VHDL 程序设计 LCD、点阵 LED 的输出显示控制	(1) 了解 VHDL 程序的行为描述、数据流描述和结构化描述概念 (2) 掌握元件例化语句的使用方法 (3) 了解状态机的概念 (4) 掌握 Mealy 状态机的 VHDL 描述方法 (5) 掌握 Moore 状态机的 VHDL 描述方法 (6) 掌握 LPM 宏功能模块的使用方法

4.1　字符型 LCD1602 控制器设计

字符型 LCD1602 是指字符型点阵显示 LCD1602 模块，是双行 16 字符点阵液晶显示模块，本节介绍如何使用 FPGA 实现对 LCD1602 的显示控制。采用层次化描述方法，用 VHDL 程序描述字符型 LCD1602 的控制电路。字符型 LCD1602 控制器设计流程如图 4.1 所示。

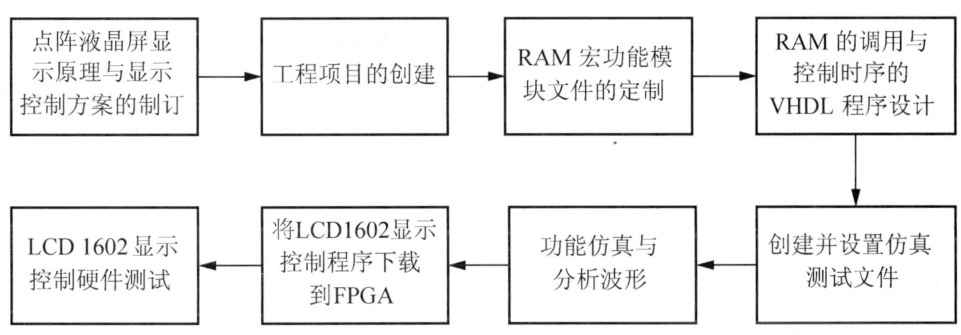

图 4.1　字符型 LCD1602 的显示控制设计流程

4.1.1　任务书

LCD1602 模块是双行 16 字符点阵液晶显示模块，它有 16×2 个 5×7 或 5×11 的点阵组合，通过点阵亮灭的不同组合来表示不同的字符，用字符型 LCD1602 模块显示字符，需要控制器控制时序。

1. 学习目的

(1) 了解点阵液晶屏显示原理。
(2) 知道字符型 LCD1602 控制指令及显示控制过程。
(3) 能用 FPGA 实现对字符型 LCD1602 的显示控制。
(4) 能用状态机描述时序电路。
(5) 能用层次化、结构化方法描述数字电子系统。

2. 任务描述

基于 FPGA 最小系统板，采用文本输入法，使用 VHDL 程序实现对字符型 LCD1602 的显示控制。在字符型 LCD1602 模块的第一行显示“FPGA Control LCD”字符，第二行显示“Display Number 0”字符，显示效果如图 4.2 所示。其中，第二行最后一个数字随时间变化循环显示 0～9。

要求在 Quartus II 12.1 软件平台上用 VHDL 程序设计字符型 LCD1602 控制器；用 ModelSim-Altera 10.1b 仿真软件仿真检查设计结果；选用 FPGA 最小系统板、字符型 LCD1602 显示模块等硬件资源进行硬件验证。

图 4.2　字符型 LCD1602 显示字符效果

3. 教学工具

(1) 计算机。
(2) Quartus II 12.1 软件。
(3) ModelSim-Altera 10.1b 仿真软件。
(4) FPGA 最小系统板、字符型 LCD1602 模块。

4.1.2　显示控制电路设计方案

液晶显示的原理是利用液晶的物理特性，通过电压对其显示区域进行控制，来显示图形、字符、文字。

1. 点阵液晶屏显示的原理

字符型液晶显示模块是一种专门用于显示字母、数字、符号、汉字的点阵式 LCD。

1) 点阵液晶屏的图形显示

点阵液晶屏由 $M \times N$ 个显示单元组成，即在屏上可显示 $M \times N$ 个可控的亮暗点。假设 LCD 显示屏有 64 行，每行有 128 列，由于在数字系统中通常采用 8 位二进制数为 1 字节来存储，所以，每行有 128/8=16 字节，即可认为每行有 16 个显示单元。64×128 的显示屏对应 64×16=1024 个显示单元，与显示 RAM 区 1024 字节相对应，每一字节的内容和显示屏上相应位置的亮暗对应。例如，点阵液晶屏的第一行的亮暗由 RAM 区的 000H～00FH 的 16 字节的内容决定，当(000H)=“11111111”时，则屏幕的左上角显示一条短亮线，长度为 8 个点；当(3FFH)=“11111111”时，则屏幕的右下角显示一条短亮线，长度为 8 个点，这就是 LCD 显示的基本原理。

2) 点阵液晶屏的英文字符显示

用 LCD 显示英文字符时，一个字符通常需要 8×8 或 8×16 点阵组成，既要找到和显示屏幕上某位置对应的显示 RAM 区的 8 或 16 个字节，还要使每字节的位为特定的“1”和“0”，以组成某个字符。如图 4.3 所示为 8×16 点阵英文字符“B”的位代码及字模信息。为了让用户使用方便，字符型 LCD 通常内部集成了一些常用字符点阵亮灭组合，需要显示某一字符时，只须输入字符的编码即可。

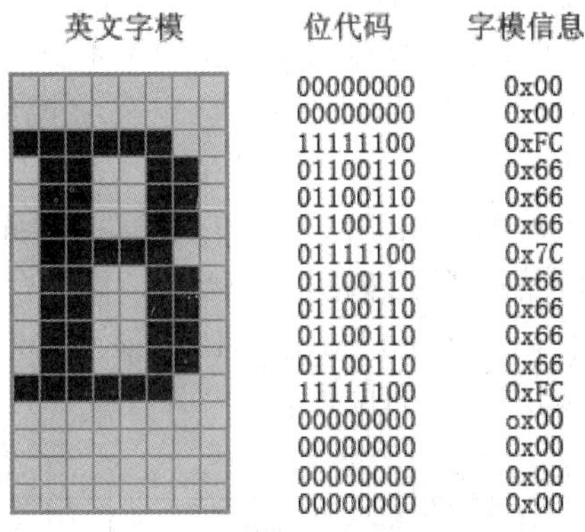

英文字模	位代码	字模信息
	00000000	0x00
	00000000	0x00
	11111100	0xFC
	01100110	0x66
	01100110	0x66
	01100110	0x66
	01111100	0x7C
	01100110	0x66
	01100110	0x66
	01100110	0x66
	01100110	0x66
	11111100	0xFC
	00000000	ox00
	00000000	0x00
	00000000	0x00
	00000000	0x00

图 4.3　字符 B 的位代码和字模信息

3) 点阵液晶屏的汉字的显示

汉字的显示原理与英文字符相同，但是，汉字结构比较复杂，每行用 2 个字节来表示，通常用 16×16 点阵表示汉字。如图 4.4 所示为 16×16 点阵汉字“你”的位代码和字模信息。为了让用户使用方便，中文字符型 LCD(如 LCD12864)通常内部也集成了汉字符点阵亮灭组合，即中文字库的点阵图形液晶显示模块，需要显示某一汉字时，只须输入汉字的编码即可。

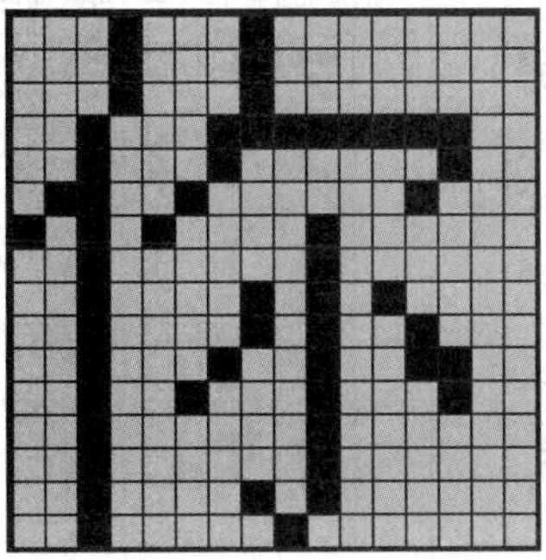

中文字模	位代码	字模信息
	0001000100000000	0x11, 0x00
	0001000100000000	0x11, 0x00
	0001000100000000	0x11, 0x00
	0010001111111100	0x23, 0xFC
	0010001000000100	0x22, 0x04
	0110010000001000	0x64, 0x08
	1010100001000000	0xA8, 0x40
	0010000001000000	0x20, 0x40
	0010000101010000	0x21, 0x50
	0010000101001000	0x21, 0x48
	0010001001001100	0x22, 0x4C
	0010010001000100	0x24, 0x44
	0010000001000000	ox20, 0x40
	0010000001000000	0x20, 0x40
	0010000101000000	0x21, 0x40
	0010000010000000	0x20, 0x80

图 4.4　汉字“你”的位代码和字模信息

2. 字符型 LCD1602 简介

字符型 LCD1602 是双行 16 字符点阵液晶显示模块，如图 4.5 所示。它用 16×2 个 5×7 或 5×10 的点阵组合来表示不同的字符。

图 4.5　字符型 1602 液晶显示器实物图

字符型 LCD1602 液晶模块驱动电路基于 HD44780 液晶芯片，HD44780 液晶芯片内置了 DDRAM、CGRAM 和 CGROM 三个存储器。DDRAM 是与屏幕显示区域有对应关系的可读可写的存储器；CGRAM 是用以存储用户自定义字模编码的可读可写的存储器；CGROM 是存储标准字符字模编码的只读存储器。

字符型 LCD1602 液晶模块的 CGROM 存储的字符字模编码有：阿拉伯数字、大小写英文字母、常用的符号、日文假名等，如图 4.6 所示。每一个字符都有一个固定的代码，如大写的英文字母“A”的代码是 01000001B(41H)，显示时把地址 41H 写入 DDRAM 一定的存储单元内，就可在液晶屏相应的位置显示“A”。

↲	0000	0001	0010	0011	0100	0101	0110	0111	1000	1001	1010	1011	1100	1101	1110	1111
xxxx0000	CG RAM (1)			0	@	P	`	p				ー	タ	ミ	α	p
xxxx0001	(2)		!	1	A	Q	a	q			。	ア	チ	ム	ä	q
xxxx0010	(3)		"	2	B	R	b	r			「	イ	ツ	メ	β	θ
xxxx0011	(4)		#	3	C	S	c	s			」	ウ	テ	モ	ε	∞
xxxx0100	(5)		$	4	D	T	d	t			、	エ	ト	ヤ	μ	Ω
xxxx0101	(6)		%	5	E	U	e	u			・	オ	ナ	ユ	σ	ü
xxxx0110	(7)		&	6	F	V	f	v			ヲ	カ	ニ	ヨ	ρ	Σ
xxxx0111	(8)		'	7	G	W	g	w			ァ	キ	ヌ	ラ	g	π
xxxx1000	(1)		(	8	H	X	h	x			ィ	ク	ネ	リ	√	x̄
xxxx1001	(2)		)	9	I	Y	i	y			ゥ	ケ	ノ	ル	⁻¹	y
xxxx1010	(3)		*	:	J	Z	j	z			ェ	コ	ハ	レ	j	千
xxxx1011	(4)		+	;	K	[	k	{			ォ	サ	ヒ	ロ	ˣ	万
xxxx1100	(5)		,	<	L	¥	l	|			ャ	シ	フ	ワ	¢	円
xxxx1101	(6)		-	=	M	]	m	}			ュ	ス	ヘ	ン	£	÷
xxxx1110	(7)		.	>	N	^	n	→			ョ	セ	ホ	゛	ñ	
xxxx1111	(8)		/	?	O	_	o	←			ッ	ソ	マ	゜	ö	█

图 4.6　CGROM 中字符编码与字符字模关系图

字符型 LCD1602 分为带背光和不带背光两种，无背光采用标准的 14 脚接口，带背光采用标准的 16 脚接口，各引脚接口具体逻辑意义见表 4.1。

表 4.1　字符型 LCD1602 引脚定义

引脚号	符号	状态	引脚说明
1	V_{SS}		电源地
2	V_{dd}		电源正极(+5)
3	VL		液晶显示偏压(接正电源时对比度最弱，接地时对比度最高)
4	RS	输入	寄存器选择(高电平时选择数据寄存器、低电平时选择指令寄存器)
5	R/W	输入	读/写操作选择(高电平时进行读操作，低电平时进行写操作)
6	E	输入	使能信号(当 E 端由高电平跳变成低电平时，液晶模块执行命令)
7	DB0	三态	数据总线(双向数据线)(LSB)
8	DB1	三态	数据总线(双向数据线)
9	DB2	三态	数据总线(双向数据线)
10	DB3	三态	数据总线(双向数据线)
11	DB4	三态	数据总线(双向数据线)
12	DB5	三态	数据总线(双向数据线)
13	DB6	三态	数据总线(双向数据线)
14	DB7	三态	数据总线(双向数据线)(MSB)
15	LEDA	输入	背光源正极(+5V)
16	LEDK	输入	背光源负极

3. 字符型 LCD1602 控制指令

字符型 LCD1602 液晶模块的读写操作、屏幕和光标的操作都是通过指令编程来实现的，字符型 LCD1602 支持的指令如下。

1) 清屏指令(表 4.2)

表 4.2　清屏指令码

RS	R/W	DB7	DB6	DB5	DB4	DB3	DB2	DB1	DB0
0	0	0	0	0	0	0	0	0	1

指令执行时间：1.64ms。

指令功能如下。

(1) 清除液晶显示器，即将 DDRAM 的内容全部填入“空白”的 ASCII 码 20H。

(2) 光标归位，即将光标撤回液晶显示屏的左上方。

(3) 将地址计数器(AC)的值设为 0。

2) 光标归位指令(表 4.3)

表 4.3 光标归位指令码

RS	R/W	DB7	DB6	DB5	DB4	DB3	DB2	DB1	DB0
0	0	0	0	0	0	0	0	1	*

指令执行时间：1.64ms。

指令功能如下。

(1) 把光标撤回到显示器的左上方。

(2) 把地址计数器(AC)的值设置为 0。

(3) 保持 DDRAM 的内容不变。

3) 输入模式设置指令(表 4.4)

表 4.4 输入模式设置指令

RS	R/W	DB7	DB6	DB5	DB4	DB3	DB2	DB1	DB0
0	0	0	0	0	0	0	1	I/D	S

指令执行时间：40μs。

指令功能：设置光标的移位方向、画面的移动方式。

其中：I/D=0 光标左移，AC 自动减 1；I/D=1 光标右移，AC 自动增 1。

S=0 显示屏上所有文字不移动；S=1 屏幕上所有文字平移。

4) 显示开关控制指令(表 4.5)

表 4.5 显示开关控制指令码

RS	R/W	DB7	DB6	DB5	DB4	DB3	DB2	DB1	DB0
0	0	0	0	0	0	1	D	C	B

指令执行时间：40μs。

指令功能：控制显示器开/关、光标显示/关闭以及光标是否闪烁。

其中：D 设置整体的显示开关，D=0 显示功能关，D=1 显示功能开。

C 设置光标开关，C=0 无光标，C=1 有光标。

B 设置光标闪烁开关，B=0 光标不闪烁，B=1 光标闪烁。

5) 设置显示屏或光标移动方向指令(表 4.6)

表 4.6 设置显示屏或光标移动方向指令码

RS	R/W	DB7	DB6	DB5	DB4	DB3	DB2	DB1	DB0
0	0	0	0	0	1	S/C	R/L	*	*

指令执行时间：40μs。

指令功能：使光标移位或使整个显示屏幕移位，不影响 DDRAM 的值。

其中：S/C=0，R/L=0，则光标左移 1 格，且 AC 值减 1。

S/C=0，R/L=1，则光标右移 1 格，且 AC 值加 1。

S/C=1，R/L=0，则显示屏上字符全部左移一格，但光标不动。

S/C=1，R/L=1，则显示屏上字符全部右移一格，但光标不动。

6) 功能设置指令(表 4.7)

表 4.7　功能设置指令码

RS	R/W	DB7	DB6	DB5	DB4	DB3	DB2	DB1	DB0
0	0	0	0	1	DL	N	F	*	*

指令执行时间：40μs。

指令功能：工作方式设置(初始化指令)，设置数据总线位数、显示的行数及字形。

其中：DL=0，数据总线为 4 位，DL=1，数据总线为 8 位。

N=0，显示 1 行，N=1，显示 2 行。

F=0，5×7 点阵字符，F =1，5×10 点阵字符。

7) 设置 CGRAM 地址指令(表 4.8)

表 4.8　设置 CGRAM 地址指令码

RS	R/W	DB7	DB6	DB5	DB4	DB3	DB2	DB1	DB0
0	0	0	1	A5	A4	A3	A2	A1	A0

指令执行时间：40μs。

指令功能：设置下一个要存入数据的 CGRAM 的地址。地址值 A5A4A3A2A1A0(6 位)范围为 00H～3FH。

8) 设置 DDRAM 地址指令(表 4.9)

表 4.9　设置 DDRAM 地址指令码

RS	R/W	DB7	DB6	DB5	DB4	DB3	DB2	DB1	DB0
0	0	1	A6	A5	A4	A3	A2	A1	A0

指令执行时间：40μs。

指令功能：设置下一个要存入数据的 DDRAM 的地址。

地址值 A6A5A4A3A2A1A0(7 位)：当 N=0，一行显示时，地址范围为 00H～4FH；当 N=1，两行显示时，首行地址范围为 00H～2FH，次行地址范围为 40H～67H。

9) 读取忙信号或 AC 地址指令(表 4.10)

表 4.10　读取忙信号或 AC 地址指令码

RS	R/W	DB7	DB6	DB5	DB4	DB3	DB2	DB1	DB0
0	1	BF	AC6	AC5	AC4	AC3	AC2	AC1	AC0

指令执行时间：40μs。

指令功能：读取忙信号 BF 的值和地址计数器 AC 值。

其中：BF=1 表示液晶显示器忙，暂时无法接收数据或指令；当 BF=0 时，液晶显示器可以接收数据或指令，此时 AC 值意义为最近一次地址设置(CGRAM 或 DDRAM)定义。

10) 数据写入 DDRAM 或 CGRAM 指令(表 4.11)

表 4.11　写数据指令码

RS	R/W	DB7	DB6	DB5	DB4	DB3	DB2	DB1	DB0
1	0	要写入的数据 D7～D0							

指令执行时间：40μs。

指令功能：根据最近设置的地址性质，将字符码写入 DDRAM，使液晶显示屏显示相对应的字符，或将自定义的图形字符码存入 CGRAM。

11) 读出 CGRAM 或 DDRAM 数据指令(表 4.12)

表 4.12　读数据指令码

RS	R/W	DB7	DB6	DB5	DB4	DB3	DB2	DB1	DB0
1	1	要读出的数据 D7～D0							

指令执行时间：40μs。

指令功能：根据最近设置的地址性质，读取 DDRAM 或 CGRAM 中的内容。

4. 字符型 LCD1602 显示控制

字符型 1602LCD 可以显示两行，每行 16 个字符，这两行显示什么字符是由 LCD1602 的 DDRAM 控制的。DDRAM 中的数据就是 LCD1602 显示的数据，DDRAM 中的数据有两部分，第一部分的地址为 00H～27H，为第一行显示的数据；第二部分的地址为 40H～67H，为第二行显示的数据，见表 4.13。

表 4.13　DDRAM 中的数据列表

显示位置	1	2	3	4	5	6	…	40
第一行(地址)	00H	01H	02H	03H	04H	05H	…	27H
第二行(地址)	40H	41H	42H	43H	44H	45H	…	67H

表 4.13 所列的每行有 40 个字符的空间，而字符型 LCD1602 每行只能显示 16 个字符，要显示 DDRAM 中所有的字符则可以通过字符型 LCD1602 的指令来实现读/写及移动等。

字符型 LCD1602 的基本操作时序是根据引脚 RS、R/W 及 E 的值确定的，其真值表见表 4.14。

表 4.14　控制信号真值表

RS	R/W	E	功　　能
0	0	下降沿	写指令代码
0	1	高电平	读忙标志和 AC(地址计数器)值
1	0	下降沿	写数据
1	1	高电平	读数据

在字符型 LCD1602 显示之前需要对 LCD1602 进行初始化操作，包括设置字符的格式，是一行显示还是两行显示；显示开关的控制；输入方式的控制；清除屏幕等操作。具体显示控制流程如图 4.7 所示。

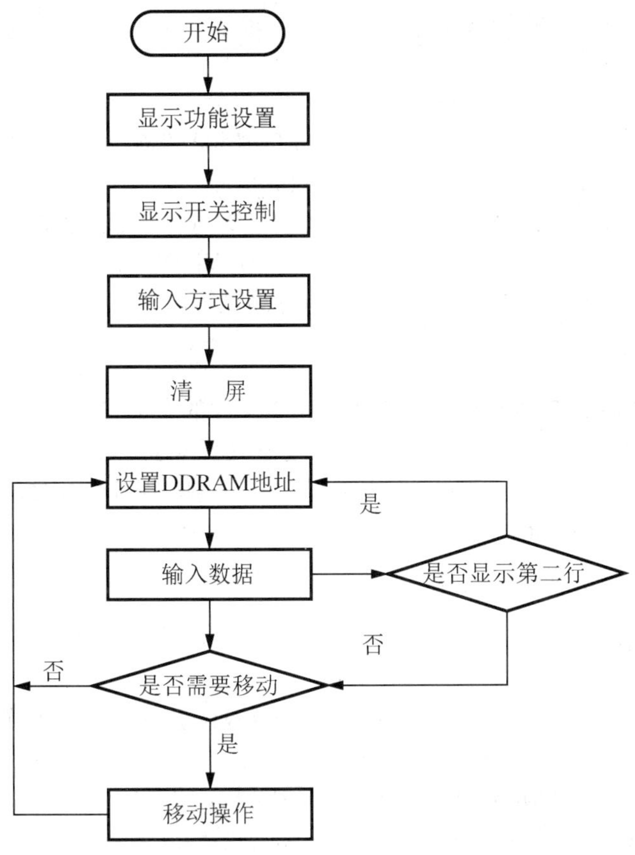

图 4.7　字符型 LCD1602 显示控制流程图

综上所述，使用 FPGA 实现字符型 LCD1602 模块的字符显示控制，就是设计控制字符型 LCD1602 控制信号 RS、R/W、E 的时序。根据控制信号的时序要求，及时向双向数据端 DB0、DB1、DB2、DB3、DB4、DB5、DB6、DB7 赋一定的编码值。

FPGA 最小系统板采用 EP2C5T144-FPGA 芯片，字符型 LCD1602 模块显示字符的时序控制可通过 VHDL 程序的状态机来实现，而显示数据的编码值可利用 EP2C5T144-

FPGA 片上的 ROM 或 RAM 进行存储。因而，字符型 LCD1602 显示控制器可由两部分组成：一部分用于存放待显字符的 RAM，另一部分是驱动字符型 LCD1602 的时序状态机，如图 4.8 所示。

RAM 模块是用来存放待显字符的编码值，由于设计任务要求的字符型 LCD1602 显示内容是随时改变的，因此，RAM 模块需要有读/写功能。通过对 RAM 模块的写操作来改变待显字符的编码值；通过对 RAM 模块的读操作把 RAM 模块中的字符编码送字符型 LCD1602 模块显示。

图 4.8　字符型 LCD1602 显示控制器组成

4.1.3　LCD1602 显示控制器设计实施步骤

根据字符型 LCD1602 模块显示原理及控制器设计方案，LCD1602 显示控制器的输入有：基准时钟与复位信号。输出信号有：控制 LCD1602 模块的 RS、R/W、E 信号及 DB0、DB1、DB2、DB3、DB4、DB5、DB6、DB7 数据信号。

利用 Quartus II 12.1 软件平台，设计字符型 LCD1602 显示控制器实施步骤可分为：创建工程、RAM 模块及初始化文件的创建、控制时序 VHDL 程序设计、编译程序、创建并设置仿真测试文件、功能仿真、编程下载、硬件测试等。

1. 创建工程

建立工程文件夹(如 E:/XM4/LCD1602)，将本工程的全部设计文件保存在此文件夹中。

运行 Quartus II 12.1 软件平台，选择【File】→【New Project Wizard】命令，根据新建工程向导 5 步骤创建名为“LCD1602”的工程，顶层实体名为“lcd1602driver”，第三方仿真软件选择“ModelSim-Altera”。

2. 创建 RAM 模块初始化文件

在设计 RAM 模块前，需要为 RAM 模块新建一个初始化“*.mif”文件，用来存储待显示的字符编码。

在 Quartus II 12.1 集成环境中选择【File】→【New】命令，弹出【New】对话框；选择【Memory File】目录下的【Memory Initialization File】选项，单击【OK】按钮，退出【New】对话框；弹出【Number of Words & Word Size】对话框，设置字节数及位宽，将【Number of words】值设置为 64，将【Word size】值设为 8，如图 4.9 所示。即每行分配 32 个字符空间，显示两行字需要 64 个字符空间；单击【Number of Words & Word Size】对话框的【OK】按钮，将打开 RAM 初始化文件编辑窗口界面，并自动产生扩展名为“.mif”的文本文件“mif1.mif”。

在 Quartus II 12.1 集成环境中，选择【File】→【Save As】命令，弹出【另存为】对话框，命名初始化文件为“charram.mif”，保存在“E:/XM4/LCD1602”文件夹。在编辑窗口，根据任务书要求及图 4.6 所示的 CGROM 中字符编码与字符字模关系，查出待显字符编码，输入要显示的字符编码，如图 4.10 所示。

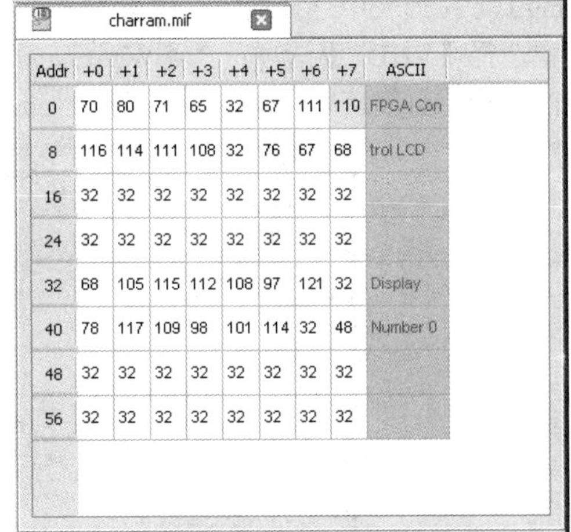

charram.mif

Addr	+0	+1	+2	+3	+4	+5	+6	+7	ASCII
0	70	80	71	65	32	67	111	110	FPGA Con
8	116	114	111	108	32	76	67	68	trol LCD
16	32	32	32	32	32	32	32	32	
24	32	32	32	32	32	32	32	32	
32	68	105	115	112	108	97	121	32	Display
40	78	117	109	98	101	114	32	48	Number 0
48	32	32	32	32	32	32	32	32	
56	32	32	32	32	32	32	32	32	

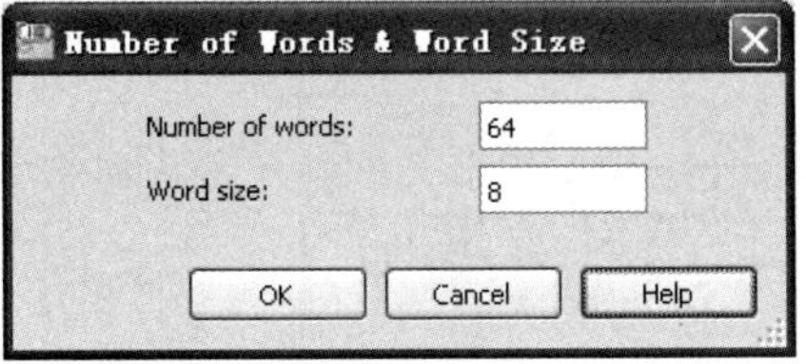

图 4.9　初始化文件大小设置

图 4.10　初始化文件值

3. 创建 RAM 模块文件

在 Quartus II 12.1 集成环境中选择【Tools】→【MegaWizard Plug-In Manager】命令，弹出宏功能模块应用向导【MegaWizard Plug-In Manager [page 1]】对话框，选择【Create a new custom megafunction variation】选项，创建新的定制的宏功能模块，如图 4.11 所示，根据宏功能模块应用向导创建 RAM 模块文件。

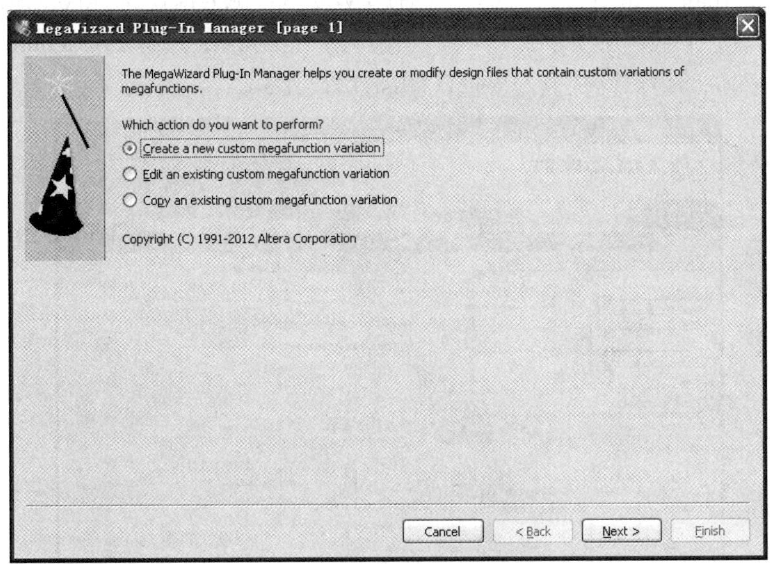

图 4.11　宏功能模块应用向导

1) 选择创建双端口可读可写存储器

单击【MegaWizard Plug-In Manager [page 1]】对话框的【Next】按钮，弹出【MegaWizard Plug-In Manager [page 2a]】对话框。在【Select a megafunctionfrom the list below】栏中选择【Memory Compiler】目录下的【RAM：2-PORT】选项；在【Which device family will you be using】下拉列表中选择最小系统板 EP2C5T144-FPGA 的芯片类型“Cyclone II”；输出文件类型选择【VHDL】选项；在【What name do you want for the output file】文本框中输入创建的双端口可读可写存储器的文件名“char_ram”，如图 4.12 所示。

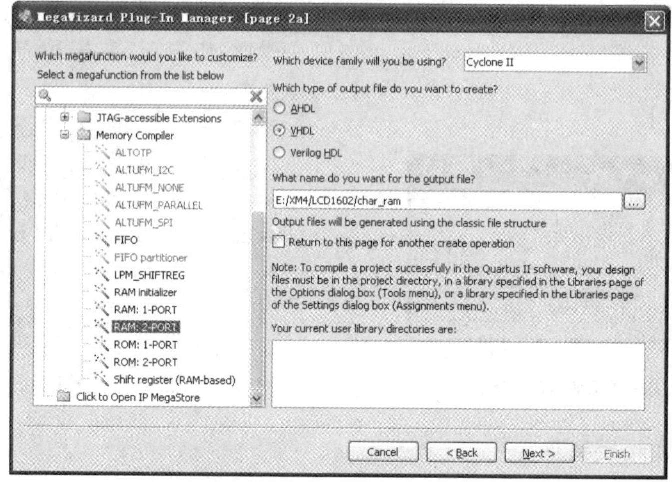

图 4.12　选择创建双端口可读可写存储器

2) 双端口可读可写存储器基本参数设置

单击【MegaWizard Plug-In Manager [page 2a]】对话框的【Next】按钮，弹出【MegaWizard Plug-In Manager [page 3 for 12]】对话框。选择【With one read port and one write port】选项，双端口的使用为一个端口用于读操作，一个端口用于写操作；选择【As a number of words】选项，存储器大小的指定以字节为单位，如图 4.13 所示。

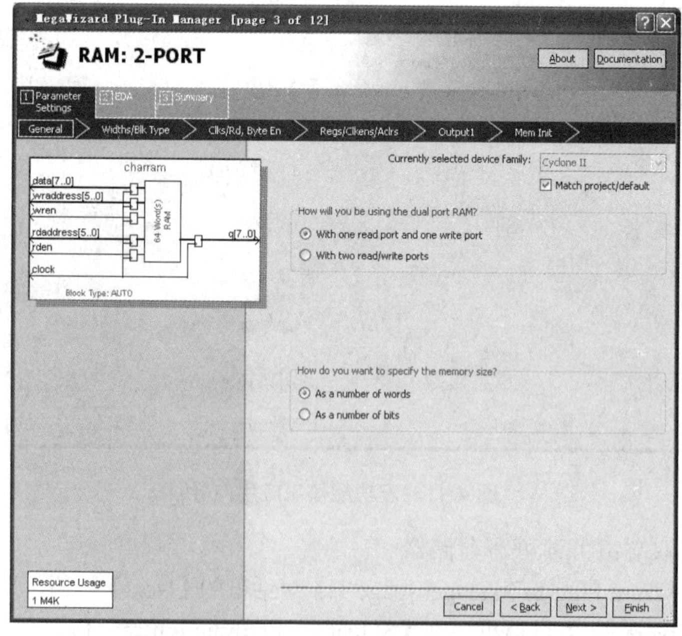

图 4.13　双端口可读可写存储器基本参数设置

3) 设置 RAM 存储空间

单击【MegaWizard Plug-In Manager [page 3 for 12]】对话框的【Next】按钮，弹出【MegaWizard Plug-In Manager [page 4 for 12]】对话框。根据初始化文件确定的存储容量，将【How many 8-bit words of memory?】的值设置为 64；将【How wide shold the 'data_a' input bus be?】的值设置为 8，如图 4.14 所示。

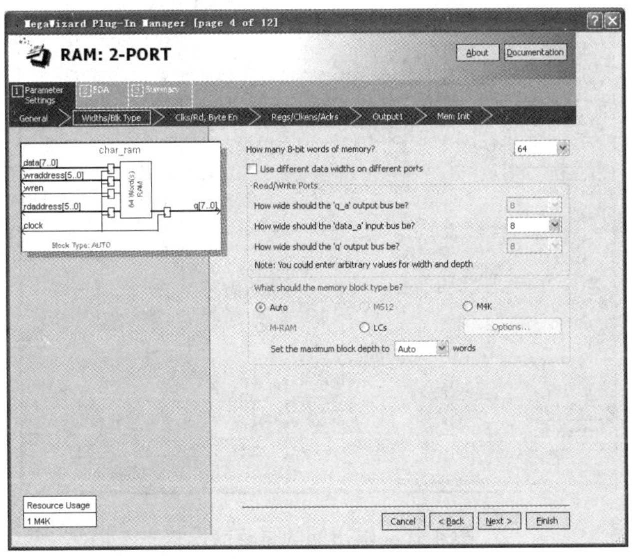

图 4.14　设置 RAM 存储空间

4) 增加读数据使能控制信号

单击【MegaWizard Plug-In Manager [page 4 for 12]】对话框的【Next】按钮，弹出【MegaWizard Plug-In Manager [page 5 for 12]】对话框。选择【Single clock】选项，RAM 采用单时钟信号控制；选择【Create a 'rden' read enable signal】选项，增加读数据使能控制信号，如图 4.15 所示。

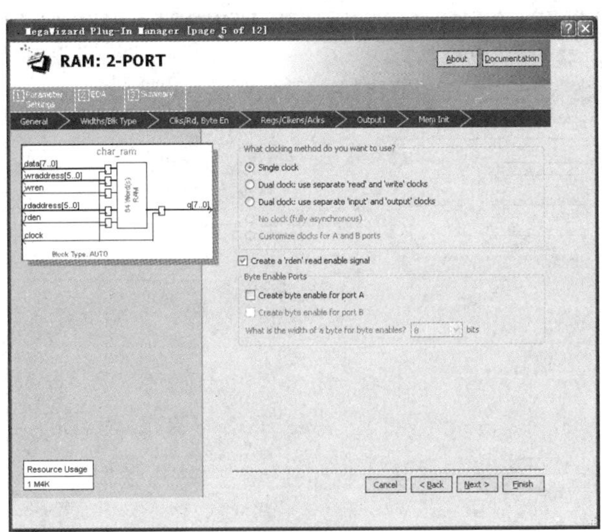

图 4.15　增加读数据使能控制信号

5) 输出端的寄存器设置

单击【MegaWizard Plug-In Manager [page 5 for 12]】对话框的【Next】按钮，弹出【MegaWizard Plug-In Manager [page 7 for 12]】对话框。选择【Read output port(s)】选项，为读数据时输出端 q[7..0]增加寄存器，如图 4.16 所示。

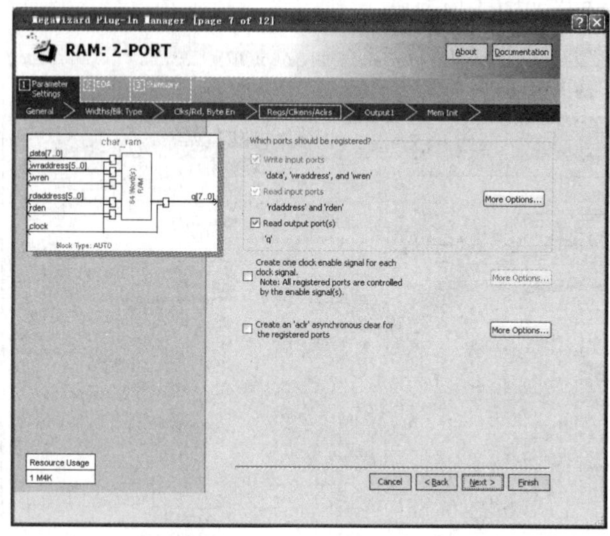

图 4.16 输出端的寄存器设置

6) 选择双端口可读可写存储器数据控制文件

单击【MegaWizard Plug-In Manager [page 7 for 12]】对话框的【Next】按钮两次，弹出【MegaWizard Plug-In Manager [page 10 for 12]】对话框。选择【Yes,use this file for the memory content data】选项；单击【Browse】按钮，在弹出的对话框中选择前面步骤创建的初始化文件“charram.mif”(文件位置 E:/XM4/LCD1602)，在【File name】文本框内填入“./charram.mif”，如图 4.17 所示。

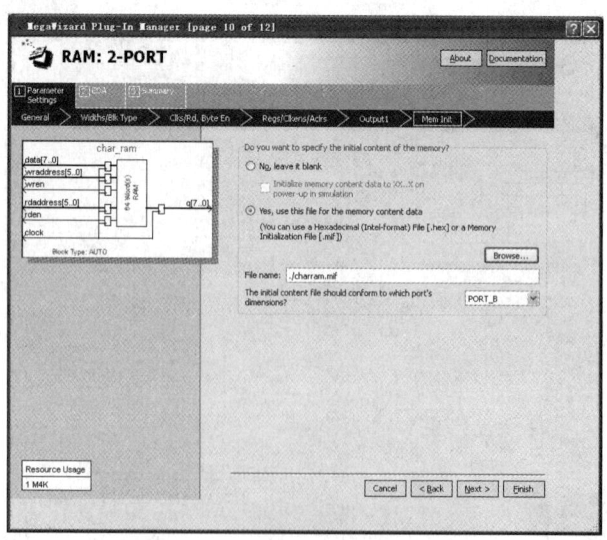

图 4.17 存储器数据控制文件设置

最后，单击【Finish】按钮，完成 RAM 模块的设置，返回主界面。

4. 控制时序 VHDL 程序设计

在 Quartus II 12.1 集成环境中选择【File】→【New】命令，弹出【New】对话框；选择【Design Files】目录下的【VHDL File】选项，单击【OK】按钮，在 Quartus II 12.1 集成环境中将产生文本文件编辑窗口界面，并自动产生文本文件“vhdl1.vhd”。

在 Quartus II 12.1 集成环境中选择【File】→【Save As】命令，弹出【另存为】对话框，命名 LCD1602 显示控制器设计文件为“lcd1602driver.vhd”，保存在“E:/XM4/LCD1602”文件夹。

在文本文件编辑窗口输入实现 LCD1602 显示控制的 VHDL 程序如下。

```
    library ieee;
    use ieee.std_logic_1164.all;
    use ieee.std_logic_arith.all;
    use ieee.std_logic_unsigned.all;
    entity lcd1602driver is
    port(clk: in std_logic;                   --时钟信号输入
              reset: in std_logic;            --复位信号输入
              lcd_rs: out std_logic;          --LCD 寄存器选择信号输出
              lcd_rw: out std_logic;          --LCD 读写操作选择信号输出
              lcd_e: out std_logic;           --LCD 使能信号输出
              data : out std_logic_vector(7 downto 0));  --LCD 8 位数据信号输出
    end lcd1602driver;
    architecture behave of lcd1602driver is
    type s_state is(IDLE, CLEAR, SETMODE, SWITCHMODE, SETFUNCTION, SETDDRAM,
READRAM, BUFONE, BUFTWO);
    signal state: s_state;  --声明状态变量
    signal charcnt: integer range 0 to 64:=0;
    signal char_addr: std_logic_vector(5 downto 0):="000000";
    signal chardata, dchar : std_logic_vector(7 downto 0):="00000000";
    signal cnt,cnt_div: std_logic_vector(15 downto 0):="0000000000000000";
    signal clkout: std_logic:='0';
    component char_ram  --声明双端口可读可写存储器模块
    port
          (clock: in std_logic;
          data: in std_logic_vector(7 downto 0);
          rdaddress: in std_logic_vector(5 downto 0);
          rden: in std_logic ;
          wraddress: in std_logic_vector(5 downto 0);
          wren: in std_logic ;
          q: out std_logic_vector(7 downto 0));
    end component;
    begin
    u : char_ram                              --调用 char_ram 模块
          port map(                           --端口影射
```

```
        clock    => clkout,                  --提供 RAM 时钟
        data=> dchar,                        --写入 RAM 的字符编码数据
        rdaddress => char_addr,              --提供读地址
        rden=> '1',                          --读允许
        wraddress => "101111 ",              --写地址(charram.mif 的第 47 地址)
        wren=> '1',                          --写允许
        q=> chardata                         --输出 RAM 存储的字符编码
        );
lcd_e <= clkout;                             --LCD1602 使用的时钟
char_addr<=conv_std_logic_vector(charcnt,6);
P1:process(clk)--分频
begin
        if clk'event and clk = '1' then
            if cnt_div > 9999 then
                cnt_div <=(others => '0');
                clkout <= '0';
            elsif cnt_div > 4999 then
                clkout <= '1';
                cnt_div <= cnt_div + 1;
            else
                cnt_div <= cnt_div + 1;
            end if;
        end if;
end process;
P2:process(clkout,reset)                     --状态机主控时序进程
begin
        if(reset='0')then
            state<=IDLE;
            charcnt<=0;
        elsif(clkout'event and clkout='1')then
            case state is
            when IDLE =>
                state<=SETFUNCTION;
            when SETFUNCTION =>
                state<=SWITCHMODE;
            when SWITCHMODE =>
                state<=SETMODE;
            when SETMODE =>
                state<=CLEAR;
            when CLEAR =>
                state<=SETDDRAM;
            when SETDDRAM =>
                state<=BUFONE;
            when BUFONE =>
                charcnt<=charcnt+1;
                state<=BUFTWO;
```

```
            when BUFTWO =>
                charcnt<=charcnt+1;
                state<=READRAM;
            when READRAM =>
                if(charcnt =31)then
                    state<=SETDDRAM;
                    charcnt<=charcnt+1;
                elsif(charcnt<63)then
                    state<=READRAM;
                    charcnt<=charcnt+1;
                else
                    state<=SETDDRAM;
                    charcnt<=0;
                end if;
            when others  =>state<=IDLE;
            end case;
        end if;
end process;
P3:process(state,chardata)                  --状态机主控组合进程
begin
        case state is
        when IDLE =>
            lcd_rs <= '0';
            lcd_rw <= '1';
            data <= "ZZZZZZZZ";
        when SETFUNCTION =>                     --功能设置
            lcd_rs <= '0';
            lcd_rw <= '0';
            data <= "00111100";                 --8 位数据总线，两行显示，5×7 点阵字符
        when SWITCHMODE =>                      --显示开关控制设置
            lcd_rs <= '0';
            lcd_rw <= '0';
            data <= "00001100";                 --显示开，光标关，闪烁关
        when SETMODE =>                         --输入方式设置
            lcd_rs <= '0';
            lcd_rw <= '0';
            data <= "00000110";                 --AC 自动增一，画面不动
        when CLEAR =>                           --清屏
            lcd_rs <= '0';
            lcd_rw <= '0';
            data <= "00000001";
        when SETDDRAM =>                        --设置 LCD 的 DDRAM 地址
            lcd_rs <= '0';
            lcd_rw <= '0';
            if charcnt < 30 then
                data <= "10000000";             --第一行
```

```
            else
                data <= "11000000";        --第二行
            end if;
        when BUFONE =>                     --缓冲一保证输出数据与地址一致
            lcd_rs <= '0';
            lcd_rw <= '0';
            if charcnt < 30 then
                data <= "10000000";
            else
                data <= "11000000";
            end if;
        when BUFTWO =>   --缓冲二
            lcd_rs <= '0';
            lcd_rw <= '0';
            if charcnt < 30 then
                data <= "10000000";
            else
                data <= "11000000";
            end if;
        when READRAM =>                  --从RAM读字符编码写入LCD1602的DDRAM
            lcd_rs <= '1';
            lcd_rw <= '0';
            data <= chardata;
        when others =>                   --读忙
            lcd_rs <= '0';
            lcd_rw <= '1';
            data <= "ZZZZZZZZ";          --数据端处于高阻态
        end case;
end process;
P4:process(clkout,reset)--改变写数据端口数值
begin
        if(Reset='0')then
            cnt <=(others => '0');
            dchar <="00110000";
        elsif(clkout'event and clkout='1')then
            if cnt > 1999 then
                cnt <=(others => '0');
                if dchar >56 then
                    dchar <= "00110000";
                else
                    dchar <= dchar + 1;
                end if;
            else
                cnt <= cnt + 1;
            end if;
        end if;
```

```
end process;
 end behave;
```

程序说明：

(1) 在程序结构体说明部分，“component”关键字声明的“char_ram”是前面创建的双端口可读可写 RAM 模块，为了在“lcd1602driver”的结构体中调用该元件，必须先对它进行声明；“u : char_ram port map(信号,…)”为元件调用，在调用元件与当前设计程序之间的信号映射，用于传递类属参数和端口连接。

(2) 进程 P1 为分频进程，如果采用 FPGA 最小系统板时钟频率 50MHz，作为字符型 LCD1602 模块工作频率，其频率太高，因此，需要分频进程对 50MHz 时钟分频。本设计字符型 LCD1602 模块工作频率设定为 5kHz，需对系统输入频率“clk”进行 10000 分频，输出“clkout”脉冲信号控制字符型 LCD1602 模块工作。

(3) 进程 P2 为状态机主控进程，在时钟信号“clkout”的驱动下实现对字符型 LCD1602 模块的“功能设置”、“显示开关控制设置”、“输入方式设置”、“清屏”、“设置 DDRAM 地址”、“状态缓冲”、“读字符编码”等状态转换。

(4) 进程 P3 为状态机主控组合进程，完成各状态的译码，即输出各状态的控制信号和数据。

(5) 进程 P4 用于更新 RAM 初始化文件第 47 地址内的字符编码，编码值在 48～57 之间变化，即字符在 0～9 之间变化。其更新周期为 2000×(1/5000)=0.4s，2000 为“cnt”计数器最大值，5000 为 5kHz 的“clkout”频率。

5. 编译程序

完成控制时序 VHDL 程序设计并输入后，在 Quartus II 12.1 集成环境中选择【Processing】→【Start Compilation】命令，对设计程序进行编译处理。如果有错误必须进行修改，直到编译通过。

程序编译通过后，在 Quartus II 12.1 集成环境中选择【Tools】→【Netlist Viewers】→【State Machine Viewer】命令，将产生状态机的状态转换图，如图 4.18 所示。根据图 4.18 所示的状态转换图可知，状态机的状态包括：“IDLE”(开始)、“SETFUNCTION”(功能设置)、“SWITCHMODE”(显示开关控制)、“SETMODE”(输入方式设置)、“CLEAR”(清屏)、“SETDDRAM”(设置 LCD 的 DDRAM 地址)、“BUFONE”(缓冲一)、“BUFTWO”(缓冲二)、“READRAM”(从 RAM 循环读字符编码)。各状态之间的转换与图 4.7 所示的字符型 LCD1602 显示控制流程图相符。

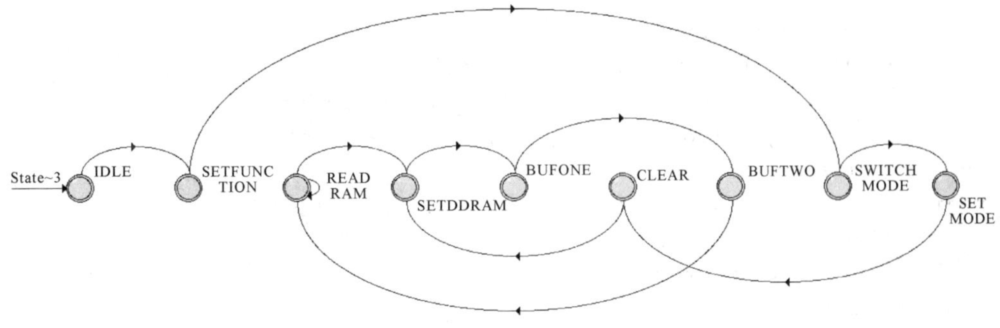

图 4.18　状态机状态转换图

6. 创建并设置仿真测试文件

编译通过只是说明设计文件无语法或连接错误，是否实现设计功能，还需通过功能仿真验证。

(1) 创建仿真测试模板文件。在 Quartus II 12.1 集成环境中选择【Processing】→【Start】→【Start Test Bench Template Writer】命令。如果没有设置错误，系统将弹出生成测试模板文件成功对话框。默认生成的仿真测试模板文件名为“lcd1602driver.vht”，保存位置为“E:/XM4/LCD1602/simulation/modelsim”。

(2) 编辑仿真测试模板文件。在 Quartus II 12.1 集成环境中选择【File】→【Open】命令，弹出【Open File】对话框，选择生成的仿真测试文件“E:/XM4/LCD1602 /simulation /modelsim/lcd1602driver.vht”文件。打开“lcd1602driver.vht”文件，在“init”进程设置 “clk”输入频率为 50MHz 频率，即周期为 20ns；在“always”进程设置复位信号“reset”的时序。仿真测试文件程序如下。

```
library ieee;
use ieee.std_logic_1164.all;
entity lcd1602driver_vhd_tst is
end lcd1602driver_vhd_tst;
architecture lcd1602driver_arch of lcd1602driver_vhd_tst is
signal clk: std_logic;
signal data: std_logic_vector(7 downto 0);
signal lcd_e: std_logic;
signal lcd_rs: std_logic;
signal lcd_rw: std_logic;
signal reset: std_logic;
component lcd1602driver
      port(clk : in std_logic;
      data : out std_logic_vector(7 downto 0);
      lcd_e : out std_logic;
      lcd_rs : out std_logic;
      lcd_rw : out std_logic;
      reset : in std_logic
      );
end component;
begin
      i1 : lcd1602driver
      port map(clk => clk,data => data,
                  lcd_e => lcd_e,lcd_rs => lcd_rs,
                  lcd_rw => lcd_rw,reset => reset);
init : process
begin
      clk<='0';wait for 10ns;
      clk<='1';wait for 10ns;
end process init;
always : process
```

```
begin
      reset<='0'; wait for 1ms;
      reset<='1'; wait for 1000ms;
end process always;
end lcd1602driver_arch;
```

该测试文件的实体名为“lcd1602driver_vhd_ts”，测试模块的元件例化名为“i1”。输入时钟频率为 50MHz。

(3) 配置选择测试文件。

在 Quartus II 12.1 集成环境中选择【Assignments】→【Settings】命令，弹出设置工程“LCD1602”的【Settings –LCD1602driver】对话框；在【Settings –LCD1602driver】对话框的【Category】栏中选择【EDA Tool Settings】目录下的【Simulation】选项，在【Settings–LCD1602driver】对话框内将显示【Simulation】面板；在【Simulation】面板的【Native Link settings】选项组中选择【Compile test bench】选项；单击【Test Benches】按钮，弹出【Test Benches】对话框；单击【Test Benches】对话框中的【New】按钮，弹出【New Test Bench Settings】对话框；在【Test bench name】文本框中输入仿真测试文件名“lcd1602driver.vht”；在【Top level module in test bench】文本框中输入测试文件实体名“lcd1602driver_vhd_ts”；选中【Use test bench to perform VHDL timing simulation】复选框，并在【Design instance name in test bench】文本框中输入测试模块元件例化名“i1”；选择【End simulationat】时间为 1s；单击在【Test bench and simulation files】选项组【File name】文本框后的按钮…，选择测试文件“E:/XM4/LCD1602/simulation/modelsim / lcd1602driver.vht”，单击【Add】按钮，设置结果如图 4.19 所示。设置完成后，单击各面板的【OK】按钮，返回主界面。

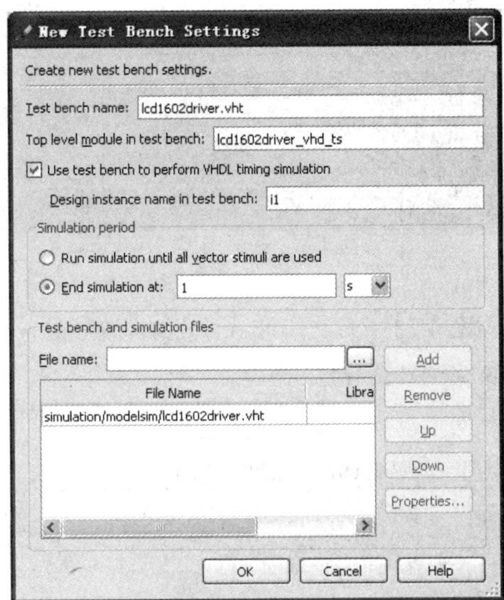

图 4.19　【New Test Bench Settings】对话框

7. 功能仿真

在 Quartus II 12.1 集成环境中选择【Tools】→【Run Simulation Tool】→【RTL Simulation】命令，可以看到在 ModelSim-Altera 10.1b 的运行界面中出现功能仿真波形。结束 1 秒功能

仿真后，全部波形如图 4.20 所示。

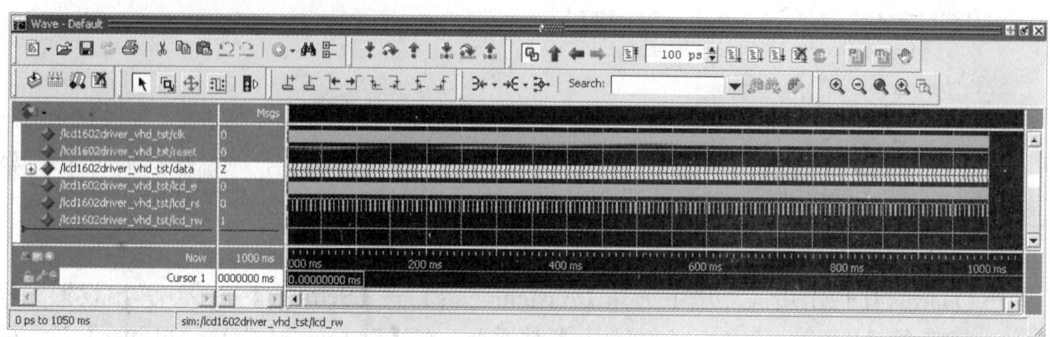

图 4.20　实现 LCD1602 显示控制仿真波形图

由于时钟频率较大，图 4.20 不能显示具体输出值的变化情况。但可从局部放大的仿真波形图中观察。在 ModelSim-Altera 10.1b 波形图窗口中，把输出“data”的显示方式修改为显示 ASCII 码，局部放大 392～396ms、398～402ms、404～408ms 处仿真波形图，如图 4.21 至图 4.23 所示。

从图 4.21 中可知，392～396ms 显示第 2 行显示的字符为“Display Number 0”；从图 4.22 中可知，398～402ms 显示第 1 行显示的字符为“FPGA Control LCD”；从图 4.23 中可知，404～408ms 显示第 2 行显示的字符为“Display Number 1”，即第 2 行最后一个字符由“0”更新为“1”，更新周期(400ms)与设计一致。

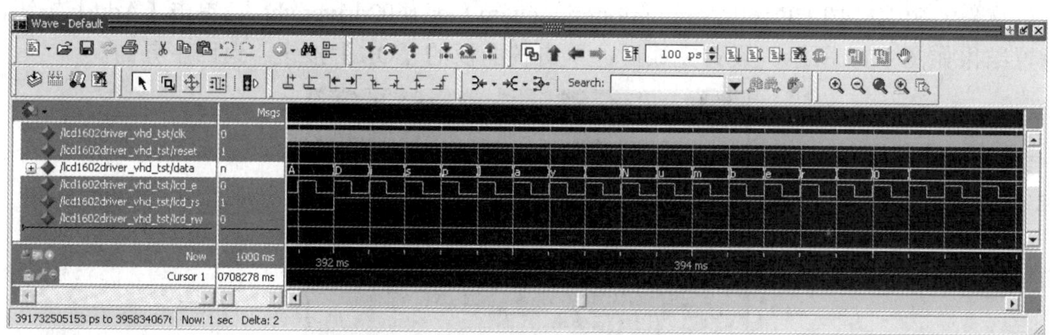

图 4.21　392～396 ms 处仿真波形图

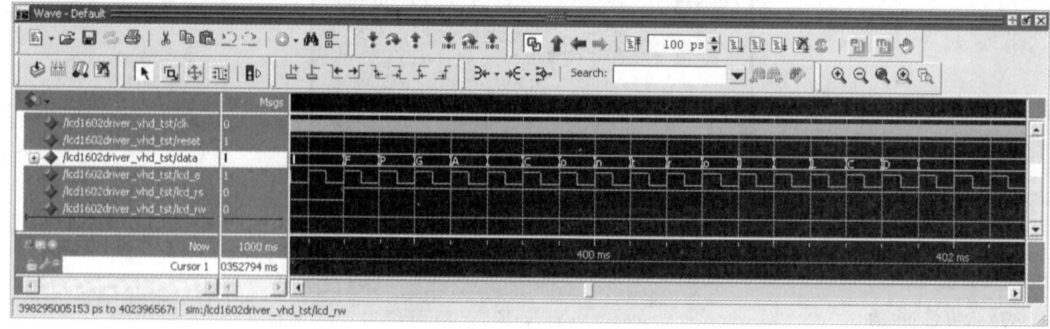

图 4.22　398～402ms 处仿真波形图

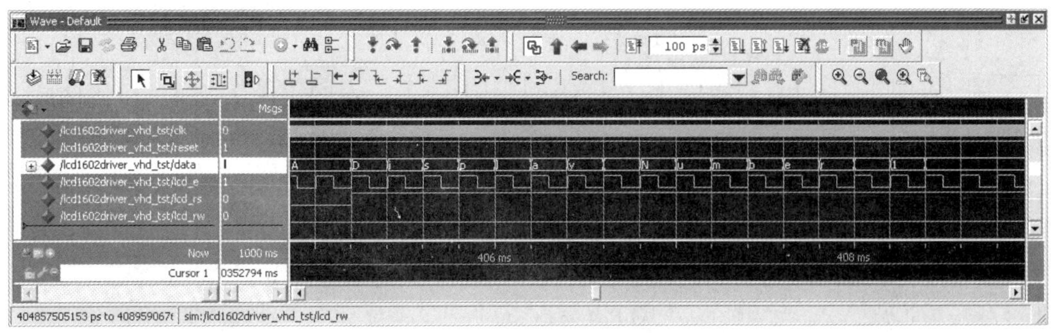

图 4.23　404～408ms 处仿真波形图

8. 编程下载与硬件测试

字符型 LCD1602 显示控制器的硬件测试需要输入输出硬件电路及 FPGA 开发板支持。下面介绍基于 EP2C5T144-FPGA 最小系统板的字符型 LCD1602 显示控制器的硬件测试过程。

1) 硬件电路连接

基于 VHDL 程序描述的字符型 LCD1602 显示控制器输入输出端口如图 4.24 所示，输入输出各端口的连接说明如下。

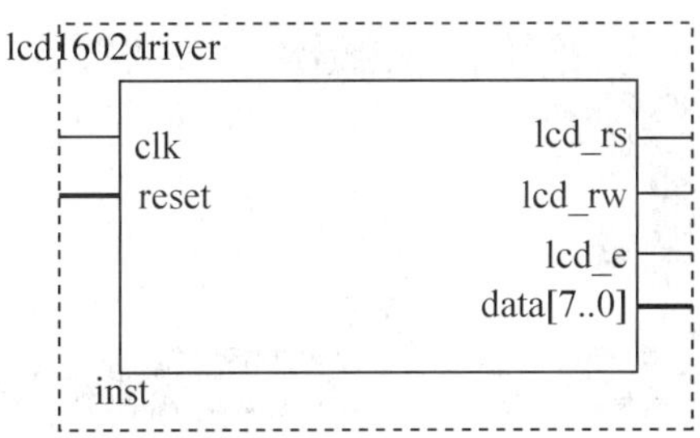

图 4.24　字符型 LCD1602 显示控制器模块输入输出端口

“clk”为系统时钟信号输入端，由 FPGA 最小系统开发板提供；“reset”为系统复位信号输入端；“lcd_rs”为 LCD 寄存器选择信号输出端，与字符型 LCD1602 模块的寄存器选择端“RS”相连接；“lcd_rw”为 LCD 读写操作选择信号输出端，与字符型 LCD1602 模块的读写控制端“R/W”相连接；“lcd_e”为 LCD 使能信号输出端，与字符型 LCD1602 模块的使能端“E”相连接；“data[7..0]”为 8 位数据信号输出端，分别接字符型 LCD1602 模块的“DB7”～“DB0”。EP2C5T144-FPGA 最小系统板与字符型 LCD1602 模块的连接电路原理图如图 4.25 所示。

2) 指定目标器件芯片

根据 EP2C5T144-FPGA 最小系统板指定目标器件。操作方法：在 Quartus II 12.1 集成环境中选择【Assignments】→【Device】命令，弹出【Device】对话框；在【Family】选项指定芯片类型为【Cyclone II】；在【Package】选项指定芯片封装方式为【TQFP】；在【Pin count】选项指定芯片引脚数为【114】；在【Speed grade】选项指定芯片速度等级为【8】；在【Available devices】列表中选择有效芯片为【EP2C5T114C8】芯片。

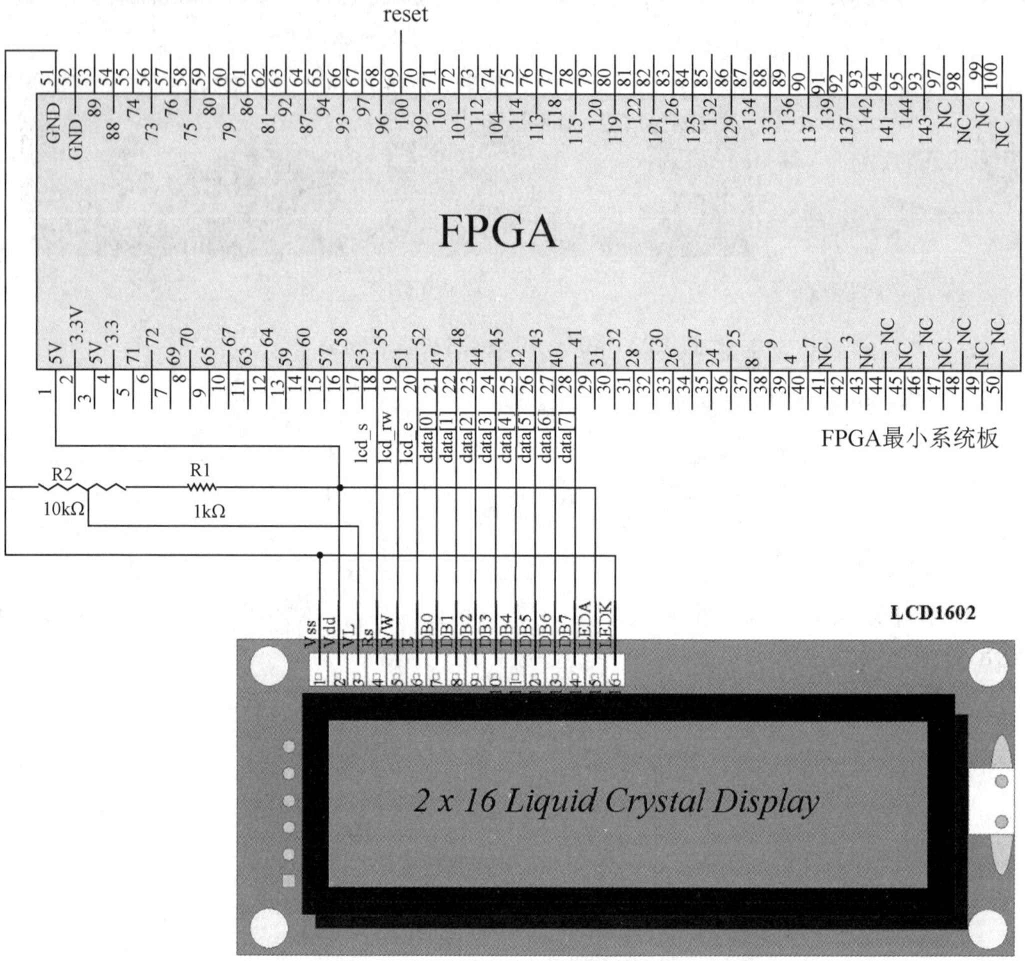

图 4.25　字符型 LCD1602 模块连接电路原理图

3) 引脚锁定

根据 EP2C5T144-FPGA 最小系统板与字符型 LCD1602 模块的连接电路原理图图 4.25 可知，字符型 LCD1602 显示控制器输入输出端口与目标芯片引脚的连接关系见表 4.15。

表 4.15　LCD1602 显示控制器输入输出端口与目标芯片引脚的连接关系

输　入		输　出	
端口名称	芯片引脚	端口名称	芯片引脚
clk	pin_17	lcd_rs	pin_55
reset	pin_100	lcd_rw	pin_51
		lcd_e	pin_52
		data[0]	pin_47
		data[1]	pin_48

续表

输入		输出	
端口名称	芯片引脚	端口名称	芯片引脚
		data[2]	pin_44
		data[3]	pin_45
		data[4]	pin_42
		data[5]	pin_43
		data[6]	pin_40
		data[7]	pin_41

引脚锁定的方法：在 Quartus II 12.1 集成环境中选择【Assignments】→【Pin Planner】命令，打开【Pin Planner】窗口；在【Pin Planner】窗口的【Location】列空白位置双击，根据表 4.15 输入相对应的引脚值。完成设置后的【Pin Planner】窗口，如图 4.26 所示。引脚分配完成以后，必须再次执行编译命令，才能保存引脚锁定信息。

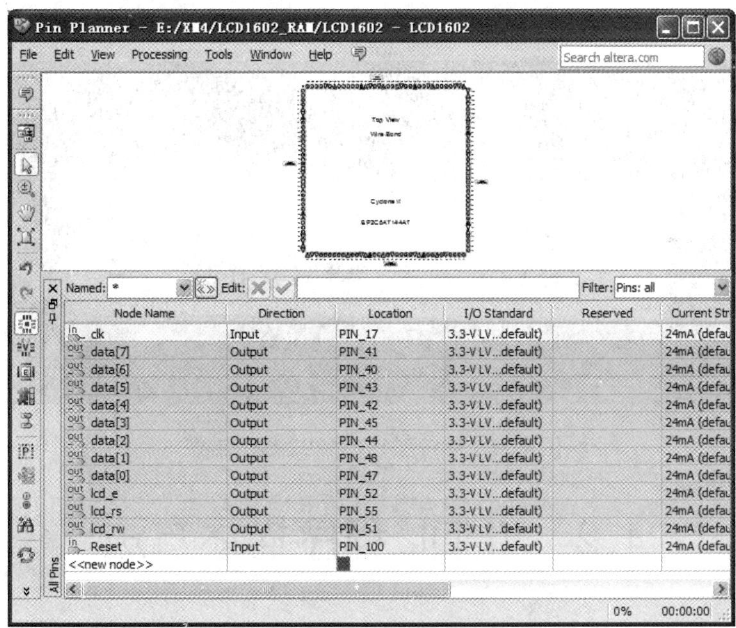

图 4.26 引脚锁定结果

4) 下载设计文件

将“USB-Blaster”下载电缆的一端连接到 PC 的 USB 口，另一端接到 FPGA 最小系统板的 JTAG 口，接通 FPGA 最小系统板的电源，进行下载配置，配置方法如下。

在 Quartus II 12.1 集成环境中选择【Tools】→【Programmer】命令或单击工具栏中的【Programmer】按钮，打开【Programmer】窗口；单击【Hardware Setup】按钮，弹出硬件设置对话框；选择【Hardware Settings】选项卡，在【Currently selected hardware】下拉

列表框中选择【USB-Blaster[USB-0]】选项；单击【Close】按钮，关闭硬件设置对话框。这时，在【Programmer】窗口的【Hardware Setup】按钮后的文本框内填入了“USB-Blaster[USB-0]”。

在【Programmer】窗口的【Mode】下拉列表框中选择【JTAG】模式；选中下载文件“LCD1602driver.sof”的【Program/Configure】复选框；单击【Start】按钮，开始编程下载，直到下载进度为 100%。

5) 硬件测试

将“reset”端设置为高电平；字符型 LCD1602 的第 1 引脚“VSS”接电源地；第 2 引脚“Vdd”接电源正极(+5V)；第 3 引脚“VL”接液晶显示偏压(一般接电位器用以调整偏压信号，当接正电源时对比度最弱，接地时对比度最高)；第 15 引脚“LEDA”接背光源正极(+5V)；第 16 引脚“LEDK”接背光源负极。观察字符型 LCD1602 显示结果，如图 4.27 所示。

结果显示为：

```
FPGA Control LCD
Display Number 0
```

其中，数字 0 发生改变，由 0～9 循环显示。

图 4.27　字符型 LCD1602 显示结果

4.2　VHDL 程序描述方法

VHDL 程序描述硬件电路功能，可以用不同的语句类型和描述方式来表示，本节主要介绍 VHDL 程序的描述方式、状态机的描述方法和参数化宏功能模块的定制方法。

4.2.1　VHDL 程序的描述方式

VHDL 程序描述一个数字系统的描述方式有行为描述、数据流描述和结构化描述等三种。根据具体情况，可以用行为描述，也可以用数据流描述。主模块调用子模块时，一般采用结构化描述。对于一个复杂系统的描述，通常是几种描述方法混合使用。

1. 行为描述方式

如果结构体只描述电路的功能或者电路行为，没有直接指明或涉及实现这种行为的硬件结构，则称之为行为描述。行为描述只表示输入与输出之间的转换行为，不包含任何结构信息。行为描述反映一个设计的功能或算法，一般使用进程，用顺序语句表达，属于高层次描述，与计算机高级语言类似。

【例 4-1】 二输入与非门的行为描述。

```
library ieee;
use ieee.std_logic_1164.all;
entity noand_2 is
      port(i1,i2:in std_logic;
               out_l:out std_logic);
end noand_2;
architecture behave of noand_2 is
begin
process(i1,i2)
begin
      if i1='1' and i2='1' then
          out_l<='0' after 5ns;
      else
          out_l<='1' after 5ns;
      end if;
end process;
end behave;
```

程序说明：例 4-1 对二输入与非门的描述方式是行为描述方式，它完全是从与非门输入和输出的逻辑关系出发，是对与非门性能的一种描述，这种描述是一种抽象描述，而不是针对某一器件。

2. 数据流描述方式

数据流描述方式也称 RTL 描述方式，即寄存器传输级描述，数据流描述方式就是用布尔代数表达式描述电路或系统中信号的传送关系。数据流的描述建立在并行信号赋值语句描述基础上，当语句中任一输入信号的值发生改变时，赋值语句就被激活，随着这种语句对电路行为的描述，大量有关这种结构的信息也从这种逻辑描述中“流出”。在一个设计中，数据是从输入到输出流出的观点称之为数据流描述方式。数据流描述直观地表达了电路底层的逻辑行为，是一种可以进行逻辑综合的描述方式。

【例 4-2】 半加器的数据流描述。

```
library ieee;
use ieee.std_logic_1164.all;
entity half_adder is
port(a,b: in std_logic;
           s,c0: out std_logic);
end half_adder;
```

```
architecture hadd of half_adder is
       signal c,d : std_logic:='0';
begin
       c<= a or b;
       d<= a nand b;
       c0<= not d;
       s<= c and d;
end hadd;
```

程序说明：例 4-2 对半加器的描述采用数据流描述方式，输入信号 a 和 b 的变化，引起或门输出 c 及与非门输出 d 的变化，而 c 和 d 的变化进一步引起进位输出 c0 以及 s 的变化。

3. 结构化描述方式

结构化描述是以元件为基础，通过描述模块和模块之间的连接关系，反映整个系统的构成和性能。此方法适用于多层次设计，可以把一个复杂的系统分为多个子系统，将每一个子系统设计为一个模块，再用结构描述模块和模块之间的连接关系，形成一个整体。多层次设计可以使设计多人协作，并行同时进行，因而，结构化描述不仅是一种设计方法，也是一种设计思想。

在结构化描述方法中，元件例化语句是基本描述语句，元件例化语句由两部分组成。

(1) 声明元件。元件声明语句在结构体、程序包(Package)、块语句(Block)的说明部分声明。元件声明语句用于调用已生成的元件，这些元件可能在库中，也可能是预先编写的元件实体描述。如果是库中的标准化元件，可用 use 语句从 work 库中的 gatespkg 程序包里获取；如果是用户自定义的特殊功能的元件或 IP 核元件等预先编写的元件，则用 component 语句声明。component 元件声明语句的格式如下。

component 元件名
[类属语句]
port(端口语句);
end component;

component 元件声明语句相当于对一个设计好的实体进行封装，留出对外的接口界面。其中，“元件名”为调用模块的实体名；类属语句及端口语句的说明与要调用模块的实体相同，即名称及顺序要完全一致。

(2) 调用元件。声明元件后，可以对元件进行调用，调用元件的格式如下。

例化名: 元件名 port map(信号,…);

port map(信号,…)语句在结构体并行执行语句中使用。其中“例化名”相当于元件标号，是必须的。port map(信号,…)语句将调用元件与当前设计实体中的指定端口相连，实现端口映射的方式有名称映射和位置映射两种。

① 名称映射。名称映射格式如下。

例化名：port map(元件端口 1=>映射信号 1,元件端口 2=>映射信号 2,…,元件端口 *n*=>映射信号 *n*);

“=>”是关联符，表示采用名称关联，左边的调用元件端口与右边的映射信号相连，各端口关联说明的顺序任意。

② 位置映射。位置映射格式如下。

例化名：port map(映射信号 1,映射信号 2,…,映射信号 n);

使用位置关联，采用顺序一致原则，即元件说明语句中的端口按顺序依次与映射信号 1 到映射信号 n 连接。

【例 4-3】 采用结构化描述方法描述如图 4.28 所示的逻辑原理图。

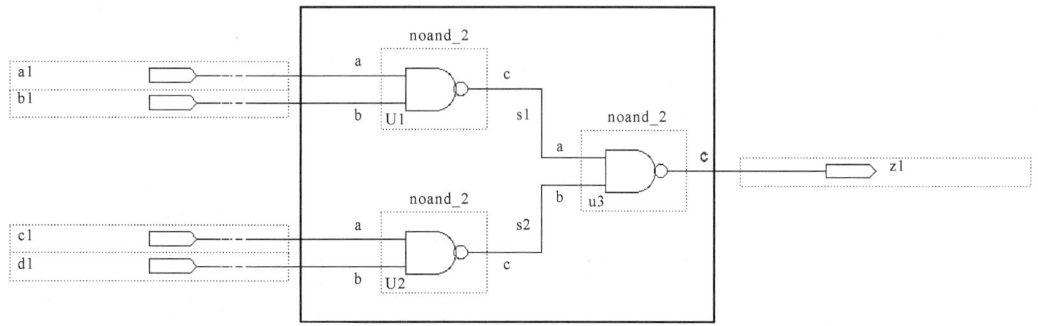

图 4.28　四输入逻辑原理图

(1) 创建工程，在工程中创建文件名为“noand_2”的 VHDL 程序文件，实现二输入与非逻辑功能的 VHDL 程序如下。

```
library ieee;
use ieee.std_logic_1164.all;
entity  noand_2  is
        port(a,b:in std_logic;
                  c:out std_logic);
end entity noand_2;
architecture behave of noand_2  is
begin
        c<=a nand b;
end architecture behave;
```

(2) 在同一工程中，创建文件名为“ord4_1”的 VHDL 程序文件，并置为顶层文件。采用结构化描述方式，实现四输入逻辑功能的 VHDL 程序如下。

```
library ieee;
use ieee.std_logic_1164.all;
entity ord4_1 is
        port(a1,b1,c1,d1:in std_logic;
                  z1:out std_logic);
end entity ord4_1;
architecture behave of ord4_1 is
        component noand_2 is        --声明元件
             port(a,b:in std_logic;
                      c:out std_logic);
        end component noand_2;
        signal  s1,s2:std_logic;
begin
```

```
        u1:noand_2  port map(a1,b1,s1);         --位置关联方式
        u2:noand_2  port map(a=>c1,c=>s2,b=>d1); --名称关联方式
        u3:noand_2  port map(s1,s2,c=>z1);       --混合关联方式
    end architecture behave;
```

4.2.2 状态机的 VHDL 程序描述

在 VHDL 程序设计的实用逻辑系统中，状态机是应用广泛的电路模块，其在运行速度的高效、执行时间的确定性和高可靠性方面都显现出强大的优势。

1. 状态机简介

有限状态机(Finite-State Machine，FSM)又称有限状态自动机，简称状态机，是表示有限个状态以及在这些状态之间的转移和动作等行为的数学模型。状态机是以描述控制特性为主的建模方法，它可以应用于从系统分析到设计的所有阶段。状态机的优点在于简单易用，状态间的关系清晰直观。状态机由状态寄存器和组合逻辑电路构成，能够根据控制信号按照预先设定的状态进行状态转移，是协调相关信号动作，完成特定操作的控制中心。

状态机的基本操作有两种。

(1) 状态机内部状态转换。状态机内部状态转换操作使状态机经历一系列状态，下一状态由状态译码器根据当前状态和输入条件决定。

(2) 产生输出信号序列。产生输出信号序列操作是根据当前状态和输入条件确定输出信号，由输出译码器输出信号。

典型的状态机有两种：Mealy 状态机和 Moore 状态机。Moore 状态机的输出只是当前状态的函数，而 Mealy 状态机的输出一般是当前状态和输入信号的函数。对于这两类状态机，控制定序都取决于当前状态和输入信号。大多数实用的状态机都是同步的时序电路，由时钟信号触发进行状态的转换。时钟信号与所有的边沿触发的状态寄存器和输出寄存器相连，使状态的改变发生在时钟的上升或下降沿。

2. 一般状态机的 VHDL 程序描述

用 VHDL 程序描述有限状态机的方法有多种，但常用的状态机描述通常包括说明部分、主控时序进程、主控组合进程和辅助进程等。

1) 说明部分

说明部分使用 type 语句定义新的数据类型，此数据类型为枚举型，其元素通常都用状态机的状态名来定义。状态变量定义为信号，便于信息传递，并将状态变量的数据类型定义为含有既定状态元素的新定义的数据类型。说明部分一般放在结构体的 architecture 和 begin 之间。

2) 主控时序进程

主控时序进程是实现状态转换的进程。状态机在外部时钟信号驱动下，以同步时序方式工作。当外部时钟信号上升沿或下降沿到来时，主控时序进程将代表次态的“next_state”中的内容送入现态“current_state”中，实现状态的转换。主控时序进程一般不负责次状态的具体取值，主控时序进程的敏感信号列表中至少包含一个工作时钟信号。

3) 主控组合进程

主控组合进程的任务是根据外部输入的控制信号(包括状态机外部信号和状态机内部其他非主控的组合或时序进程的信号)，或(和)当前状态的状态值，确定下一状态(next_state)的取向，即 next_state 的取值内容，以及确定对外输出或对内部其他组合或时序进程输出控制信号的内容。主控组合进程的功能是状态译码，即根据现态“current_state”中的状态值，进入相应的状态；在此状态中向外部发出控制信号；确定下一状态“next_state”的走向。

4) 辅助进程

辅助进程用于配合状态机工作的组合、时序进程或配合状态机工作的其他时序进程。

一般状态机的结构如图 4.29 所示。为了能获得可综合的、高效的 VHDL 状态机，一般使用枚举类数据类型来定义状态机的状态，使用多进程方式来描述状态机的内部逻辑。例如，可使用两个进程来描述，一个进程描述时序逻辑，包括状态寄存器的工作和寄存器状态的输出，另一个进程描述组合逻辑，包括进程间状态值的传递逻辑以及状态转换值的输出。必要时引入第三个进程完成其他逻辑功能。

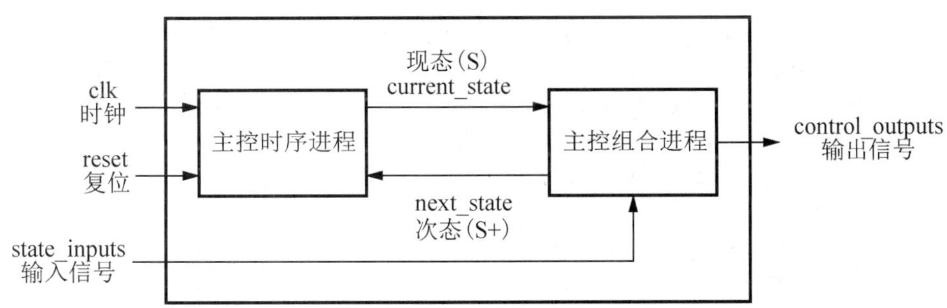

图 4.29　一般状态机的结构框图

【例 4-4】 双进程描述的状态机。

```
library ieee;
use ieee.std_logic_1164.all;
use ieee.std_logic_unsigned.all;
use ieee.std_logic_arith.all;
entity s_machine is
        port(clk,reset: in std_logic;
                state_inputs:in std_logic_vector(0 to 1);
                control_outputs: out std_logic_vector(0 to 1));
end entity s_machine;
architecture behave of s_machine is
        type states is(S0,S1,S2,S3);          --定义 states 为枚举数据类型
        signal current_state,next_state: states;
begin
P1: process(reset,clk)--主控时序进程
begin
        if reset='1' then
            current_state<=S0;
        elsif clk='1' and clk'event then      --上升沿触发
```

```
            current_state<=next_state;        --当前态转换为次态
        end if;
    end process P1;
    P2:process(current_state,state_inputs)    --主控组合进程
    begin
        case current_state is
        when S0=>control_outputs<="00";       --输出当前状态的控制值
            if state_inputs="00" then         --根据外部输入的值确定次态的走向
                next_state<=S0;
            else
                next_state<=S1;
            end if;
        when S1=>control_outputs<="01";
            if state_inputs="00" then
                next_state<=S1;
            else
                next_state<=S2;
            end if;
        when S2=>control_outputs<="10";
            if state_inputs="11" then
                next_state<=S2;
            else
                next_state<=S3;
            end if;
        when S3=>control_outputs<="11";
            if state_inputs="11" then
                next_state<=S3;
            else
                next_state<=S0;
            end if;
        end case;
    end process;
    end architecture behave;
```

程序说明：本程序为双进程描述的状态机，进程 P1 为主控时序进程，进程 P2 为主控组合进程；进程间通过“urrent_state”、“next_state”信号传递信息，两个信号起到了互反馈的作用，“current_state”将信息由进程 P1 传递到进程 P2，“next_state”将信息从进程 P2 传递到进程 P1。

进程 P1 由输入的时钟信号“clk”的上升沿触发，在“clk”上升沿时，状态机的状态由当前态“current_state”向次态“next_state”转变。至于次态“next_state”是否与当前态“current_state”相同，则在进程 P2 中，根据当前状态“current_state”与输入信号“state_inputs”确定。例如，当前状态“current_state”为 S0 时，若输入信号“state_inputs”为“00”，则次态“next_state”为 S0，状态机由 S0 态转为 S0 态，即状态机的状态不变；若输入信号“state_inputs”非“00”，则次态“next_state”为 S1，状态机由 S0 态转为 S1 态。

程序编译后，在 Quartus II 12.1 集成环境中选择【Tools】→【Netlist Viewers】→【RTL

Viewer】命令，将产生例 4-4 描述的状态机的寄存器传输级综合效果图，如图 4.30 所示。

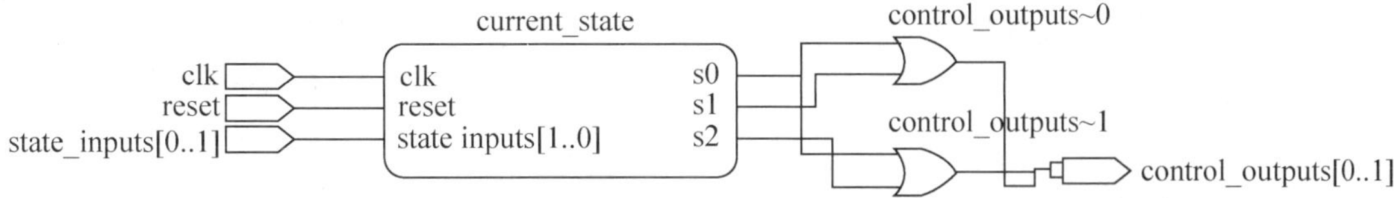

图 4.30　寄存器传输级综合效果图 RTL

程序编译后，在 Quartus II 12.1 集成环境中选择【Tools】→【Netlist Viewers】→【State Machine Viewer】命令，将产生例 4-4 描述的状态机的状态转换图，如图 4.31 所示。

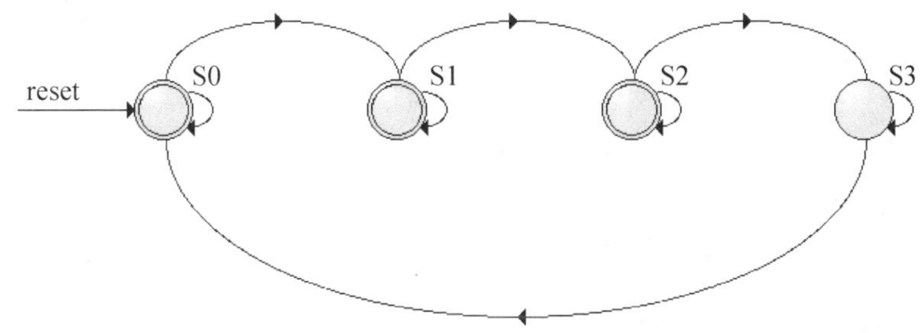

图 4.31　状态机状态转换图

例 4-4 程序的功能仿真结果如图 4.32 所示。从图中可知，状态的转变与输出值的改变，与输入时钟的上升沿同步，与输入信号“state_inputs”不同步。在 55ms 处，输入信号“state_inputs”由“01”变为“11”，但输出与状态并没有发生改变(control_outputs=10)，在 70ms“clk”上升沿处，输出状态还是“10”态没有发生改变。这是由于当前态是 S2 状态，输入信号“state_inputs”值为“11”时，状态转换是由 S2 态转向 S2 态，因而，状态没有发生改变。

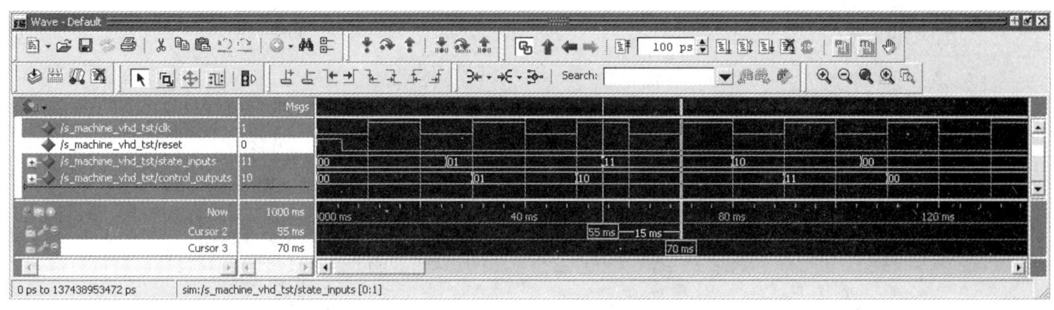

图 4.32　状态机功能仿真图

3. Moore 状态机的 VHDL 程序描述

Moore 有限状态机输出只与当前状态有关，与输入信号的当前值无关，是严格的现态函数。在时钟脉冲的有效边沿作用后的有限个门延后，输出达到稳定值。即使在时钟周期内输入信号发生变化，输出也会保持稳定不变。从时序上看，Moore 状态机属于同步输出状态机。Moore 有限状态机最重要的特点就是将输入与输出信号隔离开来，如图 4.33 所示。

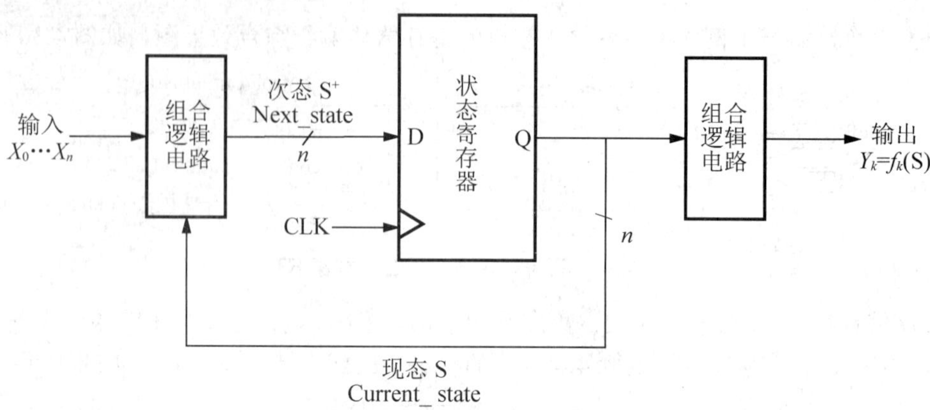

图 4.33 Moore 状态机的典型结构

【例 4-5】 Moore 状态机的描述。

```
library ieee;
use ieee.std_logic_1164.all;
use ieee.std_logic_unsigned.all;
use ieee.std_logic_arith.all;
entity moore is
      port(clk,reset: in std_logic;
               data_in:in std_logic;
               data_out: out std_logic_vector(3 downto 0));
end entity moore;
architecture behave of moore is
      type states_type is(S0,S1,S2,S3);    --定义 states_type 为枚举数据类型
      signal state: states_type;   --声明信号 state 为 states_type 数据类型
begin
P1: process(reset,clk)--主控时序进程
begin
      if reset='0' then
          state<=S0;
      elsif clk='1' and clk'event then      --上升沿触发
          case state is
              when S0=>
                   if data_in='1' then
                       state<=S1;
                   end if;
              when S1=>
                   if data_in='0' then
                       state<=S2;
                   end if;
              when S2=>
                   if data_in='1' then
                       state<=S3;
                   end if;
```

```
                when S3=>
                    if data_in='0' then
                        state<=S0;
                    end if;
            end case;
        end if;
end process P1;
P2:process(state)--主控组合进程
begin
        case state is
        when S0=>data_out<="0001";  --输出当前状态的值
        when S1=>data_out<="0010";
        when S2=>data_out<="0100";
        when S3=>data_out<="1000";
        end case;
end process;
end architecture behave;
```

程序说明：例 4-5 VHDL 程序描述的 Moore 状态机包含了两个进程：P1 和 P2，分别为主控时序进程和主控组合逻辑进程。程序的功能仿真结果如图 4.34 所示。由图可知，状态机在异步复位后进入 S0 态(state=S0)，在第 30ns 时 clk 上升沿处，state=S0，data_in=0(≠1)，状态不变，保持处于 S0 态，输出 data_out=0001；在 30～50ns 的一个时钟周期内，一直保持输出信号不变，虽然在 40ns 处，data_in 变为 1，但状态并不改变，而是要到 50ns 时，clk 上升沿处才发生状态转变(S0 态转变为 S1 态)。说明了 Moore 状态机在时钟周期内输入信号发生变化，输出也会保持稳定不变，属于同步输出状态机的特点。

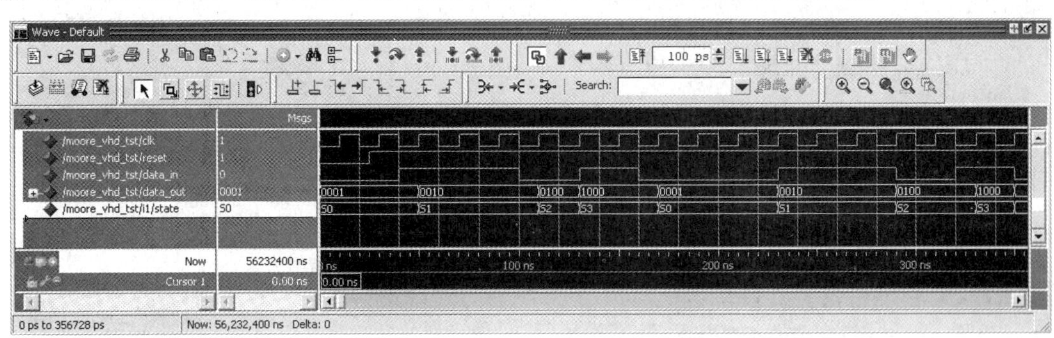

图 4.34 Moore 状态机的仿真结果

4. Mealy 状态机的 VHDL 程序描述

Mealy 状态机的输出是现态和所有输入的函数，随输入变化而随时发生变化，Mealy 状态机典型的结构如图 4.35 所示。从时序上看，Mealy 状态机属于异步输出状态机，它不依赖于时钟，状态机的输出是在输入发生变化后立即发生。

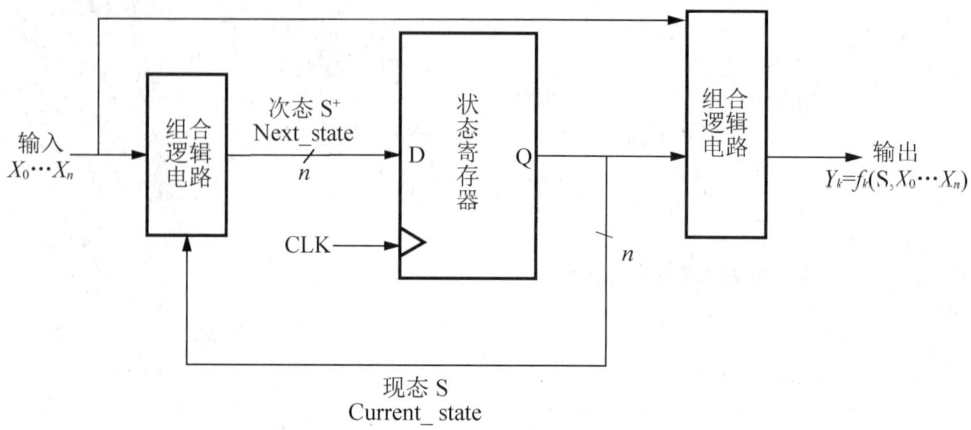

图 4.35　Mealy 状态机的典型结构

【例 4-6】 Mealy 状态机的描述。

```
library ieee;
use ieee.std_logic_1164.all;
use ieee.std_logic_unsigned.all;
use ieee.std_logic_arith.all;
entity mealy is
      port(clk,reset: in std_logic;
            data_in:in std_logic;
            data_out: out std_logic_vector(3 downto 0));
end entity mealy;
architecture behave of mealy is
      type states_type is(S0,S1,S2,S3);   --定义 states_type 为枚举数据类型
      signal state: states_type;
begin
P1: process(reset,clk)--主控时序进程
begin
      if reset='0' then
         state<=S0;
      elsif clk='1' and clk'event then       --上升沿触发
         case state is
            when S0=>
               if data_in='1' then          --根据外部输入的值确定次态的走向
                  state<=S1;
               end if;
            when S1=>
               if data_in='0' then
                  state<=S2;
               end if;
            when S2=>
               if data_in='1' then
                  state<=S3;
               end if;
```

```
                when S3=>
                     if data_in='0' then
                         state<=S0;
                     end if;
            end case;
        end if;
end process P1;
P2:process(state,data_in)--主控组合进程
begin
        case state is
        when S0=>
            if data_in='1' then
                data_out<="0001";
            else
                data_out<="0000";
            end if;
        when S1=>
            if data_in='0' then
                data_out<="0010";
            else
                data_out<="0001";
            end if;
        when S2=>
            if data_in='1' then
                data_out<="0100";
            else
                data_out<="0001";
            end if;
        when S3=>
            if data_in='0' then
                data_out<="1000";
            else
                data_out<="0001";
            end if;
        end case;
end process;
end architecture behave;
```

程序说明：例 4-6 的 VHDL 程序描述的 Mealy 状态机包含了两个进程：P1 和 P2，分别为主控时序进程和主控组合逻辑进程。

程序的功能仿真结果如图 4.36 所示。由图可知，状态机在 25ns 处异步复位后，进入 S0 态(state=S0)，输出 data_out=0000；在第 40ns 处，data_in 由 0 变为 1，输出 data_out 值由 0000 变为 0001，此时处于 clk 的下降沿，并非有效的时钟上升沿，反映了 Mealy 状态机属于异步输出状态机，不依赖于时钟的鲜明特点。

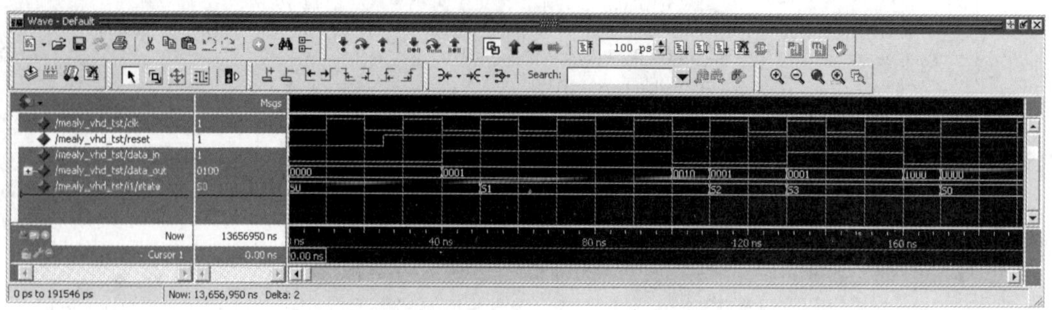

图 4.36 Mealy 状态机的仿真结果

4.2.3 LPM 宏功能模块的使用

Altera FPGA 器件内提供了一系列宏功能模块供设计者使用，如片上存储器、DSP 模块、嵌入式锁相环(PLL)等。应用这些模块可提高 EDA 电路设计的效率和可靠性。只要根据实际电路的设计需要选择 LPM 库中的适当模块，为其设定适当的参数，便可以分享优秀电子工程师的设计成果。下面主要介绍 LPM_ROM、LPM_PLL 的使用。

1. ROM 定制

定制 LPM_ROM，包括 ROM 初始化数据文件与 LPM_ROM 元件的定制。

1) 定制 LPM_ROM 初始化数据文件

初始化数据文件的格式有两种：Memory Initialization File(.mif)格式和 Hexadecimal (Intel-Format)File(.hex)格式。下面以建立 256 个字节，位宽为 8 位的“.mif”格式初始化数据文件为例，说明定制 LPM_ROM 初始化数据文件的方法。

(1) 在 Quartus II 12.1 集成环境中选择【File】→【New】命令，弹出【New】对话框，如图 4.37 所示。

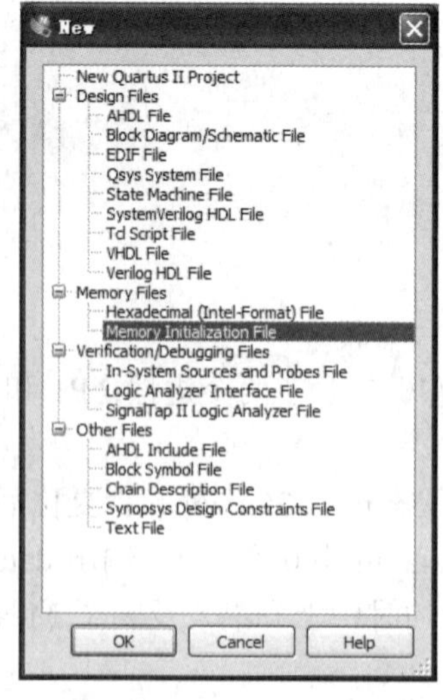

图 4.37 【New】对话框

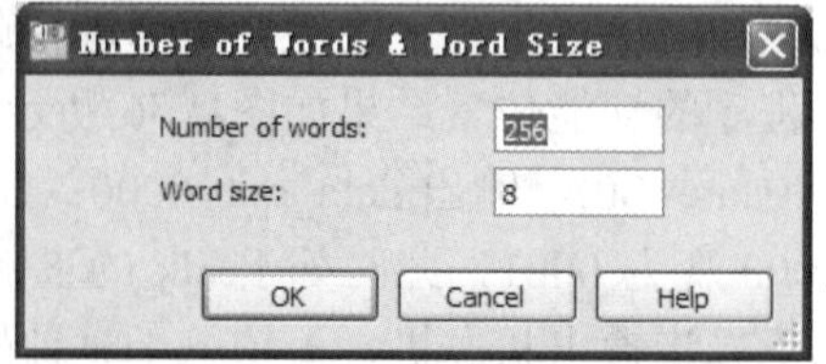

图 4.38 ROM 字节数与位宽设置对话框

(2) 选择【Memory Files】目录下的【Memory Initialization File】选项，创建“.mif”格式初始化数据文件。如果选择【Hexadecimal(Intel-Format)File】选项，则创建“.hex”格式初始化数据文件。单击【OK】按钮退出【New】对话框；弹出【Number of Words & Word Size】对话框，如图 4.38 所示。

(3) 在【Number of Words & Word Size】对话框中设置 ROM 数据文件大小，包括字节数【Number of words】及位宽【Word size】。根据设计要求设置 ROM 数据文件的字节数和位宽后，单击【OK】按钮，在 Quartus II 12.1 集成环境中将自动创建“.mif”的 ROM 初始化文件数据表格，如图 4.39 所示。

(4) 表格中的数据格式设置。在窗口边缘地址栏【Addr】的列或行右击，弹出快捷菜单，如图 4.40 所示。【Address Radix】选项设置 ROM 地址值的显示方式；【Memory Radix】选项设置 ROM 中每个字节的数据显示方式。

此表中任一数据(如第 4 行第 3 列)对应的地址为左列与顶行数之和(如 24+2=26，十六进制为 1AH，即(00011010)。根据设计要求将 ROM 的数据填入此表，完成后，选择【File】→【Save as】命令，选择适当的文件名，这里不妨取名为“romd.mif”，完成 LPM_ROM 初始化数据文件定制。

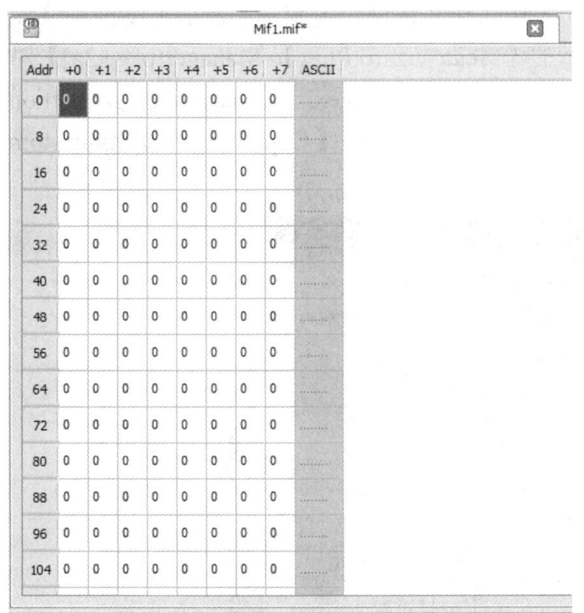

Mif1.mif*

Addr	+0	+1	+2	+3	+4	+5	+6	+7	ASCII
0	0	0	0	0	0	0	0	0	....
8	0	0	0	0	0	0	0	0	....
16	0	0	0	0	0	0	0	0	....
24	0	0	0	0	0	0	0	0	....
32	0	0	0	0	0	0	0	0	....
40	0	0	0	0	0	0	0	0	....
48	0	0	0	0	0	0	0	0	....
56	0	0	0	0	0	0	0	0	....
64	0	0	0	0	0	0	0	0	....
72	0	0	0	0	0	0	0	0	....
80	0	0	0	0	0	0	0	0	....
88	0	0	0	0	0	0	0	0	....
96	0	0	0	0	0	0	0	0	....
104	0	0	0	0	0	0	0	0	....

图 4.39　空白的 ROM 初始化文件数据表格

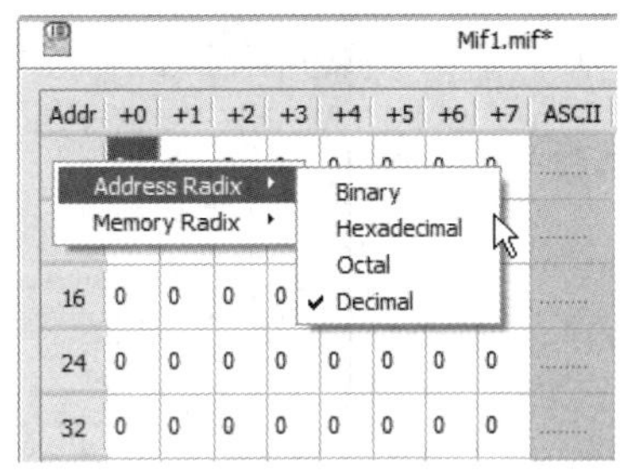

图 4.40　地址值与存储器显示格式快捷菜单

2) 定制 LPM_ROM 元件

通常利用插件管理向导【MegaWizard Plug-In Manager】定制 LPM_ROM 宏功能块，并将 ROM 初始化数据加载于此 ROM 中。设计步骤如下。

(1) 在 Quartus II 12.1 集成环境中选择【Tools】→【MegaWizard Plug-In Manager】命令，弹出插件管理向导第 1 页【MegaWizard Plug-In Manager[page 1]】对话框，如图 4.41 所示。

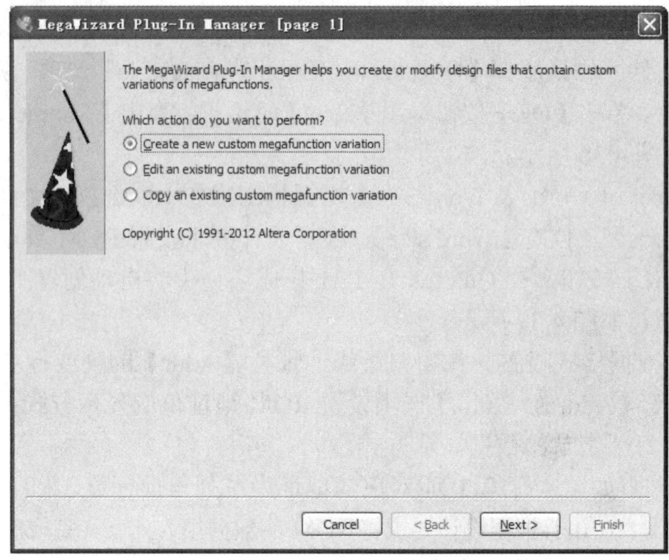

图 4.41　宏功能模块向导

选择【Create a new custom megafunction variation】选项，定制一个新的宏功能模块元件；单击【Next】按钮，弹出如图 4.42 所示的【MegaWizard Plug-In Manager[page 2a]】对话框。如果要编辑修改一个现有的宏功能模块，则选择【Edit an existing custom megafunction variation】选项；如果要复制现有的宏功能模块，则选择【Copy an existing custom megafunction variation】选项。

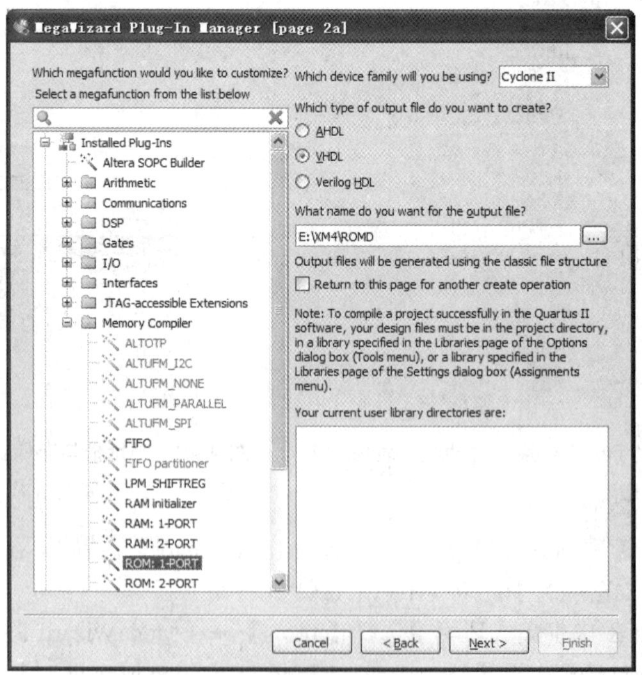

图 4.42　ROM 宏功能模块定制

(2) 在【MegaWizard Plug-In Manager[page 2a]】对话框中可选择宏功能模块类型、目

标芯片 FPGA 类型、输出文件类型及确定创建的宏功能模块的文件名。

在宏功能模块列表的安装插件【Installed Plug-Ins】目录中选择编译存储器【Memory Compiler】目录下的单端口 ROM 宏功能模块【ROM: 1-PORT】选项；在【Which device family will you be using?】下拉列表框中根据使用的 FPGA 选择芯片类型；在【What type of output file do you want to create】中选择创建的宏功能模块的输出文件类型；在【What name do you want for the output file】文本框中输入创建的宏功能模块的路径及文件名。

完成宏功能模块类型及输出文件名设置后，单击【Next】按钮，根据设置的宏功能模块的不同，将产生不同的设置对话框。要创建单端口 ROM 宏功能模块，将弹出【MegaWizard Plug-In Manager[page 3 of 7]】对话框，如图 4.43 所示。

(3) 在【MegaWizard Plug-In Manager[page 3 of 7]】对话框中主要设置 ROM 宏功能模块的控制线、地址线和数据线。

在【How wide should the 'q' output bus be】与【How many 8-bit words of memory】下拉列表框中分别设计地址线范围与数据线数。地址线范围、数据线数的设置要与 ROM 初始化数据文件相适应。

在【What should the memory block type be】栏中选择默认的【Auto】选项，则 Quartus II 将根据选中的目标器件系列，自动确定嵌入 ROM 模块的类型(如 ACEX1K 系列为 EAB；APEX20K 系列为 ESB；Cyclone 系列为 M4K 等)。

在【What clocking method would you like to use】栏中选择【Single clock】选项，ROM 地址输入与 ROM 数值输出使用同一时钟信号控制；选择【Dual clock: use separate 'input' and 'output' clocks】选项，则 ROM 地址输入与 ROM 数值输出使用不同的时钟信号控制。

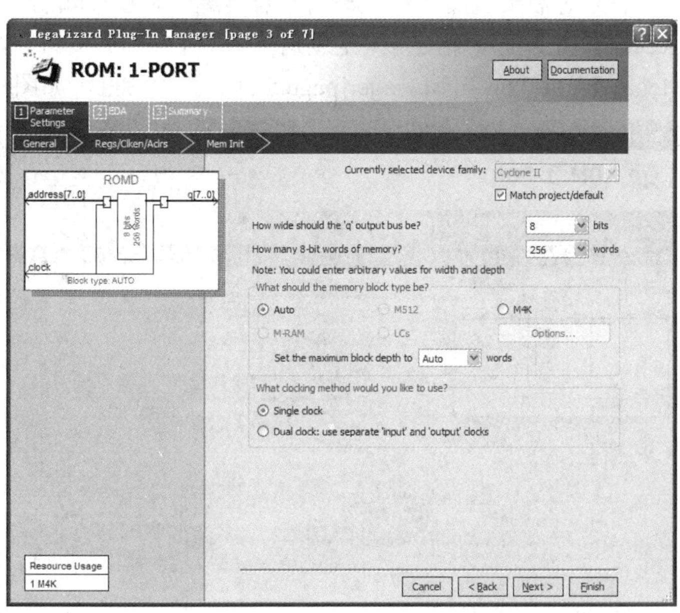

图 4.43　ROM 宏功能模块控制线、数据线、地址线定制

完成单端口 ROM 宏功能模块的控制线、地址线和数据线定制后，单击【Next】按钮，弹出单端口 ROM 宏功能模块的【MegaWizard Plug-In Manager[page 4 of 7]】对话框，如图 4.44 所示。

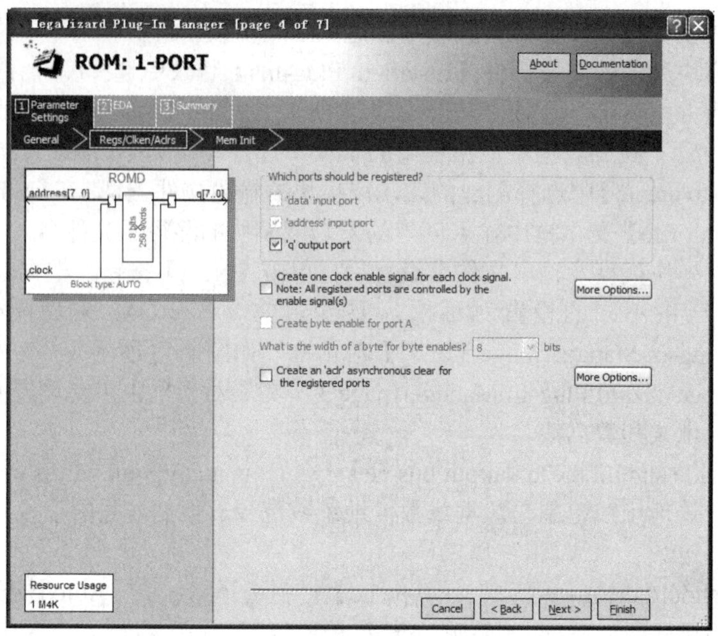

图 4.44　ROM 宏功能模块输入输出锁存器定制

(4) 端口 ROM 宏功能模块的【MegaWizard Plug-In Manager[page 4 of 7]】对话框主要设置 ROM 输出端口的锁存器。在【Which ports should be registered】栏中选中【'q' output port】复选框，则 ROM 内的数值输出通过锁存器输出；若不选，则直接输出。

完成单端口 ROM 宏功能模块输出方式定制后，单击【Next】按钮，弹出单端口 ROM 宏功能模块的【MegaWizard Plug-In Manager[page 5 of 7]】对话框，如图 4.45 所示。

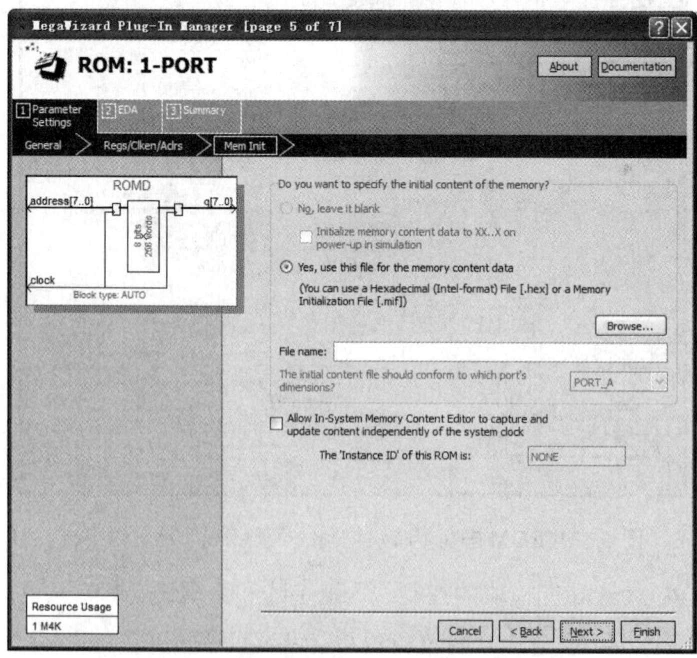

图 4.45　ROM 宏功能模块初始化文件定制

(5) 单端口 ROM 宏功能模块的【MegaWizard Plug-In Manager[page 5 of 7]】对话框主要设置 ROM 的初始化数据文件。选择【Yes,use this file for the memory content data】单选按钮，单击【Browse】按钮，选择前面创建的 ROM 初始化数据文件(.mif 或.hex 格式文件)，定制 ROM 的初始化数据。

完成单端口 ROM 宏功能模块初始化文件定制后，单击【Next】按钮，弹出单端口 ROM 宏功能模块的【MegaWizard Plug-In Manager[page 6 of 7]】对话框，如图 4.46 所示。

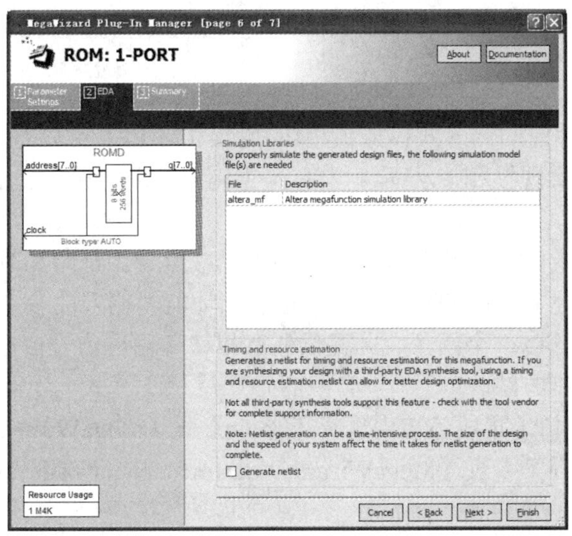

图 4.46　ROM 宏功能模块第三方综合工具设置

(6) 单端口 ROM 宏功能模块的【MegaWizard Plug-In Manager[page 6 of 7]】对话框设置是否生成网表，在使用第三方 EDA 综合工具时是否允许优化，一般采用默认设置。单击【Next】按钮，弹出单端口 ROM 宏功能模块的【MegaWizard Plug-In Manager[page 7 of 7]】对话框，如图 4.47 所示。

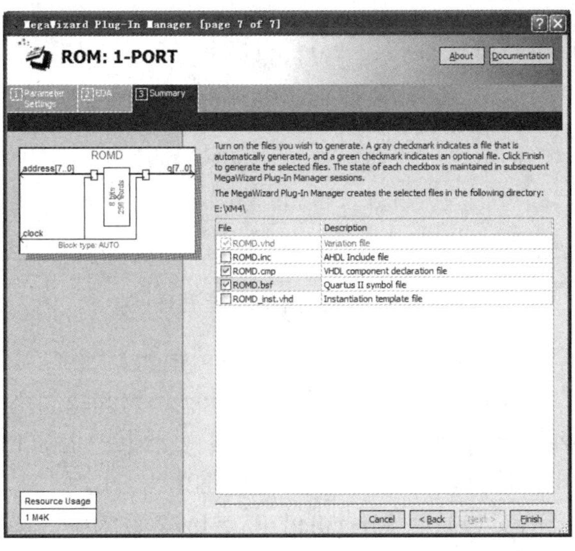

图 4.47　ROM 宏功能模块输出文件定制

(7) 单端口 ROM 宏功能模块的【MegaWizard Plug-In Manager[page 7 of 7]】对话框设置生成宏功能模块输出文件。

“.vhd”类型文件为实例化的 VHDL 程序的宏功能模块文件；“.inc”类型文件为 AHDL 程序的宏功能模块文件；“.cmp”类型文件为宏功能模块的实例声明文件；“.bsf”类型文件为宏功能模块的原理图元件文件；“_inst.vhd”类型文件为宏功能模块元件的 VHDL 例化示例文件。

设置所需要的文件类型后，单击【Finish】按钮完成单端口 ROM 宏功能模块的定制。

2. 锁相环 PLL 定制

FPGA 中含有高性能的嵌入式模拟锁相环，此锁相环 PLL 可以与输入的时钟信号同步，并以其作为参考信号实现锁相，从而输出多个同步倍频或分频的片内时钟，供逻辑系统应用。

与直接来自外部的时钟相比，该片内时钟可以减少时钟延时和时钟变形，减少片外干扰；可以改善时钟的建立时间和保持时间；该锁相环能对输入的参考时钟相对于某一输出时钟同步独立乘以或除以一个因子，并提供任意相移和输出信号占空比。下面介绍 FPGA 中嵌入式锁相环的定制方法。

(1) 在 Quartus II 12.1 集成环境中选择【Tools】→【MegaWizard Plug-In Manager】命令，弹出插件管理向导第 1 页【MegaWizard Plug-In Manager[page 1]】对话框，如图 4.48 所示。

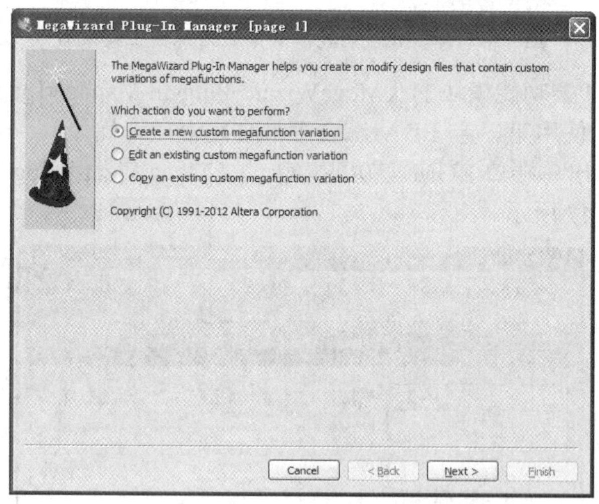

图 4.48 宏功能模块创建管理向导

(2) 选择【Create a new custom megafunction variation】选项，定制一个新的宏功能模块元件；单击【Next】按钮，弹出【MegaWizard Plug-In Manager[page 2a]】对话框。

(3) 在【MegaWizard Plug-In Manager[page 2a]】对话框中定制 PLL 宏功能模块、目标芯片 FPGA 类型、输出文件类型及输入创建的宏功能模块的文件名。

在宏功能模块列表的安装插件【Installed Plug-Ins】目录中，选择【I/O】目录下的锁相环【ALTPLL】选项；在【Which device family will you be using】下拉列表框中，根据使

用的 FPGA 选择芯片类型，如选择【Cyclone II】选项；在【What type of output file do you want to create】栏中选择创建宏功能模块的输出文件类型，如选择【VHDL】选项；在【What name do you want for the output file】文本框中设置宏功能模块输出的路径与文件名，如“E:/FPGAJC/XM4/PLL/pLL_lx”。完成宏功能模块类型及输出文件名设置的界面如图 4.49 所示。单击【Next】按钮，弹出【MegaWizard Plug-In Manager[page 3 of 10]】对话框。

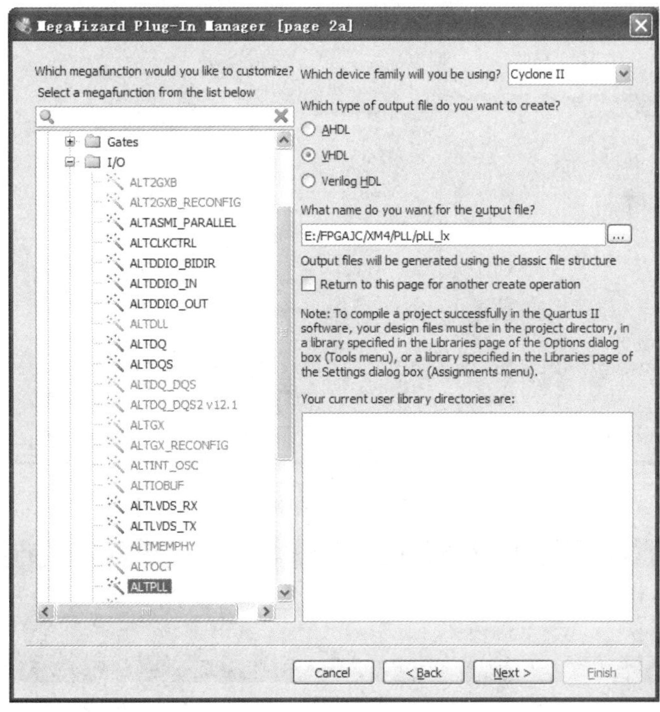

图 4.49　PLL 宏功能模块定制

(4) 在【MegaWizard Plug-In Manager[page 3 of 10]】对话框中定制 PLL 宏功能模块的输入频率、锁相环类型及工作模式。在【What is the frequency of the inclk0 input】文本框中输入外部输入频率值，如“50MHz”；在【Operation Mode】选项组中选择锁相环的工作模式，一般选择内部反馈通道的通用模式,如图 4.50 所示。单击【Next】按钮，弹出【MegaWizard Plug-In Manager[page 4 of 10]】对话框。

(5) 在【MegaWizard Plug-In Manager[page 4 of 10]】对话框中主要定制 PLL 的控制信号，如 PLL 的使能控制信号“pllena”；异步复位信号“areset”；锁相输出信号“locked”等,如图 4.51 所示。单击【Next】按钮，弹出【MegaWizard Plug-In Manager[page 5 of 10]】对话框。

(6) 在【MegaWizard Plug-In Manager[page 5 of 10]】对话框中主要定制是否采用第二个外部时钟，如图 4.52 所示。单击【Next】按钮，弹出【MegaWizard Plug-In Manager[page 6 of 10]】对话框。

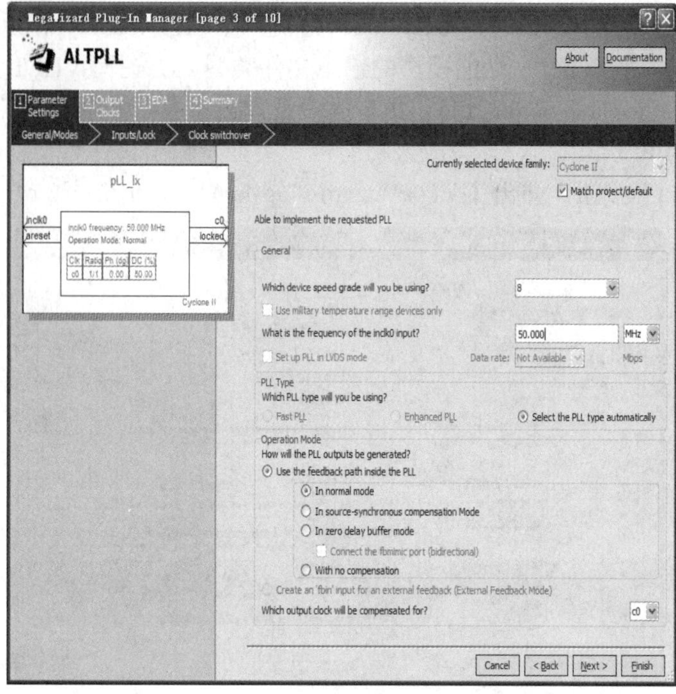

图 4.50　PLL 宏功能模块输入信号频率定制

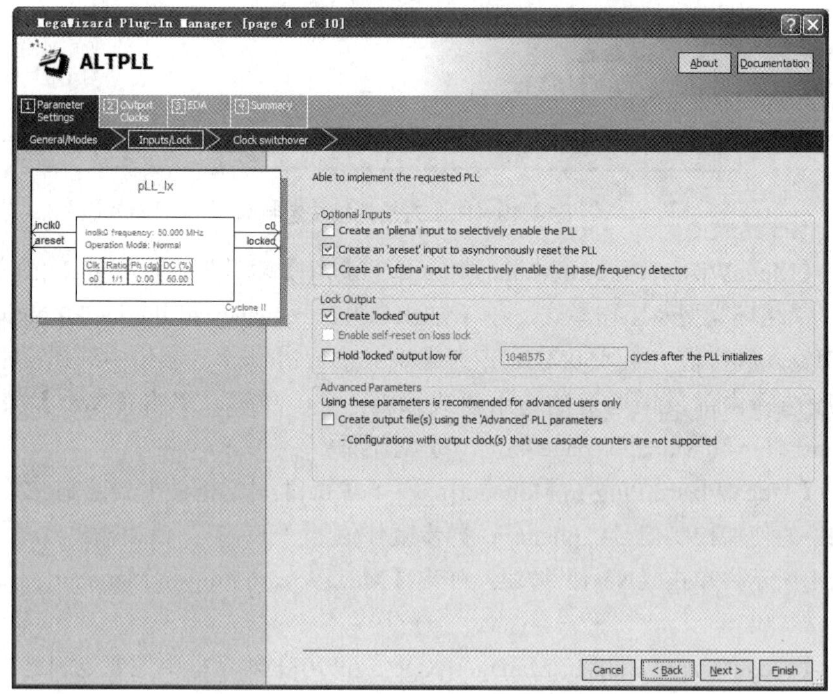

图 4.51　PLL 宏功能模块控制信号定制

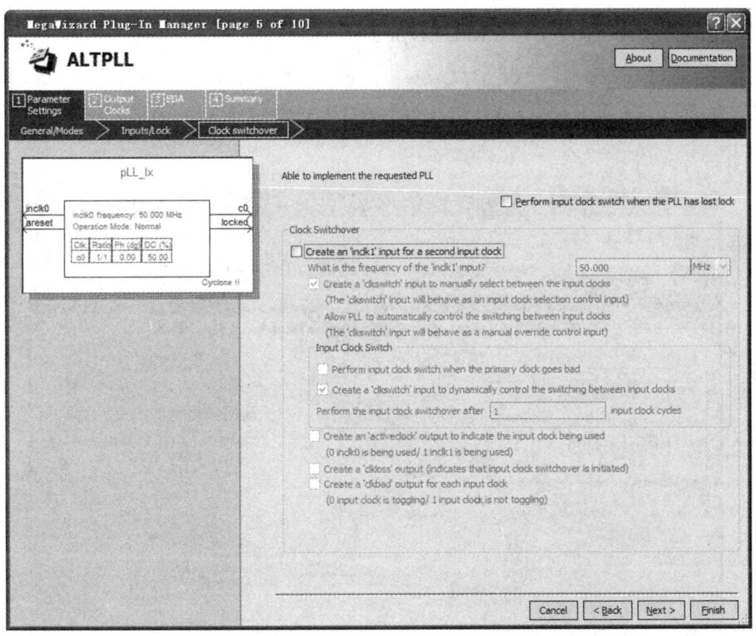

图 4.52　PLL 宏功能模块输入信号定制

(7) 在【MegaWizard Plug-In Manager[page 6 of 10]】对话框中主要定制 c0 输出端频率的倍频因子、分频因子、移相、占空比等。在【Clock multiplication factor】下拉列表框中设置倍频因子；在【Clock division factor】下拉列表框中设置分频因子；在【Clock phase shift】下拉列表框中设置移相值；在【Clock duty cycle(%)】下拉列表框中设置占空比，如图 4.53 所示。单击【Next】按钮，弹出【MegaWizard Plug-In Manager[page 7 of 10]】对话框。

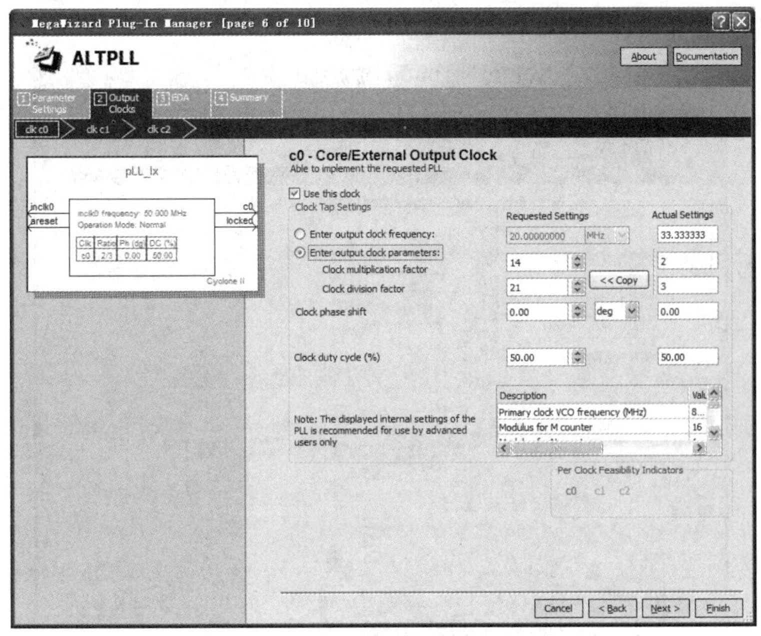

图 4.53　PLL 宏功能模块输出 C0 信号定制

(8) 在【MegaWizard Plug-In Manager[page 7 of 10]】对话框中主要定制 c1 输出端频率的倍频因子、分频因子、移相、占空比等，是否选中【Use this clock】复选框，决定是否使用该输出端，如图 4.54 所示。单击【Next】按钮，弹出【MegaWizard Plug-In Manager[page 8 of 10]】对话框。

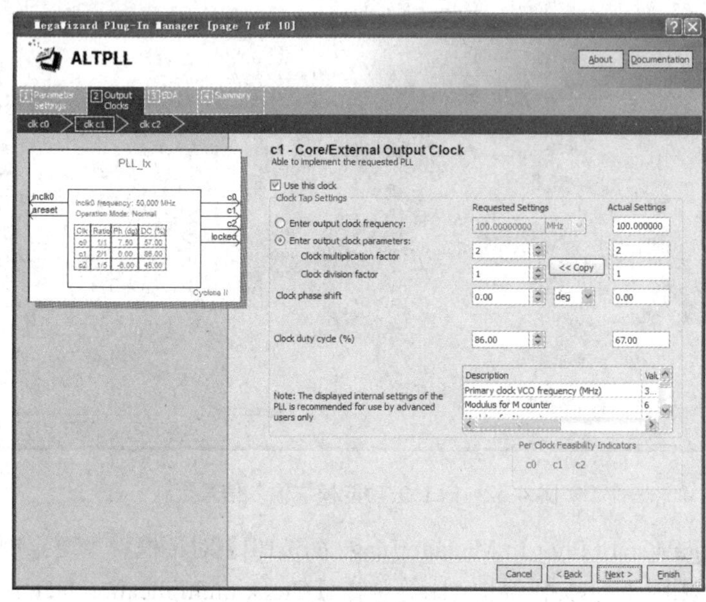

图 4.54　PLL 宏功能模块输出 c1 信号定制

(9) 在【MegaWizard Plug-In Manager[page 8 of 10]】对话框中主要定制 c2 输出端频率的倍频因子、分频因子、移相、占空比等，是否选中【Use this clock】复选框，决定是否使用该输出端，如图 4.55 所示。

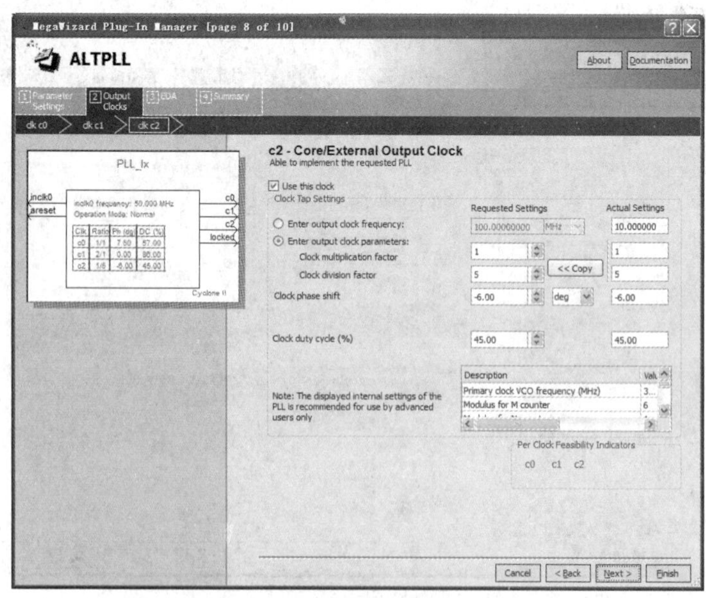

图 4.55　PLL 宏功能模块输出 c2 信号定制

4.3　LED 点阵显示屏控制器设计

本节介绍利用 FPGA 最小系统板，基于 VHDL 程序设计 16×16LED 点阵显示屏控制器电路，实现多字符的循环显示。LED 点阵显示屏控制器设计制作流程如图 4.56 所示。

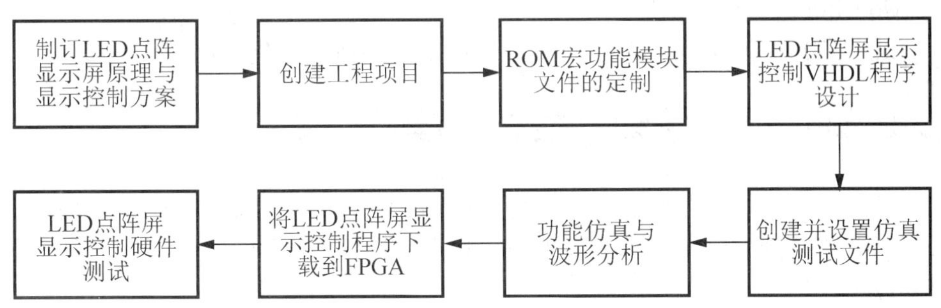

图 4.56　LED 点阵显示屏设计制作流程

4.3.1　任务书

利用 FPGA 最小系统板，采用文本输入法，基于 VHDL 程序设计制作 LED 点阵显示屏控制器，循环显示英文与中文字符。LED 点阵显示屏由 3 片 16×16LED 点阵组成，FPGA 最小系统板采用 EP2C5T144-FPGA 芯片。

1. 学习目的

(1) 了解 LED 点阵屏显示原理。
(2) 能用 FPGA 实现对 LED 点阵屏显示控制。
(3) 能熟练定制宏功能模块。
(4) 能用层次化、结构化方法描述数字电子系统电路。

2. 任务描述

功能要求：用 3 片 16×16LED 组成的点阵显示屏，左移循环显示“FPGA 控制点阵”等字符，其中英文字母为半角，即每个字母为 8×16 点阵，一片 16×16LED 点阵显示 2 个英文字母；中文字符采用 16×16 点阵，即一片 16×16LED 点阵显示 1 个汉字，显示效果如图 4.57 所示。

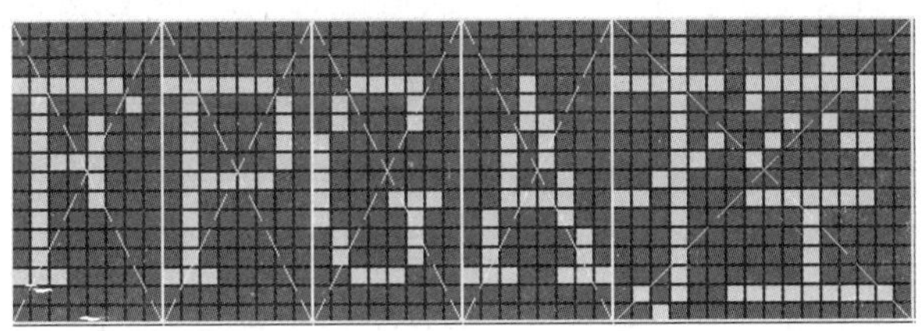

图 4.57　LED 点阵显示屏显示效果图

软件设计要求：在 Quartus II 12.1 软件平台上用 VHDL 程序设计 LED 点阵显示屏控制器，并通过编译及 ModelSim-Altera 10.1b 仿真软件仿真检查设计结果。

3. 教学工具

(1) 计算机。
(2) Quartus II 12.1 软件。
(3) ModelSim-Altera 10.1b 仿真软件。
(4) EP2C5T144-FPGA 最小系统板，16×16LED 点阵、万能电路板、连接线。

4.3.2 LED 点阵显示屏控制器设计方案

当用 3 片 16×16LED 点阵，显示多于 3 个字符时，显示方式可采用分屏交替显示，也可采用移动循环显示。根据设计任务要求，本设计采用“FPGA 控制点阵”等字符循环左移的方式显示。

1. 单点阵字符显示原理与硬件电路连接

16×16LED 点阵是由 256 个发光二极管按矩阵形式排列而成，每一行上的 LED 有一个公共的阳极(或阴极)，每一列上的 LED 有一个公共的阴极(或阳极)。用 16×16LED 点阵显示字符，就是控制组成字符的各个点所在位置的 LED 器件发光。一般利用人眼的视觉暂留，采用动态分时扫描技术使 LED 点阵模块显示字符。动态分时扫描简单地说就是送出第 1 列各行 LED 亮灭的数据，同时选通该列使其点亮一定时间，然后熄灭；再送出第 2 列各行 LED 亮灭的数据，同时选通第 2 列使其点亮相同的时间，然后熄灭；以此类推，完成第 16 列之后，又重新点亮第 1 列，如此反复循环。只要循环速度足够快(24 次/s 以上)，由于人眼的视觉暂留现象，能够看到显示屏上稳定的字符。

FPGA 引脚资源丰富，且可设置成点亮 LED 所需的电流驱动型，在 LED 点阵显示要求不高的情况下，为了制作电路简单，可以不加驱动电路，直接用 FPGA 引脚输出驱动 16×16LED 点阵，连接电路如图 4.58 所示。点阵字符显示可采用列扫描方法，即 FPGA 生成 c_0～c_{15} 列扫描选通信号，同时输出对应列各行的数据；也可采用行扫描方法，即 FPGA 生成 r_0～r_{15} 行选通信号，同时输出相对应行的各列的数据。

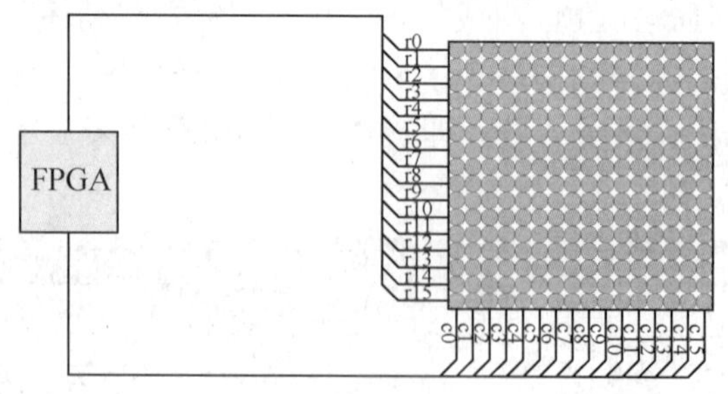

图 4.58 FPGA 与 LED 点阵连接原理图

2. 3 点阵字符显示屏硬件电路连接

3 点阵字符显示屏，即同时显示 3 个点阵字符。它需要 3 片 16×16LED 点阵，如果采

用单字符显示的连接方式，1 个点阵字符显示控制需要 16 个行与 16 个列信号，即 32 个控制信号，3 个字符需要 96 个控制信号，需要使用 FPGA 芯片的 96 个引脚。虽然 FPGA 具有丰富的引脚资源，但基于 Cyclone II 系列芯片 EP2C5T144-FPGA 最小系统板的输入输出引脚除了已使用的引脚，可供用户使用的只有 80 余个，显然输入输出引脚数量达不到要求。

在不增加硬件资源的条件下，只要改变 3 个点阵字符的连接方式，就可实现 3 点阵字符同时显示。连接方法是将 3 个点阵字符的行(或列)信号串联后与 FPGA 的输入输出引脚相连接，而每个点阵字符的列(或行)信号直接与 FPGA 的输入输出引脚相连接，连接方式如图 4.59 所示。这样的连接方式只需要 64 个输入输出引脚，基于 Cyclone II 系列 EP2C5T144-FPGA 最小系统板的输入输出引脚可以达到连接的要求。

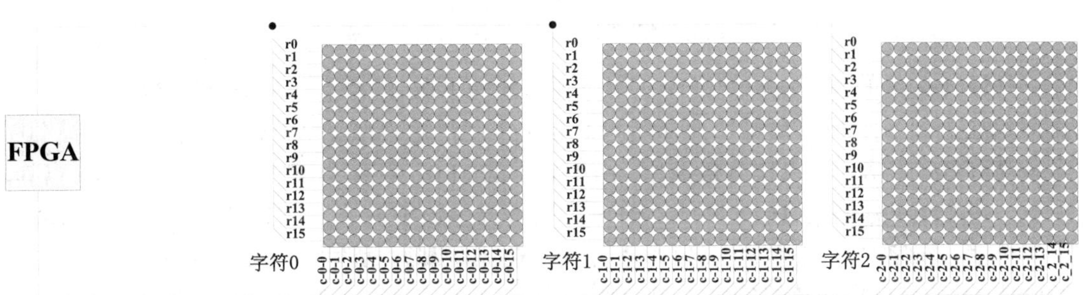

图 4.59　3 点阵字符与 FPGA 连接原理图

3. 多点阵字符显示硬件电路连接

同时显示多于 3 个点阵字符时，如 16 个点阵字符，需要 16 片 16×16LED 点阵，如果采用显示 3 个点阵字符的连接方式，16 个点阵字符的行(或列)信号串联后与 FPGA 的输入输出引脚相连接，而每个点阵字符的列(或行)信号直接与 FPGA 的输入输出引脚相连接。这样的连接方式需要(16×16)+16=272 个输入输出引脚，显然基于 Cyclone II 系列芯片 EP2C5T144-FPGA 最小系统板的引脚数量达不到连接的要求。

如果采用 EP2C5T144-FPGA 最小系统板控制显示屏，可通过增加 74HC573 锁存器来实现，每个字符增加 2 个 74HC573 锁存器。其连接方式为 16 片 LED 点阵的行(或列)信号串联后与 FPGA 的输入输出引脚相连接；74HC573 锁存器的数据输出与每片 LED 点阵字符的列(或行)信号相连接，每个字符 74HC573 锁存器输入的数据线相串联后与 FPGA 的输入输出引脚相连接；每个字符 74HC573 锁存器的控制信号与 FPGA 的输入输出引脚直接相连接，连接的原理图如图 4.60 所示。

4. 字符的取模

根据汉字及英文字符的显示原理，显示汉字及英文字符时需要相应字符的字模，一般字符的字模是由字符取模软件完成，如 PCtoLCD 等。

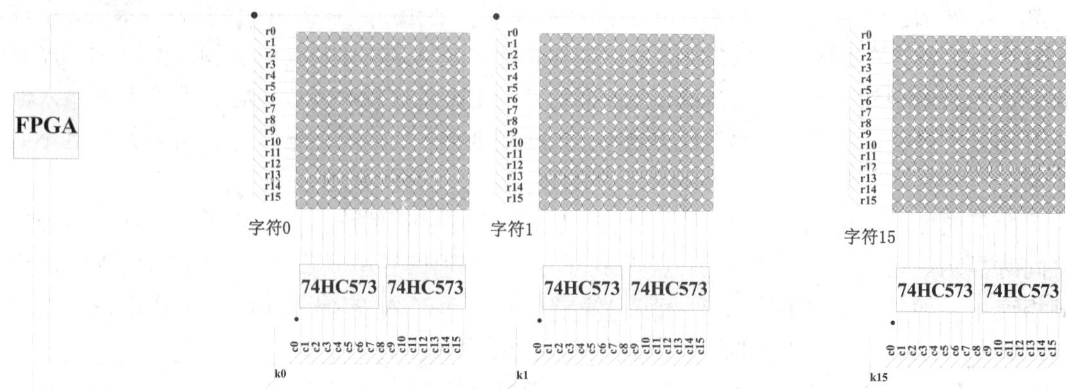

图 4.60　16 点阵字符与 FPGA 连接原理图

本设计采用的字符取模规则为从第一列开始向下取 8 个点作为一个字节(位从低到高排序是从上到下)，然后从第二列开始向下取 8 个点作为第二个字节，依此类推，取模顺序是从高到低，即第一个点作为最高位。由于显示的“FPGA”4 个英文字母采用 8×16 点阵，所以，每个英文字符有 16 个字节，前 8 个字节表示该字符的上半个字，后 8 个字节表示下半个字。汉字“控制点阵”等 4 个字采用 16×16 点阵，因而，每个汉字字符有 32 个字节，前 16 个字节表示该汉字的上半个字，后 16 个字节表示下半个字。“FPGA 控制点阵”等字符的点阵图如图 4.61 所示。各字符的十进制取模码见表 4.16。

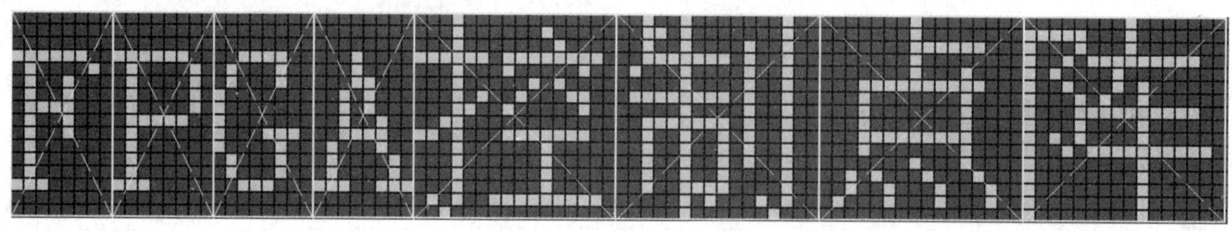

图 4.61　“FPGA 控制点阵”字符的点阵图

表 4.16　“FPGA 控制点阵”字符的十进制取模码表

列　数	1	2	3	4	5	6	7	8	9	10	11	12	13	14	15	16
F 上半字	8	248	136	136	232	8	16	0								
F 下半字	32	63	32	0	3	0	0	0								
P 上半字	8	248	8	8	8	8	240	0								
P 下半字	32	63	33	1	1	1	0	0								
G 上半字	192	48	8	8	8	56	0	0								
G 下半字	7	24	32	32	34	30	2	0								
A 上半字	0	0	192	56	224	0	0	0								
A 下半字	32	60	35	2	2	39	56	32								
控上半字	8	8	8	255	136	72	0	152	72	40	10	44	72	216	8	0

续表

列 数	1	2	3	4	5	6	7	8	9	10	11	12	13	14	15	16
控下半字	2	66	129	127	0	0	64	66	66	66	126	66	66	66	64	0
制上半字	0	80	79	74	72	255	72	72	72	0	252	0	0	255	0	0
制下半字	0	0	63	1	1	255	33	97	63	0	15	64	128	127	0	0
点上半字	0	0	0	224	32	32	32	63	36	36	36	244	36	0	0	0
点下半字	0	64	48	7	18	98	2	10	18	98	2	15	16	96	0	0
阵上半字	254	2	18	42	198	136	200	184	143	232	136	136	136	136	0	0
阵下半字	255	0	2	4	3	4	4	4	4	255	4	4	4	4	4	0

5. VHDL 程序设计

LED 点阵显示屏控制器是在时钟信号的控制下生成列扫描信号，与此同时，生成相应的地址信号；根据地址信号，将事先存放在 ROM 中的各字符行编码取出；根据行编码输出行信号。

根据任务书要求，需同时显示 3 片 16×16LED 点阵字符，因而，生成的列扫描选通信号为 16×3=48 位，输出对应列的行信号为 16 位。FPGA 片上 2 个 8 位 ROM 存储器同时使用，输出 16 位行信号。ROM1 输出行信号的低 8 位，ROM2 输出行信号的高 8 位，即“FPGA 控制点阵”等字符的上半字的十进制取模码值，根据字符出现的先后顺序存入 ROM1，而“FPGA 控制点阵”等字符的下半字的十进制取模码值根据字符出现的先后顺序存入 ROM2。

根据任务书要求，“FPGA 控制点阵”等字符需以循环左移的方式显示。这里采用当一帧图像显示稳定后，起始地址指针下移一列的方式完成左移循环显示。应当注意的是，扫描速度应远大于滚动速度，本项目采用一帧图像扫描多次后再移动起始地址指针的方式。

综上所述，LED 点阵显示屏控制器的 VHDL 程序，根据功能情况可分为：分频模块、ROM1 模块、ROM2 模块、扫描信号和地址生成模块。分频模块的功能是将系统输入的时钟信号分频变换为列扫描信号时钟；ROM1、ROM2 模块的作用，是存储各列行信号值，并在列扫描信号时钟的控制下，根据地址值及时输出对应的行信号；扫描信号和地址生成模块的功能，是生成列扫描信号输出，并输出相应的行地址信号，控制 ROM1、ROM2 输出行信号。

4.3.3 LED 点阵显示屏控制器程序设计实施步骤

根据系统设计方案，本节介绍基于 FPGA 最小系统板的 LED 点阵显示屏控制器设计实施过程。

1. 创建工程

建立工程文件夹(如 E:/XM4/DZXSB)，将本工程的全部设计文件保存在此文件夹中。运行 Quartus II 12.1 软件平台；在 Quartus II 12.1 集成环境中选择【File】→【New Project Wizard】命令，根据新建工程向导 5 步骤创建名为“DZXSB”的工程，顶层实体名为“dzxsb”；

芯片根据选择的 FPGA 最小系统板的芯片型号设为 EP2C5T114C8；第三方仿真软件选择“ModelSim-Altera”。

由于本工程采用结构化描述方式，所以，在“DZXSB”的工程内需创建 ROM1 模块、ROM2 模块、分频模块、扫描信号和地址生成模块以及将各模块集成的顶层模块等程序文件。

2. 创建 ROM1、ROM2 模块初始化文件

在设计 ROM1、ROM2 模块前，需要为 ROM 模块新建初始化“*.mif”文件，用来存储要显示的字符编码。

(1) 在 Quartus II 12.1 集成环境中选择【File】→【New】命令，弹出【New】对话框；选择【Memory Files】目录下的【Memory Initialization File】选项，单击【OK】按钮退出【New】对话框；弹出【Number of Words & Word Size】对话框，设置字节数及位宽，将【Number of words】值设置为 256，将【Word size】位宽设为 8；单击【Number of Words & Word Size】对话框【OK】按钮，在 Quartus II 12.1 集成环境中将打开 ROM 初始化文件编辑窗口界面，并自动产生扩展名为“.mif”的文本文件“mif1.mif”。

(2) 在 Quartus II 12.1 集成环境中选择【File】→【Save As】命令，弹出【另存为】对话框，命名初始化文件为“rom_1.mif”，保存在“E:/XM4/DZXSB”文件夹。

(3) 在编辑窗口根据表 4.16 编码与字符字模关系，输入各显示字符上半字的字符编码值，如图 4.62 所示。

(4) 仿照 rom_1.mif”的创建方法，再创建 ROM 初始化文件“rom_2.mif”，保存在“E:/XM4/DZXSB”文件夹。在编辑窗口根据表 4.16 编码与字符字模关系，输入各显示字符下半字的字符编码值，如图 4.63 所示。

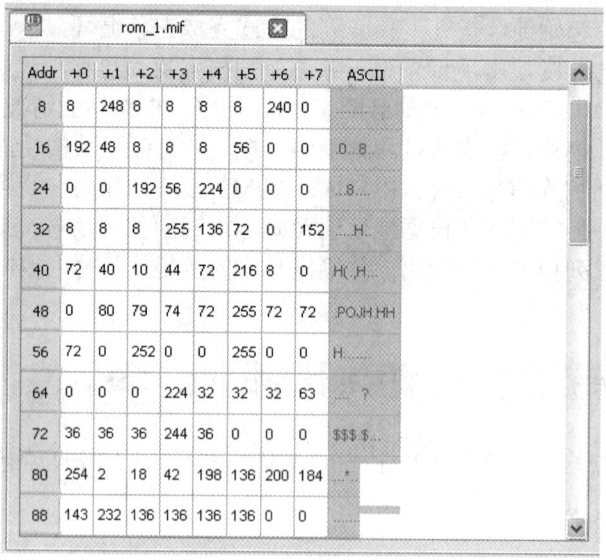

rom_1.mif

Addr	+0	+1	+2	+3	+4	+5	+6	+7	ASCII
8	8	248	8	8	8	8	240	0	....
16	192	48	8	8	8	56	0	0	.0...8..
24	0	0	192	56	224	0	0	0	...8....
32	8	8	8	255	136	72	0	152	.....H..
40	72	40	10	44	72	216	8	0	H(.,H...
48	0	80	79	74	72	255	72	72	.POJH.HH
56	72	0	252	0	0	255	0	0	H.......
64	0	0	0	224	32	32	32	63	.... ?
72	36	36	36	244	36	0	0	0	$$$.$...
80	254	2	18	42	198	136	200	184	...*....
88	143	232	136	136	136	136	0	0	....

图 4.62 各显示字符上半字初始化文件

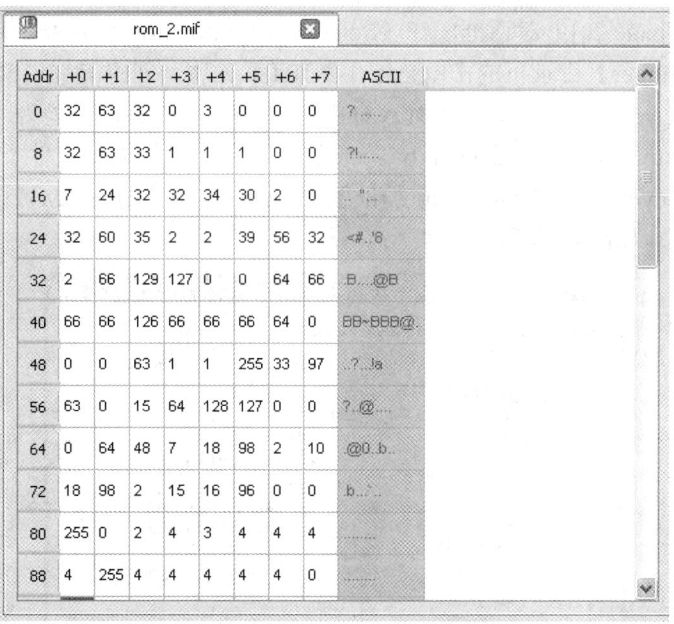

rom_2.mif

Addr	+0	+1	+2	+3	+4	+5	+6	+7	ASCII
0	32	63	32	0	3	0	0	0	?.....
8	32	63	33	1	1	1	0	0	?!.....
16	7	24	32	32	34	30	2	0	.. "...
24	32	60	35	2	2	39	56	32	<#..'8
32	2	66	129	127	0	0	64	66	.B....@B
40	66	66	126	66	66	66	64	0	BB~BBB@.
48	0	0	63	1	1	255	33	97	..?...!a
56	63	0	15	64	128	127	0	0	?..@....
64	0	64	48	7	18	98	2	10	.@0..b..
72	18	98	2	15	16	96	0	0	.b...`..
80	255	0	2	4	3	4	4	4	....
88	4	255	4	4	4	4	4	0	....

图 4.63　各显示字符下半字初始化文件

3. 创建 ROM1、ROM2 宏功能模块文件

在 Quartus II 12.1 集成环境中选择【Tools】→【MegaWizard Plug-In Manager】命令，弹出宏功能模块应用向导【MegaWizard Plug-In Manager [page 1]】对话框，选择【Create a new custom megafunction variation】选项，定制新的宏功能模块，如图 4.64 所示。

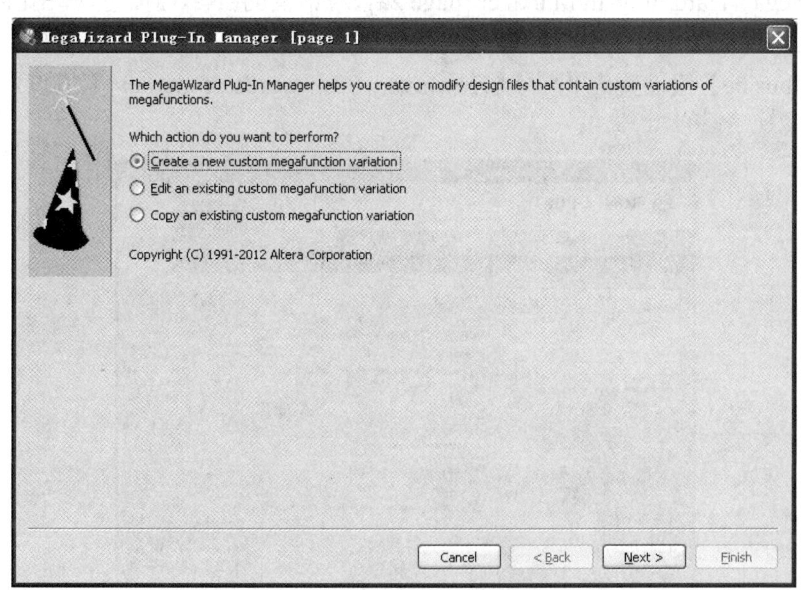

图 4.64　宏功能模块应用向导

1) 创建单端口只读存储器 ROM1

单击【MegaWizard Plug-In Manager [page 1]】对话框的【Next】按钮，弹出【MegaWizard

Plug-In Manager [page 2a]】对话框。在【Select a megafunction from the list below】栏中选择【Memory Compiler】目录下的【ROM：1-PORT】选项，创建单端口 ROM；在【Which device family will you be using】下拉列表框中选择 FPGA 的芯片类型为“Cyclone II”；在【Which type of output file do you want to create】选项组中选择输出文件类型为【VHDL】；在【What name do you want for the output file】文本框中输入创建 ROM1 宏功能模块的文件名“char_rom_1”，如图 4.65 所示。

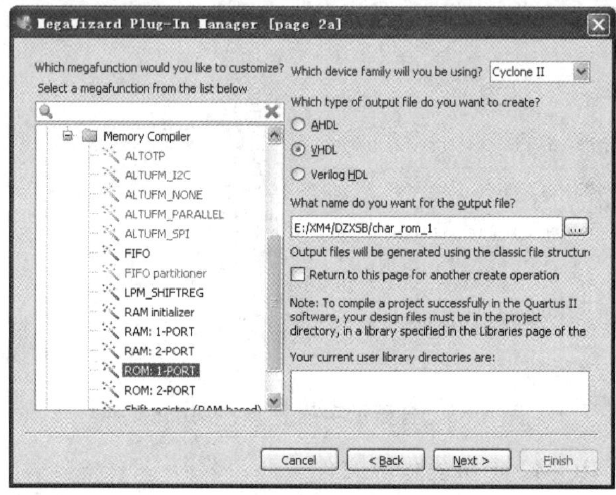

图 4.65　选择创建单端口只读存储器

2) ROM1 基本参数设置

单击【MegaWizard Plug-In Manager [page 2a]】对话框的【Next】按钮，弹出【MegaWizard Plug-In Manager [page 3 of 7]】对话框。根据初始化文件确定的存储容量，将【How wide shold the 'q' output bus be】值设置为 8；将【How many 8-bit words of memory】值设置为 256，如图 4.66 所示。

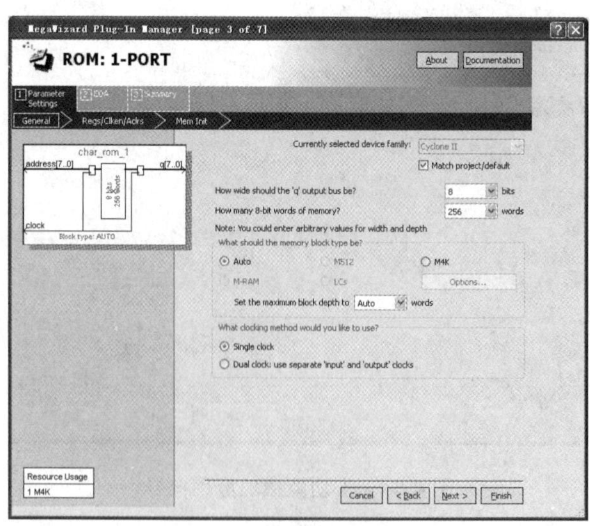

图 4.66　单端口只读存储器基本参数设置

3) ROM1 输出端口设置

单击【MegaWizard Plug-In Manager [page 3 of 7]】对话框的【Next】按钮，弹出【MegaWizard Plug-In Manager [page 4 for 7]】对话框。在【Which ports should be registered】栏中取消选中【'q' output port】复选框，输出端口不使用锁存器，直接输出信号，如图 4.67 所示。

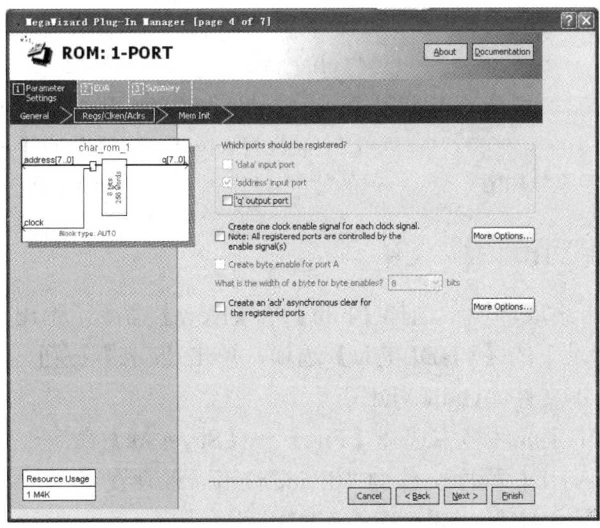

图 4.67　设置 ROM 输出端口

4) 设置 ROM1 初始化文件

单击【MegaWizard Plug-In Manager [page 4 of 7]】对话框的【Next】按钮，弹出【MegaWizard Plug-In Manager [page 5 for 7]】对话框。选择【Yes, use this file for the memory content data】选项；单击【Browse】按钮，在弹出的对话框中选择已创建的初始化文件 “rom_1.mif” (文件位置 E:/XM4/DZXSB)，在【File name】文本框内填入 “./rom_1.mif”，如图 4.68 所示。

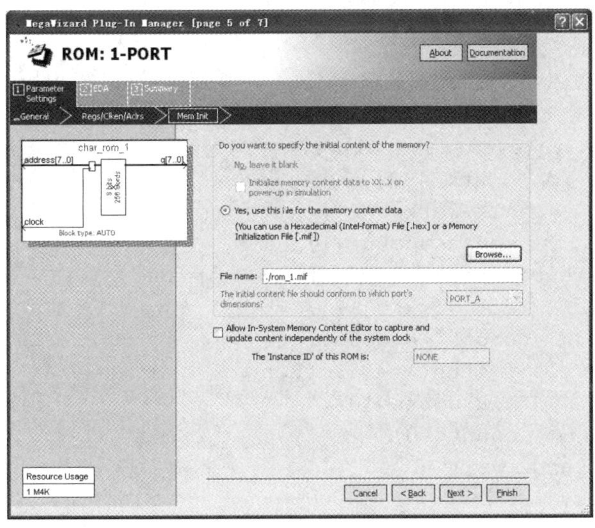

图 4.68　设置 POM1 初始化文件

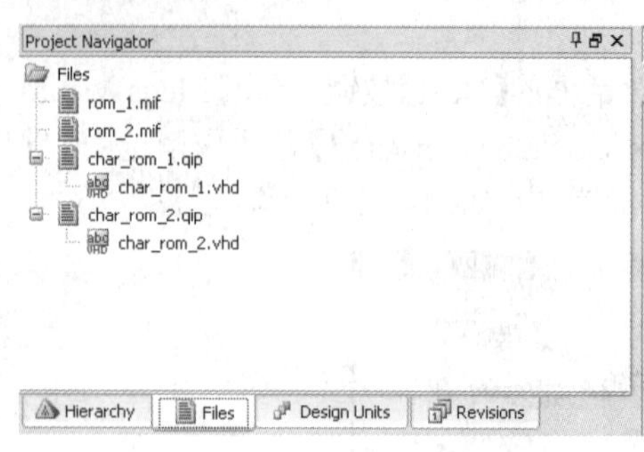

图 4.69　文件目录结构图

单击【Finish】按钮，完成 ROM1 模块的设置，返回主界面。

5) 创建单端口只读存储器 ROM2

根据前面所述步骤，再次创建一个单端口只读存储器 ROM2。ROM2 宏功能模块的文件名为“char_rom_2”；ROM2 的初始化文件选择“rom_2.mif”。完成 ROM1、ROM2 文件创建后，【Project Navigator】面板的【Files】标签页中显示的文件目录结构如图 4.69 所示。

4. 创建分频模块 VHDL 程序文件

在 Quartus II 12.1 集成环境中选择【File】→【New】命令，弹出【New】对话框；选择【Design Files】目录下的【VHDL File】选项，单击【OK】按钮，在 Quartus II 12.1 集成环境中自动产生文本文件“vhdl1.vhd”。

在 Quartus II 12.1 集成环境中选择【File】→【Save As】命令，弹出【另存为】对话框，命名分频模块的 VHDL 程序文件为“divide.vhd”，保存在“E:/XM4/DZXSB”文件夹。在文本文件编辑窗口输入实现分频功能的 VHDL 程序如下。

```
Library ieee;
use ieee.std_logic_1164.all;
use ieee.std_logic_arith.all;
use ieee.std_logic_unsigned.all;
entity divide is
port(clk_in:in std_logic;--系统输入时钟
    clk_work:out std_logic); --各模块工作时钟
end divide;
architecture behave of divide is
signal count : integer range 0 to 4999;
begin
P:process(clk_in)--对 50MHz 的信号 5000 分频成 10kHz 工作时钟
        begin
          if(clk_in'event and clk_in = '1')then
                 if count<2499  then
                     clk_work<='0';
                     count<=count+1;
                 elsif count<4999 then
                     clk_work<= '1';
                     count <= count+1;
                 elsif count>=4999 then
                     clk_work<='0';
                     count<=0;
                 end  if;
          end  if;
        end process;
end behave;
```

完成程序输入后，右击【Project Navigator】面板的【Files】标签页的【divide.vhd】选项；在弹出的快捷菜单中选择【Set as Top-Level Entity】命令，如图 4.70 所示，将“divide.vhd”文件设置为顶层文件；在 Quartus II 12.1 集成环境中选择【Processing】→【Start Compilation】命令，对分频模块进行编译，检查有无语法错误。如果有错误必须进行修改，直到编译通过。

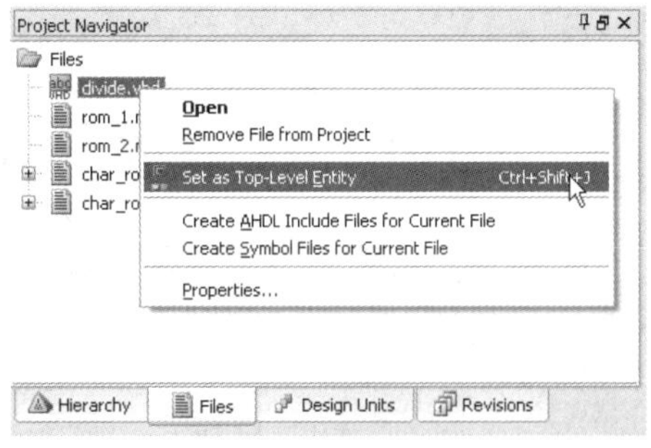

图 4.70　将分频模块设置为顶层文件

5. 创建扫描信号和地址生成模块 VHDL 程序文件

在 Quartus II 12.1 集成环境中选择【File】→【New】命令，弹出【New】对话框；选择【Design Files】目录下的【VHDL File】选项，单击【OK】按钮，在 Quartus II 12.1 集成环境的编辑窗口中自动产生文本文件“vhdl1.vhd”。

在 Quartus II 12.1 集成环境中选择【File】→【Save As】命令，弹出【另存为】对话框，命名生成列扫描信号和行信号地址模块的 VHDL 程序文件为“source.vhd”，保存在“E:/XM4/DZXSB”文件夹。在文本文件编辑窗口输入生成扫描信号和地址信号功能的 VHDL 程序如下。

```
    library ieee;
    use ieee.std_logic_1164.all;
    use ieee.std_logic_arith.all;
    use ieee.std_logic_unsigned.all;
    entity source is
    port(clk_work:in std_logic;
        out_c:out std_logic_vector(47 downto 0);
            out_adder:out std_logic_vector(7 downto 0));
    end source;
    architecture  behave of source is
    signal temp1:std_logic_vector(5 downto 0):="000000";--temp1 代表一帧数据
    signal temp2:std_logic_vector(5 downto 0):="000000";--temp2 代表帧数
    signal timp0:integer range 0 to 15:=0;--timp0 为帧循环次数计数，每帧扫 16 遍
    signal out_c_temp:std_logic_vector(47 downto 0):="0000000000000000000000
00000000000000000000000000";
    signal row_v_t:std_logic_vector(48 downto 0):="11111111111111111111111111
1111111111111111111110";
    begin
    P1: process(clk_work)
          begin
              if(clk_work'event and clk_work='1')then
                  if temp1="101111" then
                      out_c_temp<=row_v_t(47 downto 0);
                      row_v_t<=row_v_t(47 downto 0)&'0';
                      temp1<="000000";
                      if temp2="101111" then
                       temp2<="000000";
                      else
                       if timp0<15  then
                           timp0<=timp0+1;
```

```
                        else
                            timp0<=0;
                            temp2<=temp2+'1';
                        end if;
                       end if;
                    else
                       out_c_temp<=row_v_t(47 downto 0);
                       row_v_t<=row_v_t(47 downto 0)&'1';
                       temp1<=temp1+'1'; --转为下一帧数据
                    end if;
                 end if;
            end  process;
out_c<=out_c_temp;
out_adder<=("00"&temp2)+("00"&temp1);
end behave;
```

完成程序输入后，右击【Project Navigator】面板的【Files】标签页的【source.vhd】选项；在弹出的快捷菜单中选择【Set as Top-Level Entity】命令，如图 4.71 所示，将"source.vhd"文件设置为顶层文件；在 Quartus II 12.1 集成环境中选择【Processing】→【Start Compilation】命令，对扫描信号和地址生成模块进行编译，检查有无语法错误。如果有错误必须进行修改，直到编译通过。

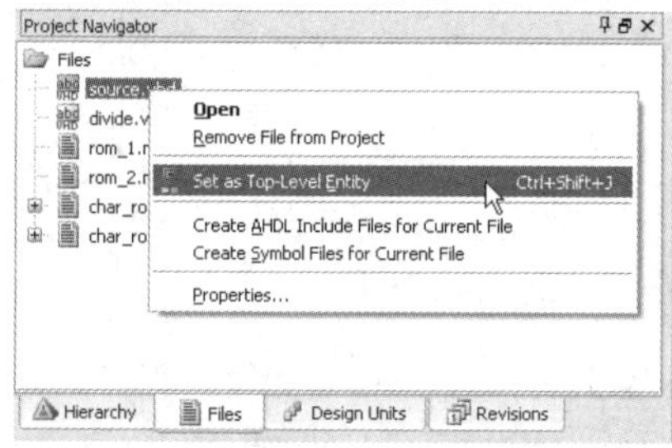

图 4.71　将扫描信号和地址生成模块设置为顶层文件

6. 创建集成各模块的顶层 VHDL 程序文件

在 Quartus II 12.1 集成环境中选择【File】→【New】命令，弹出【New】对话框；选择【Design Files】目录下的【VHDL File】选项，单击【OK】按钮，在 Quartus II 12.1 集成环境中的编辑窗口中自动产生文本文件"vhdl1.vhd"。

在 Quartus II 12.1 集成环境中选择【File】→【Save As】命令，弹出【另存为】对话框，命名集成各模块的 VHDL 程序文件为"dzxsb.vhd"，保存在"E:/XM4/DZXSB"文件夹。分频模块(divide)、扫描和地址生成模块(source)、ROM1 宏功能模块(char_rom_1)、ROM2 宏功能模块(char_rom_2)的连接如图 4.72 所示。

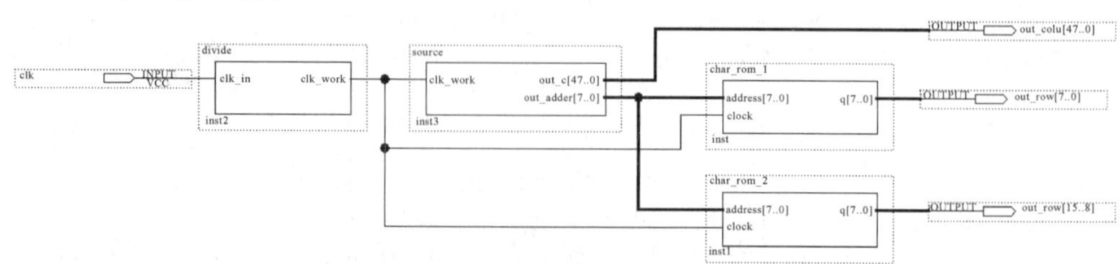

图 4.72　各模块间的连接图

采用结构化描述集成各模块的顶层文件，首先，要对各子模块“divide”、“source”、“char_rom_1”、“char_rom_2”用“component”语句进行声明，然后，调用各子模块，根据各模块间的连接图进行端口影射。结构化描述集成各模块的顶层文件 VHDL 程序如下。

```
library ieee;
use ieee.std_logic_1164.all;
use ieee.std_logic_arith.all;
use ieee.std_logic_unsigned.all;
entity dzxsb is
port(clk :in std_logic;
    out_row:out std_logic_vector(15 downto 0);
    out_colu:out std_logic_vector(47 downto 0));
end dzxsb;
architecture behave of dzxsb is
      signal sig0:std_logic:='0';
      signal temp_s:std_logic_vector(7 downto 0):="00000000";
      component divide
          port(clk_in:in std_logic;
                clk_work:out std_logic);
      end component;
      component source
          port(clk_work:in std_logic;
                out_c:out std_logic_vector(47 downto 0);
                out_adder:out std_logic_vector(7 downto 0));
      end component;
      component char_rom_1
          port(address: in std_logic_vector(7 downto 0);
                  clock: in std_logic  := '1';
                  q    : out std_logic_vector(7 downto 0));
      end component;
      component char_rom_2
          port(   address: in std_logic_vector(7 downto 0);
                  clock    : in std_logic  := '1';
                  q    : out std_logic_vector(7 downto 0));
      end component;
begin
      U0:divide       port map(clk,sig0);
      U1:source      port map(sig0,out_colu(47 downto 0),temp_s(7 downto 0));
      U2:char_rom_1   port map(temp_s(7 downto 0),sig0,out_row(7 downto 0));
      U3:char_rom_2   port map(temp_s(7 downto 0),sig0,out_row(15 downto 8));
end behave;
```

完成程序输入后，右击【Project Navigator】面板的【Files】标签页的【dzxsb.vhd】选项；在弹出的快捷菜单中选择【Set as Top-Level Entity】命令，将“dzxsb.vhd”文件设置为顶层文件。

在 Quartus II 12.1 集成环境中选择【Processing】→【Start Compilation】命令，对集成

各模块的顶层模块文件进行编译。编译完成后观察【Project Navigator】面板的【Hierarchy】标签页，如图 4.73 所示，从图中可知，“dzxsb”顶层模块是由分频模块 U0“divide”、扫描信号和地址信号生成模块 U1“source”、只读存储器模块 U2“char_rom_1”、只读存储器模块 U3“char_rom_2”等组成的。

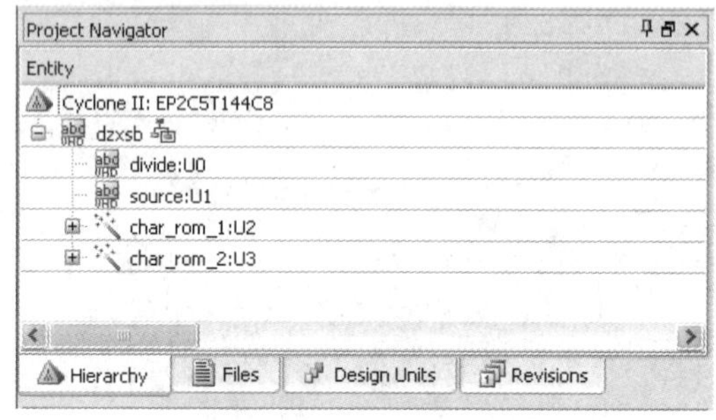

图 4.73 各模块间的层次关系

7. 创建并设置仿真测试文件

仿真验证前需要先创建并设置仿真测试文件，供仿真时调用。创建并设置仿真测试文件步骤如下。

(1) 创建仿真测试模板文件。在 Quartus II 12.1 集成环境中选择【Processing】→【Start】→【Start Test Bench Template Writer】命令。如果没有设置错误，系统将弹出生成测试模板文件成功的对话框。默认生成的仿真测试模板文件为“dzxsb.vht”，保存位置为工程文件夹中的“E:/XM4/DZXSB/simulation/modelsim”文件夹。

(2) 编辑仿真测试文件。在 Quartus II 12.1 集成环境中选择【File】→【Open】命令，弹出【Open File】对话框，选择生成的仿真测试文件“E:/XM4/DZXSB/simulation/modelsim/dzxsb.vht”，打开“dzxsb.vht”文件；在“dzxsb.vht”文件的“init”进程设置输入时钟“clk”为最小系统板的板载频率 50MHz，即周期为 20ns。完整的功能仿真测试文件如下。

```
library ieee;
use ieee.std_logic_1164.all;
entity dzxsb_vhd_tst is
end dzxsb_vhd_tst;
architecture dzxsb_arch of dzxsb_vhd_tst is
signal clk : std_logic;
signal out_colu : std_logic_vector(47 downto 0);
signal out_row : std_logic_vector(15 downto 0);
component dzxsb
      port(clk : in std_logic;
              out_colu : out std_logic_vector(47 downto 0);
              out_row : out std_logic_vector(15 downto 0));
end component;
begin
i1 : dzxsb
      port map(clk => clk,
                 out_colu => out_colu,
```

```
                    out_row => out_row);
init : process
 begin
        clk<='0';wait for 10ns;
        clk<='1';wait for 10ns;
end process init;
 end dzxsb_arch;
```

该功能仿真测试文件的实体名为“dzxsb_vhd_tst”，测试模块元件的例化名为“i1”。

(3) 配置选择表决器仿真测试文件。选择【Assignments】→【Settings】命令，弹出设置工程“dzxsb”的【Settings-dzxsb】对话框；在【Category】栏中选择【EDA Tool Settings】目录下的【Simulation】选项，在【Settings-dzxsb】对话框内出现【Simulation】面板；在【Simulation】面板的【NativeLink settings】选项组中选择【Compile test bench】选项；单击【Test Benches】按钮，弹出【Test Benches】对话框；单击【Test Benches】对话框的【New】按钮，弹出【New Test Bench Settings】对话框；在【Test bench name】文本框中输入功能仿真测试文件名“dzxsb.vht”；在【Top level module in test bench】文本框中输入功能仿真测试文件的顶层实体名“dzxsb_vhd_tst”；选中【Use test bench to perform VHDL timing simulation】复选框，并在【Design instance name in test bench】文本框中输入测试模块元件例化名“i1”；选择【End simulationat】时间为 5s；单击【Test bench and simulation files】选项组【File name】文本框后的按钮□，选择测试文件“E:/XM4/DZXSB/simulation/modelsim/dzxsb.vht”，单击【Add】按钮，设置结果如图 4.74 所示。完成配置后，单击各对话框的【OK】按钮，返回文本编辑主界面。

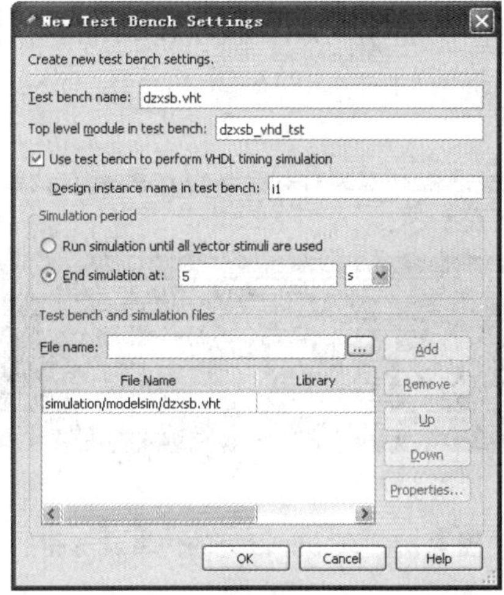

图 4.74　【New Test Bench Settings】对话框

8. 功能仿真及波形分析

在 Quartus II 12.1 集成环境中选择【Tools】→【Run Simulation Tool】→【RTL Simulation】命令，可以看到 ModelSim-Altera 10.1b 的运行界面，出现的功能仿真波形如图 4.75 所示。

从图 4.75 所示的仿真波形图中可知，在 0.05ms 处开始输出第一列的扫描信号，同时输出显示的第一个字符“F”字符的第一列各行信号“0010000000000001000”，列扫描频率为 10kHz，即周期为 0.1ms。3 个字符 48 列扫描完成时间为 0.05+0.1×48=4.85(ms)。放大

4.85ms 处的仿真波形图，如图 4.76 所示。

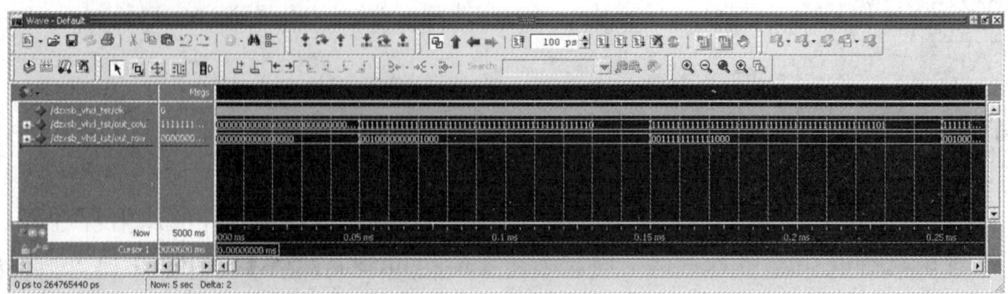

图 4.75　LED 点阵显示屏控制器功能仿真波形图

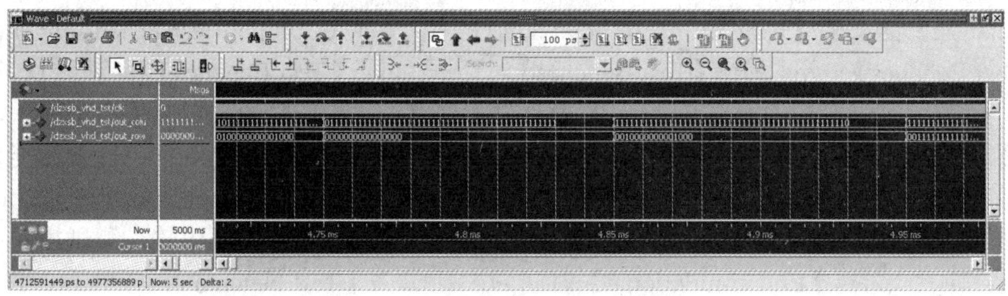

图 4.76　4.85ms 处的仿真波形图

从图 4.76 所示的仿真波形图中可知，在 4.75ms 处输出第 48 列的扫描信号，输出第 3 个字符“控”的最后一列各行信号“0000000000000000”；在 4.85ms 处开始重复第一次扫描，输出字符“F”的第一列各行信号“0010000000001000”；根据程序设计，每帧图像重复扫描 16 次，即完成 1 帧扫描时间为 4.8×16=76.8(ms)，放大 76.8+0.05=76.85(ms)处的仿真图像，如图 4.77 所示。

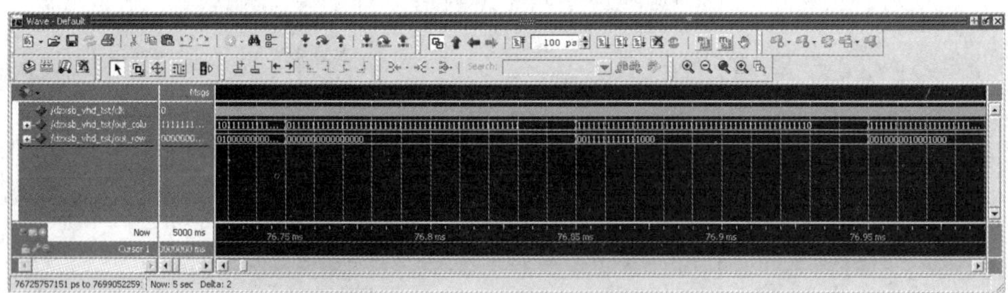

图 4.77　76.85ms 处的仿真波形图

从图 4.77 所示的仿真波形图中可知，76.75ms 处为第一帧画面“FPGA 控”的最后一个字符“控”的最后一列各行信号“0000000000000000”；而在 76.85ms 处开始第二帧图像的扫描，由于字符循环左移显示，因而，第二帧图像的第一列各行信号为“F”的第二列各行信号“0011111111111000”；第二帧图像的最后列，即第 48 列的行信号应该为“制”字的第一列各行信号，放大 76.85+4.8=81.65(ms)处仿真波形，如图 4.78 所示。

从图 4.78 所示的仿真波形图中可知，81.55ms 处为第二帧图像的最后一列的“制”字的第一列各行信号“0000000000000000”；而在 81.65ms 处开始为第二帧图像第二次重复的扫描，为“F”的第二列各行信号“0011111111111000”；完成所有字符“FPGA 控制点

阵”循环显示的时间为 76.8×48=3686.4(ms)，放大 3686.4+0.05=3686.45(ms)处的仿真波形图，如图 4.79 所示。

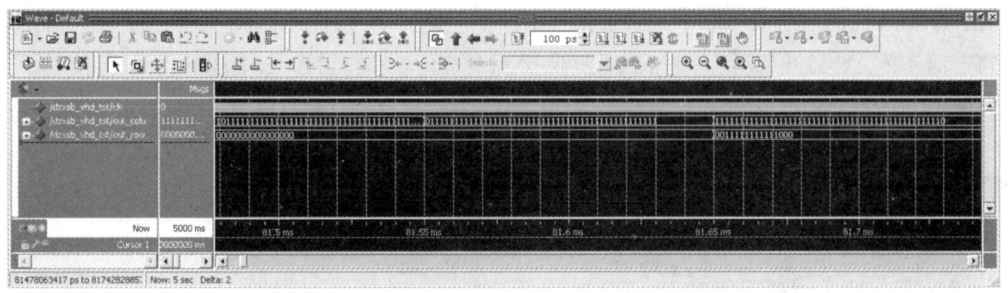

图 4.78　81.65ms 处的仿真波形图

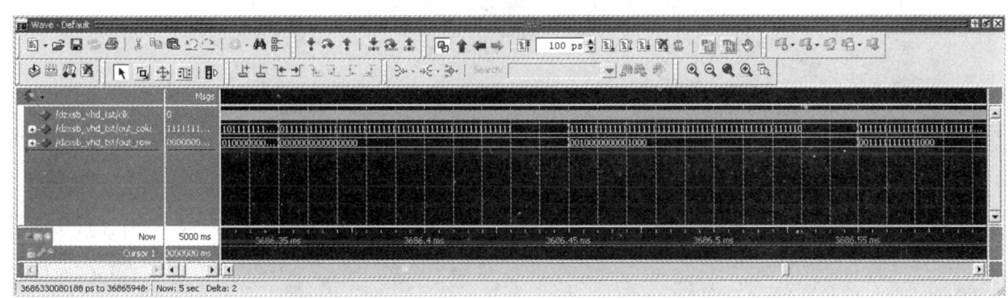

图 4.79　3686.45ms 处的仿真波形图

从图 4.79 所示的仿真波形图中可知，3686.35ms 处为第一次循环显示最后字符“阵”的最后一列各行信号“0000000000000000”；从 3686.45ms 处开始第二次循环显示最前字符“F”的第一列各行信号“0010000000001000”，3686.45(ms)处为“F”字符的第二列各行信号“0011111111111000”。

综合上述仿真波形图的分析可知，设计的程序符合任务书的要求，其每列的扫描频率为 10kHz，字符循环的速度为每字 3.6864/3=1.2288(s)。

4.3.4　LED 点阵显示屏控制器编程下载与硬件测试

基于 EP2C5T144-FPGA 最小系统板的 LED 点阵显示屏控制器的硬件测试过程包括硬件电路连接、目标器件指定、输入输出引脚锁定、下载设计文件与硬件测试等步骤。

1．硬件电路连接

基于 VHDL 程序的 LED 点阵显示屏控制器模块输入输出端口如图 4.80 所示。输入输出各端口的连接说明如下。

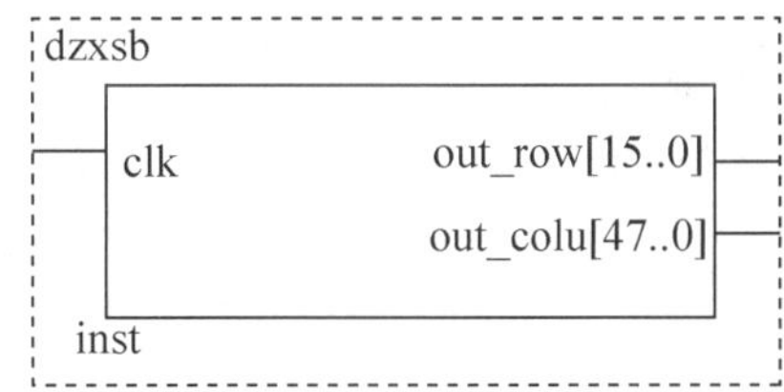

图 4.80　LED 点阵显示屏控制器控制模块输入输出端口

“clk”为系统时钟信号输入端，与 FPGA 最小系统板所提供的 50MHz 时钟信号相连接；“out_row[15..0]”为显示屏行线控制输出端，3 片 16×16LED 点阵相应的行线串联后与之相接；“out_colu[47..0]”为显示屏列线控制输出端，顺序连接 3 片 16×16LED 点阵的列线。EP2C5T144-FPGA 最小系统板的 25×2 双排直插针与 3 片 16×16LED 点阵连接原理图如图 4.81 所示。

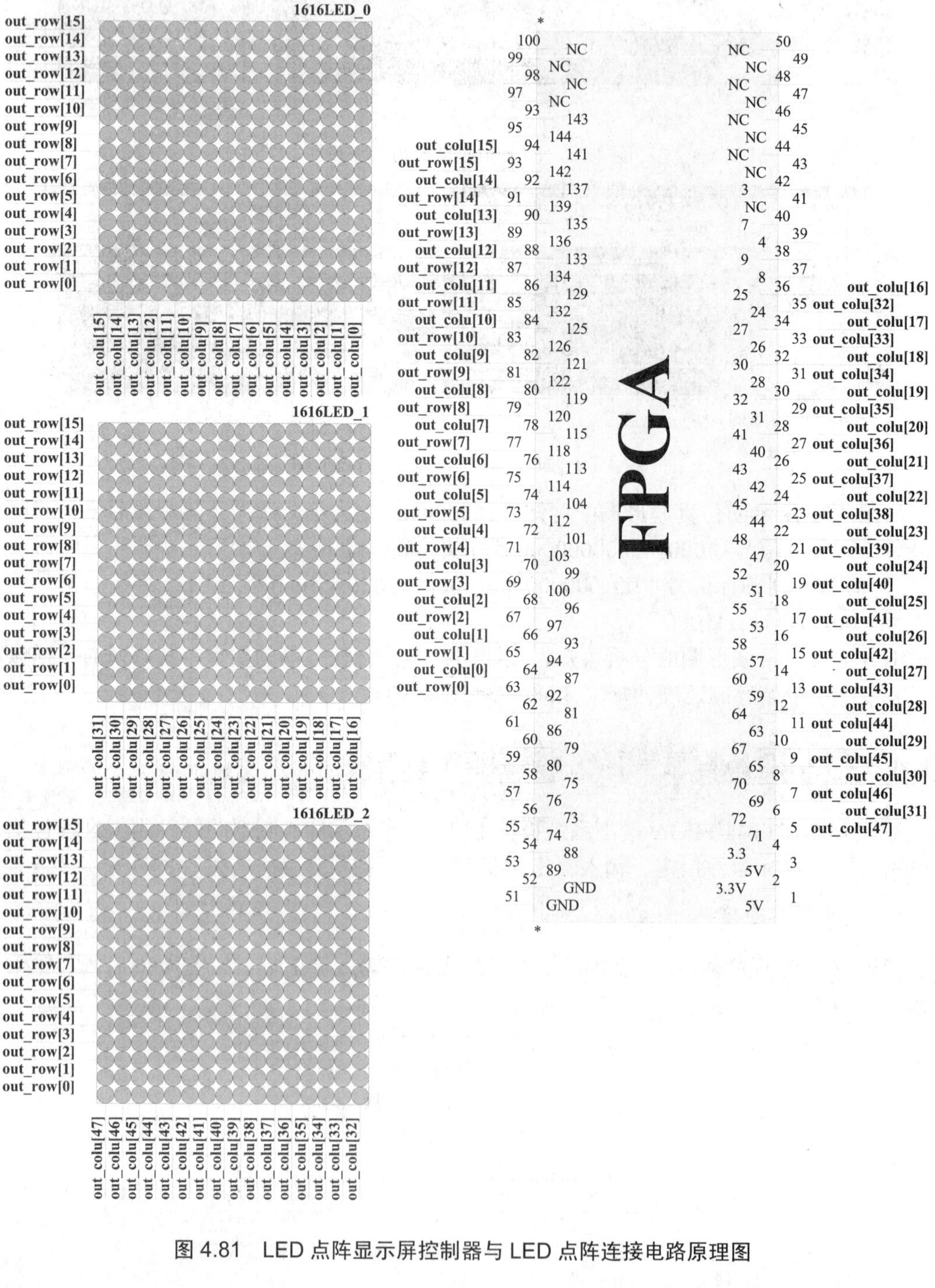

图 4.81　LED 点阵显示屏控制器与 LED 点阵连接电路原理图

2. 目标器件指定

根据 EP2C5T144-FPGA 最小系统板所用的 EP2C5T144C8 芯片指定目标器件。操作方法：选择【Assignments】→【Device】命令，在弹出的【Device】对话框中指定。在【Family】选项指定芯片类型为【Cyclone II】；在【Package】选项指定芯片封装方式为【TQFP】；在【Pin count】选项指定芯片引脚数为【114】；在【Speed grade】选项指定芯片速度等级为【8】；在【Available devices】列表中选择有效芯片为【EP2C5T114C8】芯片，完成芯片指定。

3. 输入输出引脚锁定

根据 LED 点阵显示屏控制器与 LED 点阵连接电路原理图可知，LED 点阵显示屏控制器输入输出端口与目标芯片引脚的连接关系见表 4.17。

表 4.17　输入输出端口与目标芯片引脚的连接关系表

端口名称	芯片引脚	端口名称	芯片引脚	端口名称	芯片引脚	端口名称	芯片引脚
clk	pin_17						
out_row[15]	pin_142	out_colu[15]	PIN_141	out_colu[31]	PIN_72	out_colu[47]	PIN_71
out_row[14]	pin_139	out_colu[14]	PIN_137	out_colu[30]	PIN_70	out_colu[46]	PIN_69
out_row[13]	pin_136	out_colu[13]	PIN_135	out_colu[29]	PIN_67	out_colu[45]	PIN_65
out_row[12]	pin_134	out_colu[12]	PIN_133	out_colu[28]	PIN_64	out_colu[44]	PIN_63
out_row[11]	pin_132	out_colu[11]	PIN_129	out_colu[27]	PIN_60	out_colu[43]	PIN_59
out_row[10]	pin_126	out_colu[10]	PIN_125	out_colu[26]	PIN_58	out_colu[42]	PIN_57
out_row[9]	pin_122	out_colu[9]	PIN_121	out_colu[25]	PIN_55	out_colu[41]	PIN_53
out_row[8]	pin_120	out_colu[8]	PIN_119	out_colu[24]	PIN_52	out_colu[40]	PIN_51
out_row[7]	pin_118	out_colu[7]	PIN_115	out_colu[23]	PIN_48	out_colu[39]	PIN_47
out_row[6]	pin_114	out_colu[6]	PIN_113	out_colu[22]	PIN_45	out_colu[38]	PIN_44
out_row[5]	pin_112	out_colu[5]	PIN_104	out_colu[21]	PIN_43	out_colu[37]	PIN_42
out_row[4]	pin_103	out_colu[4]	PIN_101	out_colu[20]	PIN_41	out_colu[36]	PIN_40
out_row[3]	pin_100	out_colu[3]	PIN_99	out_colu[19]	PIN_32	out_colu[35]	PIN_31
out_row[2]	pin_97	out_colu[2]	PIN_96	out_colu[18]	PIN_30	out_colu[34]	PIN_28
out_row[1]	pin_94	out_colu[1]	PIN_93	out_colu[17]	PIN_27	out_colu[33]	PIN_26
out_row[0]	pin_92	out_colu[0]	PIN_87	out_colu[16]	PIN_25	out_colu[32]	PIN_24

引脚分配锁定方法：选择【Assignments】→【Pin Planner】命令，打开【Pin Planner】窗口；在【Pin Planner】窗口的【Location】列空白位置双击，根据表 4.17 输入相对应的引脚值。分配引脚完成以后，必须再次执行编译命令，这样才能保存引脚锁定信息。

4. 下载设计文件与硬件测试

将“USB-Blaster”下载电缆的一端连接到 PC 的 USB 口，另一端接到 FPGA 最小系统板的 JTAG 口，然后，接通 FPGA 最小系统板的电源，进行下载配置。

(1) 配置下载电缆。选择【Tools】→【Programmer】命令或单击工具栏中的【Programmer】按钮，打开【Programmer】窗口；单击【Hardware Setup】按钮，弹出硬件设置对话框，选择使用 USB 下载电缆的【USB-Blaster[USB-0]】选项，完成下载电缆配置。

(2) 配置下载文件。在【Programmer】窗口的【Mode】下拉列表框中选择【JTAG】模式；选中下载文件“dzxsb.sof”的【Program/Configure】复选框；单击【Start】按钮，开始编程下载，直到下载进度为 100%。

(3) 硬件测试。下载完成后 3 片 16×16LED 点阵将循环显示“FPGA 控制点阵”，显示过程截屏如图 4.82 所示。

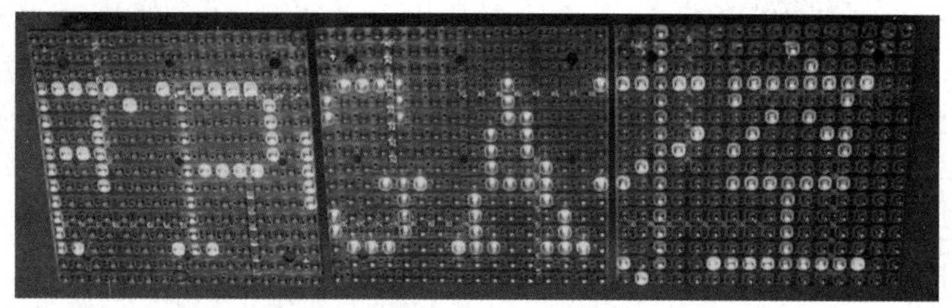

图 4.82 点阵显示结果

做一做，试一试

1. 基于 FPGA 最小系统板，设计字符型 LCD1602 显示控制器，显示的字符具有从左向右移动的效果。
2. 基于 FPGA 最小系统板，设计 LCD12864 液晶显示屏控制器，显示中文字符。
3. 基于 FPGA 最小系统板，使用 3 片 16×16 LED 点阵循环显示 8 个汉字。
4. 基于 FPGA 最小系统板，使用 16 片 16×16 LED 点阵循环显示 32 个字符。

项 目 小 结

本项目通过字符型 LCD1602 模块显示控制器设计及 LED 点阵显示屏控制器设计，训练复杂 VHDL 程序设计能力；介绍了 VHDL 程序的层次化设计和 VHDL 中的 LPM 的使用，VHDL 程序的结构描述方法、元件例化语句的使用及状态机的描述方法。

项目5

二自由度云台控制器设计制作

引　言

PWM(Pulse Width Modulation)脉宽调制/脉冲宽度调制，是利用数字输出来对模拟电路进行控制的一种技术，广泛应用在测量、通信、功率控制与变换等领域中。本项目以二自由度云台控制器为载体，利用 PWM 精确控制二自由度云台的舵机运动，介绍基于 FPGA 的 PWM 控制器的设计方法。云台具有广泛的应用，一般在需要摇动和摆动运动的机构中，都可以应用云台来实现，如机械臂、安防和监控的支架、航模自动控制等。

完成本项目基本流程

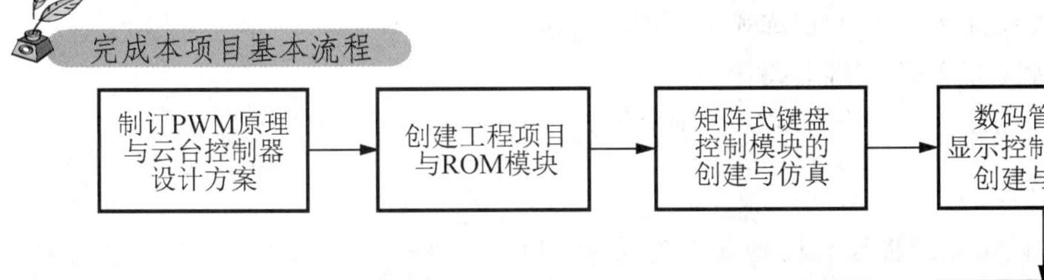

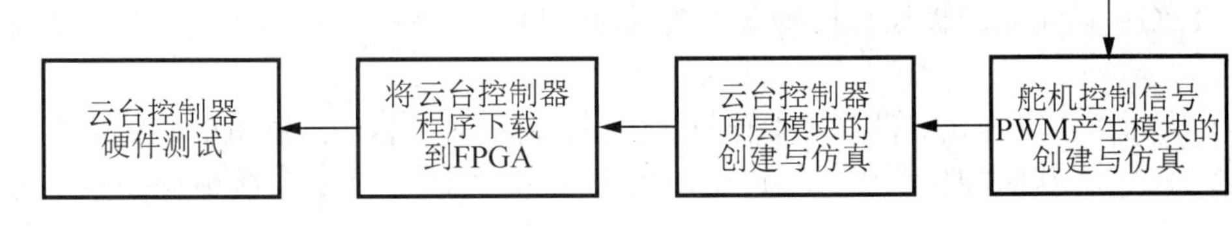

重点提要

能力目标	知识目标
(1) 能将实际的数字系统需求转化为数字电子系统硬件语言描述 (2) 能用原理图和文本输入相结合的方法设计中等复杂程度的数字系统 (3) 能使用 Quartus II 软件将 VHDL 程序生成可供原理图调用的元件 (4) 能使用 Quartus II 软件对设计中的多个设计文件进行单独综合、仿真、调试 (5) 能设计 VHDL 程序的矩阵式键盘控制器、数码管动态扫描显示控制器	(1) 了解舵机的工作原理 (2) 了解 PWM 的原理与应用 (3) 熟悉矩阵键盘的工作原理 (4) 熟悉数码管动态扫描显示的工作原理 (5) 掌握 VHDL 程序的自顶向下模块化设计数字电路的方法 (6) 掌握 LPM 宏功能模块的使用方法

5.1 二自由度云台控制器设计方案

二自由度云台可以在水平和垂直方向做二自由度运动，云台的全方位运动是由两台电机控制，电机接收来自控制器的信号，进行精确的定位。全方位云台就是两个电机组成的安装平台，可以实现水平和垂直的运动。

5.1.1 任务书

二自由度全方位云台的电机由两台优质舵机组成，要求基于 FPGA 最小系统板，采用层次化描述设计方法，使用 VHDL 程序实现对二自由度舵机云台的精确控制。

1. 学习目的

(1) 能利用原理图和文本输入相结合的方法描述数字电子系统。

(2) 能将实际的数字系统需求转化为数字电子系统硬件语言描述。

(3) 能熟练地将设计好的 VHDL 程序通过编程器载入 FPGA 最小系统板。

(4) 能熟练地对 VHDL 程序中的多个设计文件进行单独综合、仿真、调试。

(5) 能用 VHDL 程序描述矩阵式键盘控制电路。

(6) 能用 VHDL 程序实现数码管的动态扫描显示。

(7) 能用 VHDL 程序描述 PWM 控制信号。

2. 任务描述

用 FPGA 最小系统板设计控制器，实现对二自由度舵机云台的精确控制。功能要求如下。

(1) 采用 4×4 矩阵式键盘输入旋转角度值，精确控制二自由度舵机的旋转角度。

(2) 在 4×4 矩阵式键盘上定义功能键，实现二舵机的角度增加与减小，二舵机的角度，可单独改变，也可同时改变。

(3) 采用 4 位数码管同步显示二舵机角度值的改变。

软件设计要求：在 Quartus II 12.1 软件平台上，用 VHDL 程序设计矩阵式键盘控制电路、数码管动态显示电路、舵机控制电路；用 ModelSim-Altera 10.1b 仿真软件仿真检查设计结果；选用 FPGA 最小系统板、二自由度舵机云台、矩阵式键盘、数码管等硬件资源进行硬件验证。

3. 教学工具

(1) 计算机。

(2) Quartus II 12.1 软件。

(3) ModelSim-Altera 10.1b 仿真软件。

(4) FPGA 最小系统板、二自由度舵机云台、矩阵式键盘、数码管。

5.1.2　矩阵式键盘控制器设计

矩阵式键盘是排布类似于矩阵的键盘组，是一种常见的人机对话输入装置。在键盘中按键数量较多时，为了减少控制端口的占用，通常将按键排列成矩阵形式，如图 5.1 所示。

图 5.1　矩阵键盘

1. 矩阵式键盘工作原理

在矩阵式键盘中，每条水平线和垂直线在交叉处不直接连通，而是通过一个按键加以连接。如 4×4 矩阵键盘可以构成 4×4=16 个按键，而控制端口只需 4+4=8 个。如果直接将控制端口与按键相连接，则需要 16 个控制端口。线数越多，节省端口越多，如再多加 2 条线就可以构成 5×5=25 个按键的键盘，而控制端口只需 5+5=10 个。在需要控制的按键数比较多时，常采用矩阵式键盘作为人机对话的输入装置。

独立式按键每个按键单独与控制端口相连接，单独式按键工作原理如图 5.2 所示。当按下和释放按键时，输入到对应控制端口的电平不同。如当 B3 键按下时，对应的控制端 key[3]的电平为低电平；按键释放，控制端电平变为高电平。

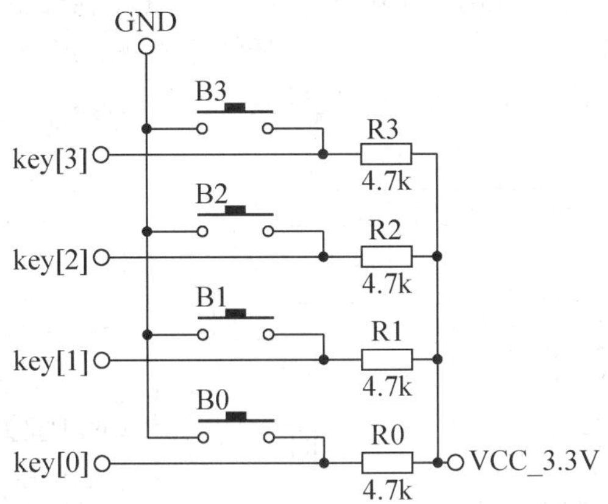

图 5.2　四独立式按键原理图

矩阵式结构的键盘比单独式按键键盘要复杂，按键识别也要复杂。矩阵式键盘由行线和列线组成，按键位于行、列的交叉点上，如图 5.3 所示。键盘控制器顺序扫描各列线，将其置为低电平，然后根据行线上的电平变化来确定是哪个按键被按下。如 4 条列扫描输入 3～0 线置为“1110”，此时，如果 4 条行编码输出 3～0 线的值为“0111”，则可知 A 键按下；如果此时 4 条行编码输出 3～0 线的值为“0011”，则可知 A 键与 B 键同时按下。

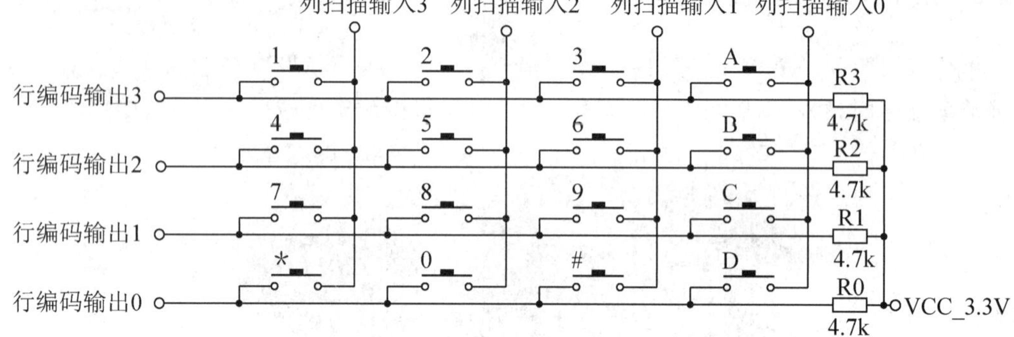

图 5.3　4×4 矩阵式键盘原理图

2. 矩阵式键盘控制器功能

4×4 矩阵式键盘是本项目的输入设备，是实现与系统交换信息的窗口。要使矩阵式键盘正常工作，需要设计矩阵式键盘控制器模块，根据设计任务要求，矩阵式键盘控制器模块的功能如下。

(1) 输出 4×4 矩阵式键盘正常工作所需的列扫描信号。

(2) 接收矩阵式键盘行编码信号。

(3) 根据列扫描信号和接收的行编码信号存储键盘信息。

(4) 根据输入的键盘信息确定设置的角度值、发出控制舵机的信号和同步显示的数据。

矩阵式键盘控制器模块的原理图如图 5.4 所示。4×4 矩阵式键盘各键的功能定义如下。0～9 数字键用来设置旋转角度；“＊”键用来进行角度清零；“#”键为角度确定键；“A”、“B”键改变水平舵机控制信号(PWM1)的变化，“A”键增加角度，“B”键减小角度；“C”、“D”键改变垂直舵机控制信号(PWM2)的变化，“C”键增加角度，“D”键减小角度。旋转角度值采用 4 位数表示，第 1 位数表示选择哪个舵机，数字“1”表示水平舵机，“2”表示垂直舵机，如“1120”表示水平舵机旋转到 120° 位置。

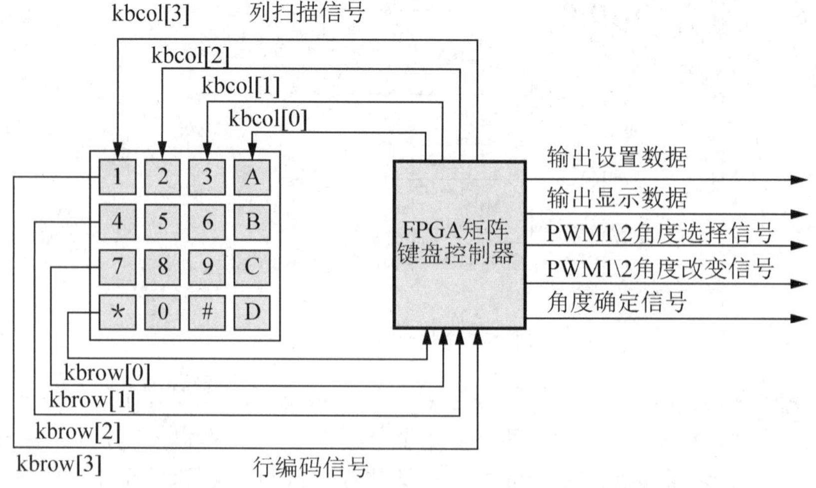

图 5.4　矩阵式键盘控制器模块的原理图

3. 矩阵式键盘控制器设计

根据矩阵式键盘控制器模块的功能，矩阵式键盘控制器模块电路的设计可分为 3 个部分。

(1) 矩阵式键盘的列扫描控制和行编码译码。本设计采用矩阵式键盘控制器输出列扫描信号，然后根据输入的行编码信号进行译码。

扫描信号由 kbcol[3]～kbcol[0]进入键盘，变化的顺序依次为 1110、1101、1011、0111、1110。每一次扫描一列，依次周而复始。例如，列扫描信号为 0111，代表目前正在扫描“1”、“4”、“7”、“＊”这一列按键，如果此时这列中没有按键按下，则行编码信号 kbrow[3]～kbrow[0]的值为 1111；如果此时“7”键按下，则由 kbrow[3]～ kbrow[0]读出的值为 1101。

根据上述原理，可得到各按键与行、列编码的关系，见表 5.1。

表 5.1　按键与行、列编码的关系

列扫描信号 kbcol[3]～kbcol[0]	行编码信号 kbrow[3]～kbrow[0]	按键号
0111	0111	1
0111	1011	4
0111	1101	7
0111	1110	*
1011	0111	2
1011	1011	5
1011	1101	8
1011	1110	0
1101	0111	3
1101	1011	6
1101	1101	9
1101	1110	#
1110	0111	A
1110	1011	B
1110	1101	C
1110	1110	D

(2) 机械式按键的防抖设计。由于机械式按键在按下和弹起的过程中均有 5～10 ms 的信号抖动时间，在信号抖动时间内无法有效判断按键值，因此需对按键进行防抖设计。

本项目采用对按键状态连续记录的方式防抖动，即在按键按下或弹起后连续 8 个时钟周期按键信号均相同，才确认 1 次按键有效，从而避免按键按下和弹起过程中的数据抖动。

这样可有效避免长时间按下按键产生的重复数据输出，使每次按键无论时间长短均可且只会产生 1 次数据输出。

(3) 按键数值的移位寄存。由于需要用 4 位数表示舵机与旋转角度值，而键盘 1 次只能输入 1 位数据，因此，对输入的数据需要进行存储，然后调用。

5.1.3 数码管的动态扫描显示设计

本项目的旋转角度值采用 4 位数表示，需要 4 个数码管。单个数码管(以共阳极性为例)包括小数点是由 8 段发光二极管组成的，其中，7 段(A～G)发光二极管的不同亮灭组成不同的数字，另一个发光二极管(P)控制小数点的显示，如图 5.5 所示。

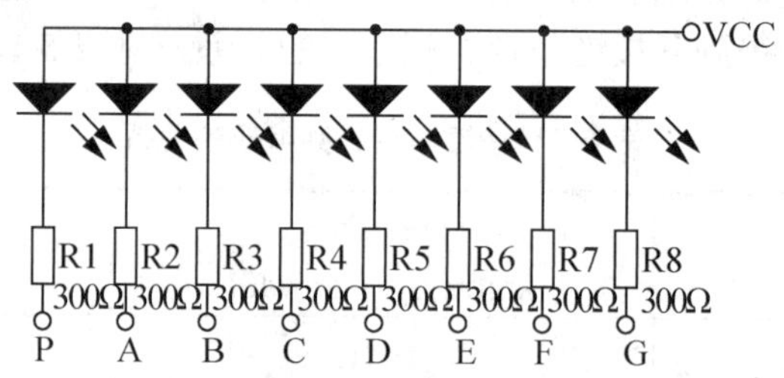

图 5.5 8 段共阳数码管原理图

单个数码管显示控制需要 8 个控制信号。如果用单个数码管显示控制方法控制 4 位数码管，则需要 32 个控制信号，占用 FPGA 的 32 个引脚资源。用单个数码管显示控制方法控制 4 位数码管的显示，实现方法相对简单，但占用了大量 FPGA 的输入输出引脚资源。如果采用动态扫描的方式来控制 4 位数码管的显示，则可大大减少 FPGA 的输入输出引脚资源的使用。所谓动态扫描是指每个数码管不是一直显示，而是每隔一定时间显示一次，只要间隔时间足够短，由于人眼的视觉暂留现象，在视觉上是一直显示的。人眼在观察景物时，光信号传入大脑神经需经过一段时间，光的作用结束后，视觉影像并不立即消失，存在视觉残留。物体在快速运动时，当人眼所看到的影像消失后，人眼仍能继续保留其影像 0.1～0.4s，这种现象被称为视觉暂留现象。通过控制器控制，使同一数码管两次显示的间隔不超过 0.1s，就可达到让眼睛感觉到数码管是连续显示的效果。

动态扫描数码管的原理图如图 5.6 所示。每个数码管的控制信号由原来的 8 个变成了 9 个，原来共阳极的阳极是固定接高电平，而数码管动态扫描则是由一个位信号来控制，4 位数码管的位信号分别为 W0～W3。当位信号 W0～W3 均为高电平时，4 个数码管都选通。由于各数码管的相对应的段码(A～G 及 P)连接在一起，所以 4 位数码管显示一样的字符。当位信号 W0 为高电平而 W1～W3 为低电平时，第 1 个数码管选通，第 2～4 个数码管不选通，这时第 1 个数码管就根据 8 个段信号显示相应的值，第 2～4 个数码管由于没有选通，所以不显示；依次选通位信号 W0～W3(置为高电平)，在相应时段输入显示数值的 8 段码，数码管就可以依次显示相应的值。多位数码管动态扫描显示的基本原理是，同一时刻只显示其中一个数码管，依次快速显示每一个数码管，利用人眼的视觉暂留现象，达到连续显示多位数码管的效果。

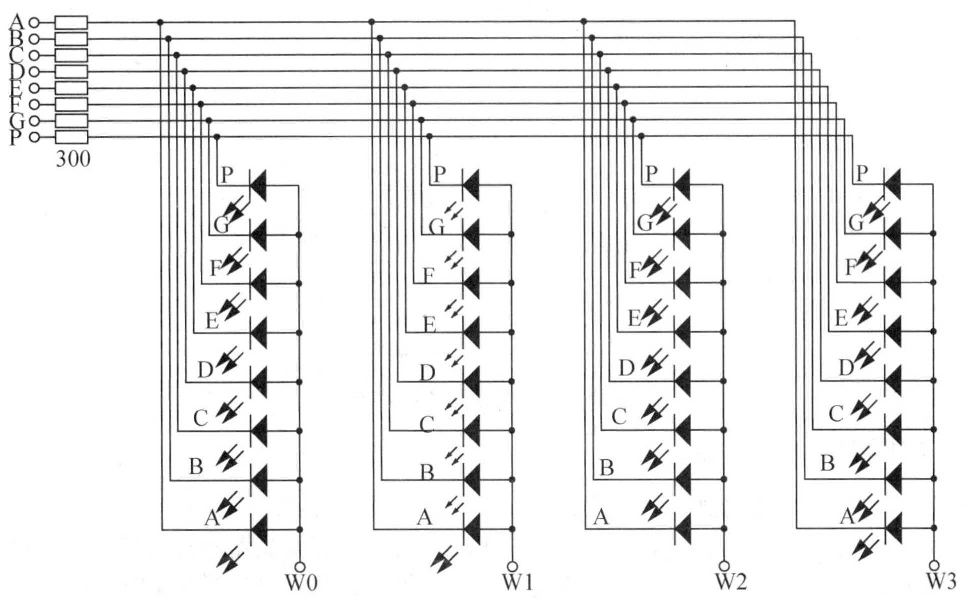

图 5.6　动态扫描数码管连接原理图

5.1.4　舵机 PWM 控制信号设计

舵机是一种位置伺服的驱动器，如图 5.7 所示。它是高性能的数字控制的可调速的电机，适用于那些需要角度不断变化并可以保持的驱动。

1. 舵机简介

舵机主要由外壳、控制电路、直流电机、减速齿轮组与位置检测器构成，如图 5.8 所示。位置检测器是它的输入传感器，当舵机转动的位置改变时，位置检测器的电阻值发生改变。

图 5.7　不同型号的舵机

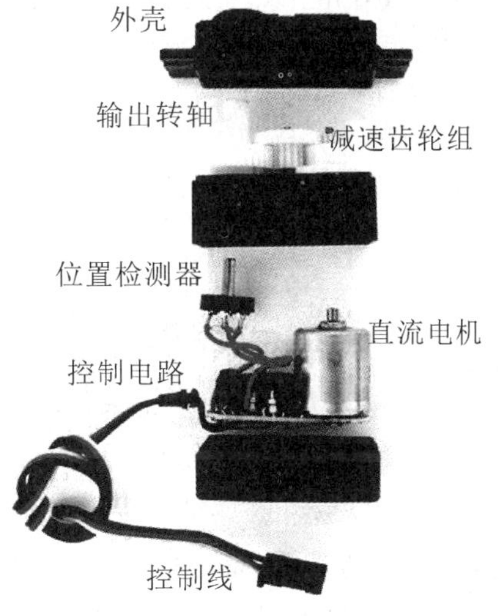

图 5.8　舵机内部结构

标准的舵机由三条控制线组成，分别为电源线、地线及控制信号线，如图 5.9 所示。电源线与地线用于提供内部的直流电机及控制电路所需的电能，电压通常为 4～6V。

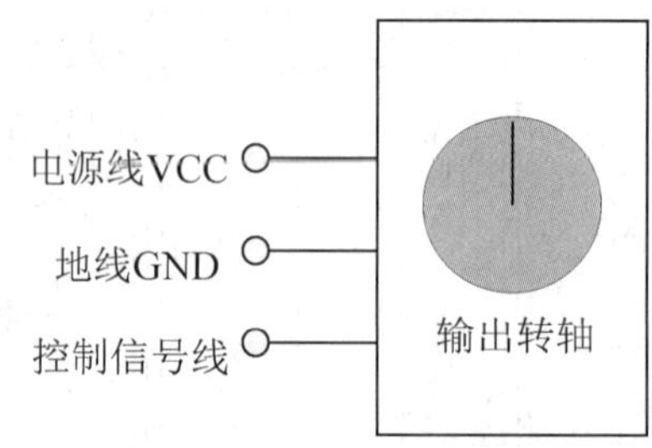

图 5.9　舵机控制线示意图

2. 舵机工作原理及参数

舵机工作原理是控制信号通过控制线，经由控制电路的 IC 判断转动方向，驱动直流电机转动，通过减速齿轮组将动力传至输出转轴，同时位置检测器根据电阻值的变化，调整电机的速度和方向，使电机向指定角度旋转。舵机的控制信号通常是 PWM 信号。

本项目采用 MG99501 舵机，其控制信号是周期为 20ms 的 PWM 信号，当脉冲宽度为 0.5～2.5ms 时，相对应舵盘的位置为 0～180°，呈线性变化。因而，每增加 1°增加的脉宽为(2500-500)/180=11.11μs。也就是说，给它提供一定的脉宽，它的输出轴就会保持在一个相对应的角度上，无论外界转矩怎样改变，直到给它提供一个另外宽度的脉冲信号，它才会改变输出角度到新的对应的位置上。这是由于舵机内部有一个基准电路，产生周期为 20ms、宽度为 1.5ms 的基准信号，内部有比较器，将外加信号与基准信号相比较，判断出方向和大小，从而产生电机的转动信号。

MG99501 舵机的其他参数如下。

结构材质：模拟金属铜齿，空心杯电机，双滚珠轴承。

连接线长度：30cm，电源线(红色)、地线(暗红)、控制信号线(黄色)。

尺寸：40.7mm×19.7mm×42.9mm。

重量：55g。

反应转速：无负载速度 0.17s/60°(4.8V)；0.13s/60°(6.0V)。

工作死区：4μs。

工作电压：3.0～7.2V。

工作扭矩：13kg/cm。

使用温度：-30℃～+60℃。

3. 舵机 PWM 控制信号设计

本项目采用的 FPGA 最小系统板的工作频率为 50MHz，即周期为 20ns 的脉冲，舵机的 PWM 控制信号可通过分频产生。脉冲宽度计数器的长度 N=脉宽/20ns，如 0°时，脉宽为 0.5ms，则脉宽计数器的长度为$(0.5\times10^6)/20=25\,000$。根据舵机 PWM 控制信号要求可知，脉宽计数器长度 $cnt=25\,000+n\times[(2\times10^6)/180]/20$，其中 n 值为旋转的角度值。部分脉冲宽度与舵机转动角度及脉宽计数器长度的关系见表 5.2，其他角度可根据脉宽与角度改变呈线性变化计算。

表 5.2　脉冲宽度与舵机转动角度及脉宽度计数器长度的关系

转动角度	0	45°	90°	135°	180°
脉冲宽度(ms)	0.5	1.0	1.5	2.0	2.5
计数器长度	25 000	50 000	75 000	100 000	125 000

综上所述：本项目的二自由度云台控制器根据设计任务要求可分为：键盘控制模块、动态显示控制模块、ROM 模块、PWM1 与 PWM2 模块。

键盘控制模块的功能：在系统时钟信号的控制下，生成键盘列扫描信号，根据键盘行信号编码确定舵机的转动角度，将转动角度的值分别输出给动态显示控制模块显示数值，输出给 ROM 模块转换为计数器长度值，设置舵机 1(水平舵机)、舵机 2(垂直舵机)的 PWM 模块的脉宽计数器，控制 PWM 的脉宽；由于角度值是由键盘分位输入，角度输入完成才生效，所以需要产生确定角度值生效的控制信号；由于用一个输入键盘控制两个舵机的旋转，所以，键盘控制模块在产生角度值的同时，还需要产生角度选择信号分别控制舵机 1 与舵机 2；根据任务书要求，需定义功能键，实现两个舵机的角度增加与减小，所以，键盘控制模块还需产生控制舵机 1 与舵机 2 角度改变的信号。

动态显示控制模块的功能：在系统时钟信号的控制下，产生位扫描信号，并根据显示的值，译码输出相应的段码。

ROM 模块的功能：在系统时钟信号的控制下，根据输入的角度值，转换为脉宽计数器的长度值。

PWM1 与 PWM2 模块的功能：在系统时钟信号的控制下，根据脉宽计数器的长度值、角度值有效控制信号、角度改变信号、角度选择信号等输出水平舵机与垂直舵机的 PWM 控制信号。

5.2　二自由度云台控制器程序设计

根据设计方案，基于 FPGA 最小系统板的二自由度云台控制器由 ROM 模块、键盘控制模块、动态显示控制模块、PWM1 与 PWM2 模块等组成。本节介绍二自由度云台控制器各模块的程序设计。

5.2.1　创建工程与 ROM 模块

本项目采用原理图和文本输入相结合的方法设计，需先创建工程与各子模块程序文件，然后，创建顶层原理图文件集成各子模块。

1. 创建工程

建立工程文件夹(如 E:/XM5/DJKZ)，后续创建的各设计文件均保存在此文件夹。在 Quartus II 12.1 软件平台中选择【File】→【New Project Wizard】命令，根据新建工程向导 5 步骤创建名为“DJKZ”的工程，顶层实体名为“djkz”，第三方仿真软件选择“ModelSim- Altera”。

2. 创建 ROM 模块初始化文件

创建 ROM 模块初始化“*.mif”文件，用来存储角度值转换为脉宽计数器长度值的编码。

在 Quartus II 12.1 集成环境下，选择【File】→【New】命令，弹出【New】对话框；选择【Memory Files】目录下的【Memory Initialization File】选项，单击【OK】按钮，退出【New】对话框；弹出【Number of Words & Word Size】对话框，设置字节数及位宽，将【Number of words】值设置为 512，将【Word size】值设为 18；单击【Number of Words & Word Size】对话框【OK】按钮，在 Quartus II 12.1 集成环境中，将打开 ROM 初始化文件编辑窗口界面，并自动产生扩展名为“.mif”的文本文件“mif1.mif”。

在 Quartus II 12.1 集成环境中，选择【File】→【Save As】命令，弹出【另存为】对话框，命名初始化文件为“rom_cnt.mif”，保存在“E:/XM5/DJKZ”文件夹。在编辑窗口根据脉冲宽度计数器长度与舵机转动角度的关系，输入编码，如图 5.10 所示。计数器长度计算公式 cnt=25 000+n×[(2×10^6)/180]/20，其中 n 为转动角度，范围为 0～180°。

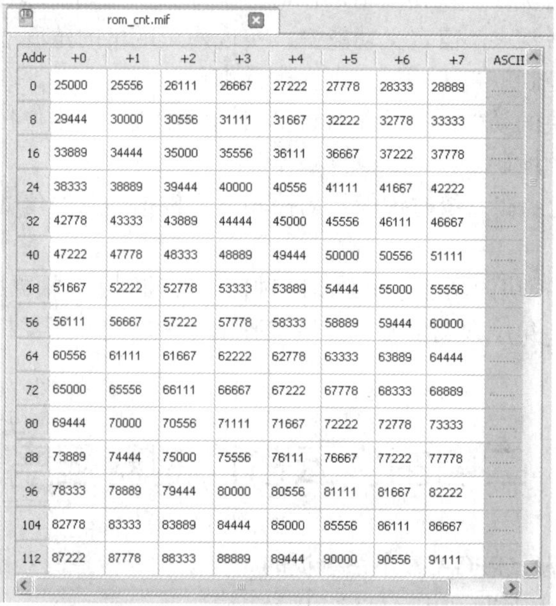

rom_cnt.mif

Addr	+0	+1	+2	+3	+4	+5	+6	+7	ASCII
0	25000	25556	26111	26667	27222	27778	28333	28889	....
8	29444	30000	30556	31111	31667	32222	32778	33333	....
16	33889	34444	35000	35556	36111	36667	37222	37778	....
24	38333	38889	39444	40000	40556	41111	41667	42222	....
32	42778	43333	43889	44444	45000	45556	46111	46667	....
40	47222	47778	48333	48889	49444	50000	50556	51111	....
48	51667	52222	52778	53333	53889	54444	55000	55556	....
56	56111	56667	57222	57778	58333	58889	59444	60000	....
64	60556	61111	61667	62222	62778	63333	63889	64444	....
72	65000	65556	66111	66667	67222	67778	68333	68889	....
80	69444	70000	70556	71111	71667	72222	72778	73333	....
88	73889	74444	75000	75556	76111	76667	77222	77778	....
96	78333	78889	79444	80000	80556	81111	81667	82222	....
104	82778	83333	83889	84444	85000	85556	86111	86667	....
112	87222	87778	88333	88889	89444	90000	90556	91111	....

图 5.10 计数器长度初始化文件

3. 创建 ROM 宏功能模块文件

在 Quartus II 12.1 集成环境中，选择【Tools】→【MegaWizard Plug-In Manager】命令，弹出宏功能模块应用向导【MegaWizard Plug-In Manager [page 1]】对话框，选择【Create a new custom megafunction variation】选项，定制宏功能模块，如图 5.11 所示，根据宏功能模块应用向导创建 ROM 宏功能模块文件。

1) 选择创建单端口只读存储器

单击【MegaWizard Plug-In Manager [page 1]】对话框的【Next】按钮，弹出【MegaWizard Plug-In Manager [page 2a]】对话框。在【Select a megafunction from the list below】栏中，

选择【Memory Compiler】目录的【ROM：1-PORT】选项；在【Which device family will you be using】下拉列表框中选择最小系统板的 FPGA 的芯片类型“Cyclone II”；输出文件类型选择【VHDL】选项；在【What name do you want for the output file】文本框中输入创建的单端口只读存储器的文件名“cnt_rom”，如图 5.12 所示。

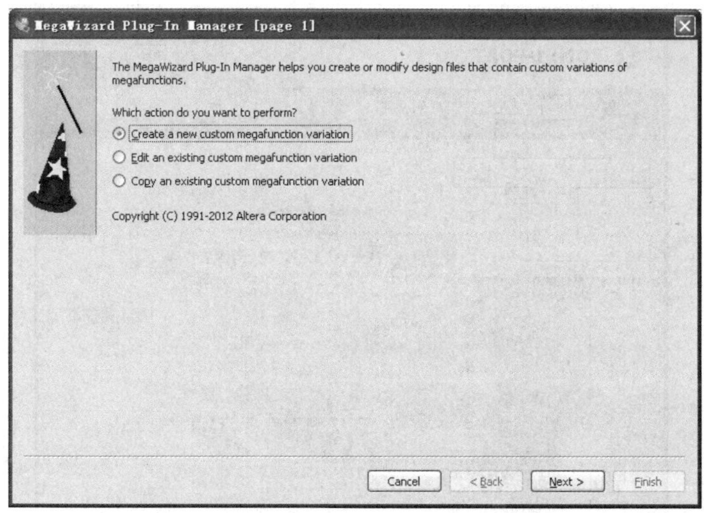

图 5.11　宏功能模块应用向导

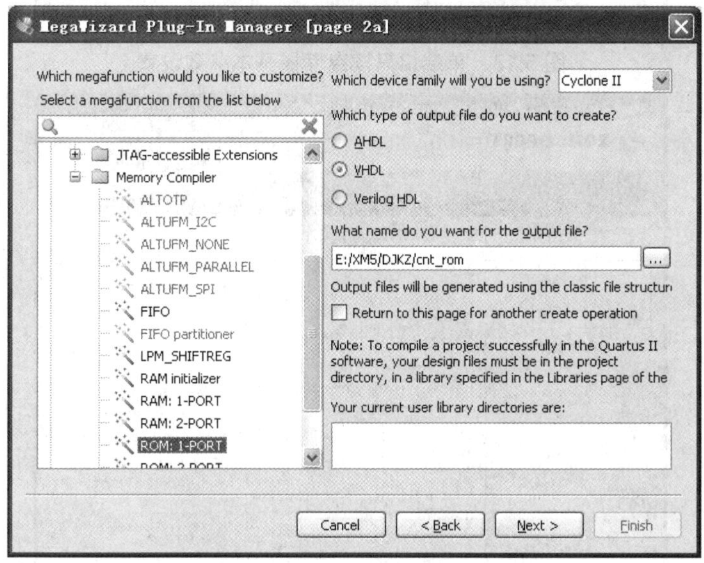

图 5.12　选择创建单端口只读存储器

2) 单端口只读存储器基本参数设置

单击【MegaWizard Plug-In Manager [page 2a]】对话框的【Next】按钮，弹出【MegaWizard Plug-In Manager [page 3 of 7]】对话框。根据初始化文件确定的存储容量，将【How wide shold the 'q' input bus be】的值设为 18；将【How many 18-bit words of memory】的值设为 512，如图 5.13 所示。

3) 设置 ROM 输出端口寄存器

单击【MegaWizard Plug-In Manager [page 3 of 7]】对话框的【Next】按钮，弹出【MegaWizard Plug-In Manager [page 4 of 7]】对话框。在【Which ports should be registered】栏中选择【'q' output port】选项，输出端口使用寄存器存储输出信号，如图 5.14 所示。

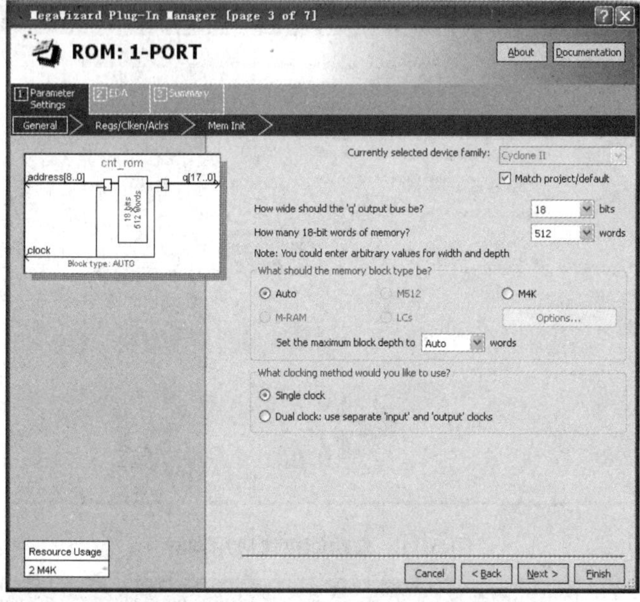

图 5.13 单端口只读存储器基本参数设置

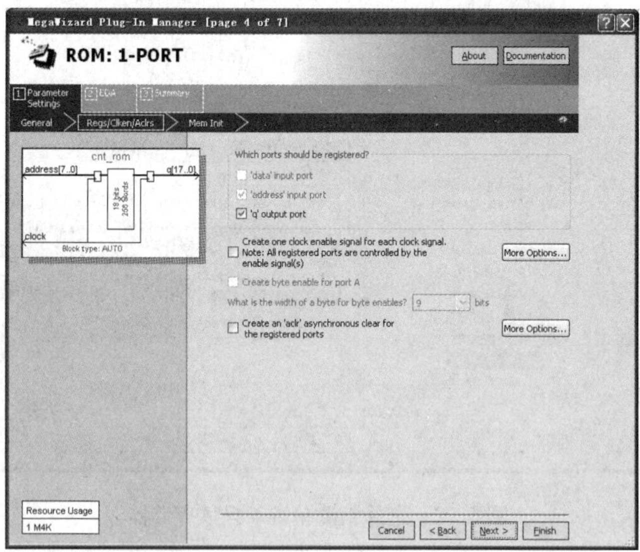

图 5.14 设置 ROM 输出端口

4) 选择单端口只读存储器数据控制文件

单击【MegaWizard Plug-In Manager [page 4 of 7]】对话框的【Next】按钮，弹出【MegaWizard Plug-In Manager [page 5 of 7]】对话框。选择【Yes,use this file for the memory content data】选项；单击【Browse】按钮，在弹出的对话框中选择前面创建的初始化文件

“rom_cnt.mif” (文件位置为 E:/XM5/DJKZ)，在【File name】文本框内填入“./rom_cnt.mif”，如图 5.15 所示。

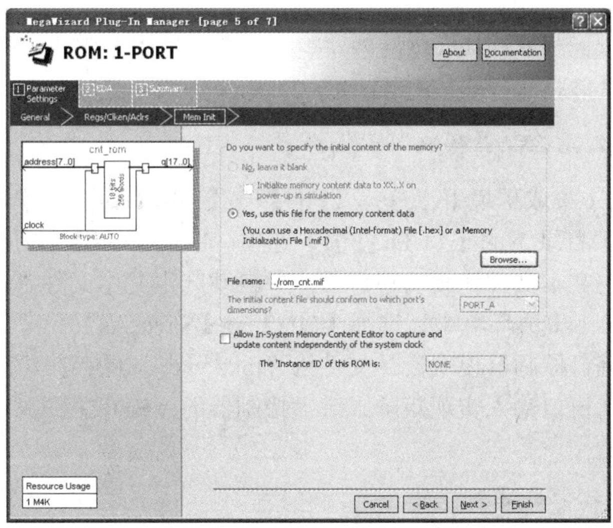

图 5.15　存储器数据控制文件设置

5) 生成 ROM 模块元件文件

单击【MegaWizard Plug-In Manager [page 5 of 7]】对话框的【Next】按钮两次，弹出【MegaWizard Plug-In Manager [page 7 of 7]】对话框。为了用原理图法创建顶层文件时可调用 ROM 模块元件，选择【File】列的【cnt_rom.bsf】选项，创建 ROM 模块的元件文件，如图 5.16 所示。

单击【Finish】按钮，完成 ROM 模块的设置返回主界面。

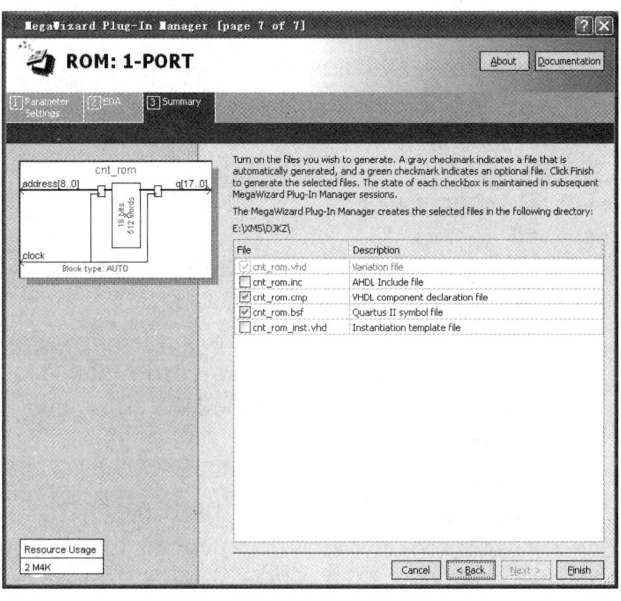

图 5.16　设置创建 ROM 的元件

5.2.2 创建矩阵式键盘控制器模块

创建矩阵式键盘控制器模块，包括创建矩阵式键盘控制器模块 VHDL 程序、创建并设置仿真测试文件、功能仿真等步骤。

1. 创建矩阵式键盘控制器模块 VHDL 程序

在 Quartus II 12.1 集成环境下，选择【File】→【New】命令，弹出【New】对话框；选择【Design Files】目录下的【VHDL File】选项，单击【OK】按钮，在 Quartus II 12.1 集成环境中，将产生文本文件编辑窗口界面，并自动产生文本文件“vhdl1.vhd”。

在 Quartus II 12.1 集成环境中，选择【File】→【Save As】命令，弹出【另存为】对话框，命名矩阵式键盘控制器模块设计文件为“jbkz.vhd”，保存在“E:/XM5/DJKZ”文件夹。在文本文件编辑窗口输入实现矩阵式键盘控制器的 VHDL 程序如下。

```
library ieee;
use ieee.std_logic_1164.all;
use ieee.std_logic_unsigned.all;
use ieee.std_logic_arith.all;
entity jbkz is
  port(clk:in std_logic;
           kbrow:in std_logic_vector(3 downto 0);      --键盘的行信号输入
           up_dw_out_1:out std_logic_vector(1 downto 0); --PWM1 增减改变信号输出
           up_dw_out_2:out std_logic_vector(1 downto 0); --PWM2 增减改变信号输出
           kbcol:out std_logic_vector(3 downto 0); --矩阵键盘列扫描信号输出
           data_en:out std_logic;            --确定角度值生效信号输出
           data_1_en:out std_logic;          --产生 PWM1 信号
           data_2_en:out std_logic;          --产生 PWM2 信号
           dat_out:out std_logic_vector(8 downto 0);    --设置数据输出
           dat_ply:out std_logic_vector(15 downto 0)); --显示数据输出
end;
architecture one of jbkz is
       signal cnt:integer range 0 to 16000000:=0;
       signal en:std_logic:='0';
       signal dat:std_logic_vector(3 downto 0):="0000";
       signal state:std_logic_vector(1 downto 0):="00";
       signal fnq,fnq_clk:std_logic:='0';
       signal key:std_logic_vector(7 downto 0):="00000000";
       signal temp:std_logic_vector(15 downto 0):="0000000000000000";
       signal clk_jb:std_logic:='0';
       signal clr_s,ent_s:std_logic:='0';
       signal data_1_out,data_2_out:std_logic:='0';
       signal reg12:std_logic_vector(11 downto 0):="000000000000";
       signal up_dw_1,up_dw_2:std_logic_vector(1 downto 0):="00";
       signal kbrow_temp:std_logic_vector(3 downto 0):="0000";
begin
```

```
        kbrow_temp<=kbrow;
        dat_out<=reg12(8 downto 0);
        dat_ply<=temp(15 downto 0);
        up_dw_out_1<=up_dw_1;
        up_dw_out_2<=up_dw_2;
        data_1_en<=data_1_out;
        data_2_en<=data_2_out;
P0:process(clk)--分频
    begin
      if clk'event and clk='1' then
              if cnt<2500-1 then
                cnt<=cnt+1;
              clk_jb<='0';
              else
                cnt<=0;
                clk_jb<='1';
                end if;
      end if;
    end process;
P1:process(clk_jb,kbrow_temp)--产生列扫描信号
            variable count:std_logic_vector(1 downto 0):="00";
        begin
        en<=kbrow_temp(0)and kbrow_temp(1)and kbrow_temp(2)and kbrow_temp(3);
            if en='0' then
              count:=count;
            else
              if(clk_jb'event and clk_jb='1')then
                    if count="11" then
                     count:="00";
                    else
                     count:=count+'1';
                    end if;
                end if;
            end if;
            case count is
                when"00"=>kbcol<="0111";
                     state<="00";
                when"01"=>kbcol<="1011";
                     state<="01";
                when"10"=>kbcol<="1101";
                     state<="10";
                when"11"=>kbcol<="1110";
                     state<="11";
                when others=>null;
                end case;
        end process;
```

```
P2:process(clk_jb,state,kbrow_temp)--定义矩阵式键盘各键的功能
      begin
          if clk_jb'event and clk_jb='1'then
              if state="00" then                  --即 kbcol 为“0111”时
                  case kbrow_temp is
                   when"1110"=>clr_s<='1';      --键“*”为清零键
                   when"1101"=>dat<="0111";     --设置键值为“7”
                   when"1011"=>dat<="0100";     --设置键值为“4”
                   when"0111"=>dat<="0001";     --设置键值为“1”
                   when others=>clr_s<='0';
                  end case;
              end if;
              if state="01" then                  --即 kbcol 为“1011”时
                  case kbrow_temp is
                   when"1110"=>dat<="0000";     --设置键值为“0”
                   when"1101"=>dat<="1000";     --设置键值为“8”
                   when"1011"=>dat<="0101";     --设置键值为“5”
                   when"0111"=>dat<="0010";     --设置键值为“2”
                   when others=>null;
                  end case;
              end if;
              if state="10" then                  --即 kbcol 为“1101”时
                  case kbrow_temp is
                   when"1110"=>ent_s<='1';      --键“#”为确定键
                   when"1101"=>dat<="1001";     --设置键值为“9”
                   when"1011"=>dat<="0110";     --设置键值为“6”
                   when"0111"=>dat<="0011";     --设置键值为“3”
                   when others=>ent_s<='0';
                  end case;
              end if;
              if state="11" then                  --即 kbcol 为“1110”时
                  case kbrow_temp is
                   when"1110"=>up_dw_1<="10";  --键“D”, PWM1 脉宽增加
                   when"1101"=>up_dw_1<="01";  --键“C”, PWM1 脉宽减小
                   when"1011"=>up_dw_2<="10";  --键“B”, PWM2 脉宽增加
                   when"0111"=>up_dw_2<="01";  --键“A”, PWM2 脉宽减小
                   when"1010"=>up_dw_1<="10";  --键“D”、“B”同时按下
                               up_dw_2<="10";
                   when"0110"=>up_dw_1<="10";  --键“D”、“A”同时按下
                               up_dw_2<="01";
                   when"0101"=>up_dw_1<="01";  --键“C”、“A”同时按下
                               up_dw_2<="01";
                   when"1001"=>up_dw_1<="01";  --键“C”、“B”同时按下
                               up_dw_2<="10";
                   when others=>up_dw_2<="00";
                               up_dw_1<="00";
```

```
                    end case;
                end if;
            end if;
        end process;
  P3:process(clk_jb,en)--去抖动进程
            variable reg8:std_logic_vector(7 downto 0):="00000000";
        begin
            if(clk_jb'event and clk_jb='1')then
                reg8:=reg8(6 downto 0)& en;
            end if;
            key<=reg8;
            fnq<=key(0)or key(1)or key(2)or key(3)or key(4)or key(5)or key(6)or key(7);
        end process;
  P4:process(clk_jb)--产生键盘有效响应信号
        begin
            if(clk_jb'event and clk_jb='1')then
                if fnq='0' then
                    fnq_clk<='1';
                else
                    fnq_clk<='0';
                end if;
            end if;
        end process;
  P5:process(fnq_clk,clr_s)--键值数据存储及数据选择
            variable reg_10:integer range 0 to 1000:=0;
            variable data_temp:std_logic_vector(3 downto 0):="0000";
        begin
            if(fnq_clk'event and fnq_clk='1')then
                if clr_s='1' then
                    temp<="0000000000000000";
                else

        if(ent_s='1')or(up_dw_1="01")or(up_dw_1="10")or(up_dw_2="01")or(up_dw_2="10")then
                     temp<=temp;
                    else
                     temp<=temp(11 downto 0)& dat; --左移存储键值
                    end if;
                end if;
                reg_10:=conv_integer(temp(11 downto 8))*100+conv_integer
(temp(7 downto 4))*10+conv_integer(temp(3 downto 0)); --组合成十进制数
                data_temp:=temp(15 downto 12);
                if reg_10>180 then
                    reg_10:=180;
                    reg12<=conv_std_logic_vector(reg_10,12);
                else
                    reg12<=conv_std_logic_vector(reg_10,12);
```

```
                    end if;
                    if data_temp="0001" then --选择确定 PWM1 与 PWM2 数据
                        data_1_out<='1';
                    elsif data_temp="0010" then
                        data_2_out<='1';
                    else
                        data_1_out<='0';
                        data_2_out<='0';
                    end if;
                data_en<=ent_s;
                end if;
        end process;
end;
```

程序说明：

(1) 进程 P0 为分频进程。如果采用系统输入时钟频率 50MHz，对矩阵式键盘太高，因此需要对 50MHz 的时钟进行分频。本设计对系统输入频率“clk”进行 2500 分频，输出 20kHz 的矩阵式键盘列扫描频率“clk_jb”脉冲信号。

(2) 进程 P1 为产生列扫描信号进程。当有键按下时(en=0)，count 值不变，列扫描信号不变，即停止扫描。当无任何键按下时，键盘列扫描使能控制信号“en”置 1，计数值 count 不断改变，产生列扫描信号。

当 count="00"时，设置状态值“state”为“00”，输出列扫描信号“kbcol”为“0111”，即键盘“1”、“4”、“7”、“＊”列有效；同理，count="01"、"10"、"11"时，分别是键盘“2”、“5”、“8”、“0”列，“3”、“6”、“9”、“#”列，“A”、“B”、“C”、“D”列有效。

(3) 进程 P2 为定义矩阵式键盘各键功能的进程。按下矩阵式键盘的数字键“0”、“1”、“2”、“3”、“4”、“5”、“6”、“7”、“8”、“9”时，输出“dat”值，在进程 P5 的“temp”存储器左移存储；按下矩阵式键盘的“＊”键时，角度值置零信号“clr_s”置 1，进程 P5 的存储键盘键值的“temp”存储器置零；按下矩阵式键盘的“#”键时，角度设置值确定信号“ent_s”置 1，进程 P5 选择 PWM 模块输出设置角度值；按下矩阵式键盘的“D”、“C”键时，输出控制舵机 1 的脉宽信号“up_dw_1”分别为“10”、“01”，当 up_dw_1 值为“10”时脉宽增加，当 up_dw_1 值为“01”时脉宽减少，当 up_dw_1 值为“00”时，通过设置角度值设置脉宽；同理，矩阵式键盘的“B”、“A”键用来输出控制舵机 2 的脉宽信号“up_dw_2”。

(4) 进程 P3、P4 用于按键的防抖。通过将进程 P1 的列扫描使能控制信号“en”不断赋给 8 位二进制变量“reg8”，再将“reg8”赋给 8 位二进制信号“key”，实现对按键状态的记录，然后通过对“key”的各位数值进行与运算，生成防抖控制信号“fnq”。当按键按下，还处于抖动时，“key”中至少有一位数值为“1”，fnq='1'，当按键按下处于稳定时，在连续 8 个工作时钟周期内“key”内的数值全为“0”，从而使 fnq='0'；当按键再次弹起，并且在连续 8 个工作时钟周期内不再有新的按键按下，“key”内的数值全为“1”，则 fnq=“1”，“fnq”值控制进程 P4 使键盘有效响应信号“fnq_clk”产生一个上升沿，控制进程 P5，将按键数值“dat”存入数值存储器“temp”的第 3～0 位，并将“temp”原来的值左移。

(5) 进程 P5 为键值数据存储及数据选择进程。在键盘有效响应信号"fnq_clk"时钟的控制下，左移存储键值。如果置零信号"clr_s"有效(clr_s='1')，按键数值存储器"temp"清零；如果角度设置值确定信号"ent_s"有效(ent_s='1')，将"temp"存储器的值转换为十进制角度值存入存储器"reg_10"；由于需要设置两个舵机的角度值，所以用"temp" 存储 15～12 位的值，确定设置 PWM1 与 PWM2 的角度值。当"temp"寄存器 15～12 位的值为"0001"时，PWM1 角度值设置有效的信号"data_1_out"置 1。当"temp"寄存器 15～12 位的值为"0010"时，PWM2 角度值设置有效的信号"data_2_out"置 1。

2. 创建并设置仿真测试文件

完成矩阵式键盘控制器模块 VHDL 程序文件"jbkz.vhd"的设计后，在【Project Navigator】面板中右击【Files】标签页的【jbkz.vhd】选项；在弹出的快捷菜单中，选择【Set as Top-Level Entity】命令，如图 5.17 所示，将"jbkz.vhd"文件设置为顶层文件；选择【Processing】→【Start Compilation】命令，对矩阵式键盘控制器模块进行编译，检查有无语法错误。如果有错误必须进行修改，直到编译通过。是否实现设计功能，还需通过功能仿真来验证。要进行功能仿真，必须先创建仿真测试文件。可利用 Quartus II 12.1 的模板文件创建仿真测试文件。

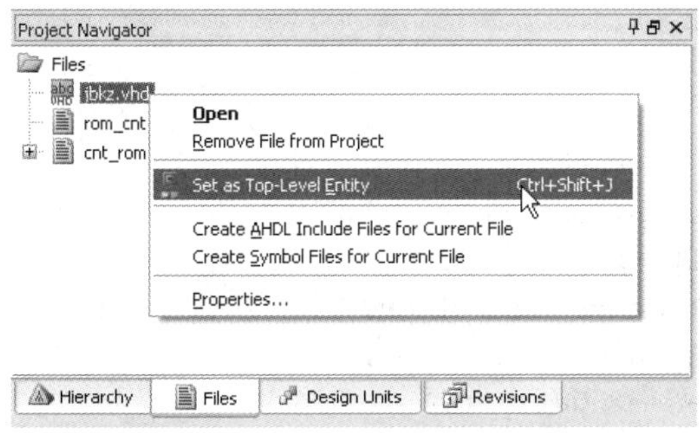

图 5.17 将矩阵式键盘控制器模块设置为顶层文件

(1) 创建仿真测试模板文件。选择【Processing】→【Start】→【Start Test Bench Template Writer】命令。如果没有设置错误，系统将弹出生成测试模板文件成功的对话框。默认生成的仿真测试文件为"jbkz.vht"，保存位置为"E:/XM5/DJKZ /simulation/ modelsim"。

(2) 编辑仿真测试模板文件。选择【File】→【Open】命令，弹出【Open File】对话框，选择生成的仿真测试模板文件"E:/XM5/DJKZ/simulation/modelsim/jbkz.vht"。打开"jbkz.vht"文件，编辑"init"进程，设置"clk"的频率为 50MHz，即周期为 20ns；"always"进程设置键盘的输出信号"kbrow"。矩阵式键盘控制器模块测试文件程序如下。

```
library ieee;
use ieee.std_logic_1164.all;
entity jbkz_vhd_tst is
end jbkz_vhd_tst;
architecture jbkz_arch of jbkz_vhd_tst is
      signal clk : std_logic;
      signal dat_out : std_logic_vector(8 downto 0);
```

```
        signal dat_ply : std_logic_vector(15 downto 0);
        signal data_1_en : std_logic;
        signal data_2_en : std_logic;
        signal data_en : std_logic;
        signal kbcol : std_logic_vector(3 downto 0);
        signal kbrow : std_logic_vector(3 downto 0);
        signal up_dw_out_1 : std_logic_vector(1 downto 0);
        signal up_dw_out_2 : std_logic_vector(1 downto 0);
component jbkz
        port(clk : in std_logic;
        dat_out : out std_logic_vector(8 downto 0);
        dat_ply : out std_logic_vector(15 downto 0);
        data_1_en : out std_logic;
        data_2_en : out std_logic;
        data_en : out std_logic;
        kbcol : out std_logic_vector(3 downto 0);
        kbrow : in std_logic_vector(3 downto 0);
        up_dw_out_1 : out std_logic_vector(1 downto 0);
        up_dw_out_2 : out std_logic_vector(1 downto 0));
end component;
begin
        i1 : jbkz
        port map(clk => clk,
            dat_out => dat_out,
            dat_ply => dat_ply,
            data_1_en => data_1_en,
            data_2_en => data_2_en,
            data_en => data_en,
            kbcol => kbcol,
            kbrow => kbrow,
            up_dw_out_1 => up_dw_out_1,
            up_dw_out_2 => up_dw_out_2   );
init: process
         begin
         clk<='0';wait for 10ns;
         clk<='1';wait for 10ns;
end process init;
always: process
        begin
        kbrow<="1111"; wait for  2400 us;
        kbrow<="0111"; wait for  2400 us;
        kbrow<="1111"; wait for  2400 us;
        kbrow<="1011"; wait for  2400 us;
        kbrow<="1111"; wait for  2400 us;
        kbrow<="1101"; wait for  2400 us;
        kbrow<="1111"; wait for  2400 us;
```

```
        kbrow<="1110"; wait for  2400 us;
        kbrow<="1111"; wait for  2450 us;
        kbrow<="0111"; wait for  2400 us;
        kbrow<="1111"; wait for  2400 us;
        kbrow<="1011"; wait for  2400 us;
        kbrow<="1111"; wait for  2400 us;
        kbrow<="1101"; wait for  2400 us;
        kbrow<="1111"; wait for  2400 us;
        kbrow<="1110"; wait for  2400 us;
        kbrow<="1111"; wait for  2450 us;
        kbrow<="1110"; wait for  2400 us;
        kbrow<="1111"; wait for  2400 us;
        kbrow<="1101"; wait for  2400 us;
        kbrow<="1111"; wait for  2400 us;
        kbrow<="1011"; wait for  2400 us;
        kbrow<="1111"; wait for  2400 us;
        kbrow<="0111"; wait for  2400 us;
        kbrow<="1111"; wait for  2450 us;
        kbrow<="0111"; wait for  2400 us;
        kbrow<="1111"; wait for  2400 us;
        kbrow<="1011"; wait for  2400 us;
        kbrow<="1111"; wait for  2400 us;
        kbrow<="1101"; wait for  2400 us;
        kbrow<="1111"; wait for  2400 us;
        kbrow<="1110"; wait for  2400 us;
        kbrow<="1111"; wait for  2400 us;
    end process always;
    end jbkz_arch;
```

该功能仿真测试文件的顶层实体名为“jbkz_vhd_tst”，测试模块元件的例化名为“i1”。输入的时钟频率为50MHz。

(3) 配置仿真测试文件。选择【Assignments】→【Settings】命令，弹出设置工程“djkz”的【Settings –djkz】对话框；在【Settings–djkz】对话框的【Category】栏中选择【EDA Tool Settings】目录下的【Simulation】选项，在【Settings–djkz】对话框内将显示【Simulation】面板；在【Simulation】面板的【NativeLink settings】选项组中选择【Compile test bench】选项；单击【Test Benches】按钮，弹出【Test Benches】对话框；单击【Test Benches】对话框中的【New】按钮，弹出【New Test Bench Settings】对话框；在【Test bench name】文本框中输入测试文件名“jbkz.vht”；在【Top level module in test bench】文本框中输入测试文件顶层实体名“jbkz_vhd_tst”；选中【Use test bench to perform VHDL timing simulation】复选框，在【Design instance name in test bench】文本框中输入设计测试模块元件例化名“i1”；在【End simulationat】文本框中输入时间为1s；单击【Test bench and simulation files】选项组【File name】文本框后的按钮□，选择测试文件“E:/XM5/DJKZ/simulation/modelsim/jbkz.vht”，单击【Add】按钮，完成设置后的结果如图5.18所示。单击各对话框的【OK】按钮，返回主界面。

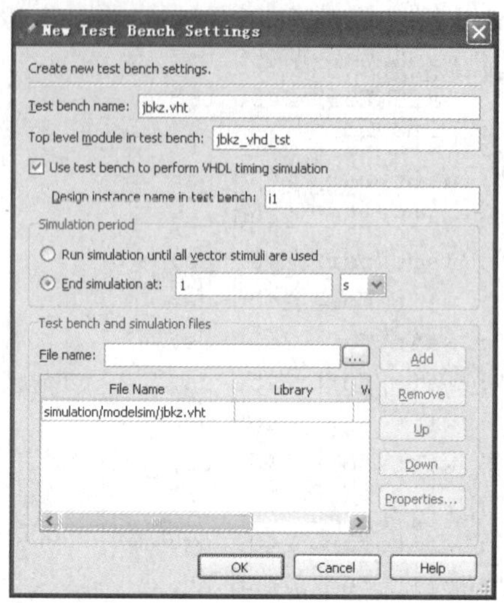

图 5.18 【New Test Bench Settings】对话框

3. 矩阵式键盘控制器模块功能仿真

在 Quartus II 12.1 集成环境中，选择【Tools】→【Run Simulation Tool】→【RTL Simulation】命令，可以看到 ModelSim-Altera 10.1b 的运行界面出现功能仿真波形。结束 1s 功能仿真后，全部功能仿真波形如图 5.19 所示。

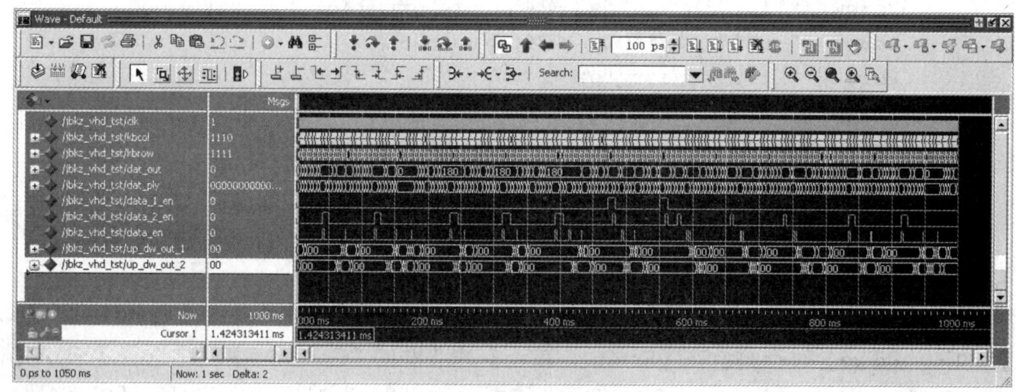

图 5.19 矩阵式键盘控制器模块功能仿真波形图

(1) 放大起始时刻前 30ms 功能仿真波形，如图 5.20 所示。从图 5.20 中可知，当有键按下时，列扫描信号“kbcol”停止变化，根据行信号“kbrow”的值可知是何键按下。当列扫描信号“kbcol”为“0111”，行信号“kbrow”为“0111”时，对照设计方案中的表 5.1 或矩阵式键盘控制器模块 VHDL 程序的 P2 进程中的键值定义可知，是矩阵式键盘的“1”键按下；当“kbcol”为“1111”，表示没有任何键按下，列扫描信号不断改变，作扫描运动。当“1”键按下时，输出显示数据“dat_ply”为“0000000000000001”，表示 4 位数码管的个位显示“0001”。

同理，当 kbcol 为“0111”，kbrow 为“1011”，表示矩阵键盘的“4”键按下，显示数据“dat_ply”为“0000000000010100”，即 4 位数码管的个位显示“0100”，而百位数码管

显示原来个位的数值“0001”，实现左移显示。

在 0～20ms 时间内，表示先后按下“1”、“4”、“7”、“＊”键的情况，从图 5.20 中可知，按这些键后，PWM1 与 PWM2 脉宽增减改变信号“up_dw_out_1”、“up_dw_out_2”，角度设置值确定信号“data_en”，选择设置 PWM1 与 PWM2 脉宽角度的信号“data_1_en”、“data_2_en”均为无效。

当按下清零功能的“＊”键后，输出显示数据清零，“dat_ply”为“000000000000”；输出的十进制角度设置值“dat_out”记录了前面“1”、“4”、“7”按键的键值，设置数据为 147。此时，由于选择设置 PWM1 与 PWM2 脉宽角度的信号“data_1_en”、“data_2_en”无效(='0')，所以设置的角度值无效。

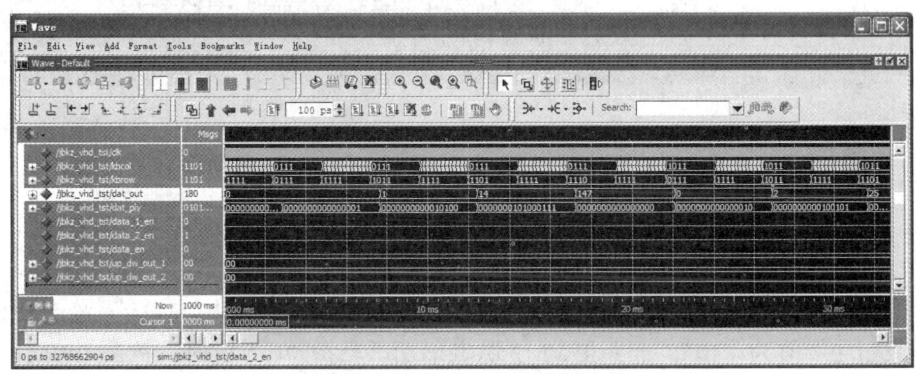

图 5.20　起始时刻前 30ms 功能仿真放大波形图

(2) 放大 20～45 ms 功能仿真波形，如图 5.21 所示。图 5.21 表示在清零键“＊”按下后，先后按下“2”、“5”、“8”、“0”及设置角度值确定键“#”的情况。由于设置的角度 4 位数是 2580，最高位是“2”表示设置的是 PWM2 的角度值，后 3 位表示设置的角度值“580”大于“180”度，所以，输出的设置角度值为“180”度。

当确定键“#”按下（kbcol="1101"，kbrow="1110"）时，确定信号“data_en”及选择设置 PWM2 脉宽角度的信号“data_2_en”均有效(='1')；输出的十进制角度设置值“dat_out”为 180°，表示设置 PWM2 脉宽角度为 180°；输出显示数据“dat_ply”值为“0010010110000000”，表示千位数码管显示“2”(dat_ply[15]～[12]=0010)，百位数码管显示“5”(dat_ply[11]～[8]=0101)，十位数码管显示“8”(dat_ply[7]～[4]=1000)，个位数码管显示“0”(dat_ply[3]～[0]=0000)。

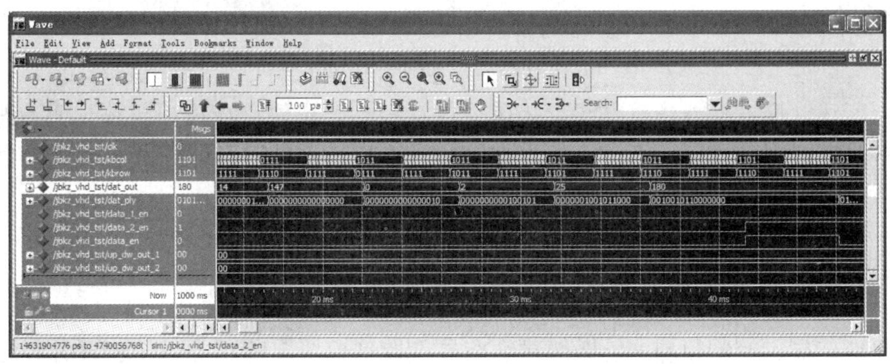

图 5.21　20～45ms 处功能仿真放大波形图

(3) 放大 40～60 ms 功能仿真波形，如图 5.22 所示。图 5.22 表示在确定键“#”按下后，先后按下“9”、“6”、“3”键的仿真情况。

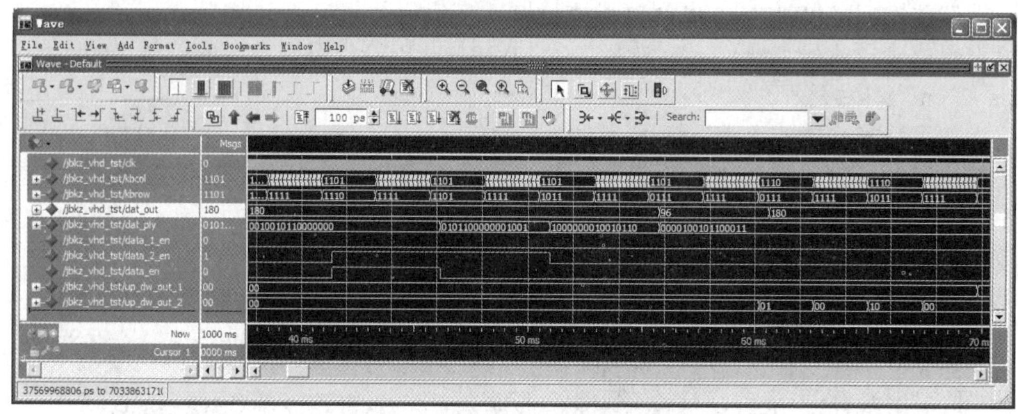

图 5.22　40～60ms 处功能仿真放大波形图

(4) 放大 60～80ms 功能仿真波形，如图 5.23 所示。图 5.23 中表示先后按下“A”、“B”、“C”、“D”键的仿真情况。当按“A”键时，控制 PWM2 脉宽改变的信号“up_dw_out_2”值为“01”，表示 PWM2 脉宽减小；当按“B”键时，控制 PWM2 脉宽改变的信号“up_dw_out_2”值为“10”，表示 PWM2 脉宽增加。当按“C”键时，控制 PWM1 脉宽改变的信号“up_dw_out_1”值为“01”，表示 PWM1 脉宽减小；当按“D”键时，控制 PWM1 脉宽改变的信号“up_dw_out_1”值为“10”，表示 PWM1 脉宽增加。

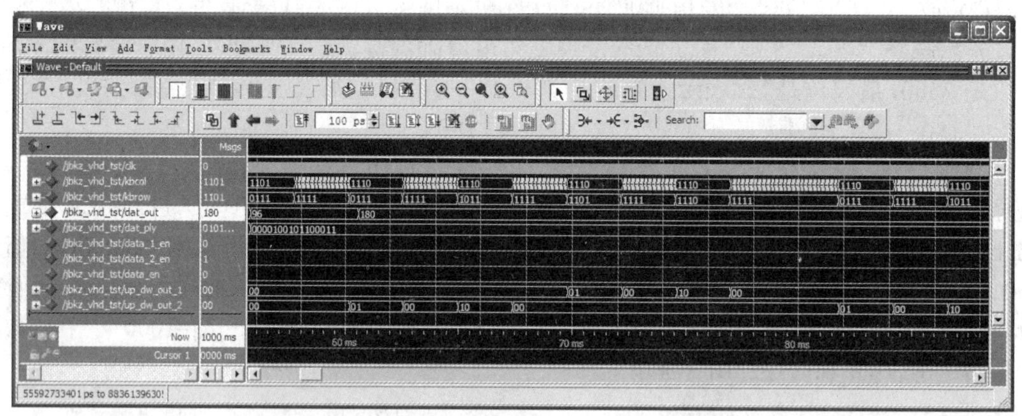

图 5.23　60～80ms 处功能仿真放大波形图

综上所述，根据功能仿真结果，矩阵式键盘控制器模块符合设计要求。适当改变测试文件“jbkz.vht”中“always”进程的“kbrow”值及延迟时间，可测试矩阵式键盘控制器模块其他功能情况。

5.2.3　创建动态显示控制模块

创建动态显示控制模块，包括创建动态显示控制模块 VHDL 程序、创建并设置功能仿真测试文件、功能仿真等步骤。

1. 创建动态显示控制模块 VHDL 程序

在 Quartus II 12.1 集成环境下，选择【File】→【New】命令，弹出【New】对话框；选择【Design Files】目录下的【VHDL File】选项，单击【OK】按钮，在 Quartus II 12.1 集成环境中，自动产生文本文件“vhdl1.vhd”。

在 Quartus II 12.1 集成环境中，选择【File】→【Save As】命令，弹出【另存为】对话框，命名动态显示控制模块设计文件为“xiangshi.vhd”，保存在“E:/XM5/DJKZ”文件夹。在文本文件编辑窗口输入实现动态显示控制的 VHDL 程序如下。

```
library ieee;
      use ieee.std_logic_1164.all;
      use ieee.std_logic_arith.all;
      use ieee.std_logic_unsigned.all;
entity  xiangshi is
      port(clk:in std_logic;
     data_kply_in:in std_logic_vector(15 downto 0);--4 位数码管显示值输入
          w:out std_logic_vector(3 downto 0);--4 位数码管位信号输出
     q:out std_logic_vector(7 downto 0));--数码管段信号输出
end;
architecture one of xiangshi is
  signal cntwei:integer range 0 to 15:=0;
  signal cntt:integer range 0 to 16000000:=0;
  signal clk2:std_logic:='0';
  signal disp:std_logic_vector(3 downto 0):="0000";
begin
P1:process(clk)
      begin
    if clk'event and clk='1' then
      if cntt=10000-1 then
               cntt<=0;
               clk2<='1';
             else
                 cntt<=cntt+1;
                 clk2<='0';
      end if;
    end if;
end process;
P2:process(clk2)
      begin
          if clk2'event and clk2='1' then
              if cntwei=3 then
                 cntwei<=0;
              else
                 cntwei<=cntwei+1;
              end if;
          end if;
```

```
end process;
P3:process(clk2,cntwei)
      begin
          if clk2'event and clk2='1' then
              case cntwei is
                  when 0 =>w<="0001";
                   disp<=data_kply_in(3 downto 0); --显示个位数
                  when 1=>w<="0010";
                   disp<=data_kply_in(7 downto 4);  --显示十位数
                  when 2=>w<="0100";
                   disp<=data_kply_in(11 downto 8); --显示百位数
                  when 3=>w<="1000";
                   disp<=data_kply_in(15 downto 12);--显示选择 PWM 的选择数
                  when others=>w<="0000";
              end case;
          end if;
end process;
P4:process(disp)
  begin
        case disp is
            when "0000"=>q<="11000000";--显示“0”
            when "0001"=>q<="11111001";--显示“1”
            when "0010"=>q<="10100100";--显示“2”
            when "0011"=>q<="10110000";--显示“3”
            when "0100"=>q<="10011001";--显示“4”
            when "0101"=>q<="10010010";--显示“5”
            when "0110"=>q<="10000010";--显示“6”
            when "0111"=>q<="11111000";--显示“7”
            when "1000"=>q<="10000000";--显示“8”
            when "1001"=>q<="10010000";--显示“9”
            when others=>q<="11111111";--不显示
        end case;
  end process;
end;
```

程序说明：

(1) 进程 P1 为分频进程。采用 FPGA 最小系统板的板载时钟频率 50MHz 进行显示动态扫描频率太高，因此，需要分频进程对 50MHz 的时钟进行分频。本设计对系统输入频率“clk”进行 10000 分频，输出 5kHz 的动态显示扫描频率“clk2”脉冲信号。

(2) 进程 P2、P3 为产生位扫描信号的同时输出相应的显示数据的进程。进程 P2 是在扫描频率“clk2”的控制下，产生数码管位信号“cntwei”，在 0～3 之间不断变化，即进行数码管位扫描；进程 P3 是在扫描频率“clk2”及数码管位信号“cntwei”的控制下，产生数码管位扫描信号“W”及相应的输出显示数据“disp”值。

(3) 进程 P4 为显示数据译码进程。进程 P4 的功能是将“disp”值译成显示数值的七段数码管的段码。

2. 创建并设置功能仿真测试文件

完成动态显示控制模块 VHDL 程序文件"xiangshi.vhd"设计后，在【Project Navigator】面板右击【Files】标签页的【xiangshi.vhd】选项；在弹出的快捷菜单中，选择【Set as Top-Level Entity】命令，如图 5.24 所示，将"xiangshi.vhd"文件设置为顶层文件；选择【Processing】→【Start Compilation】命令，对动态显示控制模块进行编译，直到编译通过。编译通过只是说明设计文件无语法或连接错误，是否实现设计功能，还需通过功能仿真来验证。要进行功能仿真，必须先创建仿真测试文件。可利用 Quartus II 12.1 的仿真测试模板文件创建仿真测试文件。

(1) 创建仿真测试模板文件。选择【Processing】→【Start】→【Start Test Bench Template Writer】命令。如果没有设置错误，系统将弹出生成测试模板文件成功的对话框。默认生成的仿真测试文件为"xiangshi.vht"，保存位置为"E:/XM5/DJKZ /simulation/ modelsim"。

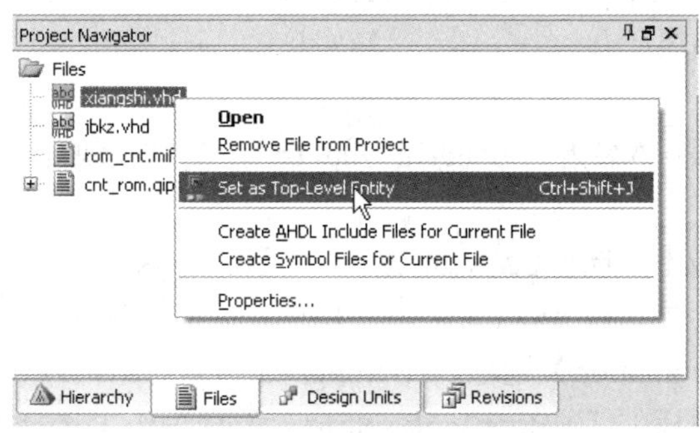

图 5.24　将动态显示控制模块设置为顶层文件

(2) 编辑仿真测试模板文件。选择【File】→【Open】命令，弹出【Open File】对话框，选择生成的仿真测试模板文件"E:/XM5/DJKZ/simulation/modelsim / xiangshi.vht"。打开"xiangshi.vht"文件，在"init"进程设置输入频率"clk"为 50MHz，即周期为 20ns；在"always"进程设置要显示的输入数据"data_kply_in"。动态显示控制模块测试文件程序如下。

```
library ieee;
use ieee.std_logic_1164.all;
entity xiangshi_vhd_tst is
end xiangshi_vhd_tst;
architecture xiangshi_arch of xiangshi_vhd_tst is
      signal clk : std_logic;
      signal data_kply_in : std_logic_vector(15 downto 0);
      signal q : std_logic_vector(7 downto 0);
      signal w : std_logic_vector(3 downto 0);
component xiangshi
      port(clk : in std_logic;
      data_kply_in : in std_logic_vector(15 downto 0);
      q : out std_logic_vector(7 downto 0);
      w : out std_logic_vector(3 downto 0));
end component;
begin
```

```
    i1: xiangshi
            port map(clk => clk,
                    data_kply_in => data_kply_in,
                    q => q,
                    w => w);
    init: process
            begin
                clk<='0'; wait for 10ns;
                clk<='1'; wait for 10ns;
    end process init;
    always: process
            begin
                data_kply_in<="0010000101110100"  ;wait for 5700us;
                data_kply_in<="0001001101100000"  ;wait for 5700us;
    end process always;
    end xiangshi_arch;
```

该测试模块的顶层实体名为“xiangshi_vhd_tst”，测试模块元件例化名为“i1”。输入的时钟频率为 50MHz。

(3) 配置仿真测试文件。选择【Assignments】→【Settings...】命令，弹出设置工程“djkz”的【Settings –djkz】对话框；在【Settings–djkz】对话框的【Category】栏中选择【EDA Tool Settings】目录下的【Simulation】选项，【Settings–djkz】对话框内将显示【Simulation】面板；在【Simulation】面板的【Native Link settings 】选项组中选择【Compile test bench】选项；单击【Test Benches】按钮，弹出【Test Benches】对话框；单击【Test Benches】对话框中的【New】按钮，弹出【New Test Bench Settings】对话框；在【Test bench name】文本框中输入仿真测试文件名“xiangshi.vht”；在【Top level module in test bench】文本框中输入测试文件的顶层实体名“xiangshi_vhd_tst”；选中【Use test bench to perform VHDL timing simulation】复选框，在【Design instance name in test bench】文本框中输入测试模块元件例化名“i1”；选择【End simulationat】时间为 1s；单击【Test bench and simulation files】选项组中【File name】文本框后的按钮，选择仿真测试文件“E:/XM5/DJKZ/ simulation /modelsim/xiangshi. vht”，单击【Add】按钮，设置结果如图 5.25 所示。

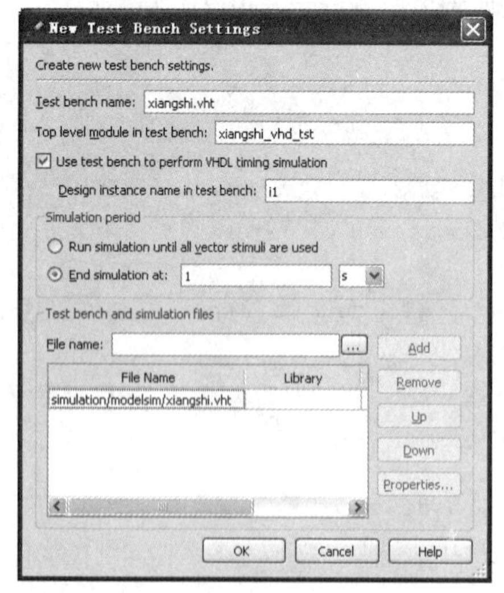

图 5.25 【New Test Bench Settings】对话框

单击【New Test Bench Settings】对话框及【Test Benches】对话框的【OK】按钮，关闭对话框，返回【Settings–djkz】对话框；在【Compile test bench】下拉列表中选择“xiangshi.vht”作为仿真测试文件，如图 5.26 所示；单击【Settings–djkz】对话框的【OK】按钮，返回主界面。

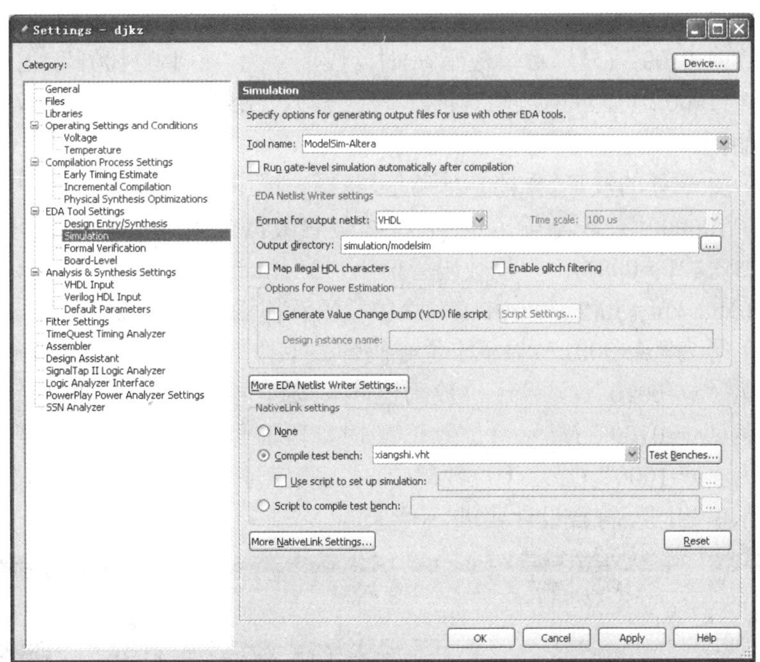

图 5.26　选择“xiangshi.vht”作为仿真测试文件

3. 动态显示控制模块功能仿真

在 Quartus II 12.1 集成环境中，选择【Tools】→【Run Simulation Tool】→【RTL Simulation】命令，可以看到 ModelSim-Altera 10.1b 的运行界面出现功能仿真波形。

(1) 放大 2～4ms 处的波形，如图 5.27 所示，从图 5.27 中可知，位扫描信号“w”在“0001”、“0010”、“0100”、“1000”间不断作周期性循环变化，相应的数码管段码信号“q”也作周期性改变。

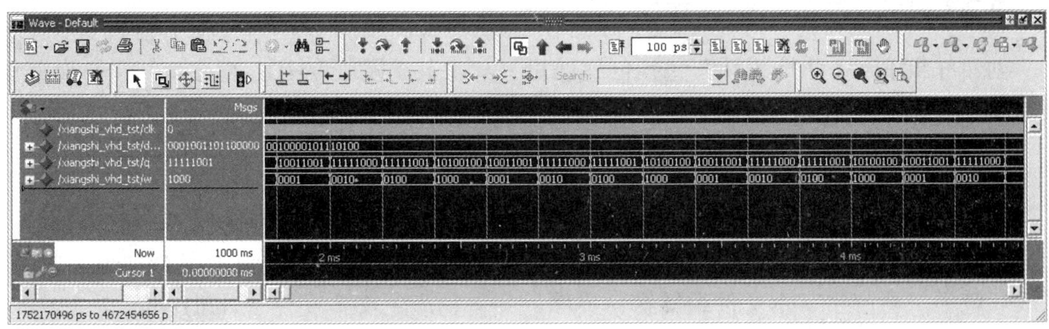

图 5.27　2～4ms 处功能仿真放大波形图

输入显示值“data_kply_in”为“0010000101110100”，表示输入的 4 位数码管数据分别为：千位数码管值为“2”(data_kply_in[15～12]=0010)；百位数码管值为“1”(data_kply_in[11～8]=0001)；十位数码管值为“7”(data_kply_in[7～4]=0111)；个位数码管值为“4”(data_kply_in[3～0]=0100)。

当位扫描信号为“w=0001”(显示个位数码管)时，段信号为“q=10011001”，显示“4”；

当位扫描信号为“w=0010”(显示十位数码管)时，段信号为“q=11111000”，显示“7”；当位扫描信号为“w=0100”(显示百位数码管)时，段信号为“q=11111001”，显示“1”；当位扫描信号为“w=1000”(显示千数码管)时，段信号为“q=10100100”，显示“2”；显示值与输入显示值相同。

(2) 放大6～8ms处的波形，如图5.28所示，从图5.28中可知，输入显示值“data_kply_in”为“0001001101100000”，表示输入的 4 位数码管数据分别为：千位数码管值为“1”(data_kply_in[15～12] =0001)；百位数码管值为“3”(data_kply_in[11～8]=0011)；十位数码管值为“6”(data_kply_in[7～4]=0110)；个位数码管值为“0”(data_kply_in[3～0]=0000)。

当位扫描信号为“w=0001”(显示个位数码管)时，段信号为“q=11000000”，显示“0”；当位扫描信号为“w=0010”(显示十位数码管)时，段信号为“q=10000010”，显示“6”；当位扫描信号为“w=0100”(显示百位数码管)时，段信号为“q=10110000”，显示“3”；当位扫描信号为“w=1000”(显示千位数码管)时，段信号为“q=11111001”，显示“1”；显示值与输入显示值相同，符合设计要求。

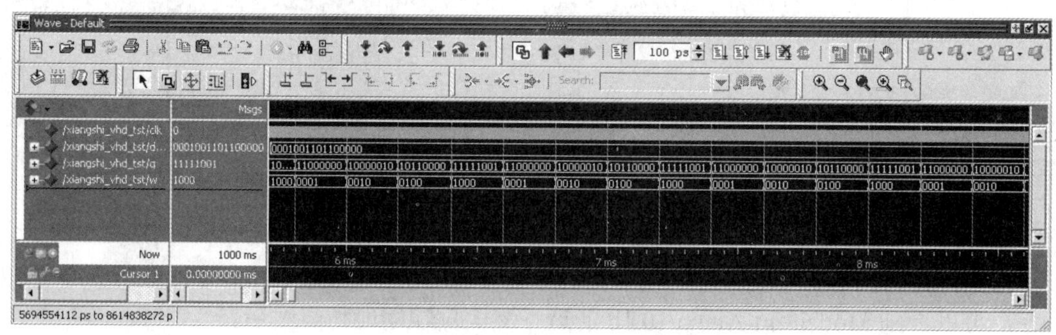

图 5.28　6～8ms 处功能仿真放大波形图

5.2.4　创建舵机 PWM 生成模块

创建舵机 PWM 生成模块，包括创建舵机 PWM 生成模块 VHDL 程序、创建与设置仿真测试文件、功能仿真等步骤。

1. 创建舵机 PWM 生成模块 VHDL 程序

在 Quartus II 12.1 集成环境中，选择【File】→【New】命令，弹出【New】对话框；选择【Design Files】目录下的【VHDL File】选项，单击【OK】按钮，在 Quartus II 12.1 集成环境中，将产生文本文件编辑窗口界面，并自动产生文本文件“vhdl1.vhd”。

在 Quartus II 12.1 集成环境中，选择【File】→【Save As】命令，弹出【另存为】对话框，命名舵机 PWM 生成模块文件为“pwm.vhd”，保存在“E:/XM5/DJKZ”文件夹。在文本文件编辑窗口输入舵机 PWM 生成模块的 VHDL 程序如下。

```
library ieee;
use ieee.std_logic_1164.all;
use ieee.std_logic_unsigned.all;
use ieee.std_logic_arith.all;
```

```
entity    pwm is
      port(clk: in std_logic;
             key: in std_logic_vector(1 downto 0);
             dat_en_in:in std_logic;
             dat_sel_in:in std_logic;
             dat_in: in std_logic_vector(17 downto 0);
             pwm_out: out std_logic);
end pwm;
architecture behav of pwm is
          signal counter: integer range 0 to 1000000:=0;
          signal clk_500hz: std_logic :='0';
          signal pwm_temp: std_logic :='0';
          signal dclk_div: integer range 0 to 49999 :=0;
          signal cnt:  integer range 0 to 150000 := 75000;
          signal dat_en_on: std_logic :='0';
          signal dat_sel_on: std_logic :='0';
          signal key_up_dw_en: std_logic_vector(1 downto 0);
      begin
          dat_sel_on<=dat_sel_in;
          dat_en_on<=dat_en_in;
          pwm_out <= pwm_temp;
          key_up_dw_en<=key;
P1:process(clk)
      begin
          if(clk'event and clk='1')then--分频产生 50Hz 的频率
             if(counter=1000000)then
                counter <= 0;
             else
                counter <= counter + 1;
                if(dclk_div < 49999)then
                 dclk_div <= dclk_div + 1;
                else
                 dclk_div <= 0;
                 clk_500hz <= not clk_500hz;--500hz
                end if;
                if(counter < cnt)then
                 pwm_temp <= '1';
                else
                 pwm_temp <= '0';
                end if;
             end if;
          end if;
end process;
P2:process(clk_500hz)
          variable reg_cnt:integer range 0 to 125000:=0;
      begin
```

```
            if clk_500hz'event and clk_500hz='1' then
                case key_up_dw_en is
                    when "10" =>          --向 180° 方向旋转
                     if(cnt > 125000)    then
                         cnt <= 125000;
                     else
                         cnt <= cnt + 50;
                     end if;
                    when "01" =>          --向 0° 方向旋转
                     if(cnt < 25000)then
                         cnt <= 25000;
                     else
                         cnt <= cnt - 50;
                     end if;
                    when "00" => --设置旋转角度
                     if dat_en_on='1' and dat_sel_on='1' then
                         reg_cnt:=conv_integer(dat_in(17 downto 0));
                         cnt<=reg_cnt;
                     end if;
                    when others => null;
                end case;
            end if;
end process;
end behav;
```

程序说明：

(1) 进程 P1 为确定 PWM 的进程。在系统输入时钟频率 50MHz 的控制下，利用“counter”计数器，产生频率为 50Hz，脉宽由“cnt”值确定的“pwm_temp”信号。同时产生频率为 500Hz 的脉冲信号“clk_500hz”，作为进程 P2 的时钟，控制“cnt”值的刷新。

(2) 进程 P2 为产生确定 PWM 脉宽的“cnt”值的进程。在脉冲信号“clk_500hz”的控制下，改变“cnt”的值。当控制 PWM 脉宽的输入信号“key”为“10”(key_up_dw_en="10")时，“cnt”值不断增加，增加到“cnt=125000”时，“cnt”值保持不变；当控制 PWM 脉宽的输入信号“key”为“01”(key_up_dw_en="01")时，“cnt”值不断减小，减小到“cnt=0”时，“cnt”值保持不变；当控制 PWM 信号脉宽的“key”为“00”(key_up_dw_en="00")，且设置角度值确定信号“dat_en_in”为“1”(dat_en_on='1')和选择舵机信号“dat_sel_in”为“1”(dat_sel_on='1')，则“cnt”值设置为输入的“dat_in”值。

2. 创建并设置仿真测试文件

完成舵机 PWM 生成模块 VHDL 程序文件“pwm.vhd”设计后，在【Project Navigator】面板中右击【Files】标签页的【pwm.vhd】选项；在弹出的快捷菜单中，选择【Set as Top-Level Entity】命令，如图 5.29 所示，将“pwm.vhd”文件设置为顶层文件；选择【Processing】→【Start Compilation】命令，对舵机 PWM 生成模块进行编译，检查有无语法错误。如果有错误必须进行修改，直到编译通过。编译通过后，还需功能仿真来验证是否实现了设计功能。功能仿真需先创建仿真测试文件，可利用 Quartus II 12.1 的模板文件创建仿真测试文件。

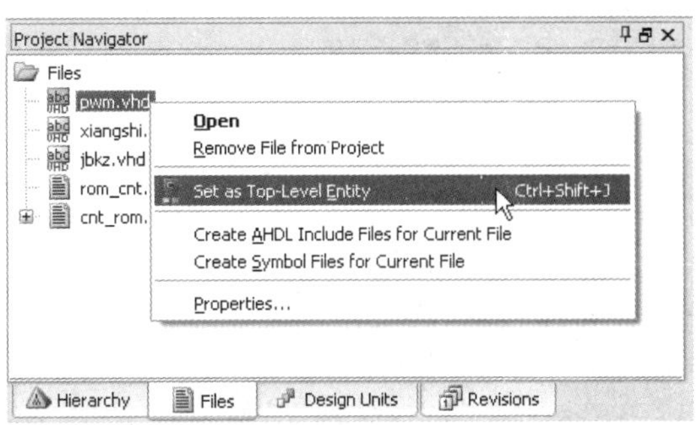

图 5.29　将舵机 PWM 生成模块设置为顶层文件

(1) 创建仿真测试模板文件。选择【Processing】→【Start】→【Start Test Bench Template Writer】命令。如果没有设置错误，系统将弹出生成测试模板文件成功的对话框。默认生成的仿真测试文件为“pwm.vht”，保存位置为“E:/XM5/DJKZ /simulation/ modelsim”。

(2) 编辑仿真测试模板文件。选择【File】→【Open】命令，弹出【Open File】对话框，选择生成的仿真测试模板文件“E:/XM5/DJKZ/simulation/modelsim / pwm.vht”。打开“pwm.vht”文件，在“init”进程设置“clk”的频率为 50MHz，即周期为 20ns；在“always”进程设置角度值数据“dat_in”、角度值设置确定信号“dat_en_in”、舵机选择信号“dat_sel_in”、控制 PWM 脉宽改变信号“key”。

舵机 PWM 生成模块测试文件程序如下。

```
library ieee;
use ieee.std_logic_1164.all;
entity pwm_vhd_tst is
end pwm_vhd_tst;
architecture pwm_arch of pwm_vhd_tst is
        signal clk : std_logic;
        signal dat_en_in : std_logic;
        signal dat_in : std_logic_vector(17 downto 0);
        signal dat_sel_in : std_logic;
        signal key : std_logic_vector(1 downto 0);
        signal pwm_out : std_logic;
        component pwm
            port(clk : in std_logic;
            dat_en_in : in std_logic;
            dat_in : in std_logic_vector(17 downto 0);
            dat_sel_in : in std_logic;
            key : in std_logic_vector(1 downto 0);
            pwm_out : out std_logic);
        end component;
begin
        i1 : pwm
        port map(clk => clk,
            dat_en_in => dat_en_in,
            dat_in => dat_in,
```

```
        dat_sel_in => dat_sel_in,
        key => key,
        pwm_out => pwm_out);
    init : process
    begin
        clk<='0';wait for 10ns;
        clk<='1';wait for 10ns;
    end process init;
    always : process
    begin
        dat_in<="000000000000000000";
        dat_en_in<='0';
        dat_sel_in<='0';
        key<="00";
        wait for 100ms;
        dat_in<="011110100001001000";
        dat_en_in<='1';
        dat_sel_in<='1';
        key<="00";
        wait for 100ms;
        dat_in<="011110100001001000";
        dat_en_in<='0';
        dat_sel_in<='0';
        key<="01";
        wait for 800ms;
    end process always;
end pwm_arch;
```

该功能仿真测试文件的顶层实体名为“pwm_vhd_tst”，测试模块元件例化名为“i1”。输入时钟频率为 50MHz。

(3) 配置功能仿真测试文件。选择【Assignments】→【Settings】命令，弹出设置工程“djkz”的【Settings –djkz】对话框；在【Settings–djkz】对话框的【Category】栏中选择【EDA Tool Settings】目录下的【Simulation】选项后，在【Settings–djkz】对话框内将显示【Simulation】面板；在【Simulation】面板【NativeLink settings】选项组中选择【Compile test bench】选项；单击【Compile test bench】选项后的【Test Benches】按钮，弹出【Test Benches】对话框；单击【Test Benches】对话框【New】按钮，弹出【New Test Bench Settings】对话框；在【Test bench name】文本框中输入测试文件名“pwm.vht”；在【Top level module in test bench】文本框中输入测试文件的顶层实体名“pwm_vhd_tst”；选中【Use test bench to perform VHDL timing simulation】复选框，在【Design instance name in test bench】文本框中输入设计测试模块元件例化名“i1”；选择【End simulationat】时间为 1s；单击【Test bench and simulation files】选项组【File name】文本框后的按钮▭，选择测试文件“E:/XM5/ DJKZ/ simulation /modelsim/pwm.vht”，单击【Add】按钮，设置结果如图 5.30 所示。

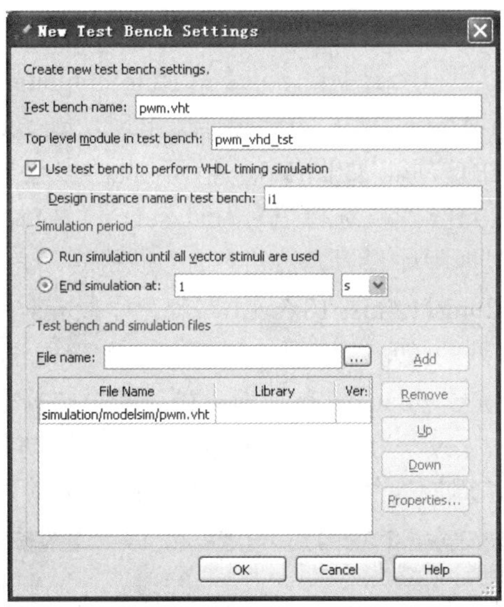

图 5.30　【New Test Bench Settings】对话框

单击【New Test Bench Settings】对话框及【Test Benches】对话框的【OK】按钮，关闭对话框，返回【Settings–djkz】对话框，在【Compile test bench】下拉列表中选择“pwm.vht”作为功能仿真测试文件，如图 5.31 所示；单击【Settings–djkz】对话框的【OK】按钮，返回主界面。

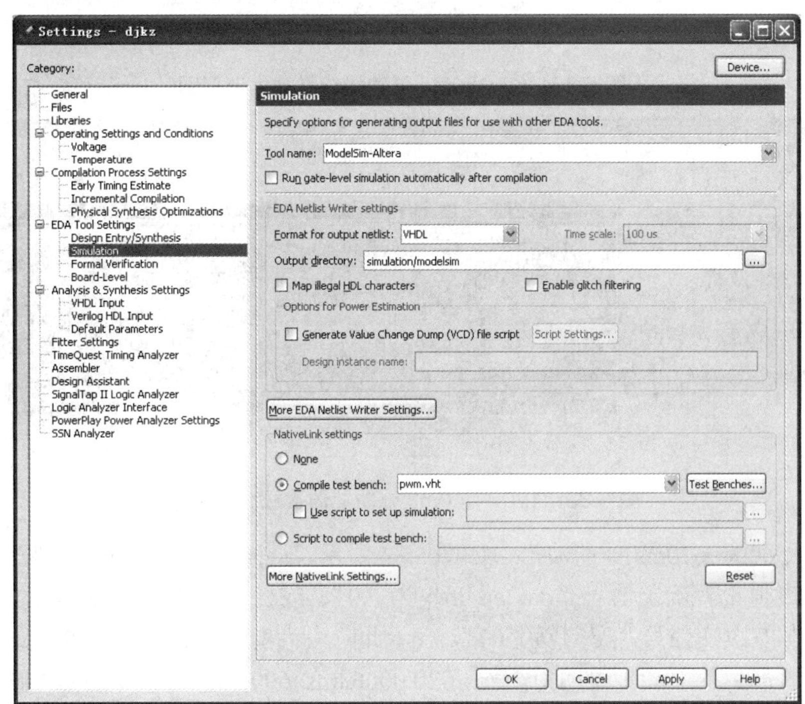

图 5.31　选择“pwm.vht”作为仿真测试文件

3. 舵机 PWM 生成模块功能仿真

在 Quartus II 12.1 集成环境中，选择【Tools】→【Run Simulation Tool】→【RTL Simulation】命令，可以看到 ModelSim-Altera 10.1b 的运行界面出现功能仿真波形。

(1) 放大 60～80ms 处的波形，如图 5.32 所示，此阶段设置角度值数据“dat_in”、角度值设置确定信号“dat_en_in”、舵机选择信号“dat_sel_in”、控制 PWM 脉宽改变信号“key”均为零，即为初始状态，根据程序设置，初始态时，舵机转动角为 90°。从图中 5.32 可知，此时产生的 PWM 周期为 20ms(1.5ms+18.5ms)，脉宽为 1.5ms，与设计要求相符。

(2) 放大 120～140ms 处的波形，如图 5.33 所示，此阶段设置角度值数据“dat_in”为 125000、角度值设置确定信号“dat_en_in”为“1”、舵机选择信号“dat_sel_in”为“1”、控制 PWM 脉宽改变信号“key”为“00”，表示设置舵机转动角为 180° 状态。从图 5.33 中可知，此时产生的 PWM 周期为 20ms(2.5ms+17.5ms)，脉宽为 2.5ms，与设计要求相符。

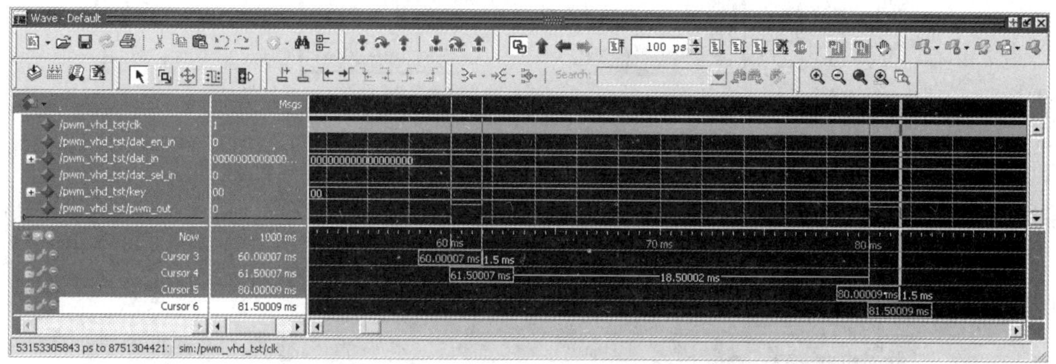

图 5.32　60～80ms 处功能仿真放大波形图

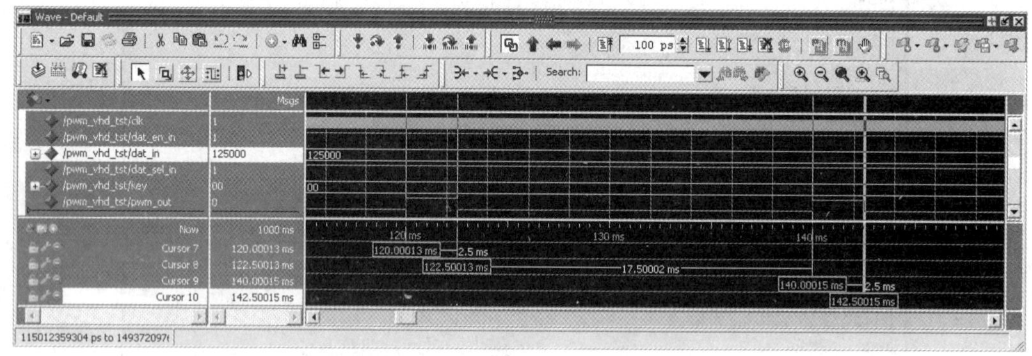

图 5.33　120～140ms 处功能仿真放大波形图

(3) 放大 600～620ms 处的波形，如图 5.34 所示，此阶段设置角度值数据“dat_in”为 125000、角度值设置确定信号“dat_en_in”为“0”、舵机选择信号“dat_sel_in”为“0”、控制 PWM 脉宽改变信号“key”为“01”，表示此阶段为舵机转角不断减小状态。从图 5.34 中可知，此时产生的 PWM 周期为 20ms(620.00063ms−600.00061ms=20ms)，脉宽为每周期减小 0.01ms(2.299ms−2.289ms=0.01ms)。

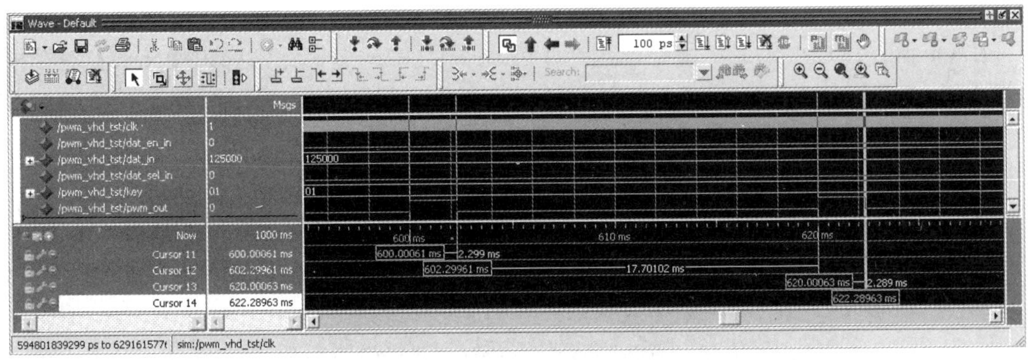

图 5.34　600～620ms 处功能仿真放大波形图

5.2.5　创建二自由度云台控制器顶层模块

创建二自由度云台控制器顶层模块，包括创建二自由度云台控制器顶层模块 VHDL 程序、创建与设置功能仿真测试文件、功能仿真等步骤。

1. 创建二自由度云台控制器顶层模块 VHDL 程序

二自由度云台控制器顶层模块文件可以采用文本输入法直接创建“*.vhd”文件，也可采用通过原理图输入法选择创建顶层原理图，再转换为“*.vhd”文件的方法。下面介绍利用原理图输入法创建二自由度云台控制器顶层模块的方法。

1) 子模块元件的创建

在 Quartus II 12.1 集成环境中，右击【Project Navigator】面板的【Files】标签页的【jbkz.vhd】选项；在弹出的快捷菜单中，选择【Create Symbol File for Current File】命令，如图 5.35 所示，创建“jbkz.vhd”文件的元件文件；创建完成后弹出创建元件文件成功【Create Symbol File was successful】对话框，单击【OK】按钮，完成键盘控制模块的元件文件创建。同理，分别选择“siangshi.vhd”、“pwm.vhd”创建动态显示控制和 PWM 生成模块的元件文件。

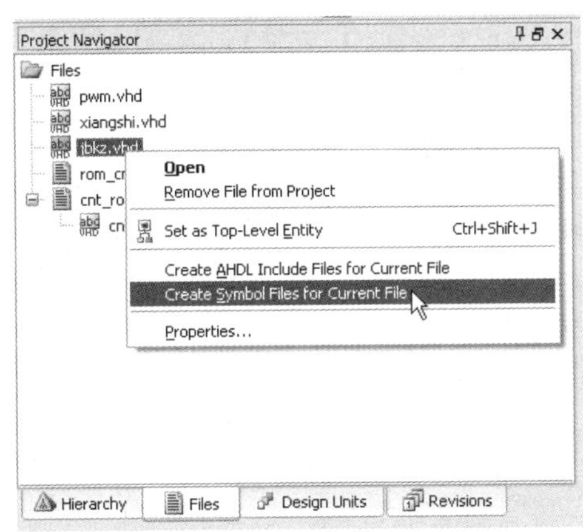

图 5.35　选择创建“jbkz.vhd”文件的元件文件

2) 二自由度云台控制器顶层原理图文件的创建

在 Quartus II 12.1 集成环境中，选择【File】→【New】命令，弹出【New】对话框；选择【Block Diagram/Schematic File】选项，单击【OK】按钮，自动产生扩展名为“.bdf”的原理图文件；选择【File】→【Save As】命令，弹出【另存为】对话框，命名二自由度云台控制器顶层原理图文件为“djkz_top.bdf”，保存在“E:/XM5/DJKZ/”文件夹。

(1) 在“djkz_top.bdf”原理图文件编辑窗口的空白位置双击鼠标，弹出【Symbol】对话框，如图 5.36 所示。由于前面已创建了各子模块元件，因而，在【Symbol】对话框的库中出现了【Project】库。

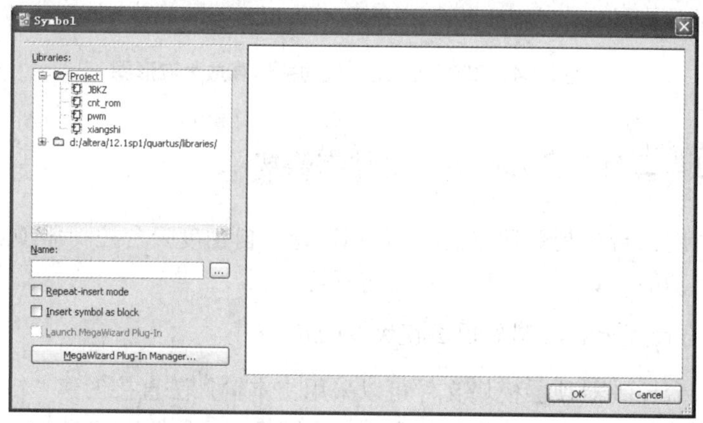

图 5.36 【Symbol】对话框

(2) 双击【Project】库的“JBKZ”键盘控制模块元件，关闭【Symbol】对话框，鼠标将变成“+”号，并在右下角吸附了“JBKZ”键盘控制模块元件；在“djkz_top.bdf”顶层原理图文件编辑窗口的适当位置单击，“JBKZ”键盘控制模块元件将被加入到“djkz_top.bdf”顶层原理图文件。其他元件生成方法与键盘控制模块元件的生成方法相同，完成元件添加后，连接各模块并放置输入输出端元件，完成“djkz_top.bdf”二自由度云台控制器顶层原理图文件的创建，如图 5.37 所示。

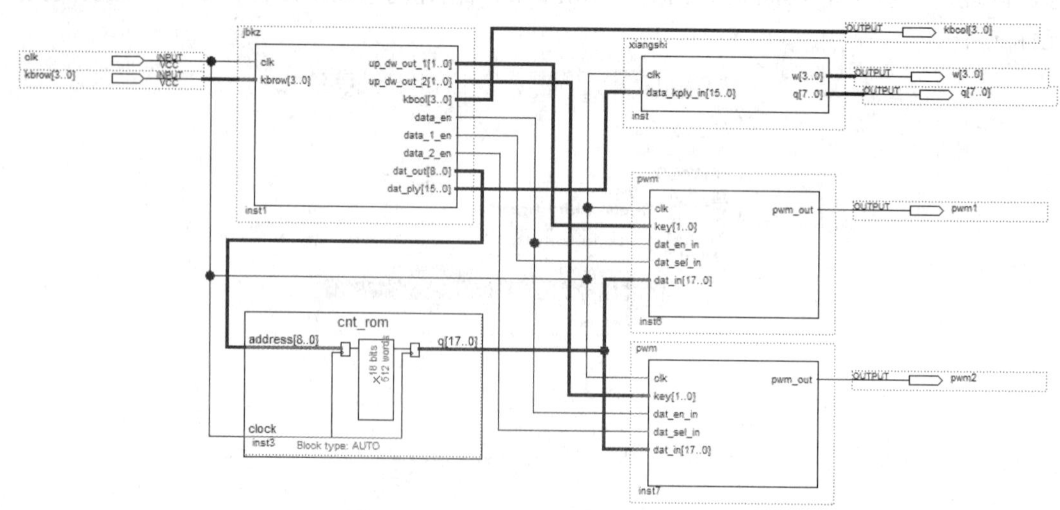

图 5.37 二自由度云台控制器顶层原理图文件

(3) 二自由度云台控制器顶层原理图各子模块说明：“jbks”子模块为矩阵式键盘控制器模块；“cnt_rom”子模块为存储角度值转换为脉宽计数器长度值编码的 ROM 模块；“xiangshi”子模块为动态显示控制模块；“pwm”子模块为舵机 PWM 生成模块。

(4) 二自由度云台控制器顶层原理图各输入输出端口说明：“clk”为系统时钟信号输入端；“kbrow[3..0]”为矩阵式键盘行编码信号输入端；“kbcol[3..0]”为矩阵式键盘列扫描信号输出端；“w[3..0]”为数码管位扫描信号输出端；“q[7..0]”为数码管段信号输出端；“pwm1”为舵机 1 控制信号输出端；“pwm2”为舵机 2 信号输出端。

3) 将原理图文件转换为 VHDL 程序文件

在 Quartus II 12.1 集成环境中，打开“djkz_top.bdf”原理图文件，选择【File】→【Create/Update】→【Create HDL Design File for Current File】命令，弹出【Create HDL Design File for Current File】对话框；在【File type】栏中选择【VHDL】选项，在【File name】文本框中，系统将自动填入保存路径与文件名“E:/XM5/DJKZ/djkz_top.vhd”，如图 5.38 所示；单击【OK】按钮，弹出创建 VHDL 文件成功对话框；单击【OK】按钮，完成“djkz_top.bdf”二自由度云台控制器顶层原理图文件转换为“djkz_top.vhd”文件的操作。

4) 将顶层模块 VHDL 程序加入工程

将二自由度云台控制器顶层模块 VHDL 程序文件“djkz_top.vhd”加入到“djkz”工程，将用原理图输入法设计的二自由度云台控制器顶层文件“djkz_top.bdf”从“djkz”工程移去。

(1) 在【Project Navigator】面板中右击【Files】标签页的【djkz_top.bdf】选项；在弹出的快捷菜单中，选择【Remove File from Project】命令，如图 5.39 所示，将“djkz_top.bdf”文件从“djkz”工程移去。

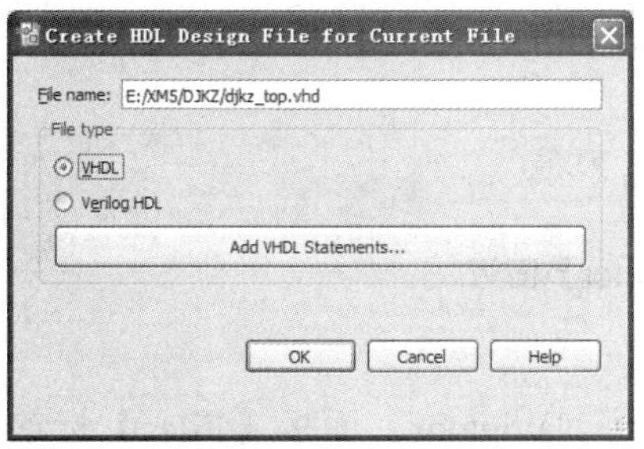

图 5.38　【Create HDL Design File for Current File】对话框

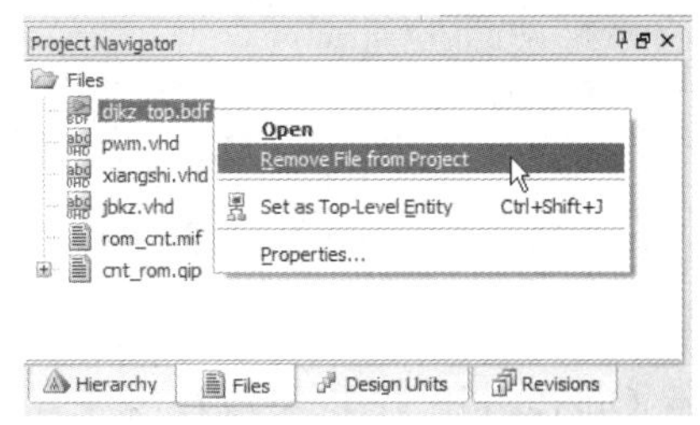

图 5.39　从工程移去文件的快捷菜单

(2) 选择 Quartus II 12.1 集成环境【Project】→【Add/Remove File in Project】命令，弹出设置工程“djkz”的【Settings–djkz】对话框；单击【File name】文本框后的【浏览】按钮，弹出【Select File】对话框，选择要加入到工程的二自由度云台控制器顶层模块 VHDL 程序文件“djkz_top.vhd”；单击【File name】文本框后的【Add】按钮，将“djkz_top.vhd”加入到文件列表栏中，如图 5.40 所示；单击【Settings–djkz】对话框上的【OK】按钮，完成将“djkz_top.vhd”文件加入到“djkz”工程的操作。在 Quartus II 12.1 集成环境中，【Project Navigator】面板的【Files】标签页显示“djkz”工程中已加入了二自由度云台控制器顶层模块 VHDL 程序文件“djkz_top.vhd”，如图 5.41 所示。

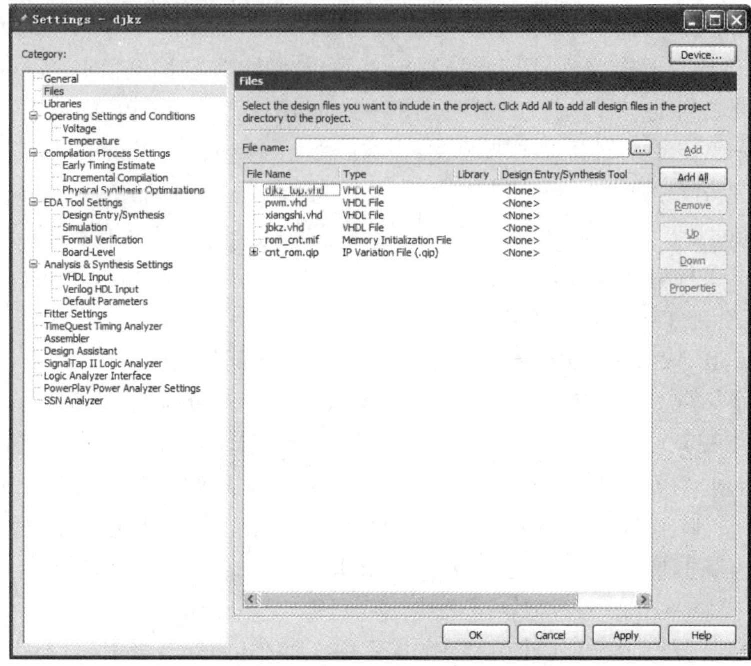

图 5.40 【Settings-djkz】对话框

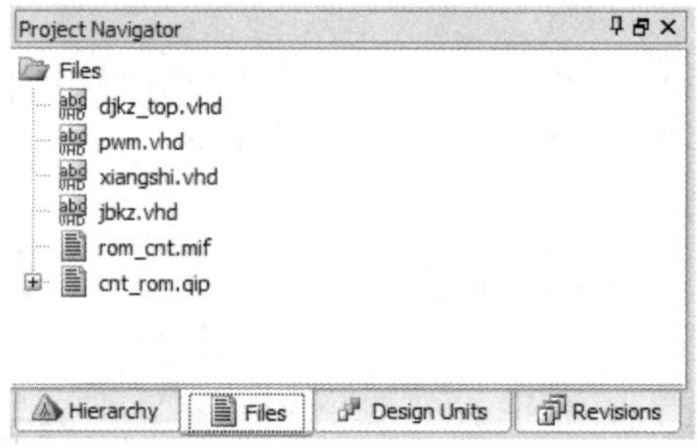

图 5.41 【Project Navigator】面板

5) 设置顶层文件

在 Quartus II 12.1 集成环境中，右击【Project Navigator】面板【Files】标签页的【djkz_top.vhd】选项；在弹出的快捷菜单中选择【Set as Top-Level Entity】命令，如图 5.42 所示，将“djkz_top.vhd”文件设置为顶层文件。

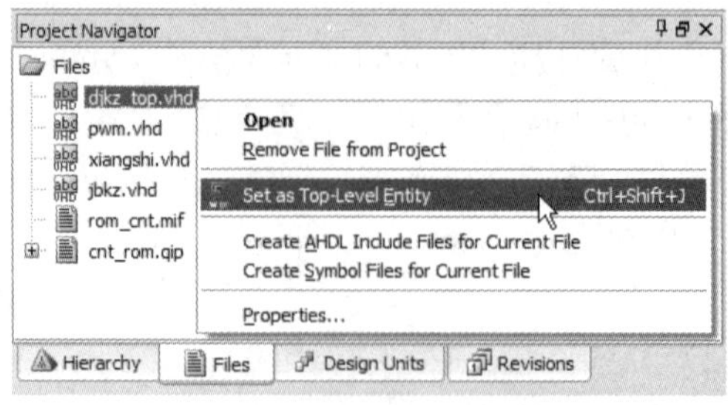

图 5.42 设置顶层文件快捷菜单

2. 编译程序

完成二自由度云台控制器顶层模块 VHDL 程序创建并设置为顶层文件后，选择【Processing】→【Start Compilation】命令，对设计程序进行编译处理。如果有错误必须进行修改，直到编译通过。完成编译后，在【Project Navigator】面板的【Hierarchy】标签页内显示“djkz”工程的层次关系，如图 5.43 所示。二自由度云台控制器顶层模块“djkx_top”由“xiangshi”子模块、“jbks”子模块、“cnt_rom”子模块，以及两个“pwm”子模块组成。

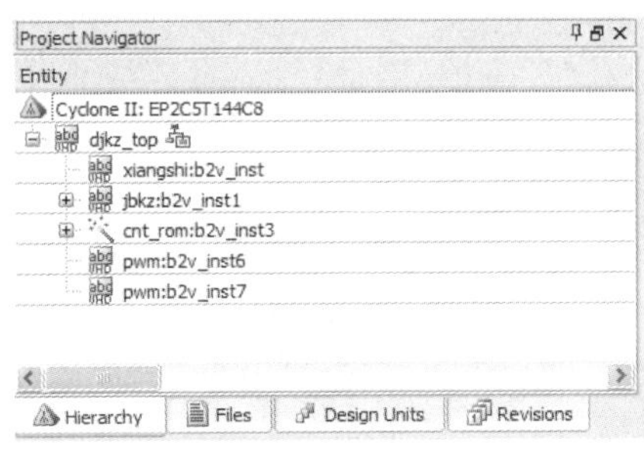

图 5.43　工程的层次关系图

3. 创建并设置仿真测试文件

编译通过只是说明设计文件无语法或连接错误，是否实现设计功能，还需通过功能仿真来验证。

(1) 创建仿真测试模板文件。选择【Processing】→【Start】→【Start Test Bench Template Writer】命令。如果没有设置错误，系统将弹出生成测试模板文件成功的对话框。默认生成的仿真测试文件为“djkz_top.vht”，保存位置为“E:/XM5/DJKZ /simulation/modelsim”。

(2) 编辑仿真测试模板文件。选择【File】→【Open】命令，弹出【Open File】对话框；选择生成的仿真测试模板文件“E:/XM5/DJKZ/simulation/modelsim/djkz_top.vht”，打开“djkz_top.vht”文件；在“djkz_top.vht”文件的“init”进程中设置“clk”频率为 50MHz，即周期为 20ns；在“always”进程设置键盘行编码信号“kbrow”的时序。二自由度云台控制器顶层模块测试文件程序如下。

```
library ieee;
use ieee.std_logic_1164.all;
entity djkz_top_vhd_tst is
end djkz_top_vhd_tst;
architecture djkz_top_arch of djkz_top_vhd_tst is
      signal clk : std_logic;
      signal kbcol : std_logic_vector(3 downto 0);
      signal kbrow : std_logic_vector(3 downto 0);
      signal pwm1 : std_logic;
      signal pwm2 : std_logic;
      signal q : std_logic_vector(7 downto 0);
      signal w : std_logic_vector(3 downto 0);
component djkz_top
      port(clk : in std_logic;
      kbcol : out std_logic_vector(3 downto 0);
```

```
        kbrow : in std_logic_vector(3 downto 0);
        pwm1 : out std_logic;
        pwm2 : out std_logic;
        q : out std_logic_vector(7 downto 0);
        w : out std_logic_vector(3 downto 0));
end component;
begin
i1: djkz_top
        port map(clk => clk,
        kbcol => kbcol,
        kbrow => kbrow,
        pwm1 => pwm1,
        pwm2 => pwm2,
        q => q,
        w => w);
init: process
begin
        clk<='0'; wait for 10ns;
        clk<='1'; wait for 10ns;
end process init;
always: process
begin
        kbrow<="1111";wait for 2200us;
        kbrow<="0111";wait for 1200us;
        kbrow<="1111";wait for 2000us;
        kbrow<="0111";wait for 1200us;
        kbrow<="1111";wait for 2000us;
        kbrow<="1011";wait for 1200us;
        kbrow<="1111";wait for 2000us;
        kbrow<="1101";wait for 2000us;
        kbrow<="1111";wait for 2100us;
        kbrow<="1110";wait for 2400us;
        kbrow<="1111";wait for 5850us;
        kbrow<="1110";wait for 100ms;
        kbrow<="1111";wait for 4600us;
        kbrow<="0110";wait for 500ms;
 end process always;
end djkz_top_arch;
```

该测试模块的顶层实体名为“djkz_top_vhd_tst”，测试模块元件的例化名为“i1”。输入的时钟频率为 50MHz。

(3) 配置仿真测试文件。在 Quartus II 12.1 集成环境中，选择【Assignments】→【Settings】命令，弹出设置工程“djkz”的【Settings –djkz】对话框。

① 在【Settings–djkz】对话框【Category】栏中，选择【EDA Tool Settings】目录下的【Simulation】选项，在【Settings–djkz】对话框内显示【Simulation】面板；在【Simulation】面板的【NativeLink settings】选项组中选择【Compile test bench】选项；单击【Compile test bench】选项后的【Test Benches】按钮，弹出【Test Benches】对话框；单击【Test Benches】对话框中的【New】按钮，弹出【New Test Bench Setting】对话框；在【Test bench name】

文本框中输入仿真测试文件名“djkz_top.vht”；在【Top level module in test bench】文本框中输入仿真测试文件的顶层实体名“djkz_top_vhd_tst”；选中【Use test bench to perform VHDL timing simulation】复选框，在【Design instance name in test bench】文本框中输入测试模块元件例化名“i1”；选择【End simulationat】时间为 1s；单击【Test bench and simulation files】选项组【File name】文本框后的按钮…，选择测试文件“E:/XM5/DJKZ/ simulation/ modelsim/ djkz_top.vht”，单击【Add】按钮，设置结果如图 5.44 所示。

② 单击【New Test Bench Settings】对话框及【Test Benches】对话框【OK】按钮，关闭对话框，返回【Settings–djkz】对话框，在【Compile test bench】下拉列表中选择“djkz_top.vht”作为测试文件，如图 5.45 所示；单击【Settings–djkz】对话框【OK】按钮，返回文本编辑主界面。

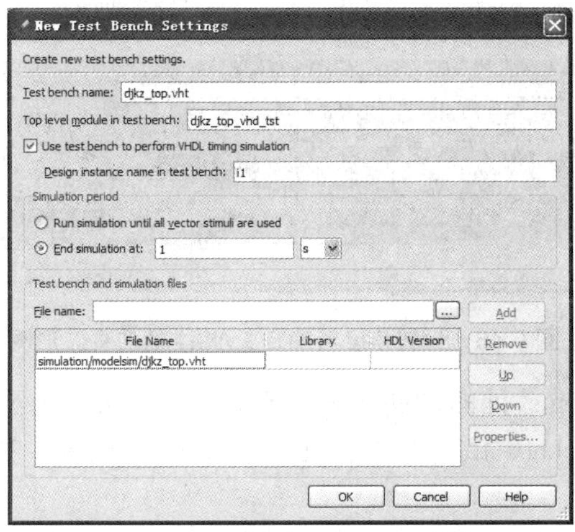

图 5.44　【New Test Bench Settings】对话框

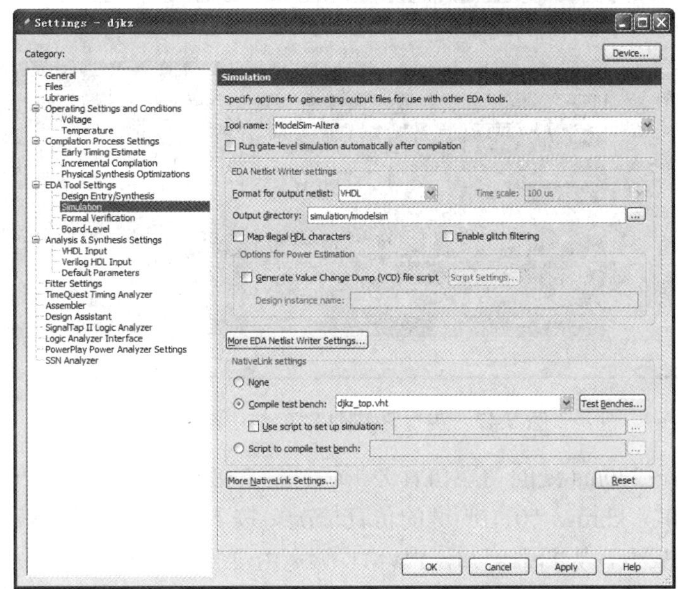

图 5.45　选择“djkz_top.vht”作为仿真测试文件

4. 功能仿真

在 Quartus II 12.1 集成环境中，选择【Tools】→【Run Simulation Tool】→【RTL Simulation】命令，可以看到 ModelSim-Altera 10.1b 的运行界面出现功能仿真波形。

(1) 放大 0～30ms 处的仿真波形，如图 5.46 所示。图中表示先后按下“1”(kbcol="0111"，kbrow="0111")、“1” (kbcol="0111"，kbrow="0111")、“4” (kbcol="0111"，kbrow="1011")、“7” (kbcol="0111"，kbrow="1101")键后，再按设置角度值确定键“#” (kbcol="1101"，kbrow="1101")的情况。从图 5.46 中可见，此时设置的 PWM1 的波形为舵机 1 转动 147°的波形，而 PWM2 的波形为舵机 2 在 90°时的初始波形。

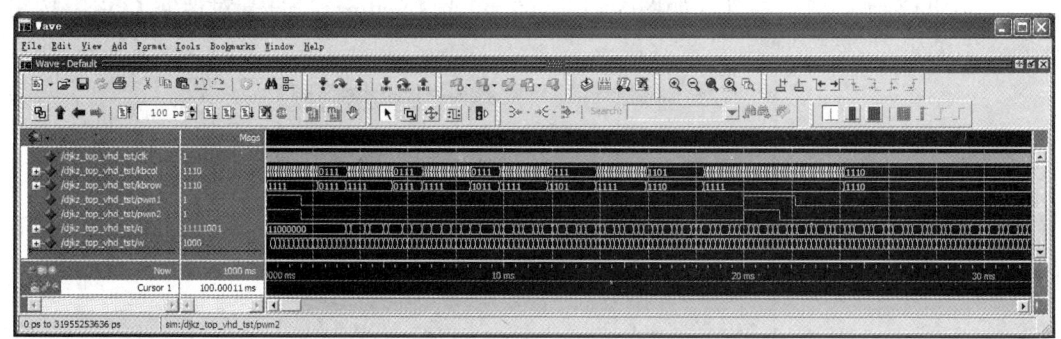

图 5.46 设置角度值确定 PWM1 的仿真波形图

(2) 放大 100～120ms 处的功能仿真波形，如图 5.47 所示。图中表示按下“D” (kbcol="1110"，kbrow="1110")键的仿真情况。当按“D”键时，PWM1 脉宽由 2.172 34ms 增加为 2.182 34ms。

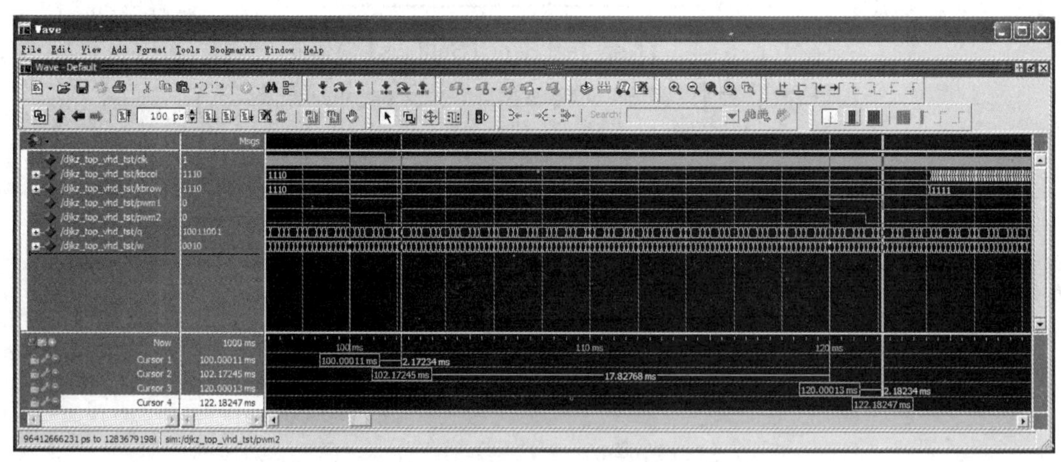

图 5.47 实现 PWM1 改变的仿真波形图

(3) 放大 240～270ms 处的功能仿真波形，如图 5.48 所示。图 5.48 表示同时按下“A”、“D” (kbcol="1110"，kbrow="0110")键的仿真情况。按下“A”、“D”键时，PWM1 脉宽增加，PWM2 脉宽减小。从图中可知，PWM1 脉宽由 2.242 34ms(1.444ms+0.798 34ms)增加为 2.252 34ms(1.434ms+0.818 34ms)，增加脉宽大小为 0.01ms；PWM2 脉宽由 1.444ms 减小为 1.434ms，减少脉宽大小为 0.01ms。

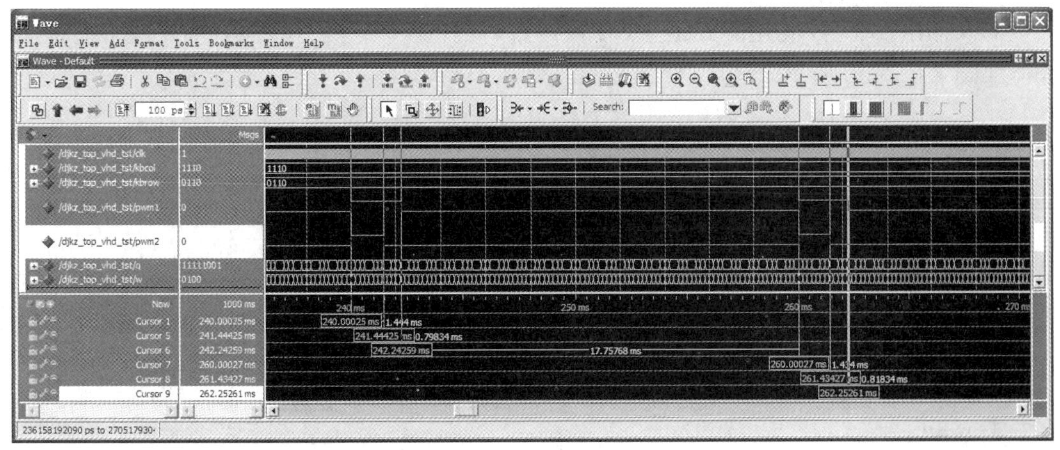

图 5.48　实现 PWM1、PWM2 同时改变的仿真波形图

5.3　二自由度云台控制器编程下载与硬件测试

二自由度云台控制器的硬件测试，需要输入输出硬件电路及 FPGA 开发板支持。下面介绍基于 EP2C5T144-FPGA 最小系统板的二自由度云台控制器的硬件测试过程。

5.3.1　硬件电路连接

由 5.2 节设计的二自由度云台控制器可知，二自由度云台控制器模块输入输出端口如图 5.49 所示，输入输出各端口的连接说明如下。

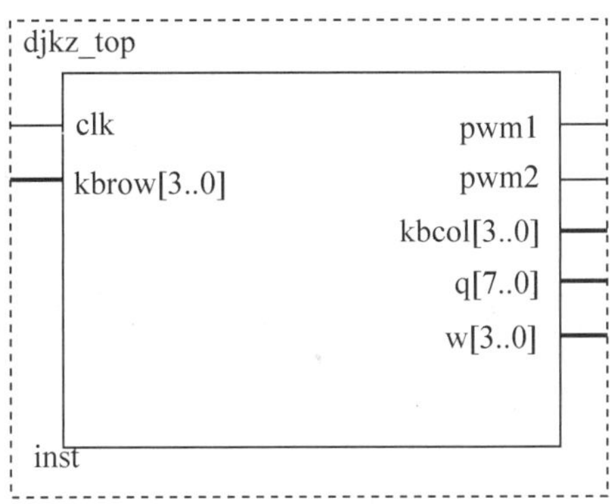

图 5.49　二自由度云台控制器模块输入输出端口

“clk”为系统时钟信号输入端，与 FPGA 最小系统板所提供的 50MHz 时钟信号相连接；“kbrow[3..0]”为 4×4 矩阵式键盘行信号输入端，连接矩阵式键盘行线；“kbcol[3..0]”为 4×4 矩阵式键盘列扫描信号输出端，连接矩阵式键盘列线；“q[7..0]”为 4 数码管动态显示段信号输出端，连接 4 数码管 a～g 及 p 管脚；“w[3..0]”为数码管动态显示位信号输出端，分别连接 4 数码管的公共端；“pwm1”为控制舵机 1 的信号输出端，连接舵机 1 的控制信号线；【pwm2】为控制舵机 2 的信号输出端，连接舵机 2 的控制信号线。

输入输出设备 4×4 矩阵式键盘、4 数码管、舵机 1、舵机 2 等与 FPGA 最小系统板连接原理图如图 5.50 所示。

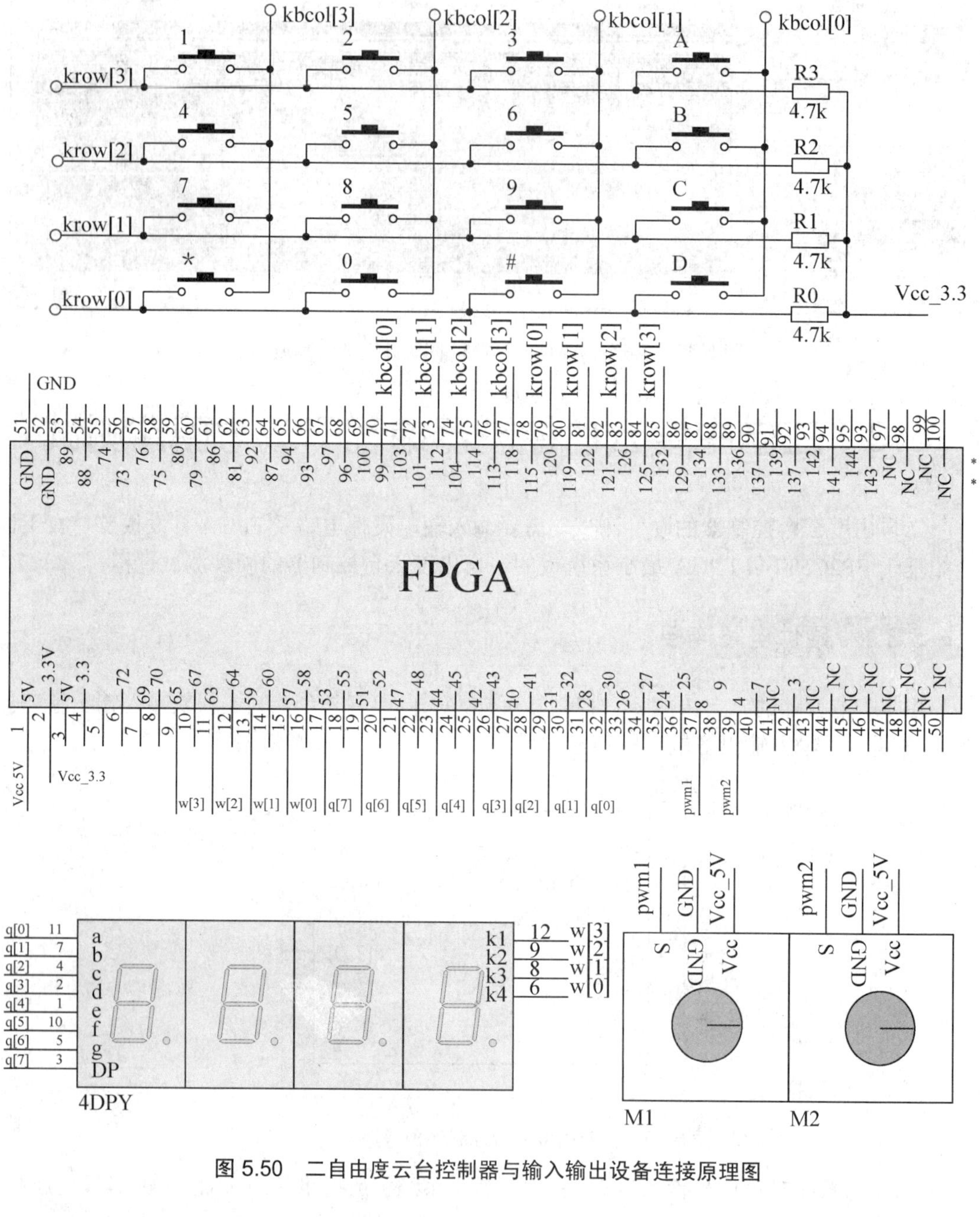

图 5.50　二自由度云台控制器与输入输出设备连接原理图

5.3.2　二自由度云台控制器编程下载

根据 FPGA 最小系统板的芯片及输入输出的连接，确定目标器件锁定输入输出引脚。其操作方法如下。

1. 指定目标器件芯片

根据 EP2C5T144-FPGA 最小系统板指定目标器件。操作方法：在 Quartus II 12.1 集成环境中，选择【Assignments】→【Device】命令，弹出【Device】对话框；在【Family】选项指定芯片类型为【Cyclone II】；在【Package】选项指定芯片封装方式为【TQFP】；在【Pin count】选项指定芯片引脚数为【114】；在【Speed grade】选项指定芯片速度等级为【8】；在【Available devices】列表中选择有效芯片为【EP2C5T114C8】，完成芯片指定后的【Device】对话框如图 5.51 所示。

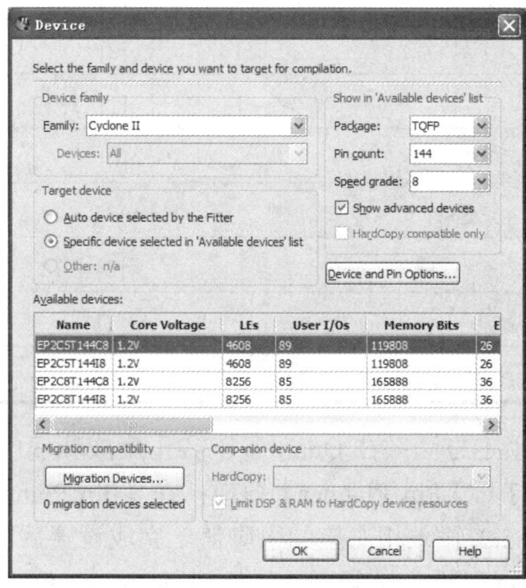

图 5.51　芯片设置结果

2. 输入输出引脚锁定

根据二自由度云台控制器与输入输出设备连接原理图(图 5.50)可知，二自由度云台控制器输入输出端口与目标芯片引脚的连接关系见表 5.3。

表 5.3　输入输出端口与目标芯片引脚的连接关系表

输　入		输　出	
端口名称	芯片引脚	端口名称	芯片引脚
clk	pin_17	kbcol[3]	pin_118
kbrow[3]	pin_132	kbcol[2]	pin_114
kbrow[2]	pin_126	kbcol[1]	pin_112
kbrow[1]	pin_122	kbcol[0]	pin_103
kbrow[0]	pin_120	pwm1	pin_8
		pwm2	pin_4
		q[7]	pin_53

续表

输　入		输　出	
端口名称	芯片引脚	端口名称	芯片引脚
		q[6]	pin_51
		q[5]	pin_47
		q[4]	pin_44
		q[3]	pin_42
		q[2]	pin_40
		q[1]	pin_31
		q[0]	pin_28
		w[3]	pin_65
		w[2]	pin_63
		w[1]	pin_59
		w[0]	pin_57

FPGA 输入输出引脚锁定方法：在 Quartus II 12.1 集成环境中，单击【Assignments】→【Pin Planner】命令，打开【Pin Planner】窗口；在【Pin Planner】窗口的【Location】列空白位置双击，根据表 5.3 输入相对应的引脚值。完成设置后的【Pin Planner】窗口如图 5.52 所示。引脚分配完成以后，必须再次执行编译命令，才能保存引脚锁定信息。

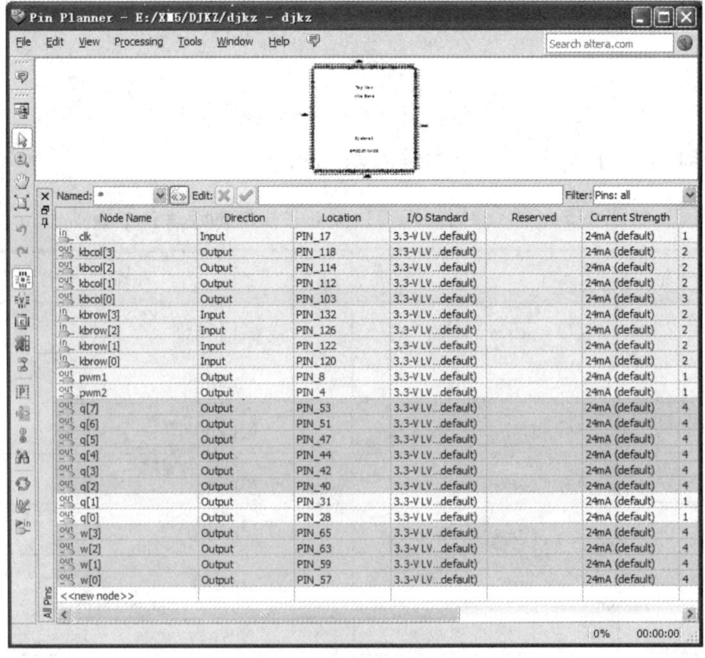

图 5.52　二自由度云台控制器引脚锁定结果

3. 下载设计文件

将 PC 与目标芯片相连接。将“USB-Blaster”下载电缆的一端连接到 PC 的 USB 口，另一端接到 FPGA 最小系统板的 JTAG 口，接通 FPGA 最小系统板的电源，进行下载配置。

(1) 配置下载电缆。在 Quartus II 12.1 集成环境中，选择【Tools】→【Programmer】命令或单击工具栏的【Programmer】按钮，打开【Programmer】窗口；在【Programmer】窗口单击【Hardware Setup】按钮，弹出硬件设置对话框，选择使用 USB 下载电缆的【USB-Blaster[USB-0]】选项，完成下载电缆配置，如图 5.53 所示。

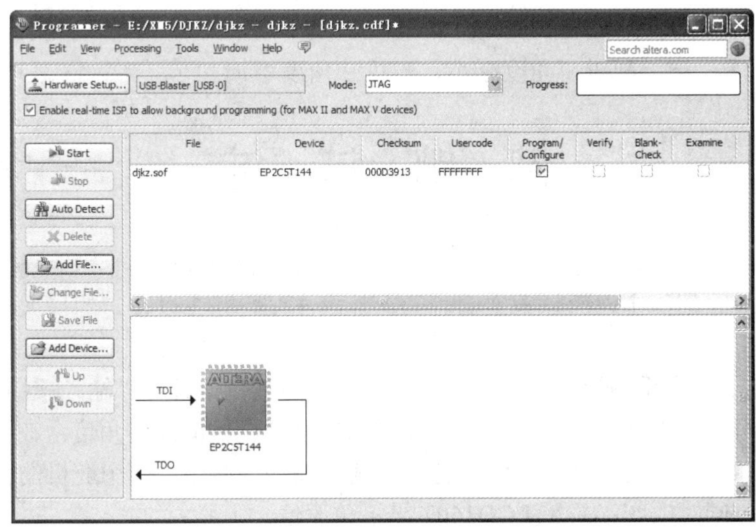

图 5.53　【Programmer】窗口

(2) 配置下载文件。在【Programmer】窗口【Mode】下拉列表框中选择【JTAG】模式；选中下载文件“djkz.sof”的【Program/Configure】复选框；单击【Start】按钮，开始编程下载，直到下载进度为 100%，如图 5.54 所示。

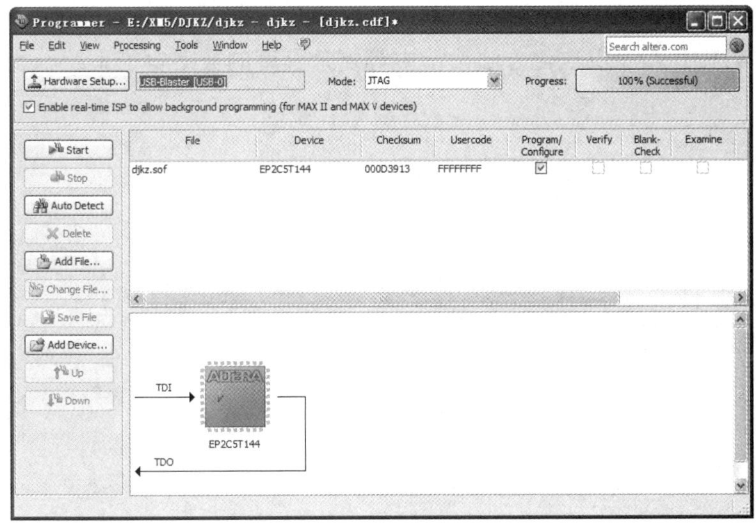

图 5.54　编程下载完成

5.3.3 二自由度云台控制器硬件测试

完成设计文件下载后，可进行在线调试。先后按顺序按矩阵式键盘“1”、“1”、“8”、“0”键，观察 4 数码管显示值为“1180”，再按“#”键，舵机 1 转向 180°；按“*”键清零后，输入“2180”数值，再按“#”键，舵机 2 转向 180°；按“D”键，舵机 1 角度增加；按“C”键，舵机 1 角度减小；按“B”键，舵机 2 角度增加；按“A”键，舵机 2 角度减小；同时按“D”、“B”键，舵机 1、舵机 2 角度同时增加；同时按“C”、“A”键，舵机 1、舵机 2 角度同时减小；同时按“D”、“A”键，舵机 1 角度增加、舵机 2 角度减小；同时按“C”、“B”键，舵机 1 角度减小、舵机 2 角度增加。

做一做，试一试

1. 用 FPGA 最小系统板实现对二自由度舵机云台的精确控制。由矩阵式键盘设置最大角度值和间隔时间，实现间隔一定的时间，舵机 1、舵机 2 以设定的最大角度作来回扫描运动。

2. 用 FPGA 最小系统板实现对二自由度舵机云台的精确控制。输入采用 4×4 矩阵式键盘，矩阵式键盘输入旋转角度值，精确控制二自由度舵机的旋转角度；在 4×4 矩阵式键盘上定义功能键，按功能键实现两个舵机的角度增加与减小，两个舵机的角度改变，可单独改变，也可同时改变；采用 LCD1602 显示角度值。

3. 用 FPGA 最小系统板实现对二自由度步进电机云台的精确控制。

项 目 小 结

通过基于 VHDL 程序的二自由度云台控制器设计制作，介绍了原理图、文本输入混合设计方法及用 VHDL 程序层次化方法设计中等复杂程度的数字电子系统。

参 考 文 献

[1] 潘松，黄继业．EDA 技术与 VHDL[M]．4 版．北京：清华大学出版社，2013．

[2] 刘福奇．基于 VHDL 的 FPGA 和 Nios II 实例精炼[M]．北京：北京航空航天大学出版社，2011．

[3] 龚江涛，唐亚平．EDA 技术应用[M]．北京：高等教育出版社，2012．

[4] 孙加存．电子设计自动化[M]．西安：西安电子科技大学出版社，2008．

[5] 李俊．EDA 技术与 VHDL 编程[M]．北京：电子工业出版社，2012．

[6] 刘延飞，等．基于 Altera FPGA/CPLD 的电子系统设计及工程实践[M]．北京：人民邮电出版社，2009．

[7] 潘松，黄继业．EDA 技术实用教程[M]．4 版．北京：科学出版社，2010．

[8] 胥勋涛．EDA 技术项目化教程[M]．北京：电子工业出版社，2011．

[9] 杨军，等．面向 SOPC 的 FPGA 设计与应用[M]．北京：科学出版社，2012．

[10] 陈新华．EDA 技术与应用[M]．北京：机械工业出版社，2013．

北京大学出版社高职高专机电系列规划教材

序号	书号	书名	编著者	定价	印次	出版日期
"十二五"职业教育国家规划教材						
1	978-7-301-24455-5	电力系统自动装置(第2版)	王　伟	26.00	1	2014.8
2	978-7-301-24506-4	电子技术项目教程(第2版)	徐超明	42.00	1	2014.7
3	978-7-301-24475-3	零件加工信息分析(第2版)	谢　蕾	52.00	1	2015.1
4	978-7-301-24227-8	汽车电气系统检修(第2版)	宋作军	30.00	1	2014.8
5	978-7-301-24589-7	光伏发电系统的运行与维护	付新春	30.00	1	2015.5
6	978-7-301-24507-1	电工技术与技能	王　平	42.00	1	2014.8
7	978-7-301-24648-1	数控加工技术项目教程(第2版)	李东君	64.00	1	2015.5
8	978-7-301-25341-0	汽车构造(上册)——发动机构造(第2版)	罗灯明	35.00	1	2015.5
9	978-7-301-24587-3	制冷与空调技术工学结合教程	李文森等	28.00	1	2015.5
10		汽车构造(下册)——底盘构造(第2版)	罗灯明			2015.5
11		光伏发电技术简明教程	静国梁			2015.5
12		电子EDA技术(Multisim)(第2版)	刘训非			2015.5
机械类基础课						
1	978-7-301-13653-9	工程力学	武昭晖	25.00	3	2011.2
2	978-7-301-13574-7	机械制造基础	徐从清	32.00	3	2012.7
3	978-7-301-13656-0	机械设计基础	时忠明	25.00	3	2012.7
4	978-7-301-13662-1	机械制造技术	宁广庆	42.00	2	2010.11
5	978-7-301-19848-3	机械制造综合设计及实训	裘俊彦	37.00	1	2013.4
6	978-7-301-19297-9	机械制造工艺及夹具设计	徐　勇	28.00	1	2011.8
7	978-7-301-18357-1	机械制图	徐连孝	27.00	2	2012.9
8	978-7-301-18143-0	机械制图习题集	徐连孝	20.00	2	2013.4
9	978-7-301-15692-6	机械制图	吴百中	26.00	2	2012.7
10	978-7-301-22916-3	机械图样的识读与绘制	刘永强	36.00	1	2013.8
11	978-7-301-23354-2	AutoCAD应用项目化实训教程	王利华	42.00	1	2014.1
12	978-7-301-17122-6	AutoCAD机械绘图项目教程	张海鹏	36.00	3	2013.8
13	978-7-301-17573-6	AutoCAD机械绘图基础教程	王长忠	32.00	2	2013.8
14	978-7-301-19010-4	AutoCAD机械绘图基础教程与实训(第2版)	欧阳全会	36.00	3	2014.1
15	978-7-301-24536-1	三维机械设计项目教程(UG版)	龚肖新	45.00	1	2014.9
16	978-7-301-17609-2	液压传动	龚肖新	22.00	1	2010.8
17	978-7-301-20752-9	液压传动与气动技术(第2版)	曹建东	40.00	2	2014.1
18	978-7-301-13582-2	液压与气压传动技术	袁　广	24.00	5	2013.8
19	978-7-301-24381-7	液压与气动技术项目教程	武　威	30.00	1	2014.8
20	978-7-301-19436-2	公差与测量技术	余　键	25.00	1	2011.9
21	978-7-5038-4861-2	公差配合与测量技术	南秀蓉	23.00	4	2011.12
22	978-7-301-19374-7	公差配合与技术测量	庄佃霞	26.00	2	2013.8
23	978-7-301-13652-2	金工实训	柴增田	22.00	4	2013.1
24	978-7-301-13651-5	金属工艺学	柴增田	27.00	2	2011.6
25	978-7-301-17608-5	机械加工工艺编制	于爱武	45.00	2	2012.2
26	978-7-301-23868-4	机械加工工艺编制与实施(上册)	于爱武	42.00	1	2014.3
27	978-7-301-24546-0	机械加工工艺编制与实施(下册)	于爱武	42.00	1	2014.7
28	978-7-301-21988-1	普通机床的检修与维护	宋亚林	33.00	1	2013.1
29	978-7-5038-4869-8	设备状态监测与故障诊断技术	林英志	22.00	3	2011.8

序号	书号	书名	编著者	定价	印次	出版日期
30	978-7-301-22116-7	机械工程专业英语图解教程(第 2 版)	朱派龙	48.00	1	2013.9
31	978-7-301-23198-2	生产现场管理	金建华	38.00	1	2013.9
32	978-7-301-24788-4	机械 CAD 绘图基础及实训	杜　洁	30.00	1	2014.9
		数控技术类				
1	978-7-301-17148-6	普通机床零件加工	杨雪青	26.00	2	2013.8
2	978-7-301-17679-5	机械零件数控加工	李　文	38.00	1	2010.8
3	978-7-301-13659-1	CAD/CAM 实体造型教程与实训(Pro/ENGINEER 版)	诸小丽	38.00	4	2014.7
4	978-7-301-24647-6	CAD/CAM 数控编程项目教程(UG 版)(第 2 版)	慕　灿	48.00	1	2014.8
5	978-7-5038-4865-0	CAD/CAM 数控编程与实训(CAXA 版)	刘玉春	27.00	3	2011.2
6	978-7-301-21873-0	CAD/CAM 数控编程项目教程(CAXA 版)	刘玉春	42.00	1	2013.3
7	978-7-5038-4866-7	数控技术应用基础	宋建武	22.00	2	2010.7
8	978-7-301-13262-3	实用数控编程与操作	钱东东	32.00	4	2013.8
9	978-7-301-14470-1	数控编程与操作	刘瑞已	29.00	2	2011.2
10	978-7-301-20312-5	数控编程与加工项目教程	周晓宏	42.00	1	2012.3
11	978-7-301-23898-1	数控加工编程与操作实训教程(数控车分册)	王忠斌	36.00	1	2014.6
12	978-7-301-20945-5	数控铣削技术	陈晓罗	42.00	1	2012.7
13	978-7-301-21053-6	数控车削技术	王军红	28.00	1	2012.8
14	978-7-301-17398-5	数控加工技术项目教程	李东君	48.00	1	2010.8
15	978-7-301-21119-9	数控机床及其维护	黄应勇	38.00	1	2012.8
16	978-7-301-20002-5	数控机床故障诊断与维修	陈学军	38.00	1	2012.1
		模具设计与制造类				
1	978-7-301-23892-9	注射模设计方法与技巧实例精讲	邹继强	54.00	1	2014.2
2	978-7-301-24432-6	注射模典型结构设计实例图集	邹继强	54.00	1	2014.6
3	978-7-301-18471-4	冲压工艺与模具设计	张　芳	39.00	1	2011.3
4	978-7-301-19933-6	冷冲压工艺与模具设计	刘洪贤	32.00	1	2012.1
5	978-7-301-20414-6	Pro/ENGINEER Wildfire 产品设计项目教程	罗　武	31.00	1	2012.5
6	978-7-301-16448-8	Pro/ENGINEER Wildfire 设计实训教程	吴志清	38.00	1	2012.8
7	978-7-301-22678-0	模具专业英语图解教程	李东君	22.00	1	2013.7
		电气自动化类				
1	978-7-301-18519-3	电工技术应用	孙建领	26.00	1	2011.3
2	978-7-301-17569-9	电工电子技术项目教程	杨德明	32.00	3	2014.8
3	978-7-301-22546-2	电工技能实训教程	韩亚军	22.00	1	2013.6
4	978-7-301-22923-1	电工技术项目教程	徐超明	38.00	1	2013.8
5	978-7-301-12390-4	电力电子技术	梁南丁	29.00	3	2013.5
6	978-7-301-17730-3	电力电子技术	崔　红	23.00	1	2010.9
7	978-7-301-19525-3	电工电子技术	倪　涛	38.00	1	2011.9
8	978-7-301-16830-1	维修电工技能与实训	陈学平	37.00	1	2010.7
9	978-7-301-12180-1	单片机开发应用技术	李国兴	21.00	2	2010.9
10	978-7-301-20000-1	单片机应用技术教程	罗国荣	40.00	1	2012.2
11	978-7-301-21055-0	单片机应用项目化教程	顾亚文	32.00	1	2012.8
12	978-7-301-17489-0	单片机原理及应用	陈高锋	32.00	1	2012.9
13	978-7-301-24281-0	单片机技术及应用	黄贻培	30.00	1	2014.7
14	978-7-301-22390-1	单片机开发与实践教程	宋玲玲	24.00	1	2013.6
15	978-7-301-17958-1	单片机开发入门及应用实例	熊华波	30.00	1	2011.1
16	978-7-301-16898-1	单片机设计应用与仿真	陆旭明	26.00	2	2012.4

序号	书号	书名	编著者	定价	印次	出版日期
17	978-7-301-19302-0	基于汇编语言的单片机仿真教程与实训	张秀国	32.00	1	2011.8
18	978-7-301-12181-8	自动控制原理与应用	梁南丁	23.00	3	2012.1
19	978-7-301-19638-0	电气控制与 PLC 应用技术	郭　燕	24.00	1	2012.1
20	978-7-301-18622-0	PLC 与变频器控制系统设计与调试	姜永华	34.00	1	2011.6
21	978-7-301-19272-6	电气控制与 PLC 程序设计(松下系列)	姜秀玲	36.00	1	2011.8
22	978-7-301-12383-6	电气控制与 PLC(西门子系列)	李　伟	26.00	2	2012.3
23	978-7-301-18188-1	可编程控制器应用技术项目教程(西门子)	崔维群	38.00	2	2013.6
24	978-7-301-23432-7	机电传动控制项目教程	杨德明	40.00	1	2014.1
25	978-7-301-12382-9	电气控制及 PLC 应用(三菱系列)	华满香	24.00	2	2012.5
26	978-7-301-22315-4	低压电气控制安装与调试实训教程	张　郭	24.00	1	2013.4
27	978-7-301-24433-3	低压电器控制技术	肖朋生	34.00	1	2014.7
28	978-7-301-22672-8	机电设备控制基础	王本轶	32.00	1	2013.7
29	978-7-301-18770-8	电机应用技术	郭宝宁	33.00	1	2011.5
30	978-7-301-23822-6	电机与电气控制	郭夕琴	34.00	1	2014.8
31	978-7-301-17324-4	电机控制与应用	魏润仙	34.00	1	2010.8
32	978-7-301-21269-1	电机控制与实践	徐　锋	34.00	1	2012.9
33	978-7-301-12389-8	电机与拖动	梁南丁	32.00	2	2011.12
34	978-7-301-18630-5	电机与电力拖动	孙英伟	33.00	1	2011.3
35	978-7-301-16770-0	电机拖动与应用实训教程	任娟平	36.00	1	2012.11
36	978-7-301-22632-2	机床电气控制与维修	崔兴艳	28.00	1	2013.7
37	978-7-301-22917-0	机床电气控制与 PLC 技术	林盛昌	36.00	1	2013.8
38	978-7-301-18470-7	传感器检测技术及应用	王晓敏	35.00	2	2012.7
39	978-7-301-20654-6	自动生产线调试与维护	吴有明	28.00	1	2013.1
40	978-7-301-21239-4	自动生产线安装与调试实训教程	周　洋	30.00	1	2012.9
41	978-7-301-18852-1	机电专业英语	戴正阳	28.00	2	2013.8
42	978-7-301-24589-7	光伏发电系统的运行与维护	付新春	30.00	1	2014.8
43	978-7-301-24764-8	FPGA 应用技术教程(VHDL 版)	王真富	38.00	1	2015.2
汽车类						
1	978-7-301-17694-8	汽车电工电子技术	郑广军	33.00	1	2011.1
2	978-7-301-19504-8	汽车机械基础	张本升	34.00	1	2011.10
3	978-7-301-19652-6	汽车机械基础教程(第 2 版)	吴笑伟	28.00	2	2012.8
4	978-7-301-17821-8	汽车机械基础项目化教学标准教程	傅华娟	40.00	2	2014.8
5	978-7-301-19646-5	汽车构造	刘智婷	42.00	1	2012.1
6	978-7-301-13660-7	汽车构造(上册)——发动机构造	罗灯明	30.00	2	2012.4
7	978-7-301-17532-3	汽车构造(下册)——底盘构造	罗灯明	29.00	2	2012.9
8	978-7-301-13661-4	汽车电控技术	祁翠琴	39.00	6	2015.2
9	978-7-301-19147-7	电控发动机原理与维修实务	杨洪庆	27.00	1	2011.7
10	978-7-301-13658-4	汽车发动机电控系统原理与维修	张吉国	25.00	2	2012.4
11	978-7-301-18494-3	汽车发动机电控技术	张　俊	46.00	2	2013.8
12	978-7-301-21989-8	汽车发动机构造与维修(第 2 版)	蔡兴旺	40.00	1	2013.1
14	978-7-301-18948-1	汽车底盘电控原理与维修实务	刘映凯	26.00	1	2012.1
15	978-7-301-19334-1	汽车电气系统检修	宋作军	25.00	2	2014.1
16	978-7-301-23512-6	汽车车身电控系统检修	温立全	30.00	1	2014.1
17	978-7-301-18850-7	汽车电器设备原理与维修实务	明光星	38.00	2	2013.9
18	978-7-301-20011-7	汽车电器实训	高照亮	38.00	1	2012.1
19	978-7-301-22363-5	汽车车载网络技术与检修	闫炳强	30.00	1	2013.6
20	978-7-301-14139-7	汽车空调原理及维修	林　钢	26.00	3	2013.8
21	978-7-301-16919-3	汽车检测与诊断技术	娄　云	35.00	2	2011.7

序号	书号	书名	编著者	定价	印次	出版日期
22	978-7-301-22988-0	汽车拆装实训	詹远武	44.00	1	2013.8
23	978-7-301-18477-6	汽车维修管理实务	毛　峰	23.00	1	2011.3
24	978-7-301-19027-2	汽车故障诊断技术	明光星	25.00	1	2011.6
25	978-7-301-17894-2	汽车养护技术	隋礼辉	24.00	1	2011.3
26	978-7-301-22746-6	汽车装饰与美容	金守玲	34.00	1	2013.7
27	978-7-301-17079-3	汽车营销实务	夏志华	25.00	3	2012.8
28	978-7-301-19350-1	汽车营销服务礼仪	夏志华	30.00	3	2013.8
29	978-7-301-15578-3	汽车文化	刘　锐	28.00	4	2013.2
30	978-7-301-20753-6	二手车鉴定与评估	李玉柱	28.00	1	2012.6
31	978-7-301-17711-2	汽车专业英语图解教程	侯锁军	22.00	3	2013.2
电子信息、应用电子类						
1	978-7-301-19639-7	电路分析基础(第 2 版)	张丽萍	25.00	1	2012.9
2	978-7-301-19310-5	PCB 板的设计与制作	夏淑丽	33.00	1	2011.8
3	978-7-301-21147-2	Protel 99 SE 印制电路板设计案例教程	王　静	35.00	1	2012.8
4	978-7-301-18520-9	电子线路分析与应用	梁玉国	34.00	1	2011.7
5	978-7-301-12387-4	电子线路 CAD	殷庆纵	28.00	4	2012.7
6	978-7-301-12390-4	电力电子技术	梁南丁	29.00	2	2010.7
7	978-7-301-17730-3	电力电子技术	崔　红	23.00	1	2010.9
8	978-7-301-19525-3	电工电子技术	倪　涛	38.00	1	2011.9
9	978-7-301-18519-3	电工技术应用	孙建领	26.00	1	2011.3
10	978-7-301-22546-2	电工技能实训教程	韩亚军	22.00	1	2013.6
11	978-7-301-22923-1	电工技术项目教程	徐超明	38.00	1	2013.8
12	978-7-301-17569-9	电工电子技术项目教程	杨德明	32.00	3	2014.8
14	978-7-301-17712-9	电子技术应用项目式教程	王志伟	32.00	2	2012.7
15	978-7-301-22959-0	电子焊接技术实训教程	梅琼珍	24.00	1	2013.8
16	978-7-301-17696-2	模拟电子技术	蒋　然	35.00	1	2010.8
17	978-7-301-13572-3	模拟电子技术及应用	刁修睦	28.00	3	2012.8
18	978-7-301-18144-7	数字电子技术项目教程	冯泽虎	28.00	1	2011.1
19	978-7-301-19153-8	数字电子技术与应用	宋雪臣	33.00	1	2011.9
20	978-7-301-20009-4	数字逻辑与微机原理	宋振辉	49.00	1	2012.1
21	978-7-301-12386-7	高频电子线路	李福勤	20.00	3	2013.8
22	978-7-301-20706-2	高频电子技术	朱小祥	32.00	1	2012.6
23	978-7-301-18322-9	电子 EDA 技术(Multisim)	刘训非	30.00	2	2012.7
24	978-7-301-14453-4	EDA 技术与 VHDL	宋振辉	28.00	2	2013.8
25	978-7-301-22362-8	电子产品组装与调试实训教程	何　杰	28.00	1	2013.6
26	978-7-301-19326-6	综合电子设计与实践	钱卫钧	25.00	2	2013.8
27	978-7-301-17877-5	电子信息专业英语	高金玉	26.00	2	2011.11
28	978-7-301-23895-0	电子电路工程训练与设计、仿真	孙晓艳	39.00	1	2014.3
29	978-7-301-24624-5	可编程逻辑器件应用技术	魏　欣	26.00	1	2014.8